非线性生物动力系统
建模与分析

覃文杰　谭学文　吴万勤　著

Mathematical Modeling and Analysis for
Nonlinear Dynamics in Biological Systems

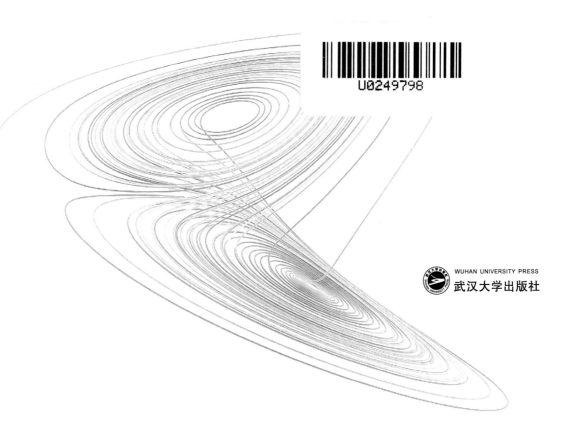

WUHAN UNIVERSITY PRESS
武汉大学出版社

图书在版编目(CIP)数据

非线性生物动力系统建模与分析／覃文杰，谭学文，吴万勤著．
武汉：武汉大学出版社,2024.12. -- ISBN 978-7-307-24519-8

Ⅰ.Q141

中国国家版本馆 CIP 数据核字第 2024XD5971 号

责任编辑:杨晓露　　　责任校对:鄢春梅　　　整体设计:韩闻锦

出版发行:**武汉大学出版社**　（430072　武昌　珞珈山）
（电子邮箱:cbs22@whu.edu.cn 网址:www.wdp.com.cn）

印刷:武汉邮科印务有限公司

开本:787×1092　1/16　印张:18.25　字数:399 千字　插页:1

版次:2024 年 12 月第 1 版　　2024 年 12 月第 1 次印刷

ISBN 978-7-307-24519-8　　定价:79.00 元

前　言

　　生物数学是诞生在 20 世纪末期的新兴交叉学科，进入 21 世纪后，随着计算机科学的飞速发展、现代医学的突飞猛进以及人们对生态的持续关注，生物数学实现了跨越式发展。这也再次印证了数学家、英国皇家学会院士 I. Stewart 的预测：生物数学必将是 21 世纪最令人兴奋、最有进展的科学领域。特别是在对 SARS、H7N9、Ebola、COVID-19 等新兴突发性传染病的研究过程中，生物数学发挥了不可替代、不可估量的作用。

　　在现代生物数学领域中，存在大量诸如有限的资源、复杂的控制过程、随机波动的气候环境、受利益驱使的人工活动等干扰生物数学模型建立的非线性因素，在传统的微分、差分模型的基础上必须考虑这些因素，而有些非线性因素无法用传统的模型来进行描述，就必须发展更加复杂的非线性生物动力系统模型来加以刻画。因此，作为生物数学的一个重要分支，非线性生物动力系统的建模与分析是伴随生物数学理论与应用不断发展而发展、完善的。

　　种群动力学中偏食效应、渔业资源管理中的投放与收获、有害生物控制中化学与生物防治的使用、艾滋病的间歇性治疗策略等给生物数学工作者提供实例的同时，也给他们提出了新的挑战。这些由几个离散或连续系统与离散事件交替发生、相互作用形成的新的混合动力系统就是非线性生物动力系统的显著特征，从数学角度可以将其归结于系统右端函数的不连续或不可微，按照这个标准，常见的非线性生物动力系统有：非光滑连续动力系统、Filippov 系统、脉冲系统等。

　　基于此，本书结合作者近 20 年的学习、研究经历以及近 10 年的工作、教学经验，将非线性生物动力系统建模的基本原理、模型的分析方法以及实例的研究总结成集系统性、逻辑性、趣味性于一体的专著，供对生物数学有兴趣的读者阅读。希望读者在了解全书内容的基础上，能够学习生物数学的核心思想、掌握建模的思路及解决问题的基本方法，并将其充分应用于生活中实际问题的研究和处理中。

　　本书共分为 8 个章节，第 1 章主要论述了生物动力系统建模的一般思路和基本原理；第 2 章至第 7 章重点介绍了种群动力学、传染动力学中的非线性控制策略在连续动力系统、离散动力系统、固定时刻脉冲动力系统、状态依赖脉冲动力系统、差分切换系统、Filippov 切换系统中的应用研究，力求基础，尽量做到内容充实、方法实用，对不同专业背景的本科生数学建模给予补充，可作为生物数学专业研究生入门级参考资料；第 8 章特别总结出本书需要的基本数学知识，包括稳定性理论及相关分支理论等。硕士研究生张嘉敏、董郑均、陈帅参与了部分章节的整理与编写.

在书完稿之际，我要对陕西师范大学数学与统计学院唐三一教授、西安交通大学数学与统计学院肖燕妮教授表示感谢，正是两位导师引导我进入了生物数学的殿堂，同时对本书的撰写提供了很多有益建议，两位老师悉心专研、实事求是、不骄不躁的科研精神及一丝不苟的治学态度、孜孜不倦的工作热情都给予我深刻的印象和极大的影响，使我受益匪浅、终生难忘.

在本书的规划和撰写过程中，得到了云南民族大学各级领导的大力支持；本书的出版得到了国家自然科学基金地区基金"云南生物多样性与害虫治理复杂关联的数学模型研究"（项目编号：12261104）、国家自然科学基金数学天元基金"资源有限下空间扩散对传染病传播的影响分析"（项目编号：12026233）、云南省"兴滇英才支持计划"青年人才项目"突发性传染病的动力学机制及防控策略研究"、2023 年度云南省研究生优质课程"生物数学原理"、云南省第三批省级一流本科课程"常微分方程"的资助；另外，在本书撰写过程中，作者参考了国内外大量关于生物数学的相关专著，这里不再一一列举，在此一并表示感谢.

限于作者学识水平，疏漏在所难免，特别是所引用的文献会有遗漏，相关结果有考虑不周全的地方，恳请各位专家、学者批评指正.

覃文杰

2022 年 12 月于昆明

目　　录

第1章　生物动力系统建模概述

生物动力系统的建模是综合数学、生态学、医学等多学科的复杂过程, 本书重点叙述种群动力系统(包括单种群及多种群动力系统)、传染病动力系统的建模过程及建模过程中所需的基本原理与方法.

1.1　单种群动力系统

1.1.1　建模的一般方法与原理

生物种群数量的变化规律可以由数学模型加以描述和刻画, 模型是否准确、简单、有效都是衡量所建立模型好坏的基本标准. 事实上, 影响建模的各方面因素在相互制约的同时, 彼此之间也有一定的联系. 一般情形下, 单种群模型的建立和发展应该符合:

(1)能准确描述自然现象, 与实验数据吻合;

(2)有助于了解未知的种群动态行为;

(3)可以将模型进行推广和改进, 能够研究更复杂的种群内部行为.

本着以上所述的基本标准, 本节将参考相关文献[1]介绍单种群模型建立的一般方法与原理.

1. 指数增长原理

最早用来预测人口变化规律的模型是 Malthus 模型, 自然界的许多种群遵循其所给出的指数增长规律. 为了更详细地讨论这种指数增长原理, 首先考虑离散的单种群模型, 即一个世代(通常为一个季度或一年)不重叠的单种群生物, 假设 N_t 为 t 世代种群的数量, 单位时间内种群的数量变化为

$$\Delta N_{t+1} = N_{t+1} - N_t = 出生数 - 死亡数. \tag{1.1.1}$$

在式(1.1.1)的基础上, 将单位时间内人口的出生率和死亡率表示为

$$\Delta N_{t+1} = bN_t - dN_t, \tag{1.1.2}$$

其中 b 和 d 分别是单位时间内的出生率和死亡率, 因此式(1.1.2)又可写为

$$N_{t+1} = N_t(1 + b - d), \tag{1.1.3}$$

式(1.1.3)是一个形式简单的差分方程模型, 模型中的数量 $(1 + b - d)$ 描述了种群在一个世代的单位改变率, 若

$$G = (1 + b - d),\qquad(1.1.4)$$

则式(1.1.3)变为:

$$N_{t+1} = N_t G,\qquad(1.1.5)$$

对式(1.1.5)等号两边取对数可得

$$r \triangleq \ln(G) = \ln(1 + b - d) = \ln(N_{t+1}) - \ln(N_t) = \ln\left(\frac{N_{t+1}}{N_t}\right),\qquad(1.1.6)$$

其中 r 为种群的内禀增长率, 模型(1.1.5)为离散时间指数增长模型, 它的解析解可通过逐次迭代求得, 即

$$N_t = N_0 G^t,\qquad(1.1.7)$$

利用相同的方法, 可得到连续的单种群模型. 例如, 种群在 t 时刻的瞬时增长率可表示为种群内禀增长率 r 和种群在 t 时刻数量 N_t 的乘积, 即

$$\frac{\mathrm{d}N}{\mathrm{d}t} = rN_t,\qquad(1.1.8)$$

对于给定的初始值 N_0, 模型的解析解可表示为

$$N_t = N_0 \mathrm{e}^{rt},\qquad(1.1.9)$$

在模型(1.1.9)和模型(1.1.7)的两边分别取对数可得:

$$\ln(N_t) = \ln(N_0) + rt,\qquad(1.1.10)$$

和

$$\ln(N_t) = \ln(N_0) + t\ln(G).\qquad(1.1.11)$$

由于 $r = \ln(G)$, 因此式(1.1.10)和式(1.1.11)是完全一致的.

指数增长原理具有普适性, 可适用于描述任何种群在短时间内的增长, 该原理也被称为"种群增长原理"或"Malthus 原理". 指数增长原理说明了在没有其他影响因素影响种群增长的条件下种群以一个指数常数率增长, 但当考虑其他影响因素时, r 可以表述为一般函数形式[2], 如下所示:

$$r = f(B, G, P),\qquad(1.1.12)$$

其中, B 为不同物种特有的生物因子集合, G 为种群的遗传特性, P 为非生物因子的集合.

2.合作原理

为了生存、繁衍、抵御外来入侵, 生物种群的个体之间必须有一个共同的合作行为, 就像蚂蚁虽然渺小, 但它们可以团结起来, 将比自己重量更大的物体带回去, 从而保持族群的生存. 蜂群还表现出类似于蚁群的协作精神; 由于群居性可以降低外来生物的伤害, 所以, 随着种群密度的提高, 个体之间的协作和自私行为对种群的繁衍是有益的. 集体捕猎是一种由同类共同承担捕猎危险的方式, 在一个稳定的群体中, 个体的生存将会得到长期的

好处, 例如, 非洲狮是一种经常成群结队的猫科动物, 它们通常成群结队地猎物, 而且会选择体型较大的猎物.

在详细论述合作原理之前, 首先讨论 r-函数对系统动态特性的影响. 假定在 t 世代中人口密度是 N_t, 则密度约束的过程为

$$\Delta N_{t+1} = F(N_t), \tag{1.1.13}$$

$F(N_t)$ 是一个随 t 世代人口密度变化而变化的任意函数, 所以 F 函数是一种调整功能, 反映出这个群体过去的密度对当前种群密度变化的影响. 例如, 上面所提到的指数增长原理也可以这样描述

$$\Delta N_{t+1} = N_{t+1} - N_t = N_t G - N_t = N_t(G - 1) = F(N_t). \tag{1.1.14}$$

上式描述了一个调节的过程, 即 $t+1$ 世代和 t 世代种群的密度是一个正相关关系, 假设考虑到种群密度的自然对数, 即

$$\ln\left(\frac{N_{t+1}}{N_t}\right) = \ln N_{t+1} - \ln N_t = \ln N_t + \ln G - \ln N_t = \ln G = r. \tag{1.1.15}$$

显然, 种群对数增长的净增长率不取决于种群密度. 在这种情况下, 指数增长原理的普适性被打破, 它不再适用于描述种群数量增长的对数变换, 即

$$r = \ln(N_{t+1}) - \ln(N_t) = f(N_t), \tag{1.1.16}$$

这里 r 是一个函数, 记为 r-函数, 它可以反映种群个体的发展与种群自身密度之间的关系.

随着种群数量和密度的提高, 群体繁殖的成功率或存活率的提高, 也就是所谓的种内合作或者 Allee 效应[3-4]. Allee 效应是指在群体的数量或密度降低时, 群体的繁殖成功率会降低, 而 Allee 效应会导致群体的动态行为规范化, 并在群体崩溃之前稍稍提高其持续能力. 当 Allee 效应的强度处于一定范围内时, 种群动态将产生一个新的局部稳定-零平衡态, 比如一些密度很小的濒危动物, 若不及时保护, 即使不捕杀也会灭绝.

假设种群的出生率为 B、死亡率为 D, U 是该种群可以生存的最小密度. 当种群密度低于 U 时, 出生率比死亡率小 (如图 1.1(a) 所示 $B < D$), 这时种群由于数量持续递减最终会灭亡, 也就是 Allee 效应. 当种群数量大于临界值 U 时, 出生率会超过死亡率, 使得种群数量连续增长 (如图 1.1(a) 所示 $B > D$), 由图中的箭头可知种群增长的方向, 且可以看出临界值 U 为一个不稳定的平衡态. 由图 1.1(b) 可知 r-函数和种群密度之间的关系, 其中 $r = \ln(1 + b - d)$, 由于生殖成功的概率增加使平均改变率达到的最大值为 R_{max}, 同时, 在点 U 处有 $r = 0$, 并且 U 是一个不稳定的平衡态, 但当种群的数量大于 U 时, $dr/dN > 0$, 这使得种群数量持续增加至 R_{max}.

描述合作原理的数学方法有很多, 其中

$$r = A\left(1 - \frac{U}{N}\right), \tag{1.1.17}$$

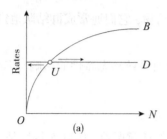 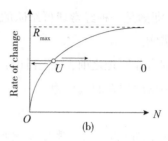

图 1.1　(a)种群数量和出生率 B、死亡率 D 的关系；(b) r -函数和种群密度的关系

其中，A 表示在特定环境中种群数量可以达到的最大平均改变率，U 为平衡点或者临界值，将式(1.1.17)代入式(1.1.8)中可得到

$$\frac{\mathrm{d}N(t)}{\mathrm{d}t} = AN(t)\left[1 - \frac{U}{N(t)}\right],\qquad (1.1.18)$$

当 $A > 0$ 时，上述模型存在正平衡态 U 和零平衡态，且 U 是不稳定的，零平衡态具有局部稳定性. 因此，种群动力学的原理二展现了 r -函数中的系统存在多个平衡态，包括稳定和不稳定的，这也导致了系统存在不同的动力学行为. 其中，将不稳定的平衡态称为种群的断点或者临界水平. 根据种群的合作模式，分为两种不同的临界水平，第一种为种群水平低于某一阈值时，种群的出生率和种群密度成正比例关系，也就是 Allee 效应，这时，不稳定的平衡态将种群灭绝的初始区域和持续增长的初始区域分隔开，如图 1.1 所示，第二种临界水平将在种内竞争原理中介绍.

3.种内竞争原理

在自然界中，物种的竞争是一种普遍现象，例如雄性蝗虫之间的争斗，以及雌性蝗虫之间的争斗，都会影响到它们的生物潜能. 虽然资源需求会存在年龄上的差别(如欧鳊，Abramis brama，其幼鱼以小型浮游动物为食，成年鱼类则以大底栖无脊椎动物为食)，或者性差异(例如，因为雄性的食饵尺寸远小于雌性，这就表明了雌雄之间的取食方式存在差别)，但是个体也会因共享公共资源而导致竞争激烈. 对资源使用的重叠程度，意味着物种间的竞争是生态系统中的一个重要影响因素，但却可以通过减少种群中个体的适合度，如影响生育率和死亡率，调整种群的数目或密度，促使个体形成一种可以战胜或应对诸如扩散和区域竞争的行为. 因此，种内竞争在某种程度上决定了群体的动态行为. 所以在研究种群的规律时，必须先了解群体内部的竞争机制，从而更好地理解和把握单种群模型的建立思路.

种内竞争有很多特点[5]，如竞争是一种密度约束(density dependence)，即种群数量越多竞争就越大，通过种内竞争可以调控种群的数量；物种间的竞争会限制个体的潜能发挥，从而限制个体的生育率和死亡率，使种群数量减少；在种内竞争中，由于资源有限的限制，资源的争夺是最重要的. 拥挤效应指在种群密度过大时，个体的行为发生异常，从而影响种群增长速度, 其通过食物、空间等有限的资源下个体的相互作用, 使竞争个体之间的适合度降低.

当同时考虑密度制约和拥挤效应时, 如图 1.2 所示, 出生率 B 表示种群密度的递减函数, 死亡率函数 D 为种群密度的递增函数. 若 K 为这两个函数相交的交点, 则 $N = K$ 时存在 $r = 0$, 因此, K 为一个平衡态或者新的临界值. 同时, 当 $N < K$ 时, 种群数量是增加的; 当 $N > K$ 时, 种群数量是递减的. 这表明平衡态 K 是稳定的, 具有这种特征的 r-函数为

$$r = A\left(1 - \frac{N}{K}\right). \tag{1.1.19}$$

将式 (1.1.19) 代入式 (1.1.8) 中可得 Logistic 模型[6], 结合合作原理与种内竞争原理, r-函数即为

$$r = A\left(1 - \frac{N}{K}\right)\left(1 - \frac{U}{N}\right), \tag{1.1.20}$$

若将式 (1.1.20) 代入式 (1.1.8) 中, 可得具有 Allee 效应的 Logistic 模型

$$\frac{\mathrm{d}N(t)}{\mathrm{d}t} = AN(t)\left(1 - \frac{N(t)}{K}\right)\left(1 - \frac{U}{N(t)}\right), \tag{1.1.21}$$

该模型具有三个稳定的平衡态 0, U 和 K, 其中, 0 和 K 均为稳定的, U 则是不稳定的, 不稳定的 U 将初始域分成了两部分, 第一部分是从 $(0, U)$ 内出发的解趋向于 0, 第二部分是从 (U, K) 内出发的解趋向于 K.

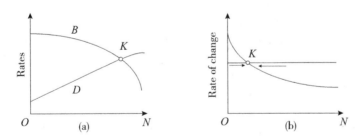

图 1.2 (a) 种群数量和出生率 B、死亡率 D 的关系; (b) r-函数和种群密度的关系

本节介绍了建立单种群模型需遵循三个基本原理: ①指数增长; ②种内合作; ③种内竞争. 除此之外, 还有极限因子原理[1]. 根据这些建模的基本原理, 可以建立研究对象增长变化规律的模型框架, 为了更好地反映研究对象的发展规律, 还要考虑其他因素对种群数量的影响, 即结合各种实际因素对种群水平的影响, 后续在建模过程中我们也会考虑这些因素.

1.1.2 非线性增长的资源有限现象

常见的种群增长方式有 Malthus 增长方式及 Logistic 增长方式, 结合连续系统与离散系统, 本书总结了常用的非线性增长方式[12] (见表 1.1).

表1.1 　　　　　　　　　　　　　　　常用的非线性增长方式

序号	连续模型	增长模型	离散模型	增长函数
1	Compertz	$rN\left[1 - \ln\left(\dfrac{N}{K}\right)\right]$	Compertz	$rN\left[1 - \ln\left(\dfrac{N}{K}\right)\right]$
2	Food-limit	$rN\left(\dfrac{K - N}{K + rcN}\right)$	Ricker	$N\exp\left[r\left(1 - \dfrac{N}{K}\right)\right]$
3	Allee	$rN\left(1 - \dfrac{N}{K}\right) \cdot \left(1 - \dfrac{K_0}{N}\right)$	Allee	$N\exp\left[r\left(1 - \dfrac{N}{K}\right) \cdot \left(1 - \dfrac{K_0}{N}\right)\right]$
4	Rosenzweig	$rN\left[1 - \left(\dfrac{N}{K}\right)^q\right]$	Beverton-Holt	$\dfrac{aN}{1 + bN}$
5	Rosenzweig	$rN\left[\left(\dfrac{N}{K}\right)^{-q} - 1\right]$	Hassell	$\lambda N(1 + aN)^{-b}$
6	Cui-Lawson	$\mu_c N\left(\dfrac{1 - N/N_m}{1 - N/N'_m}\right)$	Pennycuick	$\dfrac{(1 + ae^b)N}{1 + ae^b N}$
7	Ricker	$bN\exp(-N) - dN$	Smith	$\dfrac{rN}{1 + (r - 1)N^p}$
8	Beverton-Holt	$\dfrac{aN}{1 + bN} - dN$	Utida	$N\left(\dfrac{1}{b + cN} - d\right)$
9	Nicholson	$-\alpha N + \beta Ne^{-qN}$	Li	$N\left(r - \dfrac{KN}{N + 1}\right)$
10	L-W	$-\alpha N + pe^{-qN}$	L-W	$\alpha N + pe^{-qN}$
11	Mackey-Glass	$-\alpha N + \dfrac{\beta}{1 + N^p}$	Mackey-Glass	$\alpha N + \dfrac{\beta}{1 + N^p}$
12	Mackey-Glass	$-\alpha N + \dfrac{\beta N}{1 + N^p}$	Mackey-Glass	$\alpha N + \dfrac{\beta N}{1 + N^p}$
13	Mackey-Glass	$\alpha - \dfrac{\beta N}{1 + N^p}$	Nicholson	$\alpha N + \beta N\exp(-qN)$

1.2　多种群动力系统

1.2.1　竞争排斥原理

众所周知,自然界中各层次之间的生物种群都会有千丝万缕的联系,根据种群间不同的生理特点、食物来源可以把种群间的关系分为竞争、捕食、共生、寄生等相互作用关系,而这些关系可能是有利的,可能是有害的,可以是直接的,也可以是间接的,这些种群间相互作用的关系也决定了模型的建立.下面简要介绍种间竞争的关系以及模型,并对模型加以分析.

种群间的竞争主要是指生活在相同区域内的两种生物的生物链位置相同而导致的资源争夺的现象,由于所需要的食物和生态环境重叠,自然会发生矛盾,又没有能平衡这种矛盾的第三方因素存在,就会发生竞争排斥现象[7],如把大小草履虫放在同一个小环境中培养,一段时间后,大草履虫会因为竞争力不足而灭亡,小草履虫依旧能够正常生长,但这一现象在自然界中则不会发生,同样以草履虫为例,生活在同一生态系统(比如池塘)中的大小草履虫,因为池塘中存在着草履虫的天敌,通过天敌可以平衡大小草履虫之间的竞争,给大草履虫一定的生存空间,同时制约小草履虫的发展.

虽然竞争关系对种群双方都有制约作用,但这是双方的竞争力不相上下的情况,而大多数的时候是对一方有利,那么长期下来的结果就是另一方被淘汰,有利的一方替代另一方,例如上文提到的培养在一起的大小草履虫,这样的现象遵循了竞争排斥原理,现在介绍用来刻画竞争排斥原理的 Lotka-Volterra 竞争模型,以及该模型中所包含的生物结论.

设 $N_1(t), N_2(t)$ 是竞争双方在 t 时刻的种群数量,两种群都满足 Logistic 增长,即 Lotka-Volterra 竞争模型

$$\begin{cases} \dfrac{\mathrm{d}N_1}{\mathrm{d}t} = r_1 N_1 \left(1 - \dfrac{N_1}{K_1} - b_{12}\dfrac{N_2}{K_1}\right), \\ \dfrac{\mathrm{d}N_2}{\mathrm{d}t} = r_2 N_2 \left(1 - \dfrac{N_2}{K_2} - b_{21}\dfrac{N_1}{K_2}\right), \end{cases} \tag{1.2.1}$$

其中,$r_1, K_1, r_2, K_2, b_{12}, b_{21}$ 是正常数,r_1, r_2 分别是两种群的内禀增长率,K_1, K_2 分别是两种群的环境容纳量,b_{12} 表示种群 1 对种群 2 的影响,b_{21} 表示种群 2 对种群 1 的影响,且有 $b_{12} \neq b_{21}$.

为简化模型(1.2.1),做无量纲化变化

$$u_1 = \frac{N_1}{K_1}, u_2 = \frac{N_2}{K_2}, r = r_1 t, \rho = \frac{r_2}{r_1}, \alpha = b_{12}\frac{K_2}{K_1}, \beta = b_{21}\frac{K_1}{K_2}, \tag{1.2.2}$$

则模型(1.2.1)改写为

$$\begin{cases} \dfrac{\mathrm{d}u_1}{\mathrm{d}r} = u_1(1 - u_1 - \alpha u_2) = f_1(u_1, u_2), \\ \dfrac{\mathrm{d}u_2}{\mathrm{d}r} = \rho u_2(1 - \beta u_1 - u_2) = f_2(u_1, u_2). \end{cases} \tag{1.2.3}$$

易得模型(1.2.3)存在四个平衡态:零平衡态 $E_0 = (0,0)$,平衡态 $E_1 = (1,0)$ 和 $E_2 = (0,1)$,以及内部平衡态 $E_* = (u_1^*, u_2^*)$,其中

$$u_1^* = \frac{1-\alpha}{1-\alpha\beta}, u_2^* = \frac{1-\beta}{1-\alpha\beta}, \tag{1.2.4}$$

由式(1.2.2)可知 $\alpha > 0, \beta > 0$,且内部平衡态的两个分量都大于零,通过计算可知 $\alpha > 1, \beta > 1$ 或 $\alpha < 1, \beta < 1$.

通过线性稳定化分析, 模型 (1.2.3) 的四个平衡态的稳定性可以由以下 Jacobian 矩阵的特征值的实部的正负性来确定

$$A = \begin{pmatrix} \dfrac{\partial f_1}{\partial u_1} & \dfrac{\partial f_1}{\partial u_2} \\[2mm] \dfrac{\partial f_2}{\partial u_1} & \dfrac{\partial f_2}{\partial u_2} \end{pmatrix} = \begin{pmatrix} 1 - 2u_1 - \alpha u_2 & -\alpha u_1 \\ -\rho\beta u_2 & \rho(1 - 2u_2 - \beta u_1) \end{pmatrix}. \tag{1.2.5}$$

如果特征值的实部都是负的, 则该平衡态是稳定的, 反之则相反. 现把 E_0, E_1, E_2, E_* 分别代入式 (1.2.5) 中, 求其特征值.

由于

$$|A - \lambda I|_{E_0} = \begin{vmatrix} 1 - \lambda & 0 \\ 0 & \rho - \lambda \end{vmatrix} = 0 \rightarrow \lambda_1 = 1, \lambda_2 = \rho, \tag{1.2.6}$$

所以零平衡态 E_0 是不稳定的.

再计算平衡态 E_1 的特征值

$$|A - \lambda I|_{E_1} = \begin{vmatrix} -1 - \lambda & -\alpha \\ 0 & \rho(1 - \beta) - \lambda \end{vmatrix} = 0 \rightarrow \lambda_1 = -1, \lambda_2 = \rho(1 - \beta), \tag{1.2.7}$$

因此当 $\lambda_2 < 1$ 时, 即 $\beta > 1$, 此时平衡态 E_1 是稳定的.

同理可得平衡态 E_2 的特征值为

$$|A - \lambda I|_{E_2} = \begin{vmatrix} 1 - \alpha - \lambda & 0 \\ -\rho\beta & -\rho - \lambda \end{vmatrix} = 0 \rightarrow \lambda_1 = -\rho, \lambda_2 = 1 - \alpha, \tag{1.2.8}$$

当 $\alpha > 1$ 时, 平衡态 E_2 是稳定的.

内部平衡态 E_* 的特征值, 关于 E_* 的 Jacobian 矩阵为

$$A_{E_*} = (1 - \alpha\beta)^{-1} \begin{pmatrix} \alpha - 1 & \alpha(\alpha - 1) \\ \rho\beta(\beta - 1) & \rho(\beta - 1) \end{pmatrix}, \tag{1.2.9}$$

该矩阵的特征值为

$$\lambda_{1,2} = [2\eta]^{-1}\{(\rho + 1)(\beta - 1) \pm [(\alpha - 1 + \rho\beta - \rho)^2 - 4\rho\eta(\alpha - 1)(\beta - 1)]^{\frac{1}{2}}\}, \tag{1.2.10}$$

其中 $\eta = 1 - \alpha\beta$, 当 $\alpha < 1$, $\beta < 1$ 时 E_* 是稳定的, 即两个物种可以共存.

此外, 由于自然界存在着各种不确定因素, 所以还有其他的一些特殊情况, 如 $\alpha > 1$, $\beta < 1$ 或 $\alpha < 1$, $\beta > 1$, 甚至还有 $\alpha = \beta = 1$ 等情况[8], 但不论怎样, 竞争排斥原理依旧成立.

1.2.2　Volterra 原理

上一节的 Lotka-Volterra 模型反映两种群相互竞争的数量动态关系, 如果把模型 (1.2.1) 的部分系数加以修改, 就变成了关于捕食-被捕食模型的 Volterra 原理, 这一原理在很早以前就用来解释生物种群之间的振荡现象, 且非常有效, Lotka-Volterra 捕食模型为

$$\begin{cases} \dfrac{dN_1}{dt} = N_1\left(r_1 - \dfrac{N_1}{K_1} - b_{12}\dfrac{N_2}{K_1}\right), \\ \dfrac{dN_2}{dt} = N_2\left(-r_2 - \dfrac{N_2}{K_2} + b_{21}\dfrac{N_1}{K_2}\right), \end{cases} \tag{1.2.11}$$

其中 $N_1(t)$, $N_2(t)$ 分别是捕食者和被捕食者在 t 时刻的种群数量, 所有参数均为正常数.

数学家 Volterra 和生物学家 D'ancona 在研究捕食者与被捕食者的数量关系时, 发现了一个有趣的现象, 第一次世界大战中地中海一带捕获的掠肉鱼的比例有所上升, 而食用鱼的比例却有所下降(掠肉鱼以食用鱼为食), 为了解释这一现象, 我们假设种群内的密度制约因素可以忽略不计. 在大海中, 不论是生存空间还是食物资源都是十分充足的, 并且用捕食-被捕食模型中的特殊形式来描述, 即食饵的数量变化率等于在没有捕食者情况下的增长率减去有捕食者情况下的减少率, 而捕食者的数量变化率等于有食饵情况下的增长率减去没有食饵情况下的减少率, 这样的假设虽然简单, 但是太过理想, 不符合生物实际, 因此 Lotka 和 Volterra 作了以下假设[8]:

(1) 食饵的增长率只受捕食者的影响, 即除捕食者, 不存在其他的可以让食饵增长率减少的生物或非生物因素, 那么在没有捕食者时, 食饵将以指数级增长, 即 aN_1;

(2) 捕食者的增长率只受食饵的影响, 即没有食饵的时候, 捕食者将以指数级灭亡;

(3) 捕食者捕捉食饵的能力是线性的, 即捕食率为 bN_1N_2;

(4) 捕食者之间不会相互干扰;

(5) 食饵被捕食者吃掉后会转化为捕食者, 转化率为 kbN_1N_2, $0 \leqslant k < 1$.

在 5 个假设条件下, 模型(1.2.11)可以改写成

$$\begin{cases} \dfrac{dN_1}{dt} = aN_1 - bN_1N_2, \\ \dfrac{dN_2}{dt} = cN_1N_2 - dN_2, \end{cases} \tag{1.2.12}$$

其中 $c = kb$ 且 a, b, c, d 均为正数.

继续考虑对食饵和捕食者的人为捕捞, 设 p 和 q 分别是对食饵和捕食者的捕捞系数, E 表示捕捞强度, 则模型(1.2.12)改写为

$$\begin{cases} \dfrac{dN_1}{dt} = aN_1 - pEN_1 - bN_1N_2, \\ \dfrac{dN_2}{dt} = cN_1N_2 - dN_2 - qEN_2, \end{cases} \tag{1.2.13}$$

易得该系统有零平衡态 $E_0(0,0)$ 和内部平衡态 $E_*(N_1^*, N_2^*)$, 其中

$$N_1^* = \frac{qE + d}{c}, N_2^* = \frac{a - qE}{b}.$$

若模型(1.2.13)的内部平衡态是稳定的, 则捕捞的捕食者和食饵的比例为

$$P = \frac{qEN_2^*}{pEN_1^*} = \frac{qc(a-pE)}{pb(qE+d)}, E < \frac{a}{p},$$

比例 P 是关于捕捞强度 E 的减函数,即当 E 减小时,P 增大,则捕捞的食饵比例就减小,捕食者的比例就增加,这就能解释第一次世界大战中出现的奇怪现象了.

现在进一步分析模型(1.2.13)的内部平衡态 $E_*(N_1^*, N_2^*)$ 的稳定性,计算 E_* 的 Jacobian 矩阵

$$J = \begin{pmatrix} 0 & -bN_1^* \\ cN_2^* & 0 \end{pmatrix}, \tag{1.2.14}$$

显然,该矩阵有一对纯虚数的特征值,根据对平衡态的线性稳定性分析,得知该内部平衡态是一个中心,它是否稳定主要取决于模型(1.2.13)的非线性部分.

定义变量 $u = \frac{N_1}{N_1^*}, v = \frac{N_2}{N_2^*}$ 以及时间变量 $t' = (a-pE)t, a-pE$ 表示在没有捕食的情况下食饵的增长率,则模型(1.2.13)即为

$$\frac{du}{dt} = u(1-v), \frac{dv}{dt} = \alpha v(u-1), \tag{1.2.15}$$

其中 $\alpha = \frac{qE+d}{a-pE}$,可得系统(1.2.15)的首次积分为

$$\Phi(u,v) = \alpha(u - \log u) + v - \log v = A, \tag{1.2.16}$$

上述积分曲线在相平面上是碗状曲线投影在相平面上的等高闭曲线,也就是周期解,既然种群的动态变化呈现周期性,就可以计算捕食者和食饵在一个周期内的平均量,定义如下

$$\bar{u}: = \frac{1}{T}\int_0^T u(t)\,dt, \quad \bar{v}: = \frac{1}{T}\int_0^T v(t)\,dt,$$

基于系统(1.2.15),变形可得

$$\frac{1}{T}[\log u(t)]_0^T = 1 - \bar{u}, \quad \frac{1}{T}[\log v(t)]_0^T = a(\bar{u}-1),$$

根据周期性可得 $\bar{u} = 1, \bar{v} = 1$,在模型(1.2.13)中,即得 $\bar{N}_1 = N_1^*, \bar{N}_2 = N_2^*$,这就说明两种群的平均量就是系统的平衡态.

1.2.3 Holling 型功能函数

功能性反应函数的由来是因为模型(1.2.12)中的线性项 bN_1N_2 无法准确地叙述实际的捕食动态,因为当食饵种群的数量很大时,一个捕食者不可能吃掉足够多的食饵,所以有必要对模型进行改进,将模型(1.2.11)一般化

$$\begin{cases} \frac{dN_1}{dt} = N_1(r_1 - a_1N_1) - \phi(N_1)N_2, \\ \frac{dN_2}{dt} = k\phi(N_1)N_2 - N_2(r_2 + b_2N_2), \end{cases} \tag{1.2.17}$$

$\phi(x)$ 称为功能性反应函数, k 为转化系数, Holling 在实验的基础上提出了三类不同的功能性反应函数[9].

Holling I 型功能反应函数主要适用于藻类、微生物等低等生物, 其形式为

$$\phi(x) = \begin{cases} b_1 x, 0 \leqslant x < x_0, \\ b_1 x_0, x > x_0. \end{cases} \qquad (1.2.18)$$

Holling II 型功能反应函数主要适用于无脊椎生物, 其形式为

$$\phi(x) = \frac{b_1 x}{1 + cx}. \qquad (1.2.19)$$

Holling III 型功能反应函数主要适用于脊椎生物, 其形式为

$$\phi(x) = \frac{b_1 x^2}{1 + cx^2}. \qquad (1.2.20)$$

Holling II 型和 Holling III 型都是单调递增函数, 并且这三类函数都是连续有界函数, 只是在光滑程度上有所区别.

在研究微生物生长过程中, 采用单调型的功能反应函数并不符合所有的实际情况, 有时会起到抑制的作用[10]. 1968 年, Andrews 提出了非单调的 Holling IV 型功能反应函数

$$\phi(x) = \frac{b_1 x}{1 + mx + cx^2}. \qquad (1.2.21)$$

1980 年, Sokol 和 Howell 简化了 Holling IV 型功能反应函数

$$\phi(x) = \frac{b_1 x}{1 + cx^2}. \qquad (1.2.22)$$

简化后的 Holling IV 型功能反应函数能更好地适用于更多情况, 又保留了参数 b_1 和 c, 因此在应用上比式(1.2.21)更加广泛.

1.2.4 Hardy-Weinberg 定律

Hardy-Weinberg 定律是指在理想状态下, 生物的各基因频率和基因型频率在遗传中保持不变, 也就是基因平衡. 例如, 设 Aa 是生物体内的一对等位基因, 其中 A 的基因频率为 m, a 的基因频率为 n, 则 $A + a = m + n = 1$, 这是因为由基因 A 和基因 a 所组成的基因型总共有 3 种可能, 其中基因型 AA 的可能性为 m^2, 基因型 Aa 的可能性为 $2mn$, 基因型 aa 的可能性为 n^2, 那么就有 $m^2 + 2mn + n^2 = 1$, 即 $m + n = 1$, 这就是 Hardy-Weinberg 平衡定律[11], 它描述了对于一个数量稳定足够大且自由交配的种群, 在没有迁入迁出、没有突变和选择的前提下基因频率保持不变.

1.3 传染病动力系统

1.3.1 建模的一般方法

在传染病动力学中，主要以"仓室"(compartment)模型的建模思想进行建模，这是由 Kermack 和 McKendrick 于 1927 年提出的，并不断发展至今. 下面将介绍 K-M 仓室模型.

Kermack 和 McKendrick 的 SIR 仓室模型是将该地区的人分为三类：分别为易感染者 ($S(t)$)、感染者($I(t)$)和移出者($R(t)$). 其中 $S(t)$ 表示 t 时刻未染病但有可能被该类疾病传染的人数，$I(t)$ 表示 t 时刻已被感染成病人而且具有传染力的人数，$R(t)$ 表示 t 时刻已从染病者中移出的人数.

Kermack-McKendrick 仓室模型是一个简单的模型，作了如下假设[12-13]：

(1)不考虑出生、死亡以及疾病导致的死亡等种群动力因素，即人群是一个封闭环境. 假设疾病随时间的变化要比出生、死亡随时间变化显著得多，有

$$N(t) = S(t) + I(t) + R(t), \tag{1.3.1}$$

其中，$N(t)$ 表示人口总数，是一个常数.

(2)由于疾病的传染性，一个染病者一旦与易感者接触就必然具有一定的传染性. 且感染者康复后具有免疫力，不会再次被感染. 假设单位时间 t 内，一个染病者能传染的易感染者数目与该地方内易感染者总数 $S(t)$ 成正比，比例系数为 β (即疾病传播率). 则单位时间 t 内新增病人数为 $\beta S(t)I(t)$.

(3)单位时间 t 内染病者移出(治愈)的总人数与病人数量成正比，比例系数为 γ，则有

$$g(I) = \gamma I,$$

其中，$g(I)$ 表示移除者的数量，γ 为单位时间内移出者在病人中所占的比例，称为移出率或治愈率.

基于上述三个假设，SIR 模型可用如下框图描述：

$$\boxed{S} \xrightarrow{\beta SI} \boxed{I} \xrightarrow{\gamma I} \boxed{R}$$

模型为

$$\begin{cases} \dfrac{\mathrm{d}S}{\mathrm{d}t} = -\beta SI, \\[2mm] \dfrac{\mathrm{d}I}{\mathrm{d}t} = \beta SI - \gamma I, \\[2mm] \dfrac{\mathrm{d}R}{\mathrm{d}t} = \gamma I. \end{cases} \tag{1.3.2}$$

上述模型是考虑患病治愈后终身免疫, 不再感染. 当病人康复后, 只具有短暂免疫力, 即单位时间内, 有 δR 的康复者不再具有免疫力, 可再次被感染. 此时传播示意图如下:

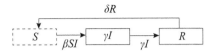

模型为

$$\begin{cases} \dfrac{\mathrm{d}S}{\mathrm{d}t} = -\beta SI + \delta R, \\[2mm] \dfrac{\mathrm{d}I}{\mathrm{d}t} = \beta SI - \gamma I, \\[2mm] \dfrac{\mathrm{d}R}{\mathrm{d}t} = \gamma I - \delta R. \end{cases} \tag{1.3.3}$$

Kermack-McKendrick 的 SIS 仓室模型: 上述 SIR 模型适用于流感、麻疹、水痘等康复后具有免疫力的病毒, 而一些由细菌传播的疾病(脑炎、淋病), 康复后可再次被感染. 针对这类情况, Kermack 和 McKendrick 提出了 SIS 模型, 假设感染者恢复后重新变成易感者, 其传播示意图为

模型为

$$\begin{cases} \dfrac{\mathrm{d}S}{\mathrm{d}t} = -\beta SI + \gamma I, \\[2mm] \dfrac{\mathrm{d}I}{\mathrm{d}t} = \beta SI - \gamma I. \end{cases} \tag{1.3.4}$$

基于上述思想, 还可以建立 SI 模型, 假设当易感染者被感染变成感染者时不再恢复. 此时传播示意图如下:

可以建立下列模型

$$\begin{cases} \dfrac{\mathrm{d}S}{\mathrm{d}t} = -\beta SI, \\[2mm] \dfrac{\mathrm{d}I}{\mathrm{d}t} = \beta SI. \end{cases} \tag{1.3.5}$$

根据上述两仓室模型的建模思想,考虑不同传染病的传播规律可以建立不同的传染病模型,例如,若存在潜伏期时,即当易感染者被感染后不会立即发病,这样可以建立 SEIR 模型. 若考虑其他因素(如出生率、死亡率等),同样可以建立相应的模型.

1.3.2 资源有限现象以及模型表达

1. 具有预防接种和治愈函数的 SISV 模型

事实上,针对一般的突发性传染病,一般采取隔离(对感染者进行隔离)、大规模接种疫苗等防控手段[14]. 下面将介绍一类具有预防接种的 SISV 模型,这里将人口分为易感染者 $S(t)$、感染者 $I(t)$ 和接种疫苗者 $V(t)$. 不考虑出生和死亡,即人口总数不变,且 $N = S + I + V$,建立 SISV 模型

$$\begin{cases} \dfrac{dS}{dt} = -\beta SI - \phi S + \mu(b,I)I + \theta V, \\[2mm] \dfrac{dI}{dt} = \beta SI + \sigma\beta VI - \mu(b,I)I, \\[2mm] \dfrac{dV}{dt} = \phi S - \sigma\beta VI - \theta V, \end{cases} \tag{1.3.6}$$

其中,β 表示疾病传染率;ϕ 表示易感染者的接种率;θ 表示免疫失效率;σ 表示无效接种率. $\mu(b,I)$ 表示疾病治愈率,它与感染者数 I 和医疗资源的投入量 b 有关,考虑治愈函数

$$\mu(b,I) = \mu_0 + (\mu_1 - \mu_0)\frac{b}{b+I}.$$

当 $N = 1$,模型(1.3.6)的可行域为

$$\Omega = \{(S,I,V) \in R^3 / S + I + V = 1\},$$

容易验证 Ω 为系统(1.3.6)的正不变集.

由 $N = S + I + V$ 及 $N = 1$ 有 $S = 1 - I - V$,模型(1.3.6)即为

$$\begin{cases} \dfrac{dI}{dt} = \beta(1 - I - V)I + \sigma\beta VI - \mu(b,I)I, \\[2mm] \dfrac{dV}{dt} = \phi(1 - I - V) - \sigma\beta VI - \theta V. \end{cases} \tag{1.3.7}$$

当 $\sigma = 1$ 时,即接种全部无效,模型(1.3.7)为

$$\begin{cases} \dfrac{dI}{dt} = \beta(1 - I)I - \mu(b,I)I, \\[2mm] \dfrac{dV}{dt} = \phi(1 - I - V) - \beta VI - \theta V. \end{cases}$$

当 $0 < \sigma < 1$ 时,即接种部分有效,此时模型(1.3.7)不变.

当 $\sigma = 0$ 时,即接种全部有效,此时模型(1.3.7)为

$$\begin{cases} \dfrac{dI}{dt} = \beta(1 - I - V)I - \mu(b,I)I, \\ \dfrac{dV}{dt} = \phi(1 - I - V) - \theta V. \end{cases}$$

2. 具有非线性传染率和治愈率的 SIS 模型

一般情况下, 一个易感染者可能与多个感染者接触, 也可能出现一个易感染者与一个感染者接触多次等情况[15]. 此时, 传染率不再是双线性的, 用非线性传染率来描述更合适.

考虑非线性传染率 βSI^2, 将人口分为易感染者 $S(t)$ 和感染者 $I(t)$, 建立 SIS 模型

$$\begin{cases} \dfrac{dS}{dt} = A - aS - \beta SI^2 + \mu(b,I)I, \\ \dfrac{dI}{dt} = \beta SI^2 - aI - \alpha I - \mu(b,I)I, \end{cases} \tag{1.3.8}$$

其中, A 表示人口的输入, 且全为易感染者; a 为自然死亡率; α 表示因病死亡率; β 表示疾病传染率. 治愈率函数为

$$\mu(b,I) = \mu_0 + (\mu_1 - \mu_0)\frac{b}{b+I}.$$

将模型(1.3.8)的两个方程相加可得 $\dfrac{dN}{dt} = A - aN - \alpha I$, 即模型(1.3.8)的可行域为

$$\Omega = \left\{ (S,I) \mid S \geq 0, I \geq 0, S + I \leq \frac{A}{a} \right\},$$

易验证 Ω 为系统(1.3.8)的正不变集.

第2章 连续动力系统

2.1 具有混合功能型函数的捕食模型

2.1.1 模型建立

捕食-被捕食模型在生态系统中具有深刻的现实背景. 众多学者关注了捕食模型, 特别是种群的稳定性, 这也使得种群稳定性成为数学生态学中最重要的课题. 关于捕食-被捕食模型两种群的线性作用关系得到了很深入的研究, 而关于 Holling I, II, III, IV 以及比率依赖型的两种群非线性关系还有待细致深入的研究, 本书正是基于此而开展相关研究工作.

1978 年, Ludwig[17] 研究了如下的单种群模型

$$\frac{\mathrm{d}x}{\mathrm{d}t} = r_0 x \left(1 - \frac{x}{k} \right) - \frac{gx^2}{h^2 + x^2}, \tag{2.1.1}$$

其中, x 为种群密度, k 为环境容纳量, r_0 为内禀增长率, $\frac{gx^2}{h^2 + x^2}$ 为 Holling III 功能型反应函数[18].

May[19] 研究两种群捕食-被捕食模型

$$\begin{cases} \dfrac{\mathrm{d}x}{\mathrm{d}t} = r_0 x \left(1 - \dfrac{x}{k} \right) - \dfrac{cxy}{d + x}, \\ \dfrac{\mathrm{d}y}{\mathrm{d}t} = s_0 y \left(1 - \dfrac{qy}{x} \right), \end{cases} \tag{2.1.2}$$

其中, x 和 y 是被捕食者和捕食者的密度, s_0 为内禀增长率, x/q 为承载力.

近年来, 模型 (2.1.2) 得到持续的关注, 其中 P. Turchin[20] 研究了 s 型功能型反应函数的捕食模型

$$\begin{cases} \dfrac{\mathrm{d}x}{\mathrm{d}t} = r_0 x \left(1 - \dfrac{x}{k} \right) - \dfrac{gx^2}{h^2 + x^2} - \dfrac{cxy}{d + x}, \\ \dfrac{\mathrm{d}y}{\mathrm{d}t} = s_0 \left(1 - \dfrac{qy}{x} \right). \end{cases} \tag{2.1.3}$$

考虑到生物种群和环境受周期性环境的影响, 在模型 (2.1.3) 的基础上, 我们考虑周期

环境的作用, 得到了如下模型

$$\begin{cases} \dfrac{\mathrm{d}x(t)}{\mathrm{d}t} = r_0(t)x(t)\left[1 - \dfrac{x(t)}{k(t)}\right] - \dfrac{g(t)x^2(t)}{h^2(t) + x^2(t)} - \dfrac{c(t)x(t)y(t)}{d(t) + x(t)}, \\ \dfrac{\mathrm{d}y(t)}{\mathrm{d}t} = s_0(t)y(t)\left[1 - \dfrac{q(t)y(t)}{x(t)}\right]. \end{cases} \quad (2.1.4)$$

本节材料主要来源于文献[16].

2.1.2 模型的持久生存性

定义在 $[0, +\infty)$ 上的连续有界函数 $f(t)$, 做记号

$$f^M = \sup\{f(t) : t \geqslant 0\}, \ f^L = \inf\{f(t) : t \geqslant 0\}.$$

定理 2.1 若存在紧集 $D \subset \mathrm{int}R_+^2$, 使得系统 $(2.1.4)$ 在正初始值下的正解都在区域 D 内, 则称系统 $(2.1.4)$ 是稳定的.

引理 2.2 $R_+^2 = \{(x,y) \mid x > 0, y > 0\}$ 是系统 $(2.1.4)$ 的正不变集.

引理 2.3 对于每一个初值为正的解 $\{x(t), y(t)\}$, 都存在 $T > 0$, 使得对任意的 $t > T$ 有

$$\{x(t), y(t)\} \in K_1 = \{(x,y) \mid 0 < x \leqslant N_1, 0 < y \leqslant N_2\},$$

其中

$$x^M = N_1 = k^M, \ y^M = N_2 = \dfrac{k^M}{q^L} \quad (2.1.5)$$

证明 假设 $\{x(t), y(t)\}$ 是模型 $(2.1.4)$ 满足条件的正解, 由模型 $(2.1.4)$ 的第一个方程可得

$$\dot{x}(t) \leqslant r_0^M x(t)[1 - x(t)/k^M]\big|_{x(t)=N_1} = 0.$$

若 $0 < x(0) \leqslant N_1$, 则对任意的 $t > 0$ 都有 $x(t) \leqslant N_1$;

若 $x(0) > N_1$, 可证存在 $T_1 > 0$, 使得 $x(T_1) \leqslant N_1$. 否则对任意的 $t > 0$ 都有 $x(t) > N_1$, 则存在一个正常数 δ_1, 使得 $x(t) \geqslant N_1 + \delta_1$, 即可得

$$\dot{x}(t) \leqslant r_0^M x(t)[1 - x(t)/N_1] \leqslant r_0^M x(t)[1 - (N_1 + \delta_1)/k^M] = -r_0^M \delta_1 x(t)/k^M,$$

因此, $x(t) \leqslant x(0)\exp(-r_0^M \delta_1 t/k^M) \to 0 (t \to +\infty)$, 这和对任意 $t \geqslant 0$ 时 $x(t) > N_1$ 相矛盾, 所以 $x(t) \leqslant N_1$.

同理, 存在 $T_2 > 0$, 使得当 $t \geqslant T_2$ 时有 $y(t) \leqslant N_2$. 令 $T = \max\{T_1, T_2\}$, 存在一个正值 T, 对任意 $t > T$, 都有 $0 < x \leqslant N_1, 0 < y \leqslant N_2$, 得证.

由引理 2.3, 可以得到以下定理.

定理 2.4 若模型 $(2.1.4)$ 满足

$$q^L d^L r_0^L > c^M k^M, \quad (2.1.6)$$

则初值为正的解 $\{x(t), y(t)\}$ 在

$$K_2 = \{x(t), y(t) \mid m_1 \leqslant x \leqslant N_1, m_2 \leqslant y \leqslant N_2\}$$

内. 即当

$$x^L = m_1 = \frac{(d^L r_0^L q^L - c^M k^M) k^L h^{2L}}{(h^{2L} r_0^L + g^M k^L) d^L q^L},$$ (2.1.7)

$$y^L = m_2 = \frac{m_1}{q^M} = \frac{(d^L r_0^L q^L - c^M k^M) k^L h^{2L}}{(h^{2L} r_0^L + g^M k^L) d^L q^L q^M}$$ (2.1.8)

时, 模型(2.1.4)是稳定的.

证明 设 $\{x(t), y(t)\}$ 是模型(2.1.4)满足条件的正解, 由引理 2.3, 可知该解在 K_1 内. 假设对任意的 $t \geq 0$ 有 $\{x(t), y(t)\} \in K_1$, 需证明该解有正的下界.

由模型(2.1.4)的第一个方程可得

$$\dot{x}(t) \geq r_0^L x(t) \left[1 - \frac{x(t)}{k^L} - \frac{g^M x(t)}{h^{2L} r_0^L} - \frac{c^M N_2}{d^L r_0^L}\right].$$

由条件(2.1.6)可得 $1 - (c^M N_2 / d^L r_0^L) > 0$, 令 $m_1 = \dfrac{(d^L r_0^L q^L - c^M k^M) k^L h^{2L}}{(h^{2L} r_0^L + g^M k^L) d^L q^L}$, 则

$$\dot{x}(t)\big|_{x(t)=m_1} \geq 0.$$

若 $x(0) \geq m_1$, 则对任意 $t > 0$ 有 $x(t) \geq m_1$;

若 $x(0) < m_1$, 可证存在 $T_3 > 0$, 使得 $x(T_3) \geq m_1$. 否则, 对任意 $t > 0$ 有 $x(t) < m_1$, 并且存在正常数 δ_3, 使得 $x(t) \leq m_1 - \delta_3$, 由模型(2.1.4)的第一个方程可得

$$\dot{x}(t) \geq r_0^L x(t) \left[1 - \left(\frac{1}{k^L} + \frac{g^M}{h^{2L} r_0^L}\right)(m_1 - \delta_3) - \frac{c^M N_2}{d^L r_0^L}\right] \geq r_0^L x(t) \left(\frac{1}{k^L} + \frac{g^M}{h^{2L} r_0^L}\right) \delta_3.$$

因此, $x(t) > x(0) \exp\left[\left(\dfrac{1}{k^L} + \dfrac{g^M}{h^{2L} r_0^L}\right) \delta_3 t\right] \to +\infty \ (t \to +\infty)$, 这与对任意 $t \geq 0$ 有 $x(t) < M_1$ 相矛盾, 所以 $x(t) \geq m_1$.

同理, 当 $y(0) < m_2$ 时, 存在 $T_4 > 0$ 使 $y(T_4) \geq m_2$. 令 $T = \max\{T_3, T_4\}$, 对任意 $t > T$ 时都有正解 $\{x(T), x(T)\} \in K_2$. 因此, 模型(2.1.4)是稳定的.

2.1.3 周期解的存在性及稳定性

设模型(2.1.4)参数是关于时间 t 的连续正 ω-周期函数, 则模型(2.1.4)是 ω-周期系统.

定理 2.5 若模型(2.1.4)满足条件(2.1.6), 则模型(2.1.4)至少存在一个严格的正 ω-周期解.

证明 设 $Z(t, z^0) = \{x(t, z^0), y(t, z^0)\big|_{t>0}\}$ 是模型(2.1.4)初值为 $z^0 = \{x^0, y^0\}$ 时的唯一周期解, 定义庞加莱周期映射

$$A : R_+^2 \to R_+^2, A(z^0) = Z(\omega, z^0), z^0 \in R_+^2,$$

其中 ω 是模型(2.1.4)的周期, 由定理 2.1 可知紧集 $K_2 \subset R_+^2$ 是模型(2.1.4)的一个正不变集, 同时 K_2 是一个闭的有界凸集, 由此可得 $A(K_2) \subset K_2$. 因为该解对于初值是连续的, 所

以映射 A 是连续的.

由 Brower 不动点定理可得 A 在 K_2 中至少有一个不动点, 因此模型(2.1.4)至少有一个严格的正的 ω-周期解.

显然, 若周期解是全局渐近稳定的, 则可以推导出唯一性.

定理 2.6 若模型(2.1.4)满足式(2.1.6), 且

$$\frac{r_0^L}{k^M} + \frac{g^L h^{2L}}{(h^{2M} + N_1^2)^2} > \frac{g^M N_1^2}{(m_1^2 + h^{2L})^2} + \frac{c^M N_2}{(d^L + m_1)^2} + \frac{s_0^M q^M N_2}{m_1^2}, \tag{2.1.9}$$

$$\frac{s_0^L q^L m_1}{N_1^2} > \frac{c^M (d^M + N_1)}{(d^L + m_1)^2}, \tag{2.1.10}$$

其中 N_1, N_2, m_1 定义在式(2.1.5)和式(2.1.7)中, 则模型(2.1.4)存在唯一的正 ω-周期解, 且该解是全局渐近稳定的.

证明 设 $F(t) = \{u(t), v(t)\}$ 是模型(2.1.4)的任意正解, 则 $\overline{F}(t) = \{x(t), y(t)\}$ 是模型(2.1.4)的正 ω-周期解, 由定理 2.5 可知, $F(t)$ 和 $\overline{F}(t)$ 都在 K_2 内. 当 $t \geqslant T$ 时, 对 $F(t), \overline{F}(t) \in K_2$, 令 $X(t) = \ln x(t), Y(t) = \ln y(t), U(t) = \ln u(t), V(t) = \ln v(t)$, 构造 Lyapunov 函数

$$\begin{aligned} W(t) &= |X(t) - U(t)| + |Y(t) - V(t)| \\ &= |\ln x(t) - \ln u(t)| + |\ln y(t) - \ln v(t)|, \end{aligned}$$

沿着模型(2.1.4)的解求上式的上右导数可得

$$D^+(|X(t)| - U(t))$$

$$= \frac{\ln x(t) - \ln u(t)}{|\ln x(t) - \ln u(t)|} \left[r_0(t)\left(1 - \frac{x(t)}{k(t)}\right) - \frac{g(t)x(t)}{h^2(t) + x^2(t)} - \frac{c(t)y(t)}{d(t) + x(t)} - r_0(t)\left(1 - \frac{u(t)}{k(t)}\right) \right.$$

$$\left. + \frac{g(t)u(t)}{h^2(t) + u^2(t)} + \frac{c(t)v(t)}{d(t) + u(t)} \right]$$

$$\leqslant - \frac{r_0(t)}{k(t)}|x(t) - u(t)| - \frac{g(t)h^2(t)}{(h^2(t) + x^2(t))(h^2(t) + u^2(t))}|x(t) - u(t)|$$

$$+ \frac{g(t)u(t)x(t)}{(h^2(t) + x^2(t))((h^2(t) + u^2(t))}|x(t) - u(t)| + \frac{c(t)y(t)}{(d(t) + x(t))(d(t) + u(t))}|x(t) - u(t)|$$

$$+ \frac{c(t)d(t)}{(d(t) + x(t))(d(t) + u(t))}|y(t) - v(t)| + \frac{c(t)x(t)}{(d(t) + x(t))(d(t) + u(t))}|y(t) - v(t)|$$

$$\leqslant - \frac{r_0^L}{k^M}|x(t) - u(t)| - \frac{g^L h^{2L}}{(h^{2M} + N_1^2)^2}|x(t) - u(t)| + \frac{g^M N_1^2}{(h^{2L} + m_1^2)^2}|x(t) - u(t)|$$

$$+ \frac{c^M N_2}{(d^L + m_1)^2}|x(t) - u(t)| + \frac{c^M(d^M + N_1)}{(d^L + m_1)^2}|y(t) - u(t)|,$$

$$D^+ (\, | \, Y(t) - V(t) \, | \,)$$

$$= \frac{\ln y(t) - \ln v(t)}{| \ln y(t) - \ln v(t) |} \left[s_0(t) \left(1 - \frac{q(t) y(t)}{x(t)} \right) - s_0(t) \left(1 - \frac{q(t) v(t)}{u(t)} \right) \right]$$

$$\leqslant \frac{s_0(t) q(t) y(t)}{x(t) u(t)} | x(t) - u(t) | - \frac{s_0(t) q(t) x(t)}{x(t) u(t)} | y(t) - v(t) |$$

$$\leqslant \frac{s_0^M q^M N_2}{m_1^2} | x(t) - u(t) | - \frac{s_0^L q^L m_1}{N_1^2} | y(t) - v(t) |.$$

因此,

$$D^+ W(t) \leqslant - \left[\frac{r_0^L}{k^M} + \frac{g^L h^{2L}}{(h^{2L} + N_1^2)} - \frac{g^M N_1^2}{(h^{2L} + m_1^2)^2} - \frac{c^M N_2}{(d^L + m_1)^2} - \frac{s_0^M q^M N_2}{m_1^2} \right] | x(t) - u(t) |$$

$$- \left[\frac{s_0^L q^L m_1}{N_1^2} - \frac{c^M (d^M + N_1)}{(d^L + m_1)^2} \right] | y(t) - v(t) |.$$

联系定理条件(2.1.9)和(2.1.10)可得 $\dfrac{r_0^L}{k^M} + \dfrac{g^L h^{2L}}{(h^{2L} + N_1^2)} - \dfrac{g^M N_1^2}{(h^{2L} + m_1^2)^2} - \dfrac{c^M N_2}{(d^L + m_1)^2} -$

$\dfrac{s_0^M q^M N_2}{m_1^2} > 0,$ 且 $\dfrac{s_0^L q^L m_1}{N_1^2} - \dfrac{c^M (d^M + N_1)}{(d^L + m_1)^2} > 0.$ 令

$$\alpha = \min \left\{ \frac{r_0^L}{k^M} + \frac{g^L h^{2L}}{(h^{2L} + N_1^2)} - \frac{g^M N_1^2}{(h^{2L} + m_1^2)^2} - \frac{c^M N_2}{(d^L + m_1)^2} - \frac{s_0^M q^M N_2}{m_1^2}, \frac{s_0^L q^L m_1}{N_1^2} - \frac{c^M (d^M + N_1)}{(d^L + m_1)^2} \right\} > 0,$$

从而 $D^+ W(t) \leqslant - \alpha (| x(t) | - u(t) + | y(t) - v(t) |),$ 两边积分可得

$$W(t) + \alpha \int_T^t [\, | x(s) - u(s) | + | y(s) - v(s) | \,] \mathrm{d} s \leqslant W(T) < + \infty,$$

则 $\int_T^t [\, | x(s) - u(s) | + | y(s) - v(s) | \,] \mathrm{d} s \leqslant W(T) / \alpha < + \infty.$

因此 $| x(t) - u(t) | + | y(t) - v(t) | \in L(T, + \infty).$ 由定理 2.6 可得 $| x(t) - u(t) |,$ $| y(t) - v(t) |$ 及其导数在 $[0, + \infty)$ 上有界,则 $| x(t) - u(t) | + | y(t) - v(t) |$ 在 $[0, + \infty)$ 上一致连续,由 Barbalat 引理[21] 易得 $\lim\limits_{t \to + \infty} | x(t) - u(t) | + | y(t) - v(t) | = 0,$ 即 $\lim\limits_{t \to + \infty} | x(t) - u(t) | = 0, \lim\limits_{t \to + \infty} | y(t) - v(t) | = 0.$ 这表明模型(2.1.4)存在唯一的全局渐近稳定的正 ω- 周期解.

2.1.4　数值模拟

考虑如下模型

$$\begin{cases} \dfrac{\mathrm{d} x(t)}{\mathrm{d} t} = a_1 x(t) \left[1 - \dfrac{x(t)}{a_2} \right] - \dfrac{a_3 x^2(t)}{a_4 + x^2(t)} - \dfrac{a_5 x(t) y(t)}{a_6 + x(t)}, \\ \dfrac{\mathrm{d} y(t)}{\mathrm{d} t} = a_7 y(t) \left[1 - \dfrac{a_8 y(t)}{x(t)} \right], \end{cases} \quad (2.1.11)$$

其中

$a_1 = 6 + 0.1\sin\pi t$，$a_2 = 1.5 + 0.1\cos\pi t$，$a_3 = 1.2 + 0.1\sin\pi t$，$a_4 = 1.4 + 0.1\sin\pi t$，

$a_5 = 0.5 + 0.1\cos\pi t$，$a_6 = 1.1 + 0.2\sin\pi t$，$a_7 = 3.7 + 0.1\sin\pi t$，$a_8 = 0.4 + 0.1\sin\pi t$.

上述参数值满足定理 2.6 的条件(2.1.9)和(2.1.10)，由图 2.1 所示，种群 x 与种群 y 是持久生存的，并且模型(2.1.11)存在一个稳定的极限环，即模型(2.1.11)存在唯一的正 ω-周期解，且该解是全局渐近稳定的.

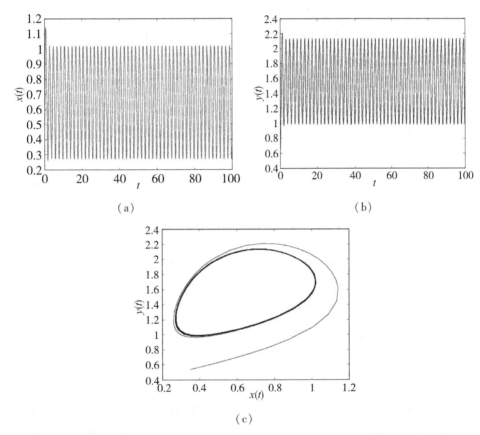

图 2.1 (a)种群 x 的时间序列；(b)种群 y 的时间序列；(c)种群 x 与种群 y 的相图

2.2 食饵的反捕食行为

2.2.1 模型背景知识

虽然捕食者和食饵在生态系统中的地位、角色不一样，但是有时捕食者和食饵角色之间也可以互换，如生态系统中存在很多食饵的反捕食者行为的例子[22-24]，即逃脱捕食者追捕猎杀的幼年食饵在成长成成年食饵后，反而可以攻击幼年捕食者，但它们不会以幼年捕

21

食者为食, 只是起到了防御抵抗作用, 从而降低了自己被捕食的风险[25]. 因此, 捕食与被捕食在相互作用中发展的反捕食行为具有重要理论与实际意义, 值得我们进行深入的、定量的研究.

众多国内外学者研究了捕食者与猎物之间的动态关系[26-31], 他们认为捕食者和猎物的相互作用是相同的, 然而成年猎物对幼年捕食者的反捕食行为却表明, 捕食者和猎物的年龄结构不同时对这些物种间相互作用的动力学有很大的影响

在大量的研究中会深入地考虑捕食者与猎物之间的动态关系[26-31]. 在这些研究中, 都认为捕食者和猎物的相互作用是相同的. 然而成年食饵对幼年捕食者的反捕食行为却表明, 不同年龄结构捕食者和食饵对种群间相互作用的影响是巨大的[32-34]. 因此具有阶级结构的捕食-被捕食模型得到了系统的研究.

1990 年, Aiello 研究了具有阶级结构的单种群模型[35]; 文献[36-38]重点研究了具有阶级结构的单种群的分支现象; 还有许多学者将捕食者分为成熟和未成熟两种亚种群, 基于自治模型[39-40]、非自治模型[41-43]、时滞微分方程[44-46]和偏微分方程[47]来研究食饵的反捕食现象; 同时也有相关学者研究捕食者的阶级结构[48-52]和食饵的阶段结构[53-56]对捕食-被捕食系统的动力学行为的影响; Falconi 研究了基于种群栖息地环境容纳量的反捕食行为[57]; Coast 研究了成年食饵具有指数密度依赖关系的捕食系统[58].

基于文献[59-60]的建模思想, 我们考虑食饵具有阶段结构的捕食-被捕食模型

$$\begin{cases} \dfrac{dx_1}{dt} = bx_2\exp(-ax_2) - \beta_1 x_1 x_3 - \gamma x_1 - m_J x_1, \\[2mm] \dfrac{dx_2}{dt} = \gamma x_1 - \beta_2 x_2 x_3 - m_A x_2, \\[2mm] \dfrac{dx_3}{dt} = k\beta_1 x_1 x_3 + k\beta_2 x_2 x_3 - \eta x_2 x_3 - \delta x_3, \end{cases} \tag{2.2.1}$$

其中, x_1, x_2, x_3 分别表示幼年食饵、成年食饵和捕食者的密度, η 是成年食饵对捕食者的反捕食率, be^{-ax_2} 是食饵出生率, m_A 和 m_J 表示成年和幼年食饵的自然死亡率, γ 表示幼年食饵的成熟率, δ 表示捕食者的自然死亡率, k 表示食饵向捕食者的转化率, β_1 和 β_2 分别是捕食者对幼年和成年食饵的捕食率. 本节材料主要来源于文献[62].

2.2.2 平衡态的存在性和稳定性

本节通过研究平衡态的存在性和稳定性来分析模型(2.2.1)的动力学行为, 不难看出模型(2.2.1)始终有一个平凡平衡态 $E_0(0,0,0)$, 同时, 若 $R_0 > 1$ 成立, 模型(2.2.1)存在捕食者灭绝平衡态 $\bar{E}(\bar{x}_1, \bar{x}_2, 0)$, 其中

$$\bar{x}_1 = -\frac{m_A}{a\gamma}\ln\left(\frac{1}{R_0}\right), \quad \bar{x}_2 = -\frac{1}{a}\ln\left(\frac{1}{R_0}\right), \quad R_0 = \frac{b\gamma}{m_A(\gamma + m_J)}.$$

模型(2.2.1)的雅可比矩阵为

$$J = \begin{pmatrix} -\beta_1 x_3 - \gamma - m_J & b(1-ax_2)\exp(-ax_2) & -\beta_1 x_1 \\ \gamma & -\beta_2 x_3 - m_A & -\beta_2 x_2 \\ k\beta_1 x_3 & k\beta_2 x_3 - \eta x_3 & k\beta_1 x_1 + k\beta_2 x_2 - \eta x_2 - \delta \end{pmatrix}.$$

因此,在平衡态 E_0 处的雅可比矩阵为

$$J|_{E_0} = \begin{pmatrix} -\gamma - m_J & b & 0 \\ \gamma & -m_A & 0 \\ 0 & 0 & -\delta \end{pmatrix},$$

即模型(2.2.1)在平衡态 E_0 处的特征方程为

$$(\lambda + \delta)\left[\lambda^2 + (\gamma + m_A + m_J)\lambda + m_A(\gamma + m_J) - b\gamma\right] = 0, \tag{2.2.2}$$

由式(2.2.2)可知,若 $0 < R_0 < 1$,E_0 是局部渐近稳定的;若 $R_0 > 1$,则 E_0 是不稳定的.

同理,可得模型(2.2.1)在捕食者灭绝平衡态 $\bar{E}(\bar{x}_1, \bar{x}_2, 0)$ 的雅可比矩阵

$$J|_{\bar{E}} = \begin{pmatrix} -\gamma - m_J & \dfrac{b}{R_0}\left[1 + \ln\left(\dfrac{1}{R_0}\right)\right] & \dfrac{\beta_1 m_A}{a\gamma}\ln\left(\dfrac{1}{R_0}\right) \\[2mm] \gamma & -m_A & \dfrac{\beta_2}{a}\ln\left(\dfrac{1}{R_0}\right) \\[2mm] 0 & 0 & -\ln\left(\dfrac{1}{R_0}\right)\left(k\dfrac{\beta_1 m_A}{a\gamma} + k\dfrac{\beta_2}{a} - \dfrac{\eta}{a}\right) - \delta \end{pmatrix}.$$

因此,模型(2.2.1)在 $\bar{E}$ 处的特征方程是 $\phi\psi = 0$,其中

$$\begin{aligned} \phi &= \lambda + \ln\left(\frac{1}{R_0}\right)\left(k\frac{\beta_1 m_A}{a\gamma} + k\frac{\beta_2}{a} - \frac{\eta}{a}\right) + \delta, \\ \psi &= \lambda^2 + (\gamma + m_A + m_J)\lambda + m_A(m_J + \gamma) - \frac{\gamma b}{R_0}\left[1 + \ln\left(\frac{1}{R_0}\right)\right]. \end{aligned} \tag{2.2.3}$$

易证当 $R_0 > 1$ 时,

$$m_A(m_J + \gamma) - \frac{\gamma b}{R_0}\left[1 + \ln\left(\frac{1}{R_0}\right)\right] > 0,$$

所以 $\bar{E}$ 有两个具有负实部的特征值,即

$$\lambda^2 + (\gamma + m_A + m_J)\lambda + m_A(m_J + \gamma) - \frac{\gamma b}{R_0}\left[1 + \ln\left(\frac{1}{R_0}\right)\right] = 0.$$

由 $\bar{E}$ 的一个特征值

$$\lambda_1 = -\ln\left(\frac{1}{R_0}\right)\left(k\frac{\beta_1 m_A}{a\gamma} + k\frac{\beta_2}{a} - \frac{\eta}{a}\right) - \delta.$$

显然,若不等式

$$k\frac{\beta_1 m_A}{a\gamma} + k\frac{\beta_2}{a} - \frac{\eta}{a} < 0 \left(\text{i. e. }, \eta > \frac{k\beta_1 m_A + k\beta_2\gamma}{\gamma} \doteq \eta^*\right)$$

成立, 当 $\lambda_1 < 0$ 时, 平衡态 $\bar{E}$ 是局部渐近稳定的. 令

$$R^* = \exp\left(\frac{a\delta\gamma}{k\beta_1 m_A + k\beta_2\gamma - \eta\gamma}\right).$$

若 $\eta < \eta^*$, 则当 $R_0 < R^*$ 时有 $\lambda_1 < 0$, 当 $R_0 > R^*$ 时有 $\lambda_1 > 0$, 这分别对应着平衡态 $\bar{E}$ 是局部渐近稳定和不稳定的. 因此, 可得如下结论.

定理 2.7 模型 $(2.2.1)$ 总有平衡态 E_0, 当 $R_0 < 1$ 时, 它是局部渐近稳定的. 若 $R_0 > 1$, 则模型存在捕食者灭绝平衡态 $\bar{E}$, 当 $\eta > \eta^*$ (或 $\eta < \eta^*$ 和 $1 < R_0 < R^*$) 时, $\bar{E}$ 是局部渐近稳定的.

进一步分析模型 $(2.2.1)$ 的正平衡态的存在性和稳定性. 首先考虑捕食者只捕食幼年猎物或成年猎物的情形. 假设捕食者只以成年猎物为食, 即 $\beta_1 = 0$, 则模型 $(2.2.1)$ 即为

$$\begin{cases} \dfrac{\mathrm{d}x_1}{\mathrm{d}t} = bx_2\exp(-ax_2) - \gamma x_1 - m_J x_1, \\[2mm] \dfrac{\mathrm{d}x_2}{\mathrm{d}t} = \gamma x_1 - \beta_2 x_2 x_3 - m_A x_2, \\[2mm] \dfrac{\mathrm{d}x_3}{\mathrm{d}t} = k\beta_2 x_2 x_3 - \eta x_2 x_3 - \delta x_3. \end{cases} \quad (2.2.4)$$

模型 $(2.2.4)$ 的正平衡态 $E_1^*(x_{11}^*, x_{12}^*, x_{13}^*)$, 其中

$$x_{11}^* = \frac{\delta b\exp\left[-\dfrac{a\delta}{k\beta_2 - \eta}\right]}{(k\beta_2 - \eta)(\gamma + m_J)}, x_{12}^* = \frac{\delta}{k\beta_2 - \eta},$$

$$x_{13}^* = \frac{\gamma b\exp\left[-\dfrac{a\delta}{k\beta_2 - \eta}\right] - m_A(\gamma + m_J)}{\beta_2(\gamma + m_J)}.$$

因此, 当 $\eta < k\beta_2$ 和 $R_0 > \exp\left(\dfrac{a\delta}{k\beta_2 - \eta}\right)$ 时, 模型 $(2.2.4)$ 存在唯一的正平衡态 $E_1^*(x_{11}^*, x_{12}^*, x_{13}^*)$. 模型 $(2.2.4)$ 在 E_1^* 的特征方程为

$$\lambda^3 + A_1\lambda^2 + B_1\lambda + C_1 = 0, \quad (2.2.5)$$

其中

$$A_1 = \gamma + m_J + m_A + \beta_2 x_{13}^*, C_1 = \beta_2(k\beta_2 - \eta)(\gamma + m_J)x_{12}^* x_{13}^*,$$

$$B_1 = \beta_2(k\beta_2 - \eta)x_{12}^* x_{13}^* + (\gamma + m_J)(\beta_2 x_{13}^* + m_A) - \gamma b(1 - ax_2)\exp(-ax_{12}^*).$$

由 Hurwitz 判据可知, 要使正平衡态稳定, 就必须要保证 $A_1 > 0$, $C_1 > 0$ 和 $A_1 B_1 - C_1 > 0$. 不难看出 $A_1 > 0$ 和 $C_1 > 0$ 总是成立的, 因此只需证 $A_1 B_1 - C_1 > 0$, 由于

$$A_1 B_1 - C_1 = (\gamma + m_J + \beta_2 x_{13}^* + m_A)\left[(ax_{12}^* - 1)b\gamma\exp(-ax_{12}^*) + (\gamma + m_J)(\beta_2 x_{13}^* + m_A)\right]$$
$$+ \delta\beta_2 x_{13}^*(\beta_2 x_{13}^* + m_A)$$

$$
\begin{aligned}
&= \beta_2 x_{13}^*(\beta_2 x_{13}^* + m_A)(\gamma + m_J + \delta) + (\gamma + m_J + m_A)(\gamma + m_J)(\beta_2 x_{13}^* + m_A) \\
&\quad + b\gamma(ax_{12}^* - 1)(\gamma + m_J + \beta_2 x_{13}^* + m_A)\exp(-ax_{12}^*) \\
&= \beta_2 x_{13}^*(\beta_2 x_{13}^* + m_A)(\gamma + m_J + \delta) + (\gamma + m_J + m_A)(\gamma + m_J)(\beta_2 x_{13}^* + m_A) \\
&\quad + (ax_{12}^* - 1)(\gamma + m_J + \beta_2 x_{13}^* + m_A)[\beta_2 x_{13}^*(\gamma + m_J) + m_A(\gamma + m_J)] \\
&= ax_{12}^*(\gamma + m_J + (\beta_2 x_{13}^* + m_A))[\beta_2 x_{13}^*(\gamma + m_J) + m_A(\gamma + m_J)] \\
&\quad + \beta_2 \delta x_{13}^*(\beta_2 x_{13}^* + m_A).
\end{aligned} \tag{2.2.6}
$$

显然当 $x_{13}^* > 0$ 和 $x_{12}^* > 0$ 时, $A_1 B_1 - C_1 > 0$ 恒成立, 即模型 $(2.2.1)$ 存在正平衡态 E_1^*, 且是局部渐近稳定的. 特别地, 当 $\beta_1 = 0$ 时, 有 $R_1^* = \exp[a\delta/(k\beta_2 - \eta)]$ 和 $\eta_1^* = k\beta_2$.

类似地, 假设捕食者只以幼年猎物为食, 模型 $(2.2.1)$ 即为

$$
\begin{cases}
\dfrac{dx_1}{dt} = bx_2\exp(-ax_2) - \beta_1 x_1 x_3 - \gamma x_1 - m_J x_1, \\
\dfrac{dx_2}{dt} = \gamma x_1 - m_A x_2, \\
\dfrac{dx_3}{dt} = k\beta_1 x_1 x_3 - \eta x_2 x_3 - \delta x_3.
\end{cases} \tag{2.2.7}
$$

模型 $(2.2.7)$ 存在正平衡态 $E_2^*(x_{21}^*, x_{22}^*, x_{23}^*)$, 其中

$$
x_{21}^* = \frac{\delta m_A}{k\beta_1 m_A - \eta\gamma}, x_{22}^* = \frac{\gamma\delta}{k\beta_1 m_A - \eta\gamma},
$$
$$
x_{23}^* = \frac{b\gamma}{\beta_1 m_A}\exp\left(-\frac{a\gamma\delta}{k\beta_1 m_A - \eta\gamma}\right) - \frac{\gamma + m_J}{\beta_1}.
$$

若

$$
\eta < \frac{k\beta_1 m_A}{\gamma} \text{ 和 } R_0 > \exp\left(\frac{a\gamma\delta}{m_A k\beta_1 - \eta\gamma}\right)
$$

成立, 则模型 $(2.2.7)$ 存在唯一的正平衡态 E_2^*. 同时可证模型 $(2.2.7)$ 存在局部稳定的正平衡态 E_2^*. 当 $\beta_2 = 0$, 有

$$
R_2^* = \exp\left(\frac{a\gamma\delta}{m_A k\beta_1 - \eta\gamma}\right) \text{ 和 } \eta_2^* = \frac{k\beta_1 m_A}{\gamma}.
$$

因此, 模型 $(2.2.4)$ 和模型 $(2.2.7)$ 有如下结论:

定理 2.8 若 $R_0 < 1$, 模型 $(2.2.4)$ 总存在一个局部渐近稳定的平凡平衡态 E_0. 若 $R_0 > 1$ 成立, 则模型 $(2.2.4)$ 存在捕食者-灭绝平衡态 $\overline{E}$, $\overline{E}$ 是局部稳定的当且仅当模型 $(2.2.4)$ 满足下列任一条件:

I $\quad 1 < R_0 < R_1^*$ 和 $\eta < \eta_1^*$;

II $\quad 1 < R_0 < R_2^*$ 和 $\eta < \eta_2^*$;

III $\quad \eta > \eta_1^*$;

IV　$\eta > \eta_2^*$.

上述定理对模型(2.2.7)也成立. 此外, 若 $R_0 > R_1^*$ 和 $\eta < \eta_1^*$（或 $R_0 > R_2^*$ 和 $\eta < \eta_2^*$）, 则模型（2.2.4）和模型(2.2.7)分别存在唯一一个局部渐近稳定的正平衡态 E_1^* 和 E_2^*.

与子系统(2.2.4)和(2.2.7)不同, 模型(2.2.1)正平衡态的存在性会变得更加复杂. 模型(2.2.1)的正平衡态 $E^*(x_1^*, x_2^*, x_3^*)$ 满足

$$bx_2^* \, \mathrm{e}^{-ax_2^*} - \beta_1 x_1^* x_3^* - \gamma x_1^* - m_J x_1^* = 0, \tag{2.2.8}$$

$$\gamma x_1^* - \beta_2 x_2^* x_3^* - m_A x_2^* = 0, \tag{2.2.9}$$

$$k\beta x_1^* + k\beta x_2^* - \eta x_2^* - \delta = 0. \tag{2.2.10}$$

由式(2.2.9)和式(2.2.10)可得

$$x_1^* = \frac{\delta + \eta x_2^* - k\beta_2 x_2^*}{k\beta_1}, \quad x_3^* = \frac{\gamma(\delta + \eta x_2^* - k\beta_2 x_2^*)}{k\beta_1 \beta_2 x_2^*} - \frac{m_A}{\beta_2}.$$

令 $x_1^* > 0$, 当 $\eta < k\beta_2$ 和 $\eta > k\beta_2$ 时, 有

$$x_2^* < \frac{\delta}{\eta - k\beta_2} \quad \text{和} \quad x_2^* > \frac{\delta}{\eta - k\beta_2}.$$

类似地, 为了保证 $x_3^* > 0$, 假设 $\eta < \eta^*$ 和 $\eta > \eta^*$ 时可得

$$x_2^* < \frac{\gamma\delta}{k\beta_2\gamma + k\beta_1 m_A - \gamma\eta} \quad \text{和} \quad x_2^* > \frac{\gamma\delta}{k\beta_2\gamma + k\beta_1 m_A - \gamma\eta}.$$

令 $\eta < k\beta_2$, 有

$$\frac{\delta}{k\beta_2 - \eta} > \frac{\gamma\delta}{k\beta_2\gamma + k\beta_1 m_A - \gamma\eta} > 0.$$

为了保证 x_1^* 和 x_3^* 都为正, 考虑两种情况:

若 $\eta < \eta^*$ 成立, 则要求

$$0 < x_2^* < \frac{\gamma\delta}{k\beta_2\gamma + k\beta_1 m_A - \eta\gamma}.$$

若 $\eta > \eta^*$ 成立, 则需要 $x_2^* > 0$. 将 x_1^* 和 x_3^* 代入式(2.2.8)可得

$$A x_2^{*2}\exp(-ax_2^*) + Bx_2^* + Cx_2^* + D = 0, \tag{2.2.11}$$

其中

$$A = k^2 b\beta_1\beta_2, B = \delta(k\beta_1 m_A - k\beta_2 m_J - 2\eta\gamma + k\beta_2\gamma),$$

$$C = (\eta - k\beta_2)(k\beta_1 m_A - k\beta_2 m_J - \eta\gamma), D = -\gamma\delta^2.$$

式(2.2.11)是一个超越方程, 很难求解. 设

$$F(x) = Ax^2\exp(-ax) + Bx + Cx^2 + D, \tag{2.2.12}$$

$F(x)$ 随 η 的变化曲线如图 2.2 所示. 易知模型(2.2.1)可能有一个正平衡态(如图 2.2(a)所示)或两个正平衡态(如图 2.2(b)所示)或没有正平衡态(如图 2.2(c)所示).

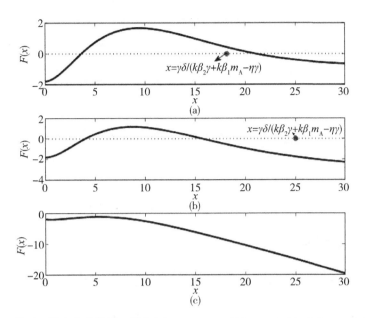

图 2.2 函数 $F(x)$ 关于 η 的变化曲线图, 其中(a) $\eta = 0.01$; (b) $\eta = 0.04$; (c) $\eta = 0.18$, 其他参数 $b = 50, \delta = 2, a = 0.22, \beta_1 = 0.2, \beta_2 = 0.1, k = 0.4, \gamma = 0.45, m_A = 0.45, m_J = 0.8, \eta^* = 0.12$

2.2.3 分支分析

上一节中当 $\eta < \eta^*$, 存在 $\lambda_1 = 0$, 这说明捕食者灭绝平衡态只有一个零特征值. 因此模型(2.2.1)在 $R_0 = R^*$ 处经历一次分支, 取 δ 作为分支参数. 因此存在一个 δ^*, 使得 $R_0 = R^*$.

若 $\delta < \delta^*$ 时有 $R_0 > R^*$, $\delta > \delta^*$ 时有 $R_0 < R^*$, 则 $(\bar{E}, \delta^*)$ 处的雅可比矩阵为

$$
\left. \boldsymbol{J} \right|_{(\bar{E}, \delta^*)} = \begin{pmatrix} -\gamma - m_J & \dfrac{b}{R_0}\left[1 + \ln\left(\dfrac{1}{R_0}\right)\right] & \dfrac{\beta_1 m_A}{a\gamma}\ln\left(\dfrac{1}{R_0}\right) \\ \gamma & -m_A & \dfrac{\beta_2}{a}\ln\left(\dfrac{1}{R_0}\right) \\ 0 & 0 & 0 \end{pmatrix}.
$$

显然 $\boldsymbol{V} = (v_1, v_2, v_3) = (0, 0, 1)$ 是矩阵 $\left.\boldsymbol{J}\right|_{(\bar{E}, \delta^*)}$ 的一个左特征向量, 设 $\boldsymbol{W} = (w_1, w_2, w_3)$ 是矩阵 $\left.\boldsymbol{J}\right|_{(\bar{E}, \delta^*)}$ 的右特征向量, 其中 $w_3 = 1$, 则

$$
\begin{cases} -(\gamma + m_J)w_1 + \dfrac{b}{R_0}\left[1 + \ln\left(\dfrac{1}{R_0}\right)\right]w_2 + \dfrac{\beta_1 m_A}{a\gamma}\ln\left(\dfrac{1}{R_0}\right) = 0, \\ \gamma w_1 - m_A w_2 + \dfrac{\beta_2}{a}\ln\left(\dfrac{1}{R_0}\right) = 0, \end{cases} \tag{2.2.13}
$$

解得

$$w_1 = -\frac{\beta_1 m_A}{a\gamma(\gamma + m_J)} - \frac{\beta_2}{a\gamma}\left[1 + \ln\left(\frac{1}{R_0}\right)\right], w_2 = -\frac{1}{am_A(\gamma + m_J)}[\beta_1 m_A + \beta_2(\gamma + m_J)].$$

从而得到 $\boldsymbol{VW} = 1$. 此外

$$\frac{\partial^2 f_3}{\partial x_1 \partial x_3}\bigg|_{(\bar{E}, \delta^*)} = k\beta_1, \frac{\partial^2 f_3}{\partial x_2 \partial x_3}\bigg|_{(\bar{E}, \delta^*)} = k\beta_2 - \eta,$$

$$\frac{\partial^2 f_3}{\partial x_3 \partial x_1}\bigg|_{(\bar{E}, \delta^*)} = k\beta_1, \frac{\partial^2 f_3}{\partial x_3 \partial x_2}\bigg|_{(\bar{E}, \delta^*)} = k\beta_2 - \eta.$$

因此

$$\Lambda = \frac{1}{2}\left(w_1 w_3 \frac{\partial^2 f_3}{\partial x_1 \partial x_3} + w_2 w_3 \frac{\partial^2 f_3}{\partial x_2 \partial x_3} + w_3 w_1 \frac{\partial^2 f_3}{\partial x_3 \partial x_1} + w_3 w_2 \frac{\partial^2 f_3}{\partial x_3 \partial x_2}\right)\bigg|_{(\bar{E}, \delta^*)}$$

$$= k\beta_1 w_1 + (k\beta_2 - \eta)w_2,$$

且 $\kappa = v_3 w_3 \dfrac{\partial^2 f_3}{\partial x_3 \partial \delta} = -1 \neq 0$. 利用文献[61]的相关结论可以得到.

定理 2.9 若 $\Lambda < 0$, 则当 $\delta^* - \varepsilon_1 < \delta < \delta^*$ 时在 $\bar{E}$ 附近存在一个稳定的正平衡态, 模型 $(2.2.1)$ 在 $\delta = \delta^*$ 处发生前向分支. 若 $\Lambda > 0$, 则 $\delta^* < \delta < \delta^* + \varepsilon_2$ 时在 $\bar{E}$ 附近存在一个不稳定的正平衡态, 使得模型 $(2.2.1)$ 在 $\delta = \delta^*$ 处发生后向分支.

备注 2.10 若 $\beta_1 = 0($ 或 $\beta_2 = 0)$, 则当 $\eta > \eta_2^*($ 或 $\eta < \eta_2^*)$ 时

$$\Lambda = -\frac{\beta_2(k\beta_2 - \eta)}{am_A} < 0\left(\text{或 } \Lambda = -\frac{\beta_1}{a\gamma(\gamma + m_J)}(k\beta_1 m_A - \eta\gamma) < 0\right).$$

因此, 模型 $(2.2.4)$ 和模型 $(2.2.7)$ 在 $\delta = \delta^*$ 处发生了前向分支.

备注 2.11 平凡平衡态 E_0 在 $R_0 = 1$ 处也有一个零特征值, 将 b 作为分支参数, 存在 b^*, 当 $b > b^*$ 时有 $R_0 > 1$ 和当 $b < b^*$ 时有 $R_0 < 1$. 易得

$$\boldsymbol{W}_1 = (1, \gamma/m_A/0), \boldsymbol{V}_1 = \left(\frac{m_A^2}{m_A^2 + b\gamma}, \frac{bm_A^2}{m_A^2 + b\gamma}, 0\right)$$

分别是矩阵 $\boldsymbol{J}|_{(E_0, b^*)}$ 的右、左特征值, 它们满足 $\boldsymbol{V}_1 \boldsymbol{W}_1 = 1$, 且有

$$\Lambda = -\frac{ab\gamma^2}{m_A^2 + b\gamma} < 0, \kappa = \frac{\gamma m_A}{m_A^2 + b\gamma} \neq 0.$$

因此, 模型 $(2.2.1)$ 在 $R_0 = 1$ 发生前向分支.

2.2.4 数值分析

通过 Xpp-Auto 从数值上研究模型 $(2.2.1)$ 的动力学行为. 上一节得到若以 δ 作为分支参数, 模型 $(2.2.1)$ 可以经历后向分支和前向分支. 在图 2.3(a) 和 (b) 中, 令 $R_0 = R^*$, 分别得出在图 2.3(a) 情形下的 $\delta^* = 1.844$ 和图 2.3(b) 情形下的 $\delta^* = 1.039$, 同时分别计算得出

两种情形下的 $\Lambda = 0.107 > 0$ 和 $\Lambda = -0.023 < 0$，模型(2.2.1)分别发生后向分支和前向分支，如图 2.3(a) 和图 2.3(b)所示.

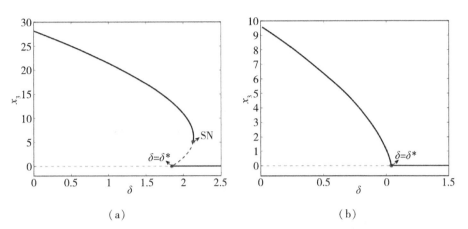

(a)   (b)

图 2.3   以 δ 为分支参数的分支图，SN 是鞍结点分支，虚线和实线分别表示不稳定和稳定的平衡点，固定参数 $\eta = 0.01, a = 0.22, \beta_1 = 0.2, \beta_2 = 0.1, k = 0.4, \gamma = 0.45, m_A = 0.45, m_J = 0.8$，其中(a) $b = 50$，(b) $b = 10$

紧接着，研究反捕食行为如何影响模型(2.2.1)的动力学行为. 由图 2.4(a)~(c)可知，当 η 值较小时(即在后向分支点以下)，存在一个稳定的正平衡态，随着 η 的增大，幼年和成年食饵的数量都增加，捕食者的数量会处于相对稳定状态. 随着 η 值的继续增大，正平衡态逐渐变为稳定的捕食者灭绝平衡态，捕食者的数量慢慢减小. 此外，当 η 值经过鞍结点分支时，稳定的正平衡态消失，捕食者由于反捕食者行为而最终灭绝.

以 b 为分支参数，图 2.4(d)~(f)表明模型(2.2.1)首先在 $b = 1.25$ 处发生前向分支，此时模型的平凡平衡态失去稳定性，出现一个稳定的捕食者灭绝平衡态；当 b 继续增加到 43.56 时，模型发生鞍结点分支，同时存在一个不稳定和一个稳定的正平衡态；随后模型(2.2.1)在 $b = 68.2$ 处发生后向分支，即跨临界分支，此时捕食者灭绝平衡态失去稳定性，不稳定的正平衡态消失.

随后，图 2.5 给出了模型(2.2.1)两参数 η 和 b 数的分支图. 在 ω_1 区域，只有一个平凡平衡态是稳定的. 在 ω_2 区域，当平凡平衡态失去稳定性后，出现了稳定的捕食者灭绝平衡态. 当参数从区域 ω_2 到区域 ω_3 变化时，模型(2.2.1)发生鞍结点分支，此时模型存在两个正平衡态，其中一个是双稳定的捕食者灭绝平衡态. 若参数从区域 ω_3 到区域 ω_4 变化时，模型(2.2.1)发生后向分支. 如图 2.5 所示，当食饵的出生率 b 较小时(即 $0 < b < 38$)，反捕食者行为不会影响系统的动力学行为，此时捕食者会灭绝；当出生率 b 较高时，捕食者和食饵总是可以共存；若反捕食者行为的程度更高，则捕食者会灭绝.

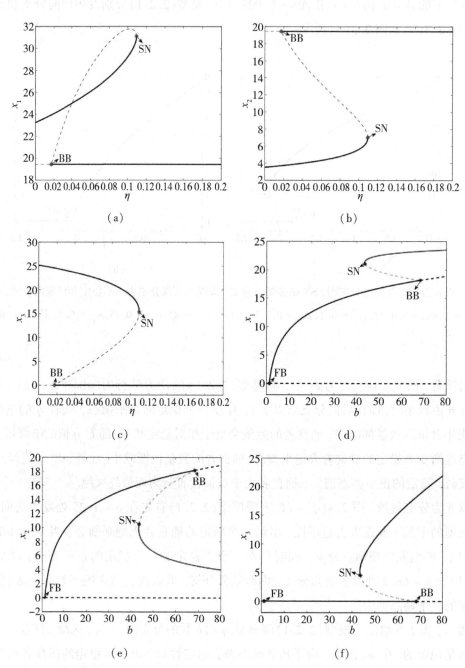

图 2.4 分支图. (a)~(c)以 η 为分支参数, 其中 $b = 90$. (d)~(f)以 b 为分支参数, 其中 $\eta = 0.01$. SN 表示鞍结点分支, BB 表示后向分支, FB 表示前向分支. 虚线和实线分别表示不稳定和稳定的平衡点, 其中 $\delta = 2$, 其他参数值和图 2.3 一致

图 2.4(a)~(c)表明若 $\eta \in (0.0171, 0.1095)$, 则模型(2.2.1)的正平衡态和捕食者灭绝平衡态是双稳定状态的. 因此, 图 2.6(a)(b)中研究了模型(2.2.1)关于 x_1 和 x_3 的吸引

域. 当 x_1 和 x_3 的初始值位于深灰色区域时, 解轨线趋于捕食者灭绝平衡态; 当 x_1 和 x_3 的初始值位于黑色区域时, 解轨线趋于正平衡态. 在图 2.6(a) 中, 若初始值 $x_3 \in [6.5,7]$, 则模型(2.2.1) 存在一个决定正平衡态稳定性的 x_1 临界值. 这意味着可以引进更多的幼年食饵来维持濒危捕食者的存在. 图 2.6(a) 和(b) 表明 η 的增加会使捕食者灭绝平衡态的稳定区域扩大, 这意味着捕食者和食饵共存的可能性会减少. 相应地, 图 2.6(c) 和(d) 表明食饵反捕食行为的程度越高, 在稳定状态下, 食饵的数量越多, 捕食者的数量就越少.

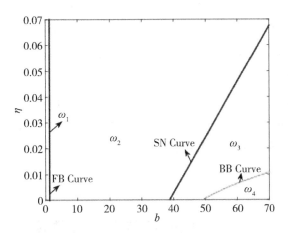

图 2.5 以 b 和 η 为分支参数的分支图, SN 表示鞍结点分支, BB 表示后向分支, FB 表示前向分支, 其他参数值与图 2.4 相同

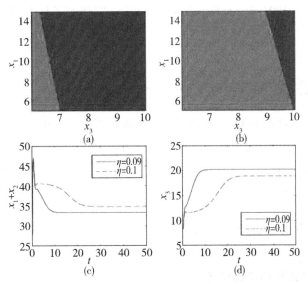

图 2.6 当 $\eta = 0.09$ 时系统(2.2.1) 的吸引域为(a), 当 $\eta = 0.1$ 时为(b), 并且固定 x_2 的初始值为 5. (c) 和(d) 是系统(2.2.1) 初始值为(6,5,10) 的解, 这里 $b = 90$, 其他参数值和图 2.4 一致

2.2.5　小结

本节构建了一个具有阶级结构的捕食-被捕食模型,以此来研究成年食饵对捕食种群的反捕食效应.通过对特征方程、特征值的计算,探讨模型平衡态的存在性和稳定性,进一步分析了模型发生前向分支与后向分支的条件,并用数值方法研究了模型的分支现象,数值结果表明,当捕食者只以一类年龄层的食饵为食时,模型不会发生后向分支,同时模型最多只存在一个稳定的正平衡态.

同时,数值结果还表明当捕食者的猎杀捕食食饵的行为较弱时,捕食者与食饵可以共存,如图 2.4(a)~(c)所示,显然食饵的反捕食行为有利于幼年和成年食饵数量的增长,同时达到抑制捕食者数量的目的.另外,这种反捕食现象会减弱模型的正平衡态的稳定性,这些结论与文献[59]的主要结果一致.

本书只考虑用线性项函数代表食饵的反捕食者行为和捕食者的功能型反应函数,若更加复杂的非线性 Holling 型功能反应函数,则系统的动力学行为将会更加复杂,在此基础上如果还考虑季节因素、捕食者繁殖与捕食之间的时间滞后效应,都会给我们的研究工作带来更多挑战.

2.3　Logistic 模型中的时滞效应

生态系统经常会受到不可预测的随机因素干扰,而生态系统是否能够承受这些因素干扰是一个重要的课题.1993 年,K.Gopalsamy 和 Weng[63]研究了如下的模型

$$\begin{cases} \dfrac{dn(t)}{dt} = rn(t)\left[1 - \dfrac{a_1 n(t) + a_2 n(t-\tau)}{K} - cu(t)\right], \\ \dfrac{du(t)}{dt} = -au(t) + bn(t-\tau), \\ n(s) = \phi(s) \geqslant 0, \phi(0) > 0, \phi \in C([-\tau,0], R^+), \\ u(t) = u_0, \end{cases} \quad (2.3.1)$$

其中,u 为控制变量,$r,\tau,a_1,a,b,c,K \in (0,+\infty)$.本节将研究系统(2.3.1)平衡态的稳定性和 Hopf 分支的存在性.

2.3.1　平衡态的稳定性和 Hopf 分支

1. 模型(2.3.1)正平衡态的稳定性

模型(2.3.1)存在唯一的正平衡点 $E(n_0,u_0)$,其中

$$\left(\frac{a_1 + a_2}{K} + \frac{bc}{a}\right)n_0 = 1, u_0 = \frac{b}{a}n_0.$$

显然模型(2.3.1)在无时滞效应时 $E(n_0, u_0)$ 是全局渐近稳定的, 相关研究见文献 [64]. 当 $\tau > 0$ 时, 可以通过 $E(n_0, u_0)$ 的线性化分析来研究时滞对模型(2.3.1)的平衡态稳定性. 为此, 把模型(2.3.1)改写为

$$\begin{cases} \dfrac{dx(t)}{dt} = -\dfrac{a_1 rn_0}{K}x(t) - \dfrac{a_2 rn_0}{K}x(t-\tau) - rcn_0 y(t) - \dfrac{ar}{K}x^2(t) - \dfrac{ra_2}{K}x(t)x(t-\tau) - crx(t)y(t), \\ \dfrac{dy(t)}{dt} = -ay(t) + bx(t-\tau), \end{cases}$$

$$(2.3.2)$$

其中 $x = n - n_0, y = u - u_0$. 保留模型(2.3.2)中的线性项可得

$$\begin{cases} \dfrac{dx(t)}{dt} = -\dfrac{a_1 rn_0}{K}x(t) - \dfrac{a_2 rn_0}{K}x(t-\tau) - rcn_0 y(t), \\ \dfrac{dy(t)}{dt} = -ay(t) + bx(t-\tau). \end{cases}$$

$$(2.3.3)$$

模型(2.3.3)的特征方程为

$$\Delta(\lambda, \tau) = \lambda^2 + A\lambda + B + Ce^{-\lambda\tau} + D\lambda e^{-\lambda\tau} = 0, \qquad (2.3.4)$$

其中 $A = \dfrac{a_1 rn_0}{K} + a, B = \dfrac{a_1 rn_0 a}{K}, C = \dfrac{a_2 rn_0 a}{K} + bcrn_0, D = \dfrac{a_2 rn_0}{K}$. 显然 $A, B, C, D \in \mathbf{R}^+$ 和 $A^2 > 2B$.

进一步研究 E 的局部吸引性, 将 $\lambda = \alpha + i\omega$ 代入方程(2.3.4), 分离实部与虚部可得

$$\begin{cases} \alpha^2 - \omega^2 + A\alpha + B + Ce^{-\alpha\tau}\cos\omega\tau + (D\omega\sin\omega\tau + D\alpha\cos\omega\tau)e^{-\alpha\tau} = 0, \\ 2\alpha\omega + A\omega - Ce^{-\alpha\tau}\sin\omega\tau + (D\omega\cos\omega\tau - D\alpha\sin\omega\tau)e^{-\alpha\tau} = 0. \end{cases} \quad (2.3.5)$$

为了研究时滞效应导致平衡态不稳定的充要条件, 需要引用文献[65]的相关结论:

引理 2.12 当 $\tau \geq 0$, 模型(2.3.1)平衡态是渐近稳定的充要条件为

I $\Delta(\lambda, 0) = 0$ 的所有根的实部是负的;

II 对所有实数 m 和 $\tau \geq 0, \Delta(im, \tau) \neq 0$, 其中 $i^2 = -1$.

定理 2.13 若 $A^2 - 2B - D^2 \geq 0, B \geq C, \tau \geq 0$ 时, 则模型(2.3.1)平衡态 E 是局部渐近稳定的.

证明 由式(2.3.4)可知

$$\Delta(\lambda, 0) = \lambda^2 + (A+D)\lambda + B + C = 0,$$

显然 $A+D$ 和 $B+C$ 总是正的, 满足引理2.1的条件1,进一步考虑 $\Delta(i\omega_0, \tau) = 0$ 的两种情形:

(1)若 $\omega_0 = 0$, 则 $\Delta(0, \tau) = B + C \neq 0$;

(2)若 $\omega_0 \neq 0$, 令

33

$$\Delta(\mathrm{i}\omega_0,\tau)=-\omega_0^2+B+D\omega_0\sin\omega_0\tau+C\cos\omega_0\tau+\mathrm{i}(A\omega_0-C\sin\omega_0\tau+D\omega_0\cos\omega_0\tau)=0,$$

分离实部和虚部可得

$$\begin{cases} \omega_0^2-B=D\omega_0\sin\omega_0\tau+C\cos\omega_0\tau, \\ A\omega_0=C\sin\omega_0\tau-D\omega_0\cos\omega_0\tau. \end{cases} \tag{2.3.6}$$

由式(2.3.6)可得

$$\omega_0^4+(A^2-D^2-2B)\omega_0^2+B^2-C^2=0. \tag{2.3.7}$$

由于 $A^2-D^2-2B\geqslant0,B^2-C^2\geqslant0$, 且 $\Delta(\mathrm{i}\omega_0,\tau)\neq0$, 对实数 ω_0, 满足引理 2.12 的条件 2. 因此, 模型(2.3.1)存在唯一的渐近稳定的内部平衡态.

2. 模型(2.3.1)的 Hopf 分支

(1)有一对虚根

引理 2.14　若 $B<C$, 当 $\tau=\tau_n$ 时存在一对纯虚数根 $\pm\mathrm{i}\omega_0$, 其中

$$\tau_n=\frac{1}{\omega_0}\arccos\frac{C(\omega_0^2-B)-AD\omega_0^2}{D^2\omega_0^2+C^2}+\frac{2n\pi}{\omega_0},n\in\mathbf{Z}^+, \tag{2.3.8}$$

$$\omega_0=\frac{1}{\sqrt{2}}(D^2+2B-A^2+\sqrt{\Delta})^{\frac{1}{2}},\Delta=(A^2-D^2-2B)^2+4C^2-4B^2. \tag{2.3.9}$$

证明　由式(2.3.7)可知

$$\omega_0=\frac{1}{\sqrt{2}}(D^2+2B-A^2+\sqrt{\Delta})^{\frac{1}{2}},$$

将 $\lambda=\mathrm{i}\omega_0$ 代入式(2.3.6)可得

$$\tau=\tau_n=\frac{1}{\omega_0}\arccos\frac{C(\omega_0^2-B)-AD\omega_0^2}{D^2\omega_0^2+C^2}+\frac{2n\pi}{\omega_0},n\in\mathbf{Z}^+.$$

因此当 $\tau=\tau_n$ 时存在一对纯虚数根 $\pm\mathrm{i}\omega_0$.

令 $F(\lambda)=\lambda^2+A\lambda+B+C\mathrm{e}^{-\lambda\tau}+D\lambda\mathrm{e}^{-\lambda\tau}=0$, 设 $\lambda=\pm\mathrm{i}\omega_0$ 不是单根. $F(\lambda)$ 对 λ 求导即可得

$$\frac{\partial F}{\partial\lambda}=2\lambda+A-C\tau\mathrm{e}^{-\lambda\tau}+(D-\tau D\lambda)\mathrm{e}^{-\lambda\tau}=0,$$

将 $\lambda=\mathrm{i}\omega_0,\tau=\tau_n$ 代入上式和式(2.3.6)中分别可得

$$\begin{cases} A+D\cos\omega_0\tau_n-\tau_n(C\cos\omega_0\tau_n+D\omega_0\sin\omega_0\tau_n)=0, \\ 2\omega_0-D\sin\omega_0\tau_n+\tau_n(C\sin\omega_0\tau_n-D\omega_0\cos\omega_0\tau_n)=0, \end{cases} \tag{2.3.10}$$

和

$$\begin{cases} C\cos\omega_0\tau_n+D\omega_0\sin\omega_0\tau_n=\omega_0^2-B, \\ C\sin\omega_0\tau_n-D\omega_0\cos\omega_0\tau_n=A\omega_0. \end{cases} \tag{2.3.11}$$

联立式(2.3.10)和式(2.3.11)可得

$$\cos\omega_0\tau_n = \frac{\tau_n(\omega_0^2 - B) - A}{D},$$

这与式(2.3.6)矛盾,故命题得证.

引理 2.15 $\mathrm{Re}\left[\dfrac{\mathrm{d}\lambda}{\mathrm{d}\tau}\Big|_{\tau=\tau_n}\right] > 0, n \in \mathbf{Z}^+.$

证明 对式(2.3.4)求导可得

$$\{2\lambda + A + [D - \tau(D\lambda + C)]\mathrm{e}^{-\lambda\tau}\}\frac{\mathrm{d}\lambda}{\mathrm{d}\tau} = \lambda(D\lambda + C)\mathrm{e}^{-\lambda\tau},$$

即

$$\left(\frac{\mathrm{d}\lambda}{\mathrm{d}\tau}\right)^{-1} = \frac{(2\lambda + A)\mathrm{e}^{\lambda\tau} + D}{\lambda(D\lambda + C)} - \frac{\tau}{\lambda}, \quad \mathrm{e}^{\lambda\tau} = -\frac{D\lambda + C}{\lambda^2 + A\lambda + B}.$$

因此

$$
\begin{aligned}
\mathrm{sign}\left\{\mathrm{Re}\left[\frac{\mathrm{d}\lambda}{\mathrm{d}\tau}\Big|_{\tau=\tau_n}\right]\right\} &= \mathrm{sign}\left[\mathrm{Re}\left(\frac{\mathrm{d}\lambda}{\mathrm{d}\tau}\right)^{-1}\Big|_{\lambda=\mathrm{i}\omega_0}\right] \\
&= \mathrm{sign}\left\{\mathrm{Re}\left[\frac{-2\lambda - A}{\lambda(\lambda^2 + A\lambda + B)}\Big|_{\lambda=\mathrm{i}\omega_0}\right] + \mathrm{Re}\left[\frac{D}{\lambda(D\lambda + C)}\Big|_{\lambda=\mathrm{i}\omega_0}\right]\right\} \\
&= \mathrm{sign}\left\{\frac{A^2 - 2(B - \omega_0^2)}{A^2\omega_0^2 + (\omega_0^2 - B)^2} - \frac{D^2}{D^2\omega_0^2 + C^2}\right\} \\
&= \mathrm{sign}\{A^2 - D^2 - 2B + 2\omega_0^2\} \\
&= 1 > 0.
\end{aligned}
$$

所以 $\mathrm{Re}\left[\dfrac{\mathrm{d}\lambda}{\mathrm{d}\tau}\Big|_{\tau=\tau_n}\right] > 0$,故命题得证.

由引理2.14和引理2.15,当满足文献[65]的条件时,可得到如下定理.

定理 2.16 若模型(2.3.1)满足引理2.14的所有条件,则模型(2.3.1)有

I 当 $0 < \tau < \tau_0$ 时 E 是渐近稳定的;

II 当 $\tau > \tau_0$ 时 E 是不稳定的;

III $\tau = \tau_n, n \in \mathbf{Z}^+$ 是Hopf分支值,τ_n 由(2.3.8)定义.

(2)有两对虚根

引理 2.17 若 $B > C, D^2 + 2B - A^2 > 0, \Delta > 0$,则存在一对单虚根,当 $\tau = \tau_{1,n}$ 时 $\lambda = \pm\mathrm{i}\omega_1$,当 $\tau = \tau_{2,n}$ 时 $\lambda = \pm\mathrm{i}\omega_2$,其中

$$\tau_{1,n} = \frac{1}{\omega_1}\arccos\frac{C(\omega_1^2 - B) - AD\omega_1^2}{D^2\omega_1^2 + C^2} + \frac{2n\pi}{\omega_1}, n = 0,1,2,\cdots, \qquad (2.3.12)$$

$$\tau_{2,n} = \frac{1}{\omega_2}\arccos\frac{C(\omega_2^2 - B) - AD\omega_2^2}{D^2\omega_2^2 + C^2} + \frac{2n\pi}{\omega_2}, n = 0,1,2,\cdots, \qquad (2.3.13)$$

$$\omega_1 = \omega_2 = \frac{1}{\sqrt{2}}(D^2 + 2B - A^2 + \sqrt{\Delta})^{\frac{1}{2}}, \qquad (2.3.14)$$

$$\Delta = (A^2 - D^2 - 2B)^2 + 4C^2 - 4B^2. \qquad (2.3.15)$$

定理 2.18　若引理 2.15 的条件成立，则模型 (2.3.1) 有

i. 若 $0 < \tau_{1,0} < \tau_{2,0} < \tau_{1,1}$，则存在整数 k，使得当 $\tau \in (0, \tau_{1,0})$ 和 $\tau \in (\tau_{2,j}, \tau_{1,j+1})$，$0 \leqslant j \leqslant k-1$ 时 E 是渐近稳定的，当 $\tau \in (\tau_{1,j}, \tau_{2,j})$，$\tau > \tau_{1,k}$，$0 \leqslant j \leqslant k-1$ 时 E 是不稳定的.

ii. 若 $0 < \tau_{1,0} < \tau_{1,1} < \tau_{2,0}$，则 $\tau \in (0, \tau_{1,0})$ 时 E 是渐近稳定的，$\tau > \tau_{1,0}$ 时 E 是不稳定的.

iii. $\tau_{1,n}$ 和 $\tau_{2,n} (n = 0, 1, 2, \cdots)$ 是 Hopf 的分支值，其中 $\tau_{1,n}$ 和 $\tau_{2,n}$ 分别由式 (2.3.12) 和式 (2.3.13) 定义.

证明　对于 $\tau = 0$，可知 E 是稳定的，因此由 G.J.Bulter 的引理[66]，对于 $\tau < \tau_{1,0}$，E 是稳定的，其中 $\tau_{1,0}$ 是 $\tau_{1,n}$ 的最小正数. 可见对于 $\tau = \tau_{1,n}$，在 $\mathrm{i}\omega_1$ 处，有一对根与虚轴相交于右半平面，对于 $\tau = \tau_{2,n}$，在 $\mathrm{i}\omega_2$ 处，有一对根与虚轴相交于左半平面. 根据 Cooke 引理[67]，方程 (2.3.4) 乘子和在开右半平面改变当且仅当零与虚轴的交点上出现零点.

当 $0 < \tau < \tau_{1,0}$ 时的和为 0，当 $\tau_{1,0} < \tau < \tau_{2,0}$ 时至少为 2，因此 $0 < \tau < \tau_{1,0}$ 时平衡态 E 是渐近稳定的，当 $\tau_{1,0} < \tau < \tau_{2,0}$ 时平衡态是不稳定的. 于是 $\tau_{1,n+1} - \tau_{1,n} = \dfrac{2\pi}{\omega_1} < \dfrac{2\pi}{\omega_2} = \tau_{2,n+1} - \tau_{2,n}$ 存在整数 k 使得两个序列交替出现，然而当出现第一个序列的前两项时，连续存在两个实部为正的根，因此 E 不稳定. 当 $\tau_{1,0}$ 和 $\tau_{1,1}$ 穿过虚轴，存在两个正实部的根，故在 $\tau_{1,0}$ 穿过虚轴后，相应的平衡态 E 不稳定.

第3章 离散动力系统

3.1 浮游生物植化相克现象

在水生生态系统中, 对浮游生物周期性变化的研究是一个重要的课题. 自然环境、营养物质的变化将会引起浮游生物数量的变化. E.L.Rice[68] 观察到某些种群产生的毒素物质可能影响到其他种群数量的增长. 在本节我们将研究浮游生物植化相克时滞差分系统的渐近行为. 本节材料主要来源于文献[77][305].

3.1.1 模型建立

Maynard Smith[69] 和 J. Chattopadhyay[70] 在经典的 Lotka-Volterra 竞争系统的基础上考虑毒素影响, 建立了如下的浮游生物植化相克模型

$$
\begin{cases}
\dfrac{\mathrm{d}x_1(t)}{\mathrm{d}t} = x_1(t)\left[r_1 - a_{11}x_1(t) - a_{12}x_2(t) - b_1 x_1(t) x_2(t)\right], \\
\dfrac{\mathrm{d}x_2(t)}{\mathrm{d}t} = x_2(t)\left[r_2 - a_{21}x_1(t) - a_{22}x_2(t) - b_2 x_1(t) x_2(t)\right],
\end{cases}
\tag{3.1.1}
$$

其中 $x_1(t), x_2(t)$ 分别是两个竞争种群的种群密度; r_1, r_2 为两种群的内禀增长率; a_{11}, a_{22} 分别为两种群的种内竞争率; a_{12}, a_{21} 分别为两种群的种间竞争率; b_1, b_2 为毒素抑制率.

根据文献[71], 考虑环境的周期性变化和分布时滞的影响, 模型(3.1.1)可改写成

$$
\begin{cases}
\dfrac{\mathrm{d}x_1(t)}{\mathrm{d}t} = x_1(t)\left[r_1(t) - a_{11}(t)x_1(t) - a_{12}(t)x_2(t) - b_1(t) x_1(t) \displaystyle\int_{-\tau}^{0} K_2(s) x_2(t+s)\,\mathrm{d}s\right], \\
\dfrac{\mathrm{d}x_2(t)}{\mathrm{d}t} = x_2(t)\left[r_2(t) - a_{21}(t)x_1(t) - a_{22}(t)x_2(t) - b_2(t) x_2(t) \displaystyle\int_{-\tau}^{0} K_1(s) x_1(t+s)\,\mathrm{d}s\right],
\end{cases}
$$
$$\tag{3.1.2}$$

其中 $K_i(t) \in C([-\tau,0),(0,+\infty))$, $\displaystyle\int_{-\tau}^{0} K_i(s)\,\mathrm{d}s = 1$. 系数 $r_i(t), a_{ij}(t), b_i(t)$ 为非负连续函数, τ 为正常数, $i,j = 1,2$.

基于文献[72][73][74]的建模思想, 采用离散化的方法来推导出模型(3.1.2)对应的离散形式, 为此, 考虑分布时滞项

$$\int_{-\tau}^{0} K_i(s) x_i(t+s)\, \mathrm{d}s = \int_{0}^{\tau} K_i(-s) x_i(t-s)\, \mathrm{d}s$$

$$\approx \sum_{\left[\frac{s}{h}\right]=0}^{M} K_i\left(-\left[\frac{s}{h}\right]h\right) x_i\left(\left[\frac{t}{h}\right]h - \left[\frac{s}{h}\right]h\right) w(h),$$

$t \in [nh, (n+1)h], s \in [ph, (p+1)h], n, p \in \mathbf{Z}^+; i = 1, 2.$ 注意 $M = \left[\dfrac{\tau}{h}\right], w(h) = h + O(h),$ 其中 $h > 0$ 为步长, $[\cdot]$ 表示最大取整函数. 则模型(3.1.2)即为

$$\begin{cases}
\dfrac{\mathrm{d}x_1(t)}{\mathrm{d}t} = x_1(t)\left\{ r_1\left(\left[\dfrac{t}{h}\right]h\right) - a_{11}\left(\left[\dfrac{t}{h}\right]h\right) x_1\left(\left[\dfrac{t}{h}\right]h\right) - a_{12}\left(\left[\dfrac{t}{h}\right]h\right) x_2\left(\left[\dfrac{t}{h}\right]h\right) \right. \\
\qquad\qquad \left. - b_1\left(\left[\dfrac{t}{h}\right]h\right) x_1\left(\left[\dfrac{t}{h}\right]h\right) \sum_{\left[\frac{s}{h}\right]=0}^{M} K_2\left(-\left[\dfrac{s}{h}\right]h\right) x_2\left(\left[\dfrac{t}{h}\right]h - \left[\dfrac{s}{h}\right]h\right) h \right\}, \\
\dfrac{\mathrm{d}x_2(t)}{\mathrm{d}t} = x_2(t)\left\{ r_2\left(\left[\dfrac{t}{h}\right]h\right) - a_{21}\left(\left[\dfrac{t}{h}\right]h\right) x_1\left(\left[\dfrac{t}{h}\right]h\right) - a_{22}\left(\left[\dfrac{t}{h}\right]h\right) x_2\left(\left[\dfrac{t}{h}\right]h\right) \right. \\
\qquad\qquad \left. - b_2\left(\left[\dfrac{t}{h}\right]h\right) x_2\left(\left[\dfrac{t}{h}\right]h\right) \sum_{\left[\frac{s}{h}\right]=0}^{M} K_1\left(-\left[\dfrac{s}{h}\right]h\right) x_1\left(\left[\dfrac{t}{h}\right]h - \left[\dfrac{s}{h}\right]h\right) h \right\},
\end{cases}$$

$$(3.1.3)$$

其中 $\left[\dfrac{t}{h}\right] = n, \left[\dfrac{s}{h}\right] = p,$ 将其代入模型(3.1.3)可得

$$\begin{cases}
\dfrac{\mathrm{d}x_1(t)}{\mathrm{d}t} = x_1(t)\left[r_1(nh) - a_{11}(nh) x_1(nh) - a_{12}(nh) x_2(nh) \right. \\
\qquad\qquad \left. - b_1(nh) x_1(nh) \sum_{p=0}^{M} k_2(ph) x_2(nh - ph) h \right], \\
\dfrac{\mathrm{d}x_2(t)}{\mathrm{d}t} = x_2(t)\left[r_2(nh) - a_{21}(nh) x_1(nh) - a_{22}(nh) x_2(nh) \right. \\
\qquad\qquad \left. - b_2(nh) x_2(nh) \sum_{p=0}^{M} k_1(ph) x_1(nh - ph) h \right],
\end{cases}$$

$$(3.1.4)$$

其中 $k_i(ph) = K_i(-ph), i = 1, 2.$ 当 $nh < t < (n+1)h$ 时, 对模型(3.1.4)等号两边从 nh 到 t 求积分可得

$$\begin{cases}
\dfrac{\mathrm{d}x_1(t)}{\mathrm{d}t} = x_1(nh) \exp\left\{ \left[r_1(nh) - a_{11}(nh) x_1(nh) - a_{12}(nh) x_2(nh) \right. \right. \\
\qquad\qquad \left. \left. - b_1(nh) x_1(nh) \sum_{p=0}^{M} k_2(ph) x_2(nh - ph) h \right] (t - nh) \right\}, \\
\dfrac{\mathrm{d}x_2(t)}{\mathrm{d}t} = x_2(nh) \exp\left\{ \left[r_2(nh) - a_{21}(nh) x_1(nh) - a_{22}(nh) x_2(nh) \right. \right. \\
\qquad\qquad \left. \left. - b_2(nh) x_2(nh) \sum_{p=0}^{M} k_1(ph) x_1(nh - ph) h \right] (t - nh) \right\}.
\end{cases}$$

$$(3.1.5)$$

记 $x_i(n) = x_i(nh), r_i(n) = r_i(nh)h, a_{ij}(n) = a_{ij}(nh)h, b_i(n) = b_i(nh)h, k_i(n) = k_i(nh)h$，当 $t \to (n+1)h$ 时，模型 (3.1.5) 为

$$\begin{cases} x_1(n+1) = x_1(n)\exp\{r_1(n) - a_{11}(n)x_1(n) - a_{12}(n)x_2(n) \\ \qquad - b_1(n)x_1(n)\sum_{p=0}^{M} k_2(p)x_2(n-p)\}, \\ x_2(n+1) = x_2(n)\exp\{r_2(n) - a_{21}(n)x_1(n) - a_{22}(n)x_2(n) \\ \qquad - b_2(n)x_2(n)\sum_{p=0}^{M} k_1(p)x_1(n-p)\}, \end{cases} \tag{3.1.6}$$

且具有初始条件

$$\begin{cases} x_1(\Phi) \geqslant 0, x_2(\Phi) \geqslant 0, \Phi \in [-p,0] \cap \mathbf{Z}, \\ x_1(0) > 0, x_2(0) > 0. \end{cases} \tag{3.1.7}$$

因此可得模型 (3.1.2) 的离散形式 (3.1.6).

3.1.2 持久生存性

在本节中，我们将研究模型 (3.1.6) 的持久生存性. 为了叙述的方便，做如下记号

$$\Delta_i^{\varepsilon} = \frac{a_{ii}^U + b_i^U(M_j + \varepsilon)(M+1)k_j^U}{r_i^L - a_{ij}^U(M_j + \varepsilon)}, \quad \Delta_i = \lim_{\varepsilon \to 0}\Delta_i^{\varepsilon}; \tag{3.1.8}$$

$$M_j \triangleq \frac{\exp(r_j^U - 1)}{a_{jj}^L}, \tag{3.1.9}$$

其中 ε 是一个充分小的正常数，$i,j = 1,2; i \neq j$.

定理 3.1 若

$$\min\{r_1^L - a_{12}^U M_2, r_2^L - a_{21}^U M_1\} > 0; \tag{3.1.10}$$

$$\min\{\Delta_1 M_1, \Delta_2 M_2\} > 1 \tag{3.1.11}$$

成立，则模型 (3.1.6) 是持久生存的.

证明 假设 $\{x_1(n), x_2(n)\}$ 为模型 (3.1.6) 的任意一个正解. 我们将分两步来证明该定理.

步骤 1 要证明 $\{x_1(n), x_2(n)\}$ 满足

$$\limsup_{n \to +\infty} x_1(n) \leqslant M_1, \limsup_{n \to +\infty} x_2(n) \leqslant M_2.$$

首先证明 $\limsup_{n \to +\infty} x_1(n) \leqslant M_1$. 由模型 (3.1.6) 的第一个方程有

$$x_1(n+1) \leqslant x_1(n)\exp[r_1(n) - a_{11}^L x_1(n)] \leqslant x_1(n)\exp\left\{r_1(n)\left[1 - \frac{a_{11}^L}{r_1^U}x_1(n)\right]\right\},$$

进一步得

$$\limsup_{n \to +\infty} x_1(n) \leqslant \frac{\exp(r_1^U - 1)}{a_{11}^L} = M_1. \tag{3.1.12}$$

同理可证

$$\limsup_{n \to +\infty} x_2(n) \leqslant \frac{\exp(r_2^U - 1)}{a_{22}^L} = M_2.$$ (3.1.13)

步骤 2　要证明 $\{x_1(n), x_2(n)\}$ 满足

$$\liminf_{n \to +\infty} x_i(n) \geqslant m_i \triangleq \frac{\exp[(r_i^L - a_{ij}^U M_j)(1 - \Delta_i M_i)]}{\Delta_i}, i,j = 1,2; i \neq j.$$

对于充分小的正数 ε，由条件(3.1.10)与(3.1.11)可得

$$r_1^L - a_{12}^U(M_2 + \varepsilon) > 0, \Delta_1^\varepsilon M_1 > 1.$$ (3.1.14)

对于上述的 ε，由式(3.1.13)可知存在正整数 n_0，使得当 $n \geqslant n_0$ 时，有 $x_2(n) \leqslant M_2 + \varepsilon$. 则由模型(3.1.6)的第一个方程有

$$x_1(n+1) \geqslant x_1(n) \exp\{r_1^L - a_{12}^U(M_2 + \varepsilon) - [a_{11}^U + b_1^U(M_2 + \varepsilon)(M+1)k_2^U]x_1(n)\}$$
$$= x_1(n) \exp\{[r_1^L - a_{12}^U(M_2 + \varepsilon)][1 - \Delta_1^\varepsilon x_1(n)]\}.$$ (3.1.15)

联合式(3.1.14)、式(3.1.15)和相关引理可得

$$\liminf_{n \to +\infty} x_1(n) \geqslant \frac{\exp\{[r_1^L - a_{12}^U(M_2 + \varepsilon)](1 - \Delta_1^\varepsilon M_1)\}}{\Delta_1^\varepsilon},$$

当 $\varepsilon \to 0$ 时，可以得到

$$\liminf_{n \to +\infty} x_1(n) \geqslant \frac{\exp[(r_1^L - a_{12}^U M_2)(1 - \Delta_1 M_1)]}{\Delta_1} = m_1.$$ (3.1.16)

同理可证

$$\liminf_{n \to +\infty} x_2(n) \geqslant \frac{\exp[(r_2^L - a_{21}^U M_1)(1 - \Delta_2 M_2)]}{\Delta_2} = m_2.$$ (3.1.17)

综合步骤 1 与步骤 2，即可证明模型(3.1.6)是持久生存的.

3.1.3　正周期解的存在性

假设模型(3.1.6)的所有系数是正周期序列，即

$$r_i(n+\omega) = r_i(n), a_{ij}(n+\omega) = a_{ij}(n), b_i(n+\omega) = b_i(n), i,j = 1,2; \omega \in \mathbf{Z}^+.$$

下面我们将研究周期系统(3.1.6)正周期解的存在性和全局渐近稳定性.

定理 3.2　若

$$\frac{\bar{a}_{ii}}{\bar{a}_{ji}} \geqslant \min\left\{\frac{\bar{b}_i \sum_{p=0}^{M} k_j(p)}{\bar{b}_j \sum_{p=0}^{M} k_i(p)}, \frac{\bar{r}_i}{\bar{r}_j} e^{2\bar{r}_i\omega}\right\}, i,j = 1,2; i \neq j$$ (3.1.18)

成立，则模型(3.1.6)至少存在一个正的 ω-周期解.

证明 作变换

$$x_1(n) = \exp\{y_1(n)\}, x_2(n) = \exp\{y_2(n)\}, \tag{3.1.19}$$

则将式(3.1.19)代入模型(3.1.6)，可将模型(3.1.6)改写成

$$\begin{cases} y_1(n+1) - y_1(n) = r_1(n) - a_{11}(n)e^{y_1(n)} - a_{12}(n)e^{y_2(n)} - b_1(n)e^{y_1(n)}\sum_{p=0}^{M}k_2(p)e^{y_2(n-p)}, \\ y_2(n+1) - y_2(n) = r_2(n) - a_{21}(n)e^{y_1(n)} - a_{22}(n)e^{y_2(n)} - b_2(n)e^{y_2(n)}\sum_{p=0}^{M}k_1(p)e^{y_1(n-p)}. \end{cases}$$

$$\tag{3.1.20}$$

显然若系统(3.1.20)有一个 ω-周期解 $\{y_1^*(n), y_2^*(n)\}$，则模型(3.1.6)必有一个正的 ω-周期解 $\{\exp\{y_1^*(n)\}, \exp\{y_2^*(n)\}\}$，因此要证明定理3.2，只需证明系统(3.1.20)有一个 ω-周期解即可.

令 $X = Y = l^\omega$，定义差分算子 $L: X \to X$，对任意的 $y \in X, n \in \mathbf{Z}$，我们有

$$Ly = \{(Ly)(n)\} = (Ly)(n) = y(n+1) - y(n),$$

且有 $N: X \to X$，而对任意的 $(y_1, y_2) \in X, n \in \mathbf{Z}$，有

$$N\begin{bmatrix} y_1 \\ y_2 \end{bmatrix} = \begin{bmatrix} r_1(n) - \sum_{l=0}^{m}a_{1l}(n)\exp\{y_1(n-l)\} - \sum_{l=0}^{m}\dfrac{c_{2l}(n)\exp\{y_2(n-l)\}}{1+\exp\{y_2(n-l)\}} \\ r_2(n) - \sum_{l=0}^{m}a_{2l}(n)\exp\{y_2(n-l)\} - \sum_{l=0}^{m}\dfrac{c_{1l}(n)\exp\{y_1(n-l)\}}{1+\exp\{y_1(n-l)\}} \end{bmatrix}. \tag{3.1.21}$$

易得 L 是一个有界线性算子，且有

$$\mathrm{Ker}L = l_c^\omega, \quad \mathrm{Im}L = l_0^\omega, \quad \dim \mathrm{Ker}L = 2 = \mathrm{codim}\, \mathrm{Im}L,$$

于是 L 是一个指标为零的 Fredholm 映射.

定义

$$P\begin{bmatrix} y_1 \\ y_2 \end{bmatrix} = Q\begin{bmatrix} y_1 \\ y_2 \end{bmatrix} = \begin{bmatrix} \dfrac{1}{\omega}\sum_{s=0}^{\omega-1}y_1(s) \\ \dfrac{1}{\omega}\sum_{s=0}^{\omega-1}y_2(s) \end{bmatrix}, \begin{bmatrix} y_1 \\ y_2 \end{bmatrix} \in X = Y. \tag{3.1.22}$$

不难看出 P 和 Q 是连续投影且使得

$$\mathrm{Im}P = \mathrm{Ker}L, \quad \mathrm{Ker}Q = \mathrm{Im}L = \mathrm{Im}(I-Q)$$

成立.

进一步，记 $K_p = L_p^{-1} = L|_{\mathrm{DomL}\cap\mathrm{KerP}}$. 通过简单计算，$K_p$ 有如下形式

$$K_p(y) = \sum_{s=0}^{n-1}y(s) - \frac{1}{\omega}\sum_{s=0}^{\omega-1}(\omega-s)y(s).$$

从而有

$$QNy = \frac{1}{\omega}\sum_{s=0}^{\omega-1}Ny(s)$$

和

$$K_p(I - Q)Ny = \sum_{s=0}^{n-1} Ny(s) - \frac{1}{\omega} \sum_{s=0}^{\omega-1} (\omega - s)Ny(s) - \left(\frac{k}{\omega} - \frac{1+\omega}{2\omega}\right) \sum_{s=0}^{\omega-1} Ny(s).$$

下一步我们需要寻找一个有界开集 Ω. 对应于算子方程 $Ly = \lambda Ny, \lambda \in (0,1)$, 有

$$\begin{cases} y_1(n+1) - y_1(n) = \lambda\left[r_1(n) - a_{11}(n)\mathrm{e}^{y_1(n)} - a_{12}(n)\mathrm{e}^{y_2(n)} - b_1(n)\mathrm{e}^{y_1(n)}\sum_{p=0}^{M} k_2(p)\mathrm{e}^{y_2(n-p)}\right], \\ y_2(n+1) - y_2(n) = \lambda\left[r_2(n) - a_{21}(n)\mathrm{e}^{y_1(n)} - a_{22}(n)\mathrm{e}^{y_2(n)} - b_2(n)\mathrm{e}^{y_2(n)}\sum_{p=0}^{M} k_1(p)\mathrm{e}^{y_1(n-p)}\right]. \end{cases}$$

$$(3.1.23)$$

对于某个 $\lambda \in (0,1)$, 假设 $y = \{y(n)\} = \{y_1(n), y_2(n)\} \in X$ 是系统 (3.1.23) 的一个解, 对系统 (3.1.23) 两边同时从 0 到 $\omega - 1$ 关于 n 求和可得

$$\begin{cases} \bar{r}_1\omega = \sum_{n=0}^{\omega-1} \left[a_{11}(n)\mathrm{e}^{y_1(n)} + a_{12}(n)\mathrm{e}^{y_2(n)} + b_1(n)\mathrm{e}^{y_1(n)}\sum_{p=0}^{M} k_2(p)\mathrm{e}^{y_2(n-p)}\right], \\ \bar{r}_2\omega = \sum_{n=0}^{\omega-1} \left[a_{21}(n)\mathrm{e}^{y_1(n)} + a_{22}(n)\mathrm{e}^{y_2(n)} + b_2(n)\mathrm{e}^{y_2(n)}\sum_{p=0}^{M} k_1(p)\mathrm{e}^{y_1(n-p)}\right]. \end{cases}$$

$$(3.1.24)$$

因为 $y = \{y(n)\} \in X$, 所以存在 $\xi_i \in I_\omega$ 使得 $y_i(\xi_i) = \min_{n \in I_\omega}\{y_i(n)\}, i = 1,2$.
于是由 (3.1.24) 我们有

$$\bar{r}_i\omega \geqslant \sum_{n=0}^{\omega-1} \left[a_{ii}(n)\mathrm{e}^{y_i(\xi_i)} + a_{ij}(n)\mathrm{e}^{y_j(\xi_j)} + b_i(n)\mathrm{e}^{y_i(\xi_i)}\sum_{p=0}^{M} k_j(p)\mathrm{e}^{y_j(\xi_j)}\right]$$

$$\geqslant \sum_{n=0}^{\omega-1} a_{ii}(n)\mathrm{e}^{y_i(\xi_i)} = \omega\bar{a}_{ii}\mathrm{e}^{y_i(\xi_i)}, \quad i,j = 1,2; i \neq j,$$

这蕴含着

$$y_i(\xi_i) \leqslant \ln\frac{\bar{r}_i}{\bar{a}_{ii}} = \ln A_i, \quad\quad\quad (3.1.25)$$

其中 $A_i \triangleq \dfrac{\bar{r}_i}{\bar{a}_{ii}}, i = 1,2$. 此外, 联合式 (3.1.23) 和式 (3.1.24) 两式可得

$$\sum_{n=0}^{\omega-1} |y_i(n+1) - y_i(n)| \leqslant \lambda\Big\{\sum_{n=0}^{\omega-1} \big[r_i(n) + a_{ii}(n)\mathrm{e}^{y_i(n)} + a_{ij}(n)\mathrm{e}^{y_j(n)}$$

$$+ b_i(n)\mathrm{e}^{y_i(n)}\sum_{p=0}^{M} k_j(p)\mathrm{e}^{y_j(n-p)}\big]\Big\}$$

$$\leqslant 2\bar{r}_i\omega, \quad i,j = 1,2; i \neq j. \quad\quad (3.1.26)$$

于是由式 (3.1.25)、式 (3.1.26) 和相关引理可以得出

$$y_i(n) \leqslant y_i(\xi_i) + \sum_{s=0}^{\omega-1} |y_i(s+1) - y_i(s)| \leqslant \ln A_i + 2\bar{r}_i\omega, \ i = 1,2. \quad (3.1.27)$$

另一方面,存在 $\eta_i \in I_\omega$ 使得 $y_i(\eta_i) = \max\limits_{n \in I_\omega}\{y_i(n)\}, i = 1,2.$

由系统(3.1.24)

$$\bar{r}_i\omega \leqslant \sum_{n=0}^{\omega-1}\{a_{ii}(n)\mathrm{e}^{y_i(\eta_i)} + a_{ij}(n)\mathrm{e}^{y_j(\eta_j)} + b_i(n)\mathrm{e}^{y_i(\eta_i)}\sum_{p=0}^{M}k_j(p)\mathrm{e}^{y_j(\eta_j)}\}$$

$$= \left\{\left[\bar{a}_{ii} + \bar{b}_i\sum_{p=0}^{M}k_j(p)\mathrm{e}^{y_j(\eta_j)}\right]\mathrm{e}^{y_i(\eta_i)} + \bar{a}_{ij}\mathrm{e}^{y_j(\eta_j)}\right\}\omega, \quad i,j = 1,2; i \neq j. \tag{3.1.28}$$

即

$$\bar{r}_i \leqslant \left[\bar{a}_{ii} + \bar{b}_i\sum_{p=0}^{M}k_j(p)\mathrm{e}^{y_j(\eta_j)}\right]\mathrm{e}^{y_i(\eta_i)} + \bar{a}_{ij}\mathrm{e}^{y_j(\eta_j)}, \quad i,j = 1,2; i \neq j. \tag{3.1.29}$$

式(3.1.27)和式(3.1.29)两式蕴含着

$$\mathrm{e}^{y_i(\eta_i)} \geqslant \frac{\bar{r}_i - \bar{a}_{ij}\mathrm{e}^{y_j(\eta_j)}}{\bar{a}_{ii} + \bar{b}_i\sum\limits_{p=0}^{M}k_j(p)\mathrm{e}^{y_j(\eta_j)}} \geqslant \frac{\bar{r}_i - \bar{a}_{ij}\dfrac{\bar{r}_j}{\bar{a}_{jj}}\mathrm{e}^{2\bar{r}_j\omega}}{\bar{a}_{ii} + \bar{b}_i\sum\limits_{p=0}^{M}k_j(p)\dfrac{\bar{r}_j}{\bar{a}_{jj}}\mathrm{e}^{2\bar{r}_j\omega}} = \frac{\bar{r}_i\bar{a}_{jj} - \bar{a}_{ij}\bar{r}_j\mathrm{e}^{2\bar{r}_j\omega}}{\bar{a}_{ii}\bar{a}_{jj} + \bar{b}_i\sum\limits_{p=0}^{M}k_j(p)\bar{r}_j\mathrm{e}^{2\bar{r}_j\omega}} \triangleq B_i,$$

$$\tag{3.1.30}$$

其中 $i,j = 1,2; i \neq j.$ 由假设条件(3.1.18)有

$$y_i(\eta_i) > \ln B_i, i = 1,2. \tag{3.1.31}$$

由式(3.1.26)、式(3.1.31)我们有

$$y_i(n) \geqslant y_i(\eta_i) - \sum_{s=0}^{\omega-1}|y_i(s+1) - y_i(s)| \geqslant \ln B_i - 2\bar{r}_i\omega, \quad i = 1,2. \tag{3.1.32}$$

式(3.1.27)和式(3.1.32)两式蕴含着

$$|y_i(n)| \leqslant \max\{|\ln A_i + 2\bar{r}_i\omega|, |\ln B_i - 2\bar{r}_i\omega|\} \triangleq H_i, i = 1,2. \tag{3.1.33}$$

显然,$A_i, B_i, H_i; i = 1,2$ 均不依赖于 λ. 记 $H = H_1 + H_2 + h_0$,则

$$\begin{cases} \bar{r}_1 = \bar{a}_{11}\mathrm{e}^{y_1} + \bar{a}_{12}\mathrm{e}^{y_2} + \bar{b}_1\mathrm{e}^{y_1}\mathrm{e}^{y_2}\sum\limits_{p=0}^{M}k_2(p), \\ \\ \bar{r}_2 = \bar{a}_{21}\mathrm{e}^{y_1} + \bar{a}_{22}\mathrm{e}^{y_2} + \bar{b}_2\mathrm{e}^{y_1}\mathrm{e}^{y_2}\sum\limits_{p=0}^{M}k_1(p) \end{cases} \tag{3.1.34}$$

的唯一解 $(\tilde{y}_1, \tilde{y}_2)$ 满足 $\|(\tilde{y}_1, \tilde{y}_2)\| = \max\{|\tilde{y}_1|, |\tilde{y}_2|\} < h_0$(如果系统(3.1.34)至少有一个解),令 $\Omega \triangleq \{y:(y_1,y_2) \in X \mid \|y\| < H\}$,这样 Mawhin 连续性定理[75]中的条件(1)成立.

当 $y = \{y_1, y_2\} \in \partial\Omega \cap \mathrm{Ker}L = \partial\Omega \cap \mathbf{R}^2$,$(y_1, y_2)$ 是 $\mathbf{R}^2$ 中的常数向量且 $\|y\| = H$. 如果系统(3.1.34)至少存在一个解,则

$$QN\begin{bmatrix} y_1 \\ y_2 \end{bmatrix} = \begin{bmatrix} \bar{r}_1 - \bar{a}_{11}\mathrm{e}^{y_1} - \bar{a}_{12}\mathrm{e}^{y_2} - \bar{b}_1\mathrm{e}^{y_1}\mathrm{e}^{y_2}\sum_{p=0}^{M}k_2(p) \\ \bar{r}_2 - \bar{a}_{21}\mathrm{e}^{y_1} - \bar{a}_{22}\mathrm{e}^{y_2} - \bar{b}_2\mathrm{e}^{y_1}\mathrm{e}^{y_2}\sum_{p=0}^{M}k_1(p) \end{bmatrix} \neq \begin{bmatrix} 0 \\ 0 \end{bmatrix}.$$

如果系统(3.1.34)没有解,显然有

$$QN\begin{bmatrix} y_1 \\ y_2 \end{bmatrix} \neq \begin{bmatrix} 0 \\ 0 \end{bmatrix}.$$

这说明 Mawhin 连续性定理的条件(2)也满足. 现在我们来验证 Mawhin 连续性定理中的条件(3)也满足. 为此,我们定义 $J = I: \mathrm{Im}Q \to \mathrm{Ker}L, (y_1, y_2) \to (y_1, y_2)$,则有

$$\deg\{JQN(y_1, y_2), \Omega \cap \mathrm{Ker}L, (0,0)\}$$

$$= \mathrm{sgn}\left\{ \left[\bar{a}_{11}\bar{b}_2\sum_{p=0}^{M}k_1(p) - \bar{a}_{21}\bar{b}_1\sum_{p=0}^{M}k_2(p) \right]\mathrm{e}^{2y_1^* + y_2^*} \right.$$

$$\left. + \left[\bar{a}_{11}\bar{a}_{22} - \bar{a}_{12}\bar{a}_{21} \right]\mathrm{e}^{y_1^* + y_2^*} + \left[\bar{a}_{22}\bar{b}_1\sum_{p=0}^{M}k_2(p) - \bar{a}_{12}\bar{b}_2\sum_{p=0}^{M}k_1(p) \right]\mathrm{e}^{y_1^* + 2y_2^*} \right\}$$

$$= 1 \neq 0.$$

最后,我们将证明对任意的 $y \in \bar{\Omega}$, N 在 Ω 上是 L-紧的. 首先由

$$\|QNy\|$$

$$= \left\| \frac{1}{\omega}\sum_{s=0}^{\omega-1}Ny(s) \right\|$$

$$\leqslant \max\{ r_1^A + a_{11}^A\mathrm{e}^{H_1} + a_{12}^A\mathrm{e}^{H_2} + b_1^A(M+1)k_2^A\mathrm{e}^{H_1+H_2}, r_2^A + a_{21}^A\mathrm{e}^{H_1} + a_{22}^A\mathrm{e}^{H_2} + b_2^A(M+1)k_1^A\mathrm{e}^{H_1+H_2} \}$$

$$\triangleq E$$

可知 $QN(\bar{\Omega})$ 有界. 显然 $QNy: \bar{\Omega} \to Y$ 是连续的. 能看出对任意的 $y \in \bar{\Omega}$ 都有 $n_1, n_2 \in I_\omega$,我们有

$$\|K_p(I-Q)Ny\| \leqslant \sum_{s=0}^{\omega-1}\|Ny(s)\| + \frac{1}{\omega}\sum_{s=0}^{\omega-1}(\omega-s)\|Ny(s)\| + \frac{1+3\omega}{2\omega}\sum_{s=0}^{\omega-1}\|Ny(s)\|$$

$$\leqslant \frac{1+7\omega}{2}E,$$

不失一般性. 令 $n_2 > n_1$,我们有

$$|K_p(I-Q)Ny(n_2) - K_p(I-Q)Ny(n_1)|$$

$$= \left| \sum_{s=n_1}^{n_2-1}Ny(s) - \frac{n_2-n_1}{\omega}\sum_{s=0}^{\omega-1}Ny(s) \right|$$

$$\leqslant \sum_{s=n_1}^{n_2-1}|Ny(s)| + \frac{n_2-n_1}{\omega}\sum_{s=0}^{\omega-1}|Ny(s)|$$

$$\leqslant 2E|n_2 - n_1|.$$

于是 $\{K_p(I-Q)Ny \mid y \in \overline{\Omega}\}$ 是等度连续并且是一致有界的, 由 Arzela-Ascoli 定理[76]可知 $K_p(I-Q)N:\overline{\Omega} \to X$ 是紧的, 因此 N 是 L-紧的.

这样我们就验证了 Ω 满足 Mawhin 连续性定理的所有条件. 因此系统 $(3.1.20)$ 存在一个 ω-周期解, 进而由变换 $(3.1.19)$ 可知系统 $(3.1.6)$ 存在一个正的 ω-周期解.

3.1.4 正周期解全局渐近稳定性

定理 3.3 假设 $(3.1.18)$ 成立, 且存在 $\eta > 0$ 使得

$$\min\left\{a_{ii}^L, \frac{2}{M_i} - a_{ii}^U\right\} - a_{ji}^U - M_j(M+1)(b_i^U k_j^U + b_j^U k_j^U) \geqslant \eta, \quad i = 1,2; \ i \neq j,$$

$$(3.1.35)$$

其中 M_i, M_j 由 $(3.1.19)$ 所定义. 那么系统 $(3.1.6)$ 正的 ω-周期解是全局渐近稳定的.

证明 假设 $\{x_1^*(n), x_2^*(n)\}$ 是系统 $(3.1.6)$ 的任意一个正的 ω-周期解, 我们分两步来证明该定理. 对任意的有界序列 $\{F(i)\}$, 我们约定当 $n_1 > n_2$ 时, $\sum_{i=n_1}^{n_2} F(i) = 0$.

步骤 1 令 $V_{11}(n) = |\ln x_1(n) - \ln x_1^*(n)|$, 则由系统 $(3.1.6)$ 的第一个方程得到

$$V_{11}(n+1) = |\ln x_1(n+1) - \ln x_1^*(n+1)|$$

$$= \left| \left[\ln x_1(n) + r_1(n) - a_{11}(n)x_1(n) - a_{12}(n)x_2(n) - b_1(n)x_1(n)\sum_{p=0}^M k_2(p)x_2(n-p)\right] \right.$$

$$\left. - \left[\ln x_1^*(n) + r_1(n) - a_{11}(n)x_1^*(n) - a_{12}(n)x_2^*(n) - b_1(n)x_1^*(n)\sum_{p=0}^M k_2(p)x_2^*(n-p)\right]\right|$$

$$\leqslant |\ln x_1(n) - \ln x_1^*(n) - a_{11}(n)[x_1(n) - x_1^*(n)]|$$

$$+ a_{12}(n)|x_2(n) - x_2^*(n)| + b_1(n)\sum_{p=0}^M k_2(p)|x_1(n)x_2(n-p) - x_1^*(n)x_2^*(n-p)|.$$

$$(3.1.36)$$

于是由中值定理可得

$$\ln x_1(n) - \ln x_1^*(n) = \frac{1}{\theta_1(n)}[x_1(n) - x_1^*(n)],$$

其中 $\theta_1(n)$ 介于 $x_1(n)$ 与 $x_1^*(n)$ 之间. 则

$$|\ln x_1(n) - \ln x_1^*(n) - a_{11}(n)[x_1(n) - x_1^*(n)]|$$

$$= |\ln x_1(n) - \ln x_1^*(n)| - |\ln x_1(n) - \ln x_1^*(n)| + |\ln x_1(n) - \ln x_1^*(n) - a_{11}(n)[x_1(n) - x_1^*(n)]|$$

$$= |\ln x_1(n) - \ln x_1^*(n)| - \frac{1}{\theta_1(n)}|x_1(n) - x_1^*(n)| + \left|\frac{1}{\theta_1(n)}[x_1(n) - x_1^*(n)] - a_{11}(n)[x_1(n) - x_1^*(n)]\right|$$

$$= |\ln x_1(n) - \ln x_1^*(n)| - \frac{1}{\theta_1(n)}|x_1(n) - x_1^*(n)| + \left|\frac{1}{\theta_1(n)} - a_{11}(n)\right| \times |x_1(n) - x_1^*(n)|$$

$$= |\ln x_1(n) - \ln x_1^*(n)| - \left(\frac{1}{\theta_1(n)} - \left|\frac{1}{\theta_1(n)} - a_{11}(n)\right|\right) \times |x_1(n) - x_1^*(n)|. \quad (3.1.37)$$

将式(3.1.37)代入式(3.1.36)可得

$$\Delta V_{11}(n) = V_{11}(n+1) - V_{11}(n)$$

$$\leqslant |\ln x_1(n) - \ln x_1^*(n)| - \left(\frac{1}{\theta_1(n)} - \left|\frac{1}{\theta_1(n)} - a_{11}(n)\right|\right) \times |x_1(n) - x_1^*(n)|$$

$$+ a_{12}(n)|x_2(n) - x_2^*(n)| + b_1(n)\sum_{p=0}^{M} k_2(p)|x_1(n)x_2(n-p) - x_1^*(n)x_2^*(n-p)|$$

$$- |\ln x_1(n) - \ln x_1^*(n)|$$

$$= -\left(\frac{1}{\theta_1(n)} - \left|\frac{1}{\theta_1(n)} - a_{11}(n)\right|\right) \times |x_1(n) - x_1^*(n)|$$

$$+ a_{12}(n)|x_2(n) - x_2^*(n)| + b_1(n)\sum_{p=0}^{M} k_2(p)|x_1(n)x_2(n-p) - x_1^*(n)x_2^*(n-p)|.$$

$$(3.1.38)$$

联合式(3.1.12)和式(3.1.13)两式可知,对于任意的 $\varepsilon > 0$,存在 $n_0 \in \mathbf{Z}^+$ 使得当 $n \geqslant n_0$ 时有

$$x_1(n) \leqslant M_1 + \varepsilon, \quad x_2(n) \leqslant M_2 + \varepsilon.$$

对上述的 ε,当 $n \geqslant n_0 + M$ 和 $p = 0,1,2,\cdots,M$ 时,我们还可以得到

$$x_1(n-p) \leqslant M_1 + \varepsilon, \quad x_2(n-p) \leqslant M_2 + \varepsilon.$$

因此

$$|x_1(n)x_2(n-p) - x_1^*(n)x_2^*(n-p)|$$

$$= |x_1(n)x_2(n-p) - x_1(n)x_2^*(n-p) + x_1(n)x_2^*(n-p) - x_1^*(n)x_2^*(n-p)|$$

$$= |x_1(n)[x_2(n-p) - x_2^*(n-p)] + x_2^*(n-p)[x_1(n) - x_1^*(n)]|$$

$$\leqslant x_1(n)|x_2(n-p) - x_2^*(n-p)| + x_2^*(n-p)|x_1(n) - x_1^*(n)|$$

$$\leqslant (M_1 + \varepsilon)|x_2(n-p) - x_2^*(n-p)| + (M_2 + \varepsilon)|x_1(n) - x_1^*(n)|.$$

则当 $n \geqslant n_0 + M$ 时,有

$$\Delta V_{11}(n) = V_{11}(n+1) - V_{11}(n)$$

$$\leqslant -\left(\frac{1}{\theta_1(n)} - \left|\frac{1}{\theta_1(n)} - a_{11}(n)\right| - b_1(n)(M_2+\varepsilon)\sum_{p=0}^{M} k_2(p)\right) \times |x_1(n) - x_1^*(n)|$$

$$+ a_{12}(n)|x_2(n) - x_2^*(n)| + b_1(n)(M_1+\varepsilon)\sum_{p=0}^{M} k_2(p)|x_2(n-p) - x_2^*(n-p)|.$$

$$(3.1.39)$$

步骤 2 令

$$V_{12}(n) = \sum_{p=0}^{M}\sum_{s=n-p}^{n-1} b_1(s+p)(M_1+\varepsilon)k_2(p)|x_2(s) - x_2^*(s)|.$$

则

$$\Delta V_{12}(n) = V_{12}(n+1) - V_{12}(n)$$

$$= \sum_{p=0}^{M} \sum_{s=n+1-p}^{n} b_1(s+p)(M_1+\varepsilon)k_2(p)|x_2(s) - x_2^*(s)| - $$
$$\sum_{p=0}^{M} \sum_{s=n-p}^{n-1} b_1(s+p)(M_1+\varepsilon)k_2(p)|x_2(s) - x_2^*(s)|$$

$$= \sum_{p=0}^{M} \sum_{s=n+1-p}^{n-1} b_1(s+p)(M_1+\varepsilon)k_2(p)|x_2(s) - x_2^*(s)| + $$
$$\sum_{p=0}^{M} b_1(n+p)(M_1+\varepsilon)k_2(p)|x_2(n) - x_2^*(n)| - $$
$$\sum_{p=0}^{M} \sum_{s=n+1-p}^{n-1} b_1(s+p)(M_1+\varepsilon)k_2(p)|x_2(s) - x_2^*(s)| - $$
$$\sum_{p=0}^{M} b_1(n)(M_1+\varepsilon)k_2(p)|x_2(n-p) - x_2^*(n-p)|$$

$$= \sum_{p=0}^{M} b_1(n+p)(M_1+\varepsilon)k_2(p)|x_2(n) - x_2^*(n)| - $$
$$\sum_{p=0}^{M} b_1(n)(M_1+\varepsilon)k_2(p)|x_2(n-p) - x_2^*(n-p)|. \quad (3.1.40)$$

由步骤 1 及步骤 2，定义

$$V_1(n) = V_{11}(n) + V_{12}(n).$$

联立式(3.1.39)和式(3.1.40)两式可得

$$\Delta V_1(n) = \Delta V_{11}(n) + \Delta V_{12}(n)$$

$$\leqslant -\left(\frac{1}{\theta_1(n)} - \left|\frac{1}{\theta_1(n)} - a_{11}(n)\right| - b_1(n)(M_2+\varepsilon)\sum_{p=0}^{M} k_2(p)\right) \times |x_1(n) - x_1^*(n)|$$

$$+ \left[a_{12}(n) + \sum_{p=0}^{M} b_1(n+p)(M_1+\varepsilon)k_2(p)\right] \times |x_2(n) - x_2^*(n)|. \quad (3.1.41)$$

同理，我们还可以定义

$$V_2(n) = V_{21}(n) + V_{22}(n),$$

其中

$$V_{21}(n) = |\ln x_2(n) - \ln x_2^*(n)|;$$

$$V_{22}(n) = \sum_{p=0}^{M} \sum_{s=n-p}^{n-1} b_2(s+p)(M_2+\varepsilon)k_1(p)|x_1(s) - x_1^*(s)|.$$

当 $n \geqslant n_0 + M$ 时，我们有

$$\Delta V_2(n) = \Delta V_{21}(n) + \Delta V_{22}(n)$$

$$\leqslant -\left\{\frac{1}{\theta_2(n)} - \left|\frac{1}{\theta_2(n)} - a_{22}(n)\right| - b_2(n)(M_1+\varepsilon)\sum_{p=0}^{M} k_1(p)\right\} \times |x_2(n) - x_2^*(n)|$$

$$+ \left[a_{21}(n) + \sum_{p=0}^{M} b_2(n+p)(M_2+\varepsilon)k_1(p)\right] \times |x_1(n) - x_1^*(n)|, \quad (3.1.42)$$

其中 $\theta_2(n)$ 介于 $x_2(n)$ 与 $x_2^*(n)$ 之间。

现在，我们定义

$$V(n) = V_1(n) + V_2(n).$$

显然，对所有的 $n \in \mathbf{Z}^+$，有

$$V(n) \geqslant 0, \quad V(n_0 + m) < + \infty.$$

由条件(3.1.35)及 ε 的任意性可以得到

$$\min\left\{a_{ii}^L, \frac{2}{M_i + \varepsilon} - a_{ii}^U\right\} - a_{ji}^U - (M_j + \varepsilon)(M + 1)(b_i^U k_j^U + b_j^U k_i^U) \geqslant \eta, \quad (3.1.43)$$

其中 $i,j = 1,2$；$i \neq j$.

联合式(3.1.41)、式(3.1.42)和式(3.1.43)三式可得

$$\Delta V(n) = \Delta V_1(n) + \Delta V_2(n)$$

$$\leqslant - \sum_{i=1}^{2} \left\{ \frac{1}{\theta_i(n)} - \left| \frac{1}{\theta_i(n)} - a_{ii}(n) \right| \right.$$

$$\left. - a_{ji}(n) - b_i(n)(M_j + \varepsilon) \sum_{p=0}^{M} k_j(p) - \sum_{p=0}^{M} b_j(n+p)k_i(p)(M_j + \varepsilon) \right\} \times |x_i(n) - x_i^*(n)|$$

$$\leqslant - \sum_{i=1}^{2} \left\{ \min\left\{a_{ii}^L, \frac{2}{M_i + \varepsilon} - a_{ii}^U\right\} - a_{ji}^U - (M_j + \varepsilon)(M + 1)(b_i^U k_j^U + b_j^U k_i^U) \right\} \times |x_i(n) - x_i^*(n)|$$

$$\leqslant - \eta \sum_{i=1}^{2} |x_i(n) - x_i^*(n)|, \quad i,j = 1,2; \ i \neq j. \tag{3.1.44}$$

对式(3.1.44)两边同时从 $n_0 + M$ 到 n 求和可得

$$V(n + 1) + \eta \sum_{p=k_0+m}^{n} \sum_{i=1}^{2} |x_i(p) - x_i^*(p)| \leqslant V(n_0 + m), \quad n \geqslant n_0 + m,$$

即

$$\sum_{k=n_0+M}^{n} \sum_{i=1}^{2} |x_i(k) - x_i^*(k)| \leqslant \frac{V(n_0 + m)}{\eta}.$$

于是可以得到

$$\sum_{k=n_0+M}^{\infty} \sum_{i=1}^{2} |x_i(k) - x_i^*(k)| \leqslant \frac{V(n_0 + m)}{\eta} < + \infty,$$

即

$$\lim_{n \to +\infty} \sum_{i=1}^{2} |x_i(n) - x_i^*(n)| = 0,$$

也就是说

$$\lim_{n \to +\infty} |x_1(n) - x_1^*(n)| = 0, \quad \lim_{n \to +\infty} |x_2(n) - x_2^*(n)| = 0.$$

模型(3.1.6)正的 ω-周期解 $\{x_1^*(n), x_2^*(n)\}$ 是全局渐近稳定的.

3.1.5　数值模拟与生物意义解释

本节我们将通过几个具体的例子来验证得到的主要结果，首先考虑如下系统

$$\begin{cases} x_1(n+1) = x_1(n)\exp\{0.85 + 0.04\sin n - (1.83 + 0.02\sin n)x_1(n) - (0.03 + 0.01\sin n)x_2(n) \\ \qquad\qquad - (0.1 + 0.01\sin n)x_1(n)[0.83x_2(n) + 0.83x_2(n-1)]\}, \\ x_2(n+1) = x_2(n)\exp\{0.80 + 0.01\sin n - (0.02 + 0.01\sin n)x_1(n) - (0.70 + 0.03\sin n)x_2(n) \\ \qquad\qquad - (0.2 + 0.01\sin n)x_2(n)[0.73x_1(n) + 0.73x_1(n-1)]\}. \end{cases} \tag{3.1.45}$$

经过计算，有

$$r_1^L - a_{12}^U M_2 \approx 0.7606 > 0, \quad r_2^L - a_{21}^U M_1 \approx 0.7752 > 0;$$
$$\Delta_1 M_1 \approx 1.3504 > 1, \quad \Delta_2 M_2 \approx 1.4040 > 1.$$

则定理 3.1 的假设条件均满足. 由图 3.1 我们可以看出系统(3.1.6)是持久生存的.

下面我们进一步考虑系统(3.1.6)的系数为周期序列的情况，即

$$\begin{cases} x_1(n+1) = x_1(n)\exp\{0.85 + 0.04\cos\pi n - (0.83 + 0.02\cos\pi n)x_1(n) - (0.03 + 0.01\cos\pi n)x_2(n) \\ \qquad\qquad - (0.1 + 0.01\cos\pi n)x_1(n)[0.83x_2(n) + 0.83x_2(n-1)]\}, \\ x_2(n+1) = x_2(n)\exp\{0.80 + 0.01\cos\pi n - (0.02 + 0.01\cos\pi n)x_1(n) - (0.70 + 0.03\cos\pi n)x_2(n) \\ \qquad\qquad - (0.2 + 0.01\cos\pi n)x_2(n)[0.73x_1(n) + 0.73x_1(n-1)]\}. \end{cases} \tag{3.1.46}$$

显然

$$\frac{\bar{a}_{11}}{\bar{a}_{21}} \approx 42.5000 \geqslant \min\left\{ \frac{\bar{b}_1 \sum_{p=0}^{M} k_2(p)}{\bar{b}_2 \sum_{p=0}^{M} k_1(p)}, \frac{\bar{r}_1}{\bar{r}_2}e^{2\bar{r}_1\omega} \right\} \approx 0.5685;$$

$$\frac{\bar{a}_{22}}{\bar{a}_{12}} \approx 23.3333 \geqslant \min\left\{ \frac{\bar{b}_2 \sum_{p=0}^{M} k_1(p)}{\bar{b}_1 \sum_{p=0}^{M} k_2(p)}, \frac{\bar{r}_2}{\bar{r}_1}e^{2\bar{r}_2\omega} \right\} \approx 1.7590;$$

$$\min\left\{a_{11}^L, \frac{2}{M_1} - a_{11}^U\right\} - a_{21}^U - M_2(M+1)(b_1^U k_2^U + b_2^U k_1^U) \approx 0.1366 > 0;$$

$$\min\left\{a_{22}^L, \frac{2}{M_2} - a_{22}^U\right\} - a_{12}^U - M_1(M+1)(b_2^U k_1^U + b_1^U k_2^U) \approx 0.0890 > 0.$$

则定理 3.2 与定理 3.3 的假设条件都满足，那么根据图 3.2 可以看出系统(3.1.46)有一个 2-周期解 $\{x_1^*(n), x_2^*(n)\}$，由图 3.3 还可以看出这个周期解是全局渐近稳定的. 即随着时间的逐渐增大，任意正解 $\{x_1(n), x_2(n)\}$ 都将趋于正周期解 $\{x_1^*(n), x_2^*(n)\}$. 由定理 3.2 的条件

$$\frac{\bar{a}_{ii}}{\bar{a}_{ji}} \geqslant \min\left\{ \frac{\bar{b}_i \sum_{p=0}^{M} k_j(p)}{\bar{b}_j \sum_{p=0}^{M} k_i(p)}, \frac{\bar{r}_i}{\bar{r}_j}e^{2\bar{r}_i\omega} \right\}, \quad i,j = 1,2; i \neq j$$

可知

$$\bar{a}_{ii}\bar{b}_j \sum_{p=0}^{M} k_i(p) \geqslant \bar{a}_{ji}\bar{b}_i \sum_{p=0}^{M} k_j(p); \tag{3.1.47}$$

$$\bar{a}_{ii}\bar{r}_j \geqslant \bar{a}_{ji}\bar{r}_i e^{2\bar{r}_i\omega}. \tag{3.1.48}$$

条件$(3.1.47)$表明种群 i 的种内竞争率和种群 j 对种群 i 的毒素抑制率适当地大, 而种群 j 的种间竞争率和种群 i 对种群 j 的毒素抑制率适当地小; 条件$(3.1.48)$表明种群 j 的内禀增长率和种群 i 的种内竞争率适当地大, 而种群 i 的内禀增长率和种群 j 的种间竞争率适当地小.

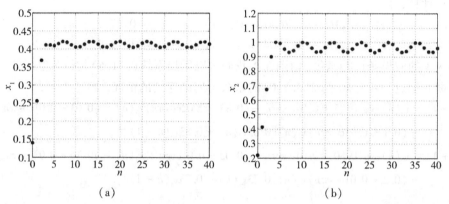

（a）　　　　　　　　　　　（b）

图 3.1　初值为 $\{x_1(-1),x_2(-1)\} = \{0.35,0.32\}$, $\{x_1(0),x_2(0)\} = \{0.14,0.22\}$ 时系统$(3.1.45)$的持久生存性. (a) x_1 的时间序列; (b) x_2 的时间序列

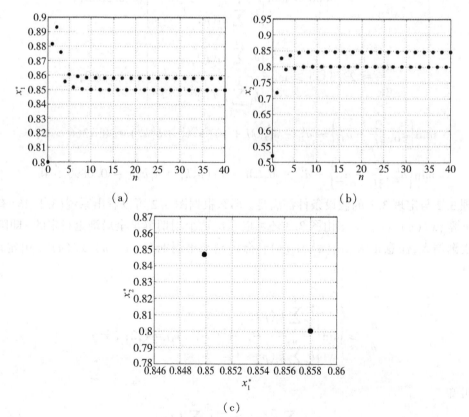

（a）　　　　　　　　　　　（b）

（c）

图 3.2　初值为 $\{x_1^*(-1),x_2^*(-1)\} = \{0.52,0.63\}$, $\{x_1^*(0),x_2^*(0)\} = \{0.80,0.52\}$ 时, 系统$(3.1.46)$的动力学行为. (a) x_1^* 的时间序列; (b) x_2^* 的时间序列; (c) x_1^*,x_2^* 的相图

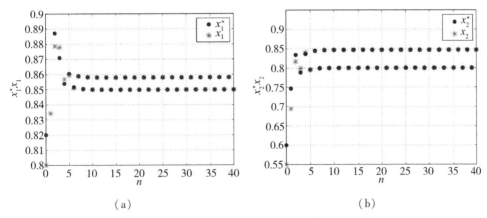

$$(a) \qquad\qquad\qquad (b)$$

图 3.3　系统 (3.1.46) 在不同初值下的动力学行为. (a) 当初始值为 $x_1^*(-1) = 0.7, x_1^*(0) = 0.82$, $x_1(-1) = 0.9, x_1(0) = 0.8$ 时, x_1^*, x_1 的时间序列; (b) 当初始值为 $x_2^*(-1) = 0.5$, $x_2^*(0) = 0.6$, $x_2(-1) = 1.0$, $x_2(0) = 0.55$ 时, x_2^*, x_2 的时间序列

3.2　N 种群非自治差分竞争系统

3.2.1　引言

近年来, 泛函微分差分方程的理论及其应用得到了迅猛的发展, 许多学者在种群动力学领域的研究中建立并研究了很多时滞差分系统. 由于对时滞因素的考虑, 使得生物数学模型更加有意义, 但同时时滞的出现也会使得系统解的性态变得更加复杂, 研究难度变得更大. 在本章我们将考虑一个非自治时滞差分竞争系统的渐近行为, 该模型的导出与第 2 章中所使用的建模方法不同, 即不考虑非自治微分系统的直接离散化方法, 而是考虑另外一种建模思想 (见文献 [78] [79]), 即考虑种群多代对种群数量的影响, 建立了一个具有多个离散时滞的非自治差分系统. 本章材料主要来源于文献 [77].

3.2.2　模型建立

在考虑种群多代对种群数量的影响后, 建立如下一个非自治时滞差分竞争系统

$$\begin{cases} x_1(n+1) = x_1(n)\exp\left[r_1(n) - \sum_{l=0}^{m} a_{1l}(n)x_1(n-l) - \sum_{l=0}^{m} \dfrac{c_{2l}(n)x_2(n-l)}{1 + x_2(n-l)} \right], \\ x_2(n+1) = x_2(n)\exp\left[r_2(n) - \sum_{l=0}^{m} a_{2l}(n)x_2(n-l) - \sum_{l=0}^{m} \dfrac{c_{1l}(n)x_1(n-l)}{1 + x_1(n-l)} \right], \end{cases}$$

$$(3.2.1)$$

且

$$x_i(-l) \geq 0, \quad x_i(0) > 0, \quad l = 0,1,2,\cdots,m; \ i = 1,2, \tag{3.2.2}$$

其中 $x_i(n)$ 表示种群 i 第 n 代的密度；$r_i(n)$ 表示种群 i 第 n 代的内禀增长率；$a_{il}(n)$ 表示种群 i 第 $n-l$ 代的种内竞争率；$c_{il}(n)$ 表示种群 i 第 $n-l$ 代对种群 j 的竞争率，$i,j = 1,2; \ i \neq j.$ 系数 $\{r_i(n)\}, \{a_{il}(n)\}, \{c_{il}(n)\}; i = 1,2$ 是非负有界序列.

3.2.3　持久生存性

在本节我们将考虑系统(3.2.1)的持久生存性. 为了叙述及证明的方便，我们采用记号

$$M_i \triangleq \frac{\exp(r_i^U - 1)}{\sum\limits_{l=0}^{m} a_{il}^L \exp(-r_i^U l)}; \tag{3.2.3}$$

$$\Delta_i \triangleq \lim_{\varepsilon \to 0} \Delta_i^\varepsilon, \quad \Delta_i^\varepsilon \triangleq \frac{\sum\limits_{l=0}^{m} a_{il}^U \hat{G}_i}{r_i^L - \sum\limits_{l=0}^{m} c_{jl}^U}; \tag{3.2.4}$$

$$\hat{G}_i \triangleq \exp\left\{ \left[(M_i + \varepsilon) \sum\limits_{l=0}^{m} a_{il}^U + \sum\limits_{l=0}^{m} c_{jl}^U - r_i^L \right] \right\}, \tag{3.2.5}$$

其中 $i,j = 1,2; \ i \neq j, \varepsilon$ 是一个充分小的正常数.

定理 3.4　假设

$$\min\left\{ r_1^L - \sum\limits_{l=0}^{m} c_{2l}^U, \ r_2^L - \sum\limits_{l=0}^{m} c_{1l}^U \right\} > 0; \tag{3.2.6}$$

$$\min\{ M_1 \Delta_1, \ M_2 \Delta_2 \} > 1 \tag{3.2.7}$$

成立，那么系统(3.2.1)是持久生存的.

证明　记 $\{x_1(n), x_2(n)\}$ 为系统(3.2.1)的任意一个正解. 我们将分两步来证明该定理. 对于任意的有界序列 $\{F(i)\}$，我们约定当 $n_1 > n_2$ 时有 $\prod\limits_{i=n_1}^{n_2} F(i) = 1, \sum\limits_{i=n_1}^{n_2} F(i) = 0.$

步骤 1　证明 $\{x_1(n), x_2(n)\}$ 满足

$$\limsup_{n \to +\infty} x_1(n) \leq M_1, \quad \limsup_{n \to +\infty} x_2(n) \leq M_2,$$

其中 M_1, M_2 由(3.2.3)所定义.

首先证明 $\limsup\limits_{n \to +\infty} x_1(n) \leq M_1.$

由系统(3.2.1)的第一个方程有

$$x_1(n+1) \leq x_1(n) \exp[r_1(n)]. \tag{3.2.8}$$

对所有的 $l = 0,1,2,\cdots,m$ 和 $n \geq m$，我们有

$$\prod_{i=n-l}^{n-1} x_1(i+1) \leq \prod_{i=n-l}^{n-1} x_1(i) \exp[r_1(i)], \tag{3.2.9}$$

即

$$x_1(n) \leqslant x_1(n-l)\exp\Big[\sum_{i=n-l}^{n-1} r_1(i)\Big], \qquad (3.2.10)$$

也就是说

$$x_1(n-l) \geqslant x_1(n)\exp\Big[-\sum_{i=n-l}^{n-1} r_1(i)\Big]. \qquad (3.2.11)$$

因此

$$
\begin{aligned}
x_1(n+1) &\leqslant x_1(n)\exp\Big\{r_1(n) - \sum_{l=0}^{m}\Big[a_{1l}(n)x_1(n)\exp\Big[-\sum_{i=n-l}^{n-1} r_1(i)\Big]\Big]\Big\} \\
&\leqslant x_1(n)\exp\Big\{r_1(n) - \sum_{l=0}^{m}\big[a_{1l}^L\exp(-r_1^U l)\big]x_1(n)\Big\} \\
&\leqslant x_1(n)\exp\Big\{r_1(n)\Big[1 - \frac{\sum\limits_{l=0}^{m} a_{1l}^L\exp(-r_1^U l)}{r_1^U}x_1(n)\Big]\Big\}.
\end{aligned}
\qquad (3.2.12)
$$

由相关引理可得

$$\limsup_{n\to+\infty} x_1(n) \leqslant \frac{\exp(r_1^U - 1)}{\sum\limits_{l=0}^{m} a_{1l}^L\exp(-r_1^U l)} = M_1. \qquad (3.2.13)$$

同理可证得

$$\limsup_{n\to+\infty} x_2(n) \leqslant \frac{\exp(r_2^U - 1)}{\sum\limits_{l=0}^{m} a_{2l}^L\exp(-r_2^U l)} = M_2. \qquad (3.2.14)$$

步骤 2 证明 $\{x_1(n),x_2(n)\}$ 满足

$$\liminf_{n\to+\infty} x_i(n) \geqslant m_i \triangleq \frac{\exp\Big[(r_i^L - \sum\limits_{l=0}^{m} c_{jl}^U)(1 - \Delta_i M_i)\Big]}{\Delta_i}, \quad i = 1,2; \; i \neq j.$$

首先证明 $\liminf\limits_{n\to+\infty} x_1(n) \geqslant m_1$.

对于充分小的正数 ε, 由(3.2.3)可知, 存在正整数 n_0, 使得当 $n > n_0$ 时有 $x_1(n) < M_1 + \varepsilon$. 则当 $n \geqslant n_0 + m$ 时, 由系统(3.2.1)的第一个方程可知

$$x_1(n+1) \geqslant x_1(n)\exp\Big[r_1(n) - (M_1+\varepsilon)\sum_{l=0}^{m} a_{1l}(n) - \sum_{l=0}^{m} c_{2l}(n)\Big]. \qquad (3.2.15)$$

对所有的 $l = 0,1,2,\cdots,m$ 和 $n \geqslant m$, 我们有

$$\prod_{i=n-l}^{n-1} x_1(i+1) \geqslant \prod_{i=n-l}^{n-1}\Big\{x_1(i)\exp\Big[r_1(i) - (M_1+\varepsilon)\sum_{l=0}^{m} a_{1l}(i) - \sum_{l=0}^{m} c_{2l}(i)\Big]\Big\},$$

$$\qquad (3.2.16)$$

也就是说

$$x_1(n-l) \leqslant x_1(n)\exp\Big\{\sum_{i=n-l}^{n-1}\Big[(M_1+\varepsilon)\sum_{l=0}^{m}a_{1l}(i)+\sum_{l=0}^{m}c_{2l}(i)-r_1(i)\Big]\Big\} = x_1(n)G_1,$$

$$(3.2.17)$$

其中

$$G_1 \triangleq \exp\Big\{\sum_{i=n-l}^{n-1}\Big[(M_1+\varepsilon)\sum_{l=0}^{m}a_{1l}(i)+\sum_{l=0}^{m}c_{2l}(i)-r_1(i)\Big]\Big\}. \qquad (3.2.18)$$

式(3.2.5)、式(3.2.17)、式(3.2.18)三式与系统(3.2.1)的第一个方程联立可得

$$x_1(n+1) \geqslant x_1(n)\exp\Big[r_1^L-\sum_{l=0}^{m}c_{2l}^U-\sum_{l=0}^{m}a_{1l}^U x_1(n-l)\Big]$$

$$\geqslant x_1(n)\exp\Big[r_1^L-\sum_{l=0}^{m}c_{2l}^U-\sum_{l=0}^{m}a_{1l}^U G_1 x_1(n)\Big]$$

$$\geqslant x_1(n)\exp\Big\{(r_1^L-\sum_{l=0}^{m}c_{2l}^U)\Big[1-\frac{\sum_{l=0}^{m}a_{1l}^U \hat{G}_1}{r_1^L-\sum_{l=0}^{m}c_{2l}^U}x_1(n)\Big]\Big\} \qquad (3.2.19)$$

$$= x_1(n)\exp\Big\{(r_1^L-\sum_{l=0}^{m}c_{2l}^U)\big[1-\Delta_1^{\varepsilon}x_1(n)\big]\Big\}.$$

由相关引理可得

$$\liminf_{n\to+\infty}x_1(n) \geqslant \frac{\exp\Big[(r_1^L-\sum_{l=0}^{m}c_{2l}^U)(1-\Delta_1^{\varepsilon}M_1)\Big]}{\Delta_1^{\varepsilon}}.$$

当 $\varepsilon \to 0$ 时,可得

$$\liminf_{n\to+\infty}x_1(n) \geqslant \frac{\exp\Big[(r_1^L-\sum_{l=0}^{m}c_{2l}^U)(1-\Delta_1 M_1)\Big]}{\Delta_1} = m_1. \qquad (3.2.20)$$

同理可证得

$$\liminf_{n\to+\infty}x_2(n) \geqslant \frac{\exp\Big[(r_2^L-\sum_{l=0}^{m}c_{1l}^U)(1-\Delta_2 M_2)\Big]}{\Delta_2} = m_2. \qquad (3.2.21)$$

综合步骤 1 和步骤 2,我们就证明了系统(3.2.1)是持久生存的.

3.2.4　正周期解的存在性

在本节我们将考虑系统(3.2.1)的系数是正的周期序列,即

$r_i(n + \omega) = r_i(n)$，$a_{il}(n + \omega) = a_{il}(n)$，$c_{il}(n + \omega) = c_{il}(n)$，$\quad i = 1,2; \ l = 0,1,2,\cdots,m.$

下面我们将研究周期系统(3.2.1)正周期解的存在性和全局渐近稳定性.

定理 3.5 假设

$$\bar{r}_1 > \sum_{l=0}^{m} \bar{c}_{2l}, \quad \bar{r}_2 > \sum_{l=0}^{m} \bar{c}_{1l} \tag{3.2.22}$$

成立，那么系统(3.2.1)至少存在一个正的 ω -周期解.

证明 作变换

$$x_1(n) = \exp\{y_1(n)\}, \quad x_2(n) = \exp\{y_2(n)\}. \tag{3.2.23}$$

则将式(3.2.23)代入系统(3.2.1)，我们有

$$\begin{cases} y_1(n + 1) - y_1(n) = r_1(n) - \sum_{l=0}^{m} a_{1l}(n)\exp\{y_1(n - l)\} - \sum_{l=0}^{m} \dfrac{c_{2l}(n)\exp\{y_2(n - l)\}}{1 + \exp\{y_2(n - l)\}}, \\[4mm] y_2(n + 1) - y_2(n) = r_2(n) - \sum_{l=0}^{m} a_{2l}(n)\exp\{y_2(n - l)\} - \sum_{l=0}^{m} \dfrac{c_{1l}(n)\exp\{y_1(n - l)\}}{1 + \exp\{y_1(n - l)\}}. \end{cases}$$

$$\tag{3.2.24}$$

容易看出如果系统(3.2.24)有一个 ω -周期解 $\{y_1^*(n), y_2^*(n)\}$，则系统(3.2.1)必有一个正的 ω -周期解 $\{\exp\{y_1^*(n)\}, \exp\{y_2^*(n)\}\}$.

令 $X = Y = l^\omega$，定义差分算子 $L:X \to X$，对任意的 $y \in X, n \in \mathbf{Z}$，我们有

$$Ly = \{(Ly)(n)\} = (Ly)(n) = y(n + 1) - y(n).$$

对任意的 $(y_1, y_2) \in X, n \in \mathbf{Z}$，有

$$N\begin{bmatrix} y_1 \\ y_2 \end{bmatrix} = \begin{bmatrix} r_1(n) - \sum_{l=0}^{m} a_{1l}(n)\exp\{y_1(n - l)\} - \sum_{l=0}^{m} \dfrac{c_{2l}(n)\exp\{y_2(n - l)\}}{1 + \exp\{y_2(n - l)\}} \\[5mm] r_2(n) - \sum_{l=0}^{m} a_{2l}(n)\exp\{y_2(n - l)\} - \sum_{l=0}^{m} \dfrac{c_{1l}(n)\exp\{y_1(n - l)\}}{1 + \exp\{y_1(n - l)\}} \end{bmatrix}.$$

$$\tag{3.2.25}$$

则 L 是一个有界线性算子且

$$\mathrm{Ker}L = l_c^\omega, \quad \mathrm{Im}L = l_0^\omega, \ \dim \mathrm{Ker}L = 2 = \mathrm{codim}\, \mathrm{Im}L,$$

于是 L 是一个指标为零的 Fredholm 映射.

定义

$$P\begin{bmatrix} y_1 \\ y_2 \end{bmatrix} = Q\begin{bmatrix} y_1 \\ y_2 \end{bmatrix} = \begin{bmatrix} \dfrac{1}{\omega}\sum_{s=0}^{\omega-1} y_1(s) \\[4mm] \dfrac{1}{\omega}\sum_{s=0}^{\omega-1} y_2(s) \end{bmatrix}, \quad \begin{bmatrix} y_1 \\ y_2 \end{bmatrix} \in X = Y. \tag{3.2.26}$$

不难看出 P 和 Q 是连续投影，且有

$$\mathrm{Im}P = \mathrm{Ker}L, \quad \mathrm{Ker}Q = \mathrm{Im}L = \mathrm{Im}(I - Q).$$

进一步，记 $K_p = L_p^{-1} = L|_{\text{DomL} \cap \text{KerP}}$，经过计算可得

$$K_p(y) = \sum_{s=0}^{n-1} y(s) - \frac{1}{\omega} \sum_{s=0}^{\omega-1} (\omega - s) y(s).$$

则有

$$QNy = \frac{1}{\omega} \sum_{s=0}^{\omega-1} Ny(s)$$

和

$$K_p(I - Q)Ny = \sum_{s=0}^{n-1} Ny(s) - \frac{1}{\omega} \sum_{s=0}^{\omega-1} (\omega - s) Ny(s) - \left(\frac{k}{\omega} - \frac{1+\omega}{2\omega} \right) \sum_{s=0}^{\omega-1} Ny(s).$$

根据 Arzela-Ascoli 定理，需要寻找一个有界开集 Ω.

对应算子方程 $Ly = \lambda Ny$，$\lambda \in (0,1)$，我们有

$$\begin{cases} y_1(n+1) - y_1(n) = \lambda \left[r_1(n) - \sum_{l=0}^{m} a_{1l}(n) \exp\{y_1(n-l)\} - \sum_{l=0}^{m} \frac{c_{2l}(n) \exp\{y_2(n-l)\}}{1 + \exp\{y_2(n-l)\}} \right], \\ y_2(n+1) - y_2(n) = \lambda \left[r_2(n) - \sum_{l=0}^{m} a_{2l}(n) \exp\{y_2(n-l)\} - \sum_{l=0}^{m} \frac{c_{1l}(n) \exp\{y_1(n-l)\}}{1 + \exp\{y_1(n-l)\}} \right]. \end{cases}$$

$$(3.2.27)$$

对于某个 $\lambda \in (0,1)$，假设 $y = \{y(n)\} = \{y_1(n), y_2(n)\} \in X$ 是 (3.2.27) 的一个解，对式 (3.2.27) 两边同时从 0 到 $\omega - 1$ 关于 n 求和可得

$$\begin{cases} \bar{r}_1 \omega = \sum_{k=0}^{\omega-1} \sum_{l=0}^{m} a_{1l}(n) \exp\{y_1(n-l)\} + \sum_{k=0}^{\omega-1} \sum_{l=0}^{m} \frac{c_{2l}(n) \exp\{y_2(n-l)\}}{1 + \exp\{y_2(n-l)\}}, \\ \bar{r}_2 \omega = \sum_{k=0}^{\omega-1} \sum_{l=0}^{m} a_{2l}(n) \exp\{y_2(n-l)\} + \sum_{k=0}^{\omega-1} \sum_{l=0}^{m} \frac{c_{1l}(n) \exp\{y_1(n-l)\}}{1 + \exp\{y_1(n-l)\}}. \end{cases} \quad (3.2.28)$$

因为 $y = \{y(n)\} \in X$，所以存在 $\xi_i \in I_\omega$ 使得

$$y_i(\xi_i) = \min_{n \in I_\omega} \{y_i(n)\}, \quad i = 1, 2.$$

于是由式 (3.2.28) 我们有

$$\bar{r}_i \omega \geqslant \sum_{k=0}^{\omega-1} \sum_{l=0}^{m} a_{il}(n) \exp\{y_i(\xi_i)\} + \sum_{k=0}^{\omega-1} \sum_{l=0}^{m} \frac{c_{jl}(n) \exp\{y_j(\xi_i)\}}{1 + \exp\{y_j(\xi_i)\}}$$

$$> \sum_{k=0}^{\omega-1} \sum_{l=0}^{m} a_{il}(n) \exp\{y_i(\xi_i)\}$$

$$= \omega \sum_{l=0}^{m} \bar{a}_{il} \exp\{y_i(\xi_i)\}, \quad i,j = 1,2; \ i \neq j,$$

这蕴含着

$$y_i(\xi_i) < \ln \frac{\bar{r}_i}{\sum\limits_{l=0}^{m} \bar{a}_{il}} = \ln \frac{\bar{r}_i}{A_i}, \quad i = 1, 2, \qquad (3.2.29)$$

其中 $A_i \triangleq \sum_{l=0}^{m} \bar{a}_{il}$. 此外，联合式 (3.2.27) 和式 (3.2.28) 两式有

$$\sum_{k=0}^{\omega-1} |y_i(n+1) - y_i(n)| \leqslant \lambda \left\{ \sum_{k=0}^{\omega-1} \left[r_i(n) + \sum_{l=0}^{m} a_{il}(n) \exp\{y_i(n-l)\} + \sum_{l=0}^{m} \frac{c_{jl}(n) \exp\{y_j(n-l)\}}{1 + \exp\{y_j(n-l)\}} \right] \right\}$$

$$\leqslant 2\bar{r}_i \omega, \quad i,j = 1,2; i \neq j.$$

$$(3.2.30)$$

于是由式(3.2.29)、式(3.2.30)可得

$$y_i(n) \leqslant y_i(\xi_i) + \sum_{s=0}^{\omega-1} |y_i(s+1) - y_i(s)| \leqslant \ln\frac{\bar{r}_i}{A_i} + 2\bar{r}_i\omega. \quad (3.2.31)$$

另一方面,存在 $\eta_i \in I_\omega$ 使得

$$y_i(\eta_i) = \max_{n \in I_\omega}\{y_i(n)\}, \quad i = 1,2.$$

由式(3.2.28),我们有

$$\bar{r}_i\omega \leqslant \sum_{k=0}^{\omega-1}\sum_{l=0}^{m} a_{il}(n)\exp\{y_i(\eta_i)\} + \sum_{k=0}^{\omega-1}\sum_{l=0}^{m} c_{jl}(n) = \left[\sum_{l=0}^{m} \bar{a}_{il}\exp\{y_i(\eta_i)\} + \sum_{l=0}^{m} \bar{c}_{jl} \right]\omega.$$

$$(3.2.32)$$

即

$$\bar{r}_i \leqslant \sum_{l=0}^{m} \bar{a}_{il}\exp\{y_i(\eta_i)\} + \sum_{l=0}^{m} \bar{c}_{jl}, \quad i,j = 1,2; i \neq j. \quad (3.2.33)$$

式(3.2.33)蕴含着

$$\exp\{y_i(\eta_i)\} > \frac{\bar{r}_i - \sum_{l=0}^{m} \bar{c}_{jl}}{\sum_{l=0}^{m} \bar{a}_{il}} \triangleq B_i, \quad i,j = 1,2; i \neq j. \quad (3.2.34)$$

由条件(3.2.22)可知

$$y_i(\eta_i) > \ln B_i, \quad i = 1,2. \quad (3.2.35)$$

由式(3.2.30)、式(3.2.35)有

$$y_i(n) \geqslant y_i(\eta_i) - \sum_{s=0}^{\omega-1} |y_i(s+1) - y_i(s)| \geqslant \ln B_i - 2\bar{r}_i\omega, \quad i = 1,2. \quad (3.2.36)$$

式(3.2.31)和式(3.2.36)两式蕴含着

$$|y_i(n)| \leqslant \max\left\{ \left|\ln\frac{\bar{r}_i}{A_i} + 2\bar{r}_i\omega\right|, |\ln B_i - 2\bar{r}_i\omega| \right\} \triangleq H_i, \quad i = 1,2. \quad (3.2.37)$$

显然, $B_i, A_i, H_i; i = 1,2$ 都不依赖 λ. 记 $H = H_1 + H_2 + h_0$,其中常数 h_0 取适当大使得代数方程

$$\begin{cases} \sum_{l=0}^{m} \bar{a}_{1l}\exp(y_1) + \sum_{l=0}^{m} \frac{\bar{c}_{2l}\exp(y_2)}{1 + \exp(y_2)} = \bar{r}_1, \\ \sum_{l=0}^{m} \bar{a}_{2l}\exp(y_2) + \sum_{l=0}^{m} \frac{\bar{c}_{1l}\exp(y_1)}{1 + \exp(y_1)} = \bar{r}_2 \end{cases} \quad (3.2.38)$$

的唯一解 $(\tilde{y}_1, \tilde{y}_2)$ 满足 $\|(\tilde{y}_1, \tilde{y}_2)^{\mathrm{T}}\| = \max\{|\tilde{y}_1|, |\tilde{y}_2|\} < h_0$（如果系统(3.2.38)至少有一个解）.

令

$$\Omega \triangleq \{y : (y_1, y_2) \in X \mid \|y\| < H\},$$

这样 Mawhin 连续性定理中的条件(a)满足.

当 $y = \{y_1, y_2\} \in \partial\Omega \cap \mathrm{Ker}L = \partial\Omega \cap \mathbf{R}^2$，$(y_1, y_2)$ 是 $\mathbf{R}^2$ 中的常数向量且 $\|y\| = H$. 如果系统(3.2.38)至少存在一个解，则

$$QN\begin{bmatrix} y_1 \\ y_2 \end{bmatrix} = \begin{bmatrix} \bar{r}_1 - \sum_{l=0}^{m} \bar{a}_{1l}\exp(y_1) - \sum_{l=0}^{m} \dfrac{\bar{c}_{2l}\exp(y_2)}{1 + \exp(y_2)} \\ \bar{r}_2 - \sum_{l=0}^{m} \bar{a}_{2l}\exp(y_2) - \sum_{l=0}^{m} \dfrac{\bar{c}_{1l}\exp(y_1)}{1 + \exp(y_1)} \end{bmatrix} \neq \begin{bmatrix} 0 \\ 0 \end{bmatrix}.$$

如果系统(3.2.38)无解，显然有

$$QN\begin{bmatrix} y_1 \\ y_2 \end{bmatrix} \neq \begin{bmatrix} 0 \\ 0 \end{bmatrix}.$$

这说明 Mawhin 连续性定理的条件(b)也满足.

现在来验证 Mawhin 连续性定理中的条件(c)也满足，定义映射 $\Phi : \mathrm{Dom}\,L \times [0, 1] \to X$

$$\Phi(y_1, y_2, \mu) = \begin{bmatrix} \bar{r}_1 - \sum_{l=0}^{m} \bar{a}_{1l}\exp(y_1) \\ \bar{r}_2 - \sum_{l=0}^{m} \bar{a}_{2l}\exp(y_2) \end{bmatrix} + \mu\begin{bmatrix} -\sum_{l=0}^{m} \dfrac{\bar{c}_{2l}\exp(y_2)}{1 + \exp(y_2)} \\ -\sum_{l=0}^{m} \dfrac{\bar{c}_{1l}\exp(y_1)}{1 + \exp(y_1)} \end{bmatrix},$$

$\mu \in [0, 1]$ 是参数，类似前面的分析我们可知当 $y = \{y_1, y_2\} \in \partial\Omega \cap \mathrm{Ker}L = \partial\Omega \cap \mathbf{R}^2$ 时，$\Phi(y_1, y_2, \mu) \neq 0$. 定义 $J = I : \mathrm{Im}Q \to \mathrm{Ker}L$，即 $(y_1, y_2) \to (y_1, y_2)$，利用同伦不变性我们有

$$\deg\{JQN(y_1, y_2), \Omega \cap \mathrm{Ker}L, (0, 0)\}$$

$$= \deg\{\Phi(y_1, y_2, 1), \Omega \cap \mathrm{Ker}L, (0, 0)\}$$

$$= \deg\{\Phi(y_1, y_2, 0), \Omega \cap \mathrm{Ker}L, (0, 0)\}$$

$$= \deg\left\{\left[\bar{r}_1 - \sum_{l=0}^{m} \bar{a}_{1l}\exp(y_1), \bar{r}_2 - \sum_{l=0}^{m} \bar{a}_{2l}\exp(y_2)\right], \Omega \cap \mathrm{Ker}L, (0, 0)\right\}.$$

显然，方程组

$$\begin{cases} \bar{r}_1 - \sum_{l=0}^{m} \bar{a}_{1l}\exp(u_1) = 0, \\ \bar{r}_2 - \sum_{l=0}^{m} \bar{a}_{2l}\exp(u_2) = 0 \end{cases}$$

有唯一解 $(\widetilde{u}_1, \widetilde{u}_2) \in \mathbf{R}^2$. 因此, 我们有

$$\deg\{JQN(y_1, y_2), \Omega \cap \operatorname{Ker} L, (0,0)\} = \operatorname{sign}\left\{\sum_{l=0}^{m} \bar{a}_{1l} \exp(\widetilde{u}_1) \sum_{l=0}^{m} \bar{a}_{2l} \exp(\widetilde{u}_2)\right\} = 1 \neq 0.$$

最后, 我们将证明对任意的 $y \in \overline{\Omega}$, N 在 Ω 上是 L- 紧的. 首先由

$$\| QNy \|$$

$$= \| \frac{1}{\omega} \sum_{s=0}^{\omega-1} Ny(s) \| \leqslant \max\left\{r_1^A + \sum_{l=0}^{m} a_{1l}^A \exp(H_1) + \sum_{l=0}^{m} c_{2l}^A, r_2^A + \sum_{l=0}^{m} a_{2l}^A \exp(H_2) + \sum_{l=0}^{m} c_{1l}^A\right\}$$

$$\triangleq E$$

可知 $QN(\overline{\Omega})$ 是有界的. 显然 $QNy: \overline{\Omega} \to Y$ 是连续的.

因此, 对任意的 $y \in \overline{\Omega}$ 和 $n_1, n_2 \in I_\omega$, 我们有

$$\| K_p(I-Q)Ny \| \leqslant \sum_{s=0}^{\omega-1} \| Ny(s) \| + \frac{1}{\omega} \sum_{s=0}^{\omega-1} (\omega-s) \| Ny(s) \| + \frac{1+3\omega}{2\omega} \sum_{s=0}^{\omega-1} \| Ny(s) \|$$

$$\leqslant \frac{1+7\omega}{2} E,$$

不失一般性.

当 $n_2 > n_1$, 我们有

$$\left| K_p(I-Q)Ny(n_2) - K_p(I-Q)Ny(n_1) \right|$$

$$= \left| \sum_{s=n_1}^{n_2-1} Ny(s) - \frac{n_2-n_1}{\omega} \sum_{s=0}^{\omega-1} Ny(s) \right|$$

$$\leqslant \sum_{s=n_1}^{n_2-1} | Ny(s) | + \frac{n_2-n_1}{\omega} \sum_{s=0}^{\omega-1} | Ny(s) |$$

$$\leqslant 2E | n_2 - n_1 |.$$

于是 $\{K_p(I-Q)Ny \mid y \in \overline{\Omega}\}$ 是等度连续并且是一致有界的, 由 Arzela-Ascoli 定理可知 $K_p(I-Q)N: \overline{\Omega} \to X$ 是紧的, 因此 N 是 L-紧的.

这样我们就验证了 Ω 满足 Mawhin 连续性定理的所有条件. 因此, 系统(3.2.24)存在一个 ω-周期解, 进而由变换(3.2.23)可知系统(3.2.1)存在一个正的 ω-周期解.

3.2.5 正周期解的全局渐近稳定性

定理 3.6 假设式(3.2.22)成立, 且存在 $\eta > 0$ 使得

$$\min\left\{a_{i0}^L, \frac{2}{M_i} - a_{i0}^U\right\} - m a_i^M - (m+1) c_i^M \geqslant \eta, \quad i = 1, 2, \tag{3.2.39}$$

其中 M_i 由式(3.2.3)定义,

$$a_i^M = \max\{a_{il}^U : l = 1, 2, \cdots, m\}, \quad c_i^M = \max\{c_{il}^U : l = 0, 1, 2, \cdots, m\}, \quad i = 1, 2.$$

$$\tag{3.2.40}$$

则系统(3.2.1)正的 ω-周期解是全局渐近稳定的.

证明　记 $\{x_1^*(n),x_2^*(n)\}$ 为系统(3.2.1)的任意一个正的 ω-周期解, 我们分两步来完成定理 3.6 的证明. 对任意的有界序列 $\{F(i)\}$, 我们约定当 $n_1 > n_2$ 时, $\sum\limits_{i=n_1}^{n_2} F(i) = 0$.

步骤 1　令 $V_{11}(n) = |\ln x_1(n) - \ln x_1^*(n)|$, 由系统(3.2.1)的第一个方程可得

$$V_{11}(n+1) = |\ln x_1(n+1) - \ln x_1^*(n+1)|$$

$$= \left| \left[\ln x_1(n) + r_1(n) - \sum_{l=0}^{m} a_{1l}(n)x_1(n-l) - \sum_{l=0}^{m} \frac{c_{2l}(n)x_2(n-l)}{1+x_2(n-l)} \right] \right.$$

$$\left. - \left[\ln x_1^*(n) + r_1(n) - \sum_{l=0}^{m} a_{1l}(n)x_1^*(n-l) - \sum_{l=0}^{m} \frac{c_{2l}(n)x_2^*(n-l)}{1+x_2^*(n-l)} \right] \right|$$

$$\leqslant |\ln x_1(n) - \ln x_1^*(n) - a_{10}(n)[x_1(n) - x_1^*(n)]|$$

$$+ \sum_{l=1}^{m} a_{1l}(n)|x_1(n-l) - x_1^*(n-l)| + \sum_{l=0}^{m} c_{2l}(n)|x_2(n-l) - x_2^*(n-l)|.$$

$$(3.2.41)$$

利用中值定理有

$$x_1(n) - x_1^*(n) = \exp[\ln x_1(n)] - \exp[\ln x_1^*(n)] = \xi_1(n)\ln\frac{x_1(n)}{x_1^*(n)},$$

即

$$\ln\frac{x_1(n)}{x_1^*(n)} = \frac{1}{\xi_1(n)}[x_1(n) - x_1^*(n)],$$

其中 $\xi_1(n)$ 介于 $x_1(n)$ 与 $x_1^*(n)$ 之间. 于是可得

$$\left| \ln\frac{x_1(n)}{\tilde{x}_1(n)} - a_{10}(n)[x_1(n) - x_1^*(n)] \right|$$

$$= \left| \ln\frac{x_1(n)}{x_1^*(n)} \right| - \left| \ln\frac{x_1(n)}{x_1^*(n)} \right| + \left| \ln\frac{x_1(n)}{x_1^*(n)} - a_{10}(n)[x_1(n) - x_1^*(n)] \right|$$

$$= \left| \ln\frac{x_1(n)}{x_1^*(n)} \right| - \frac{1}{\xi_1(n)}|x_1(n) - x_1^*(n)| + \left| \frac{1}{\xi_1(n)}[x_1(n) - x_1^*(n)] - a_{10}(n)[x_1(n) - x_1^*(n)] \right|$$

$$= \left| \ln\frac{x_1(n)}{x_1^*(n)} \right| - \frac{1}{\xi_1(n)}|x_1(n) - x_1^*(n)| + \left| \frac{1}{\xi_1(n)} - a_{10}(n) \right| \times |x_1(n) - x_1^*(n)|$$

$$= \left| \ln\frac{x_1(n)}{x_1^*(n)} \right| - \left[\frac{1}{\xi_1(n)} - \left| \frac{1}{\xi_1(n)} - a_{10}(n) \right| \right] \times |x_1(n) - x_1^*(n)|. \quad (3.2.42)$$

联立式(3.2.41)和式(3.2.42)两式可得

$$\Delta V_{11}(n) = V_{11}(n+1) - V_{11}(n)$$

$$\leqslant - \left[\frac{1}{\xi_1(n)} - \left| \frac{1}{\xi_1(n)} - a_{10}(n) \right| \right] \times |x_1(n) - x_1^*(n)|$$

$$+ \sum_{l=1}^{m} a_{1l}(n) \left| x_1(n-l) - x_1^*(n-l) \right| + \sum_{l=0}^{m} c_{2l}(n) \left| x_2(n-l) - x_2^*(n-l) \right|.$$

$$(3.2.43)$$

步骤 2 令 $V_{12}(n) = \sum_{l=1}^{m} \sum_{s=n-l}^{n-1} a_{1l}(s+l) \left| x_1(s) - x_1^*(s) \right| + \sum_{l=0}^{m} \sum_{s=n-l}^{n-1} c_{2l}(s+l) \left| x_2(s) - x_2^*(s) \right|,$

我们有

$$\Delta V_{12}(n) = V_{12}(n+1) - V_{12}(n)$$

$$= \sum_{l=1}^{m} \sum_{s=k-l+1}^{k} a_{1l}(s+l) \left| x_1(s) - x_1^*(s) \right| + \sum_{l=0}^{m} \sum_{s=n-l+1}^{n} c_{2l}(s+l) \left| x_2(s) - x_2^*(s) \right|$$

$$- \sum_{l=1}^{m} \sum_{s=n-l}^{n-1} a_{1l}(s+l) \left| x_1(s) - x_1^*(s) \right| - \sum_{l=0}^{m} \sum_{s=n-l}^{n-1} c_{2l}(s+l) \left| x_2(s) - x_2^*(s) \right|$$

$$= \sum_{l=1}^{m} a_{1l}(n+l) \left| x_1(n) - x_1^*(n) \right| - \sum_{l=1}^{m} a_{1l}(n) \left| x_1(n-l) - x_1^*(n-l) \right|$$

$$+ \sum_{l=0}^{m} c_{2l}(n+l) \left| x_2(n) - x_2^*(n) \right| - \sum_{l=0}^{m} c_{2l}(n) \left| x_2(n-l) - x_2^*(n-l) \right|.$$

$$(3.2.44)$$

综合步骤 1 和步骤 2，我们定义

$$V_1(n) = V_{11}(n) + V_{12}(n).$$

联立式(3.2.43)和式(3.2.44)两式可得

$$\Delta V_1(n) = \Delta V_{11}(n) + \Delta V_{12}(n)$$

$$\leqslant - \left[\frac{1}{\xi_1(n)} - \left| \frac{1}{\xi_1(n)} - a_{10}(n) \right| - \sum_{l=1}^{m} a_{1l}(n+l) \right] \times \left| x_1(n) - x_1^*(n) \right|$$

$$+ \sum_{l=0}^{m} c_{2l}(n+l) \left| x_2(n) - x_2^*(n) \right|.$$

$$(3.2.45)$$

同理，我们再定义

$$V_2(n) = V_{21}(n) + V_{22}(n),$$

其中

$$V_{21}(n) = \left| \ln x_2(n) - \ln x_2^*(n) \right|;$$

$$V_{22}(n) = \sum_{l=1}^{m} \sum_{s=n-l}^{n-1} a_{2l}(s+l) \left| x_2(s) - x_2^*(s) \right| + \sum_{l=0}^{m} \sum_{s=n-l}^{n-1} c_{1l}(s+l) \left| x_1(s) - x_1^*(s) \right|.$$

则有

$$\Delta V_2(n) = \Delta V_{21}(n) + \Delta V_{22}(n)$$

$$\leqslant - \left[\frac{1}{\xi_2(n)} - \left| \frac{1}{\xi_2(n)} - a_{20}(n) \right| - \sum_{l=1}^{m} a_{2l}(n+l) \right] \times \left| x_2(n) - x_2^*(n) \right|$$

$$+ \sum_{l=0}^{m} c_{1l}(n+l) \left| x_1(n) - x_1^*(n) \right|,$$

$$(3.2.46)$$

其中 $\xi_2(n)$ 介于 $x_2(n)$ 与 $x_2^*(n)$ 之间.

现在，我们定义

$$V(n) = V_1(n) + V_2(n).$$

很显然，对于所有的 $n \in \mathbf{Z}^+$，我们有 $V(n) \geq 0$ 和 $V(n_0 + m) < +\infty$. 由 ε 的任意性和式(3.2.39)可得

$$\min\left\{a_{i0}^L, \frac{2}{M_i + \varepsilon} - a_{i0}^U\right\} - m a_i^M - (m+1) c_i^M \geq \eta, \quad i = 1, 2. \tag{3.2.47}$$

联立式(3.2.45)、式(3.2.46)和式(3.2.47)三式，有

$$\Delta V(n) = \Delta V_1(n) + \Delta V_2(n)$$

$$\leq -\sum_{i=1}^{2}\left\{\frac{1}{\xi_i(n)} - \left|\frac{1}{\xi_i(n)} - a_{i0}(n)\right| - \sum_{l=1}^{m} a_{il}(n+l) - \sum_{l=0}^{m} c_{il}(n+l)\right\} \times |x_i(n) - x_i^*(n)|$$

$$\leq -\sum_{i=1}^{2}\left\{\min\left\{a_{i0}^L, \frac{2}{M_i + \varepsilon} - a_{i0}^U\right\} - \sum_{l=1}^{m} a_{il}^U - \sum_{l=0}^{m} c_{il}^U\right\} \times |x_i(n) - x_i^*(n)|$$

$$\leq -\sum_{i=1}^{2}\left\{\min\left\{a_{i0}^L, \frac{2}{M_i + \varepsilon} - a_{i0}^U\right\} - m a_i^M - (m+1) c_i^M\right\} \times |x_i(n) - x_i^*(n)|$$

$$\leq -\eta \sum_{i=1}^{2} |x_i(n) - x_i^*(n)|, \quad n \geq n_0 + m. \tag{3.2.48}$$

对式(3.2.48)两边从 $n_0 + m$ 到 n 求和可得

$$V(n+1) + \eta \sum_{p=n_0+m}^{n} \sum_{i=1}^{2} |x_i(p) - x_i^*(p)| \leq V(n_0 + m), \quad n \geq n_0 + m,$$

上式蕴含着

$$\sum_{n=n_0+m}^{+\infty} \sum_{i=1}^{2} |x_i(n) - x_i^*(n)| \leq \frac{V(n_0 + m)}{\eta} < +\infty,$$

即当 $n \to +\infty$ 时，有

$$\sum_{i=1}^{2} |x_i(n) - x_i^*(n)| = 0,$$

也就是说

$$\lim_{n \to +\infty} |x_1(n) - x_1^*(n)| = 0, \quad \lim_{n \to +\infty} |x_2(n) - x_2^*(n)| = 0.$$

因此，系统(3.2.1)正的 ω-周期解 $\{x_1^*(n), x_2^*(n)\}$ 是全局渐近稳定的.

3.2.6 数值模拟与生物意义解释

为了验证我们得到的主要结果，在本节我们将考虑如下系统

$$\begin{cases} x_1(n+1) = x_1(n)\exp\left[r_1(n) - a_{10}(n)x_1(n) - a_{11}(n)x_1(n-1) - \dfrac{c_{20}(n)x_2(n)}{1+x_2(n)} - \dfrac{c_{21}(n)x_2(n-1)}{1+x_2(n-1)}\right], \\ x_2(n+1) = x_2(n)\exp\left[r_2(n) - a_{20}(n)x_2(n) - a_{21}(n)x_2(n-1) - \dfrac{c_{10}(n)x_1(n)}{1+x_1(n)} - \dfrac{c_{11}(n)x_1(n-1)}{1+x_1(n-1)}\right]. \end{cases}$$

$$\tag{3.2.49}$$

首先选择系统参数

$$r_1(n) = 0.85 + 0.04\sin n, \qquad\qquad r_2(n) = 0.87 + 0.01\sin n;$$

$$a_{10}(n) = a_{11}(n) = 1.83 + 0.02\sin n, \quad a_{20}(n) = a_{21}(n) = 1.20 + 0.03\sin n;$$

$$c_{10}(n) = c_{11}(n) = 0.05 + 0.01\sin n, \quad c_{20}(n) = c_{21}(n) = 0.04 + 0.01\sin n.$$

同时考虑初始值 $x_1(-1) = 0.2, x_1(0) = 0.018, x_2(-1) = 0.3, x_2(0) = 0.017$，容易验证

$$\min\left\{ r_1^L - \sum_{l=0}^{m} c_{2l}^U, \quad r_2^L - \sum_{l=0}^{m} c_{1l}^U \right\} = \min\{0.7100, 0.7400\} = 0.7100 > 0;$$

$$\min\{ M_1\Delta_1, \quad M_2\Delta_2 \} = \min\{2.5604, \quad 1.8979\} = 1.8979 > 1.$$

则定理 3.4 的假设条件满足，由图 3.4 可以看出系统(3.2.49)是持久生存的.

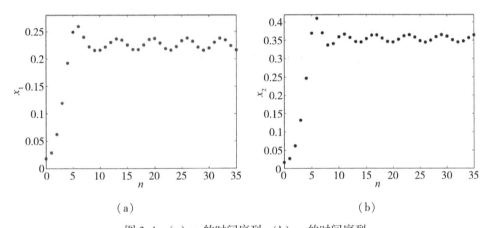

图 3.4 　(a) x_1 的时间序列；(b) x_2 的时间序列

下面我们进一步考虑系统(3.2.49)的系数为周期序列的情况. 选择参数满足

$$r_1(n) = 0.0695 + 0.0055\cos\pi n, r_2(n) = 0.0665 - 0.0005\cos\pi n;$$

$$a_{10}(n) = 1.0080 + 0.0010\cos\pi n, a_{20}(n) = 1.0425 - 0.0005\cos\pi n;$$

$$a_{11}(n) = 0.0080 - 0.0010\cos\pi n, a_{21}(n) = 0.0425 - 0.0005\cos\pi n;$$

$$c_{10}(n) = 0.00035 + 0.00015\cos\pi n, c_{20}(n) = 0.00035 - 0.00005\cos\pi n;$$

$$c_{11}(n) = 0.00045 + 0.00015\cos\pi n, c_{21}(n) = 0.00045 - 0.00005\cos\pi n.$$

我们记系统(3.2.49)具有正初始值

$$\{x_1^*(-1), x_2^*(-1)\} = (0.03, 0.04), \quad \{x_1^*(0), x_2^*(0)\} = (0.0662, 0.0606)$$

的正周期解为 (x_1^*, x_2^*)，同时记具有正初始

$$\{x_1(-1), x_2(-1)\} = (0.02, 0.05), \quad \{x_1(0), x_2(0)\} = (0.0668, 0.0607)$$

的正解为 (x_1, x_2).

显然

$$\min\left\{\bar{r}_1 - \sum_{l=0}^{m} \bar{c}_{2l}, \bar{r}_2 - \sum_{l=0}^{m} \bar{c}_{1l}\right\} = \min\{0.0612, 0.0657\} = 0.0612 > 0;$$

$$\Delta V_2(n) = \Delta V_{21}(n) + \Delta V_{22}(n)$$

$$\leqslant -\left\{\frac{1}{\theta_2(n)} - \left|\frac{1}{\theta_2(n)} - a_{22}(n)\right| - b_2(n)(M_1 + \varepsilon)\sum_{p=0}^{M} k_1(p)\right\} \times |x_2(n) - x_2^*(n)|$$

$$+ \left[a_{21}(n) + \sum_{p=0}^{M} b_2(n+p)(M_2 + \varepsilon)k_1(p)\right] \times |x_1(n) - x_1^*(n)|,$$

这里我们取正常数 $n = 0.5$. 因此定理 3.4 和定理 3.6 的假设条件满足, 由图 3.5 可以看出系统 (3.2.49) 有一个正 2- 周期解, 并且由图 3.6 可以看出该正周期解是全局渐近稳定的. 在图 3.6(a) 中, 我们可以看到, 随着 n 值的逐渐变大, 具有初始值 $x_1(-1) = 0.02$, $x_1(0) = 0.0668$ 的正解 x_1 趋于具有初始值 $x_1^*(-1) = 0.03$, $x_1^*(0) = 0.0662$ 的正周期解 x_1^*. 在图 3.6(b) 中, 随着 n 值的逐渐变大, 具有初始值 $x_2(-1) = 0.05$, $x_2(0) = 0.0607$ 的正解 x_2 趋于具有初始值 $x_2^*(-1) = 0.04$, $x_2^*(0) = 0.0606$ 的正周期解 x_2^*.

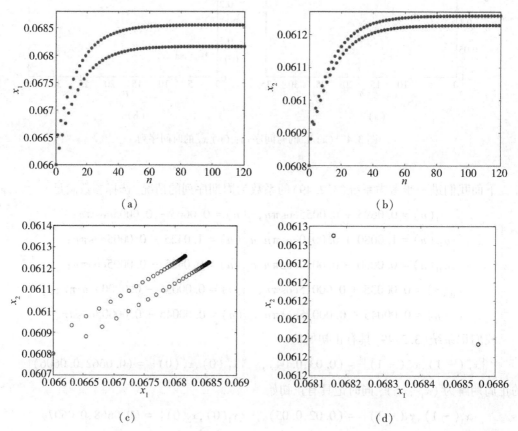

图 3.5　(a) x_1 的时间序列; (b) x_2 的时间序列; (c) 同一坐标系下 x_1, x_2 的相图, 其中 $n \in [0, 120]$; (d) 同一坐标系下 x_1, x_2 的相图, 其中 $n \in [110, 120]$

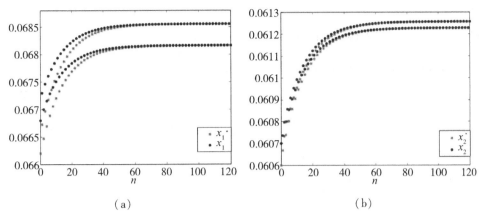

图 3.6 （a）在同一坐标系下 x_1^*, x_1 的时间序列；（b）在同一坐标系下 x_2^*, x_2 的时间序列

因此，由定理 3.4 和定理 3.6 可知时滞影响了系统(3.2.1)的持久生存性和正周期解的全局渐近稳定性.

3.3 非自治离散竞争模型的时滞效应

3.3.1 模型建立及预备知识

近年来，竞争系统的动态行为一直是生态学和数学生态学的主要研究课题之一. 在理论生态学中，系统的稳定性和系统正解的全局吸引性是非常重要的，因此，研究竞争系统具有稳定性或全局吸引性的条件就显得更加有意义. 有很多关于微分方程的文献，特别地，Gopalsamy[80]提出了以下具有单一恒定延迟的自治竞争系统：

$$\begin{cases} \dfrac{\mathrm{d}x_1(t)}{\mathrm{d}t} = x_1(t)\left[r_1 - a_1 x_1(t-\tau) - \dfrac{c_2 x_2(t-\tau)}{1+x_2(t-\tau)} \right], \\ \dfrac{\mathrm{d}x_2(t)}{\mathrm{d}t} = x_2(t)\left[r_2 - a_2 x_2(t-\tau) - \dfrac{c_1 x_1(t-\tau)}{1+x_1(t-\tau)} \right]. \end{cases} \tag{3.3.1}$$

这里 $r_i, a_i, c_i; i=1,2$ 都是正常数，τ 是非负常数.

考虑多个时滞的作用，模型(3.3.1)可改写成

$$\begin{cases} \dfrac{\mathrm{d}x_1(t)}{\mathrm{d}t} = x_1(t)\left[r_1(t) - a_1(t) x_1(t-\tau_1) - \dfrac{c_2(t) x_2(t-\sigma_2)}{1+x_2(t-\sigma_2)} \right], \\ \dfrac{\mathrm{d}x_2(t)}{\mathrm{d}t} = x_2(t)\left[r_2(t) - a_2(t) x_2(t-\tau_2) - \dfrac{c_1(t) x_1(t-\sigma_1)}{1+x_1(t-\sigma_1)} \right]. \end{cases} \tag{3.3.2}$$

其中 $x_1(t)$, $x_2(t)$ 表示两个物种的种群密度；$\tau_i(t)$, $a_i(t)$, $c_i(t)$ 和 $r_i(t)/a_i(t)$, $i=1,2$ 分别为两个物种的内禀增长率、种内竞争率、种间竞争率和环境承载能力. 时滞 τ_i, a_i; $i=1,2$ 是非

负常数.

将上述模型离散化可得如下的时滞差分系统

$$
\begin{cases}
x_1(n+1) = x_1(n)\exp\left[r_1(n) - a_1(n)x_1(n-\tau_1) - \dfrac{c_2(n)x_2(n-\sigma_2)}{1+x_2(n-\sigma_2)}\right] \\
x_2(n+1) = x_2(n)\exp\left[r_2(n) - a_2(n)x_2(n-\tau_2) - \dfrac{c_1(n)x_1(n-\sigma_1)}{1+x_1(n-\sigma_1)}\right]
\end{cases}, n \in \mathbf{Z}^+,
$$
$$
\begin{cases}
x_1(s) = \varphi_1(s) \geqslant 0, \varphi_1(0) > 0 \\
x_2(s) = \varphi_2(s) \geqslant 0, \varphi_2(0) > 0
\end{cases}, s \in [-\tau, 0] \cap \mathbf{Z}.
$$

$$(3.3.3)$$

其中 $r_i(n), a_i(n), c_i(n)$ 是有界正序列, $\tau_i, \sigma_i; i = 1,2$ 是非负整数, $\tau = \max_{1 \leqslant i \leqslant 2}\{\tau_i, \sigma_i\}$. $\mathbf{Z}$ 和 $\mathbf{Z}^+$ 分别是所有整数和非负整数的集合.

下面我们将介绍一些符号、定义和引理, 它们将有助于在下一节中分析结果. 对于任意有界序列, 将其表示为 $f^U = \sup\limits_{k \in Z^+} f(k)$, $f^l = \inf\limits_{k \in Z^+} f(k)$, 定义当 $m > n$ 时 $\sum\limits_{k=m}^{n} f(k) = 0$.

定义 3.7 若存在正常数 m_i 和 M_i, 使模型 (3.3.3) 的每个正解 $\{x_1(n), x_2(n)\}$ 满足

$$m_i \leqslant \liminf_{n \to +\infty} x_i(n) \leqslant \limsup_{n \to +\infty} x_i(n) \leqslant M_i, i = 1,2.$$

则模型 (3.3.3) 是稳定的.

定义 3.8 若模型 (3.3.3) 的每一个正解 $\{x_1(n), x_2(n)\}$ 都满足

$$\lim_{n \to +\infty} |x_i(n) - x_i^*(n)| = 0, i = 1,2.$$

则模型 (3.3.3) 的正解 $\{x_1^*(n), x_2^*(n)\}$ 是全局吸引的.

引理 3.9 若 $\{x(n)\}$ 满足 $x(n) > 0$ 和

$$x(n+1) \leqslant x(n)\exp[r(n)(1 - \alpha x(n))],$$

对 $n \in [n_1, +\infty]$ 都成立, 其中 α 是正整数, $n_1 \in \mathbf{Z}^+$, 则

$$\limsup_{n \to +\infty} x(n) \leqslant \frac{1}{\alpha r^U}\exp(r^U - 1).$$

引理 3.10 若 $\{x(n)\}$ 满足 $x(n) > 0$ 和

$$x(n+1) \geqslant x(n)\exp[r(n)(1 - \alpha x(n))],$$

对 $n \in [n_2, +\infty]$ 都成立, $\limsup\limits_{n \to +\infty} x(n) \leqslant M, x(n_2) > 0$, 其中 α 是正整数并满足 $\alpha M > 1$, $n_2 \in \mathbf{Z}^+$. 则

$$\liminf_{n \to +\infty} x(n) \geqslant \frac{1}{\alpha}\exp[r^U(1 - \alpha M)].$$

本节材料主要来源于文献[81].

3.3.2 稳定性和全局吸引性

这一节将研究模型 (3.3.3) 的持久性和全局吸引性. 为了建立模型 (3.3.3) 的稳定性的

充分条件. 为此我们给出了命题 3.11 和命题 3.12.

命题 3.11 若

$$\limsup_{n\to+\infty} x_i(n) \leqslant M_i = \frac{1}{a_i^L}\exp[r_i^U(\tau_i+1)-1], i=1,2. \tag{3.3.4}$$

则模型 (3.3.3) 的任意解 $\{x_1(n),x_2(n)\}$ 是正的并最终有界.

证明 显然对所有的 $n\geqslant 0$ 都有 $\{x_1(n),x_2(n)\}\geqslant 0$. 因此由模型 (3.3.3) 的第一个方程有

$$x_1(n+1)\leqslant x_1(n)\exp r_1(n).$$

令 $y_1(n)=\ln x_1(n)$, 从上面的不等式可得

$$y_1(n+1)-y_1(n)\leqslant r_1(n)\leqslant r_1^U.$$

因此

$$\sum_{i=n-\tau_1}^{n-1}[y_1(i+1)-y_1(i)]=y_1(n)-y_1(n-\tau_1)\leqslant r_1^U\tau_1,$$

这意味着

$$x_1(n-\tau_1)\geqslant x_1(n)\exp(-r_1^U\tau_1). \tag{3.3.5}$$

由式 (3.3.5) 和式 (3.3.3) 的第一个方程可知

$$x_1(n+1)\leqslant x_1(n)\exp[r_1(n)-a_1(n)x_1(n-\tau_1)]$$
$$\leqslant x_1(n)\exp\left\{r_1(n)\left[1-\frac{a_1^L\exp(-r_1^U\tau_1)}{r_1^U}x_1(n)\right]\right\},$$

根据引理 3.9 有

$$\limsup_{n\to+\infty} x_1(n)\leqslant\frac{1}{a_1^L}\exp[r_1^U(\tau_1+1)-1]=M_1,$$

类似地, 对 $x_2(n)$ 可以得到

$$\limsup_{n\to+\infty} x_2(n)\leqslant\frac{1}{a_2^L}\exp[r_2^U(\tau_2+1)-1]=M_2.$$

得证.

命题 3.12 若

$$r_1^L>c_2^U, r_2^L>c_1^U, \tag{3.3.6}$$
$$F_1M_1>1, F_2M_2>1, \tag{3.3.7}$$

成立, 则模型 (3.3.3) 的任意一个正解 $\{x_1(n),x_2(n)\}$ 都满足

$$\liminf_{n\to+\infty} x_i(n)\geqslant m_i=\frac{1}{F_i}\exp[(r_i^L-c_j^U)(1-F_iM_i)], i=1,2,$$

其中 M_1,M_2 定义在式 (3.3.4) 中并且

$$\left.\begin{array}{l}F_i=\lim F_i^\varepsilon, F_i^\varepsilon=\dfrac{a_i^U\exp[-(H_i^\varepsilon)^L\tau_i]}{r_i^L-c_j^U}\\H_i^\varepsilon=r_i(n)-a_i(n)(M_i+\varepsilon)-c_j(n)\end{array}\right\}i,j=1,2,i\neq j; \tag{3.3.8}$$

这里 $\varepsilon > 0$ 是一个足够小的整数.

证明　根据命题 3.11, 对于任意足够小的 $\varepsilon > 0$, 存在一个整数 $l_0 > 0$, 使 $x_1(n) \leqslant M_1 + \varepsilon$ 对于所有的 $n \geqslant l_0$ 成立. 由式 (3.3.3) 的第一个方程, 当 $n \geqslant l_0 + \tau$ 时有

$$x_1(n+1) \geqslant x_1(n)\exp[r_1(n) - a_1(n)(M_1 + \varepsilon) - c_2(n)] = x_1(n)\exp H_1^\varepsilon(n),$$

其中 $H_1^\varepsilon(n)$ 定义在式 (3.3.8) 中.

令 $y_1(n) = \ln x_1(n)$, 由上面的不等式得到

$$y_1(n+1) - y_1(n) \geqslant H_1^\varepsilon(n) \geqslant (H_1^\varepsilon)^L,$$

因此

$$\sum_{i=n-\tau_1}^{n-1} [y_1(i+1) - y_1(i)] = y_1(n) - y_1(n - \tau_1) \geqslant (H_1^\varepsilon)^L \tau_1,$$

这意味着

$$x_1(n - \tau_1) \leqslant x_1(n)\exp[-(H_1^\varepsilon)^L \tau_1]. \tag{3.3.9}$$

由式 (3.3.8)、式 (3.3.9) 和式 (3.3.3) 的第一个等式得

$$\begin{aligned}
x_1(n+1) &\geqslant x_1(n)\exp\{r_1^L - a_1^U x_1(n)\exp[-(H_1^\varepsilon)^L \tau_1] - c_2^U\} \\
&= x_1(n)\exp\{(r_1^L - c_2^U)[1 - F_1^\varepsilon x_1(n)]\}.
\end{aligned}$$

根据命题 3.11 有 $\limsup\limits_{n \to +\infty} x_1(n) \leqslant M_1$, 对任意足够小的 $\varepsilon > 0$, 由式 (3.3.7) 得到 $F_1^\varepsilon M_1 > 1$. 通过式 (3.3.6)、式 (3.3.7) 和引理 3.10 得到

$$\liminf_{n \to +\infty} x_1(n) \geqslant \frac{1}{F_1^\varepsilon}\exp[(r_1^L - c_2^U)(1 - F_1^\varepsilon M_1)].$$

令 $\varepsilon \to 0$ 有

$$\liminf_{n \to +\infty} x_1(n) \geqslant \frac{1}{F_1}\exp[(r_1^L - c_2^U)(1 - F_1 M_1)] = m_1.$$

类似地, 根据系统 (3.3.3) 的第二个等式得到

$$\liminf_{n \to +\infty} x_2(n) \geqslant \frac{1}{F_2}\exp[(r_2^L - c_1^U)(1 - F_2 M_2)] = m_2.$$

得证.

由命题 3.11 和命题 3.12, 再根据定义 3.7, 可以得到模型 (3.3.3) 的稳定性.

定理 3.13　若式 (3.3.6) 和式 (3.3.7) 成立, 则模型 (3.3.3) 是稳定的.

接下来研究 (3.3.3) 正解的全局吸引性. 为此引入引理.

引理 3.14　对于模型 (3.3.3) 的任意两个正解 $\{x_1^*(n), x_2^*(n)\}$ 和 $\{x_1(n), x_2(n)\}$, 有

$$\begin{aligned}
\ln \frac{x_i(n+1)}{x_i^*(n+1)} &= \ln \frac{x_i(n)}{x_i^*(n)} - \frac{c_j(n)[x_j(n - \sigma_j) - x_j^*(n - \sigma_j)]}{[1 + x_j(n - \sigma_j)][1 + x_j^*(n - \sigma_j)]} - a_i(n)[x_i(n) - x_i^*(n)] \\
&\quad + a_i(n)\sum_{s=n-\tau_i}^{n-1}\left\{P_i(s)\left[r_i(s) - a_i(s)x_i^*(s - \tau_i) - \frac{c_j(s)x_j^*(s - \sigma_j)}{1 + x_j^*(s - \sigma_j)}\right][x_i(s) - x_i^*(s)]\right.
\end{aligned}$$

$$- x_i(s)Q_i(s)\left[a_i(s)\left[x_i(s-\tau_i)-x_i^*(s-\tau_i)\right]+\frac{c_j(s)\left[x_j(s-\sigma_j)-x_j^*(s-\sigma_j)\right]}{\left[1+x_j(s-\sigma_j)\right]\left[1+x_j^*(s-\sigma_j)\right]}\right]\right\},$$

$$\tag{3.3.10}$$

其中

$$\left.\begin{array}{l} P_i(s) = \exp\left\{\eta_i(s)\left[r_i(s)-a_i(s)x_i^*(s-\tau_i)-\dfrac{c_j(s)x_i^*(s-\sigma_j)}{1+x_j^*(s-\sigma_j)}\right]\right\} \\[4mm] Q_i(s) = \exp\left\{\xi_i(s)\left[r_i(s)-a_i(s)x_i(s-\tau_i)-\dfrac{c_j(s)x_j(s-\sigma_j)}{1+x_j(s-\sigma_j)}\right]+\right. \\[4mm] \left. (1-\xi_i(s))\left[r_i(s)-a_i(s)x_i^*(s-\tau_i)-\dfrac{c_j(s)x_j^*(s-\sigma_j)}{1+x_j^*(s-\sigma_j)}\right]\right\} \end{array}\right\}, \quad\begin{array}{l}\eta_i(s),\xi_i(s)\in(0,1)\\[2mm] i,j=1,2;i\neq j.\end{array}$$

$$\tag{3.3.11}$$

证明 由模型(3.3.3)可得

$$\ln\frac{x_i(n+1)}{x_i^*(n+1)}-\ln\frac{x_i(n)}{x_i^*(n)}=\ln\frac{x_i(n+1)}{x_i(n)}-\ln\frac{x_i^*(n+1)}{x_i^*(n)}$$

$$=\left[r_i(n)-a_i(n)x_i(n-\tau_i)-\frac{c_j(n)x_j(n-\sigma_j)}{1+x_j(n-\sigma_j)}\right]$$

$$-\left[\tau_i(n)-a_i(n)x_i^*(n-\tau_i)-\frac{c_j(n)x_j^*(n-\sigma_j)}{1+x_j^*(n-\sigma_j)}\right]$$

$$=-a_i(n)\left[x_i(n-\tau_i)-x_i^*(n-\tau_i)\right]-\frac{c_j(n)\left[x_j(n-\sigma_j)-x_j^*(n-\sigma_j)\right]}{\left[1+x_j(n-\sigma_j)\right]\left[1+x_j^*(n-\sigma_j)\right]},$$

进一步

$$\ln\frac{x_i(n+1)}{x_i^*(n+1)}=\ln\frac{x_i(n)}{x_i^*(n)}-\frac{c_j(n)\left[x_j(n-\sigma_j)-x_j^*(n-\sigma_j)\right]}{\left[1+x_j(n-\sigma_j)\right]\left[1+x_j^*(n-\sigma_j)\right]}$$

$$-a_i(n)\left\{\left[x_i(n)-x_i^*(n)\right]-\left[x_i(n)-x_i(n-\tau_i)\right]+\left[x_i^*(n)-x_i^*(n-\tau_i)\right]\right\}$$

$$=\ln\frac{x_i(n)}{x_i^*(n)}-\frac{c_j(n)\left[x_j(n-\sigma_j)-x_j^*(n-\sigma_j)\right]}{\left[1+x_j(n-\sigma_j)\right]\left[1+x_j^*(n-\sigma_j)\right]}-a_i(n)\left[x_i(n)-x_i^*(n)\right]$$

$$+a_i(n)\left\{\left[x_i(n)-x_i(n-\tau_i)\right]-\left[x_i^*(n)-x_i^*(n-\tau_i)\right]\right\}. \tag{3.3.12}$$

由于

$$\left[x_i(n)-x_i(n-\tau_i)\right]-\left[x_i^*(n)-x_i^*(n-\tau_i)\right]$$

$$=\sum_{s=n-\tau_i}^{n-1}\left[x_i(s+1)-x_i(s)\right]-\sum_{s=n-\tau_i}^{n-1}\left[x_i^*(s+1)-x_i^*(s)\right] \tag{3.3.13}$$

$$=\sum_{s=n-\tau_i}^{n-1}\left\{\left[x_i(s+1)-x_i^*(s+1)\right]-\left[x_i(s)-x_i^*(s)\right]\right\},$$

则

$$[x_i(s+1) - x_i^*(s+1)] - [x_i(s) - x_i^*(s)]$$

$$= x_i(s)\exp\left[r_i(s) - a_i(s)x_i(s-\tau_i) - \frac{c_j(s)x_j(s-\sigma_j)}{1+x_j(s-\sigma_j)}\right]$$

$$- x_i^*(s)\exp\left[r_i(s) - a_i(s)x_i^*(s-\tau_i) - \frac{c_j(s)x_j^*(s-\sigma_j)}{1+x_j^*(s-\sigma_j)}\right] - [x_i(s) - x_i^*(s)]$$

$$= x_i(s)\left\{\exp\left[r_i(s) - a_i(s)x_i(s-\tau_i) - \frac{c_j(s)x_j(s-\sigma_j)}{1+x_j(s-\sigma_j)}\right]\right.$$

$$\left. - \exp\left[r_i(s) - a_i(s)x_i^*(s-\tau_i) - \frac{c_j(s)x_j^*(s-\sigma_j)}{1+x_j^*(s-\sigma_j)}\right]\right\}$$

$$+ [x_i(s) - x_i^*(s)]\left\{\exp\left[r_i(s) - a_i(s)x_i^*(s-\tau_i) - \frac{c_j(s)x_j^*(s-\sigma_j)}{1+x_j^*(s-\sigma_j)}\right] - 1\right\}.$$

利用微分中值定理可得

$$[x_i(s+1) - x_i^*(s+1)] - [x_i(s) - x_i^*(s)]$$

$$= P_i(s)\left[r_i(s) - a_i(s)x_i^*(s-\tau_i) - \frac{c_j(s)x_j^*(s-\sigma_j)}{1+x_j^*(s-\sigma_j)}\right][x_i(s) - x_i^*(s)]$$

$$- x_i(s)Q_i(s)\left\{a_i(s)[x_i(s-\tau_i) - x_i^*(s-\tau_i)] + \frac{c_j(s)[x_j(s-\sigma_j) - x_j^*(s-\sigma_j)]}{[1+x_j(s-\sigma_j)][1+x_j^*(s-\sigma_j)]}\right\},$$

$$(3.3.14)$$

因此命题得证.

现在得出模型(3.3.3)的正解的全局吸引性的结论.

定理 3.15　若存在正常数 β_1, β_2 和 μ, 使得

$$\beta_i r_i - \sum_{j=1;j\neq i}^{2}(\beta_i \Phi_{ij} + \beta_j \Psi_{ji}) \geqslant \mu, i=1,2, \qquad (3.3.15)$$

则模型(3.3.3)的任一个正解 $\{x_1(n), x_2(n)\}$ 是全局吸引的, 其中

$$\left.\begin{array}{l} r_i = \min\left\{a_i^L, \dfrac{2}{M_i} - a_i^U\right\} - \tau_i a_i^{2U} Q_i^U M_i \\[2mm] \Phi_{ij} = \tau_i a_i^U P_i^U(r_i^U + a_i^U M_i + c_j^U) \\[2mm] \Psi_{ji} = c_i^U + \tau_j a_j^U c_i^U Q_j^U M_j \end{array}\right\}, i,j=1,2,i\neq j. \qquad (3.3.16)$$

证明　为了证明定理 3.15, 需要构造一个适当的李雅普诺夫函数, 我们分三步进行.

步骤 1　令 $V_{11}(n) = |\ln x_1(n) - \ln x_1^*(n)|$, 由式(3.3.10)可得

$$\left|\ln\frac{x_1(n+1)}{x_1^*(n+1)}\right|$$

$$\leqslant \left|\ln\frac{x_1(n)}{x_1^*(n)} - a_1(n)[x_1(n) - x_1^*(n)]\right| + \frac{c_2(n)|x_2(n-\sigma_2) - x_2^*(n-\sigma_2)|}{[1+x_2(n-\sigma_2)][1+x_2^*(n-\sigma_2)]}$$

$$+ a_1(n) \sum_{s=n-\tau_1}^{n-1} \{ P_1(s) [r_1(s) + a_1(s) x_1^*(s-\tau_1) + c_2(s)] | x_1(s) - x_1^*(s) |$$

$$+ x_1(s) Q_1(s) \Big[a_1(s) | x_1(s-\tau_1) - x_1^*(s-\tau_1) | + \frac{c_2(s) | x_2(s-\sigma_2) - x_2^*(s-\sigma_2) |}{[1 + x_2(s-\sigma_2)][1 + x_2^*(s-\sigma_2)]} \Big] \}$$

$$\leq \Big| \ln \frac{x_1(n)}{x_1^*(n)} - a_1(n) [x_1(n) - x_1^*(n)] \Big| + c_2(n) | x_2(n-\sigma_2) - x_2^*(n-\sigma_2) |$$

$$a_1(n) \sum_{s=n-\tau_1}^{n-1} \{ P_1(s) [r_1(s) + a_1(s) x_1^*(s-\tau_1) + c_2(s)] | x_1(s) - x_1^*(s) |$$

$$+ x_1(s) Q_1(s) [a_1(s) | x_1(s-\tau_1) - x_1^*(s-\tau_1) | + c_2(s) | x_2(s-\sigma_2) - x_2^*(s-\sigma_2) |] \}.$$

$$(3.3.17)$$

利用微分中值定理可得

$$x_1(n) - x_1^*(n) = \exp[\ln x_1(n)] - \exp[\ln x_1^*(n)] = \theta_1(n) \ln \frac{x_1(n)}{x_1^*(n)},$$

即

$$\ln \frac{x_1(n)}{x_1^*(n)} = \frac{1}{\theta_1(n)} [x_1(n) - x_1^*(n)].$$

$\theta_1(n)$ 在 $x_1(n)$ 和 $x_1^*(n)$ 之间, 则

$$\Big| \ln \frac{x_1(n)}{x_1^*(n)} - a_1(n) [x_1(n) - x_1^*(n)] \Big|$$

$$= \Big| \Big| \ln \frac{x_1(n)}{x_1^*(n)} \Big| - \Big| \ln \frac{x_1(n)}{x_1^*(n)} \Big| + \Big| \ln \frac{x_1(n)}{x_1^*(n)} - a_1(n) [x_1(n) - x_1^*(n)] \Big| \Big|$$

$$= \Big| \Big| \ln \frac{x_1(n)}{x_1^*(n)} \Big| - \frac{1}{\theta_1(n)} | x_1(n) - x_1^*(n) | + \Big| \frac{1}{\theta_1(n)} [x_1(n) - x_1^*(n)] - a_1(n) [x_1(n) - x_1^*(n)] \Big| \Big|$$

$$= \Big| \Big| \ln \frac{x_1(n)}{x_1^*(n)} \Big| - \frac{1}{\theta_1(n)} | x_1(n) - x_1^*(n) | + \Big| \frac{1}{\theta_1(n)} - a_1(n) \Big| | x_1(n) - x_1^*(n) | \Big|$$

$$= \Big| \Big| \ln \frac{x_1(n)}{x_1^*(n)} \Big| - \Big[\frac{1}{\theta_1(n)} - \Big| \frac{1}{\theta_1(n)} - a_1(n) \Big| \Big] | x_1(n) - x_1^*(n) |.$$

$$(3.3.18)$$

由命题 3.11, 存在一个正常数 M_1 和正整数 n_0 使得对任意 $n \geq n_0$ 都有 $0 < x_1(n)$, $x_1^*(n) \leq M_1$ 成立, 因此由式 (3.3.17) 和式 (3.3.18) 可以得到对任意 $n \geq n_0 + \tau$ 有

$$\Delta V_{11} = V_{11}(n+1) - V_{11}(n)$$

$$\leq - \Big[\theta_1(n) - \Big| \frac{1}{\theta_1(n)} - a_1(n) \Big| \Big] | x_1(n) - x_1^*(n) | + c_2(n) | x_2(n-\sigma_2) - x_2^*(n-\sigma_2) |$$

$$+ a_1(n) \sum_{s=n-\tau_1}^{n-1} \{ P_1(s) [r_1(s) + a_1(s) M_1 + c_2(s)] | x_1(s) - x_1^*(s) |$$

$$+ a_1(s)Q_1(s)M_1 | x_1(s - \tau_1) - x_1^*(s - \tau_1) | + c_2(s)Q_1(s)M_1 | x_2(s - \sigma_2) - x_2^*(s - \sigma_2) | \}.$$

$$(3.3.19)$$

步骤 2　令

$$V_{12}(n) = \sum_{s=n-\sigma_2}^{n-1} c_2(s + \sigma_2) | x_2(s) - x_2^*(s) |$$

$$+ \sum_{s=n}^{n-1+\tau_1} a_1(s) \sum_{u=s-\tau_1}^{n-1} \{ P_1(u) [r_1(u) + a_1(u)M_1 + c_2(u)] | x_1(u) - x_1^*(u) |$$

$$+ a_1(u)Q_1(u)M_1 | x_1(u - \tau_1) - x_1^*(u - \tau_1) |$$

$$+ c_2(u)Q_1(u)M_1 | x_2(u - \sigma_2) - x_2^*(u - \sigma_2) | \}$$

则

$$\Delta V_{12} = V_{12}(n + 1) - V_{12}(n)$$

$$= c_2(n + \sigma_2) | x_2(n) - x_2^*(n) | - c_2(n) | x_2(n - \sigma_2) - x_2^*(n - \sigma_2) |$$

$$+ \sum_{s=n+1}^{n+\tau_1} a_1(s) \{ P_1(n) [r_1(n) + a_1(n)M_1 + c_2(n)] | x_1(n) - x_1^*(n) |$$

$$+ a_1(n)Q_1(n)M_1 | x_1(n - \tau_1) - x_1^*(n - \tau_1) | + c_2(n)Q_1(n)M_1 | x_2(n - \sigma_2) - x_2^*(n - \sigma_2) | \}$$

$$- a_1(n) \sum_{u=n-\tau_1}^{n-1} \{ P_1(u) [r_1(u) + a_1(u)M_1 + c_2(u)] | x_1(u) - x_1^*(u) |$$

$$+ a_1(u)Q_1(u)M_1 | x_1(u - \tau_1) - x_1^*(u - \tau_1) | + c_2(u)Q_1(u)M_1 | x_2(u - \sigma_2) - x_2^*(u - \sigma_2) | \}.$$

$$(3.3.20)$$

步骤 3　令

$$V_{13}(n) = M_1 \sum_{l=n-\tau_1}^{n-1} a_1(l + \tau_1)Q_1(l + \tau_1) | x_1(l) - x_1^*(l) | \sum_{s=l+\tau_1+1}^{l+2\tau_1} a_1(s)$$

$$+ M_1 \sum_{l=n-\sigma_2}^{n-1} c_2(l + \sigma_2)Q_1(l + \sigma_2) | x_2(l) - x_2^*(l) | \sum_{s=l+\sigma_2+1}^{l+\sigma_2+\tau_1} a_1(s),$$

则

$$\Delta V_{13} = V_{13}(n + 1) - V_{13}(n) = \sum_{s=n+\tau_1+1}^{n+2\tau_1} a_1(s)a_1(n + \tau_1)Q_1(n + \tau_1)M_1 | x_1(n) - x_1^*(n) |$$

$$- \sum_{s=n+1}^{n+\tau_1} a_1(s)a_1(n)Q_1(n)M_1 | x_1(n - \tau_1) - x_1^*(n - \tau_1) |$$

$$+ \sum_{s=n+\sigma_2+\tau_1}^{n+1} a_1(s)c_2(n + \sigma_2)Q_1(n + \sigma_2)M_1 | x_2(n) - x_2^*(n) |$$

$$- \sum_{s=n+1}^{n+\tau_1} a_1(s)c_2(n)Q_1(n)M_1 | x_2(n - \sigma_2) - x_2^*(n - \sigma_2) |.$$

$$(3.3.21)$$

定义 $V_1(n)$ 为 $V_1(n) = V_{11}(n) + V_{12}(n) + V_{13}(n)$, 由式(3.3.19)~式(3.3.21)可以得到对 $n \geqslant n_0 + \tau$ 有

$$\Delta V_1 = V_1(n+1) - V_1(n)$$

$$\leqslant - \left[\frac{1}{\theta_1(n)} - \left| \frac{1}{\theta_1(n)} - a_1(n) \right| \right] |x_1(n) - x_1^*(n)|$$

$$+ c_2(n+\sigma_2)|x_2(n) - x_2^*(n)|$$

$$+ \sum_{s=n+1}^{n+\tau_1} a_1(s)P_1(n)[r_1(n) + a_1(n)M_1 + c_2(n)]|x_1(n) - x_1^*(n)| \quad (3.3.22)$$

$$+ \sum_{s=n+\tau_1+1}^{n+2\tau_1} a_1(s)a_1(n+\tau_1)Q_1(n+\tau_1)M_1|x_1(n) - x_1^*(n)|$$

$$+ \sum_{s=n+\sigma_2+1}^{n+\sigma_2+\tau_1} a_1(s)c_2(n+\sigma_2)Q_1(n+\sigma_2)M_1|x_2(n) - x_2^*(n)|.$$

同理可得 $V_2(n) = V_{21}(n) + V_{22}(n) + V_{23}(n)$, 其中

$$V_{21}(n) = |\ln x_2(n) - \ln x_2^*(n)|,$$

$$V_{22}(n) = \sum_{s=n-\sigma_1}^{n-1} c_1(s+\sigma_1)|x_1(s) - x_1^*(s)|$$

$$+ \sum_{s=n}^{n-1+\tau_2} a_2(s) \sum_{u=s-\tau_2}^{n-1} \{ P_2(u)[r_2(u) + a_2(u)M_2 + c_1(u)]|x_2(u) - x_2^*(u)|$$

$$+ a_2(u)Q_2(u)M_2|x_2(u-\tau_2) - x_2^*(u-\tau_2)|$$

$$+ c_1(u)Q_2(u)M_2|x_1(u-\sigma_1) - x_1^*(u-\sigma_1)| \}.$$

$$V_{23}(n) = M_2 \sum_{l=n-\tau_2}^{n-1} a_2(l+\tau_2)Q_2(l+\tau_2)|x_2(l) - x_2^*(l)| \sum_{s=l+\tau_2+1}^{l+2\tau_2} a_2(s)$$

$$+ M_2 \sum_{l=n-\sigma_1}^{n-1} c_1(l+\sigma_1)Q_2(l+\sigma_1)|x_1(l) - x_1^*(l)| \sum_{s=l+\sigma_1+1}^{l+\sigma_1+\tau_2} a_2(s).$$

与 ΔV_1 类似, 对任意 $n \geqslant n_0 + \tau$ 有

$$\Delta V_2 = V_2(n+1) - V_2(n) \leqslant - \left[\frac{1}{\theta_2(n)} - \left| \frac{1}{\theta_2(n)} - a_2(n) \right| \right] |x_2(n) - x_2^*(n)|$$

$$+ c_1(n+\sigma_1)|x_1(n) - x_1^*(n)|$$

$$+ \sum_{s=n+1}^{n+\tau_2} a_2(s)P_2(n)[r_2(n) + a_2(n)M_2 + c_1(n)]|x_2(n) - x_2^*(n)|$$

$$+ \sum_{s=n+\tau_2+1}^{n+2\tau_2} a_2(s)a_2(n+\tau_2)Q_2(n+\tau_2)M_2|x_2(n) - x_2^*(n)|$$

$$+ \sum_{s=n+\sigma_1+\tau_1+1}^{n+\sigma_2} a_2(s)c_1(n+\sigma_1)Q_2(n+\sigma_1)M_2|x_1(n) - x_1^*(n)|. \quad (3.3.23)$$

构造李雅普诺夫函数 $V(n)$, $V(n) = \beta_1 V_1(n) + \beta_2 V_2(n)$, 易得 $V(n_0 + \tau) < +\infty$, 根据

式(3.3.15)、式(3.3.16)、式(3.3.21)和式(3.3.23)，对任意 $n \geqslant n_0 + \tau$ 有

$$
\begin{aligned}
\Delta V \leqslant & - \sum_{i=1}^{2} \left\{ \beta_i \left(\left[\frac{1}{\theta_i(n)} - \left| \frac{1}{\theta_i(n)} - a_i(n) \right| \right] - \sum_{s=n+\tau_i+1}^{n+2\tau_i} a_i(s) a_i(n+\tau_i) Q_i(n+\tau_i) M_i \right) \right. \\
& - \sum_{j=1, j \neq i}^{2} \left[\beta_i \sum_{s=n+1}^{n+\tau_i} a_i(s) P_i(n) [r_i(n) + a_i(n) M_i + c_j(n)] \right. \\
& \left. \left. + \beta_j \left(c_i(n+\sigma_i) + \sum_{s=n+\sigma_i+1}^{n+\sigma_i+\tau_j} a_j(s) c_i(n+\sigma_i) Q_j(n+\sigma_i) M_j \right) \right] \right\} |x_i(n) - x_i^*(n)| \\
& - \sum_{i=1}^{2} \left\{ \beta_i \left[m \left(a_i^L, \frac{2}{M_i} - a_i^U \right) - \tau_i a_i^{2U} Q_i^U M_i \right] - \sum_{j=1, j \neq i}^{2} \left[\beta_i \tau_i a_i^U P_i^U (r_i^U + a_i^U M_i + c_j^U) \right. \right. \\
& \left. \left. + \beta_j (c_i^U + \tau_j a_j^U c_i^U Q_j^U M_j) \right] \right\} |x_i(n) - x_i^*(n)| \\
= & - \sum_{i=1}^{2} \left[\beta_i \Upsilon_i - \sum_{j=1, j \neq i}^{2} (\beta_i \Phi_{ij} + \beta_j \Psi_{ji}) \right] |x_i(n) - x_i^*(n)| \\
\leqslant & - \mu \sum_{i=1}^{2} |x_i(n) - x_i^*(n)|.
\end{aligned}
$$

因此

$$
\sum_{k=n_0+\tau}^{n} [V(k+1) - V(k)] \leqslant -\mu \sum_{k=n_0+\tau}^{n} \sum_{i=1}^{2} |x_i(k) - x_i^*(k)| \text{ for } n \geqslant n_0 + \tau,
$$

和

$$
\sum_{n=n_0+\tau}^{\infty} \sum_{i=1}^{2} |x_i(n) - x_i^*(n)| \leqslant \frac{V(n_0 + \tau)}{\mu} < +\infty,
$$

可以推出当 $n \to +\infty$ 时 $\sum_{i=1}^{2} |x_i(n) - x_i^*(n)| = 0$，也就是说

$$
\lim_{n \to +\infty} |x_1(n) - x_1^*(n)| = 0,
$$

$$
\lim_{n \to +\infty} |x_2(n) - x_2^*(n)| = 0,
$$

因此根据定义 3.8 有 $\{x_1^*(n), x_2^*(n)\}$ 是全局吸引的，得证.

3.3.3　数值模拟

对于模型的实例

$$
\begin{cases}
x_1(n+1) = x_1(n) \exp \left\{ (0.05 + 0.01 \sin n) - (2.92 + 0.01 \sin n) x_1(n-1) \right. \\
\qquad \left. - \dfrac{(0.003 - 0.001 \sin n) x_2(n-2)}{1 + x_2(n-2)} \right\}, \\
x_2(n+1) = x_2(n) \exp \left\{ (0.04 + 0.01 \sin n) - (2.89 + 0.01 \sin n) x_2(n-1) \right. \\
\qquad \left. - \dfrac{(0.004 - 0.001 \sin n) x_1(n-2)}{1 + x_1(n-2)} \right\}.
\end{cases}
\tag{3.3.24}
$$

$(x_1(-2),x_2(-2))=(0.02,0.03)$，$(x_1(-1),x_2(-1))=(0.01,0.01)$，$(x_1(0),x_2(0))=(0.017,0.014)$，容易验证定理 3.13 的条件成立，因此模型 (3.3.24) 是稳定的，如图 3.7 所示. 此外，模型 (3.3.24) 满足定理 3.15 的所有条件，因此模型 (3.3.24) 存在全局吸引的正解 $\{x_1^*(n),x_2^*(n)\}$，如图 3.8 和图 3.9 所示.

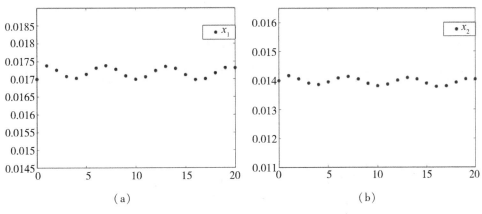

图 3.7　(a) x_1 的时间序列；(b) x_2 的时间序列

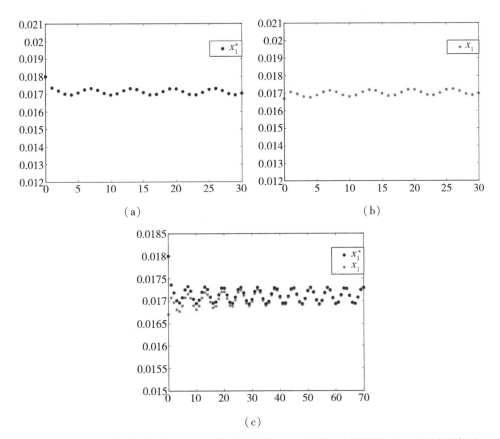

图 3.8　(a) x_1^* 的时间序列；(b) x_1 的时间序列；(c) 在同一坐标系下 x_1^*,x_1 的时间序列

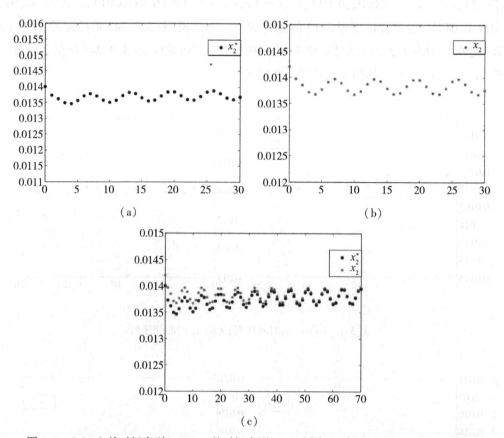

图 3.9　(a) x_2^* 的时间序列；(b) x_2 的时间序列；(c)在同一坐标系下 x_2^*,x_2 的时间序列

第4章 固定时刻脉冲微分方程

4.1 具有非线性脉冲免疫接种的 SIR 模型

4.1.1 背景知识

传染病动力学是研究疾病传播和发展规律的科学, 是为了探讨导致疾病发生的根本原因, 是公共卫生和预防医学干预的基础. 数学模型在描述传染病种群动态变化规律, 为定量地理解传染病的传播规律和科学地控制疾病暴发方面发挥了重要作用, 因此得到广泛关注[82-84].

传染病的暴发会影响社会稳定、经济繁荣, 如何有效地预防和治疗传染病一直是公共卫生部门关心的重点问题. 众所周知, 目前最有效的控制传染病的方法就是接种疫苗, 它能成功地根除天花和限制小儿麻痹症、麻疹、破伤风、白喉、百日咳和肺结核等疾病, 还有流感疫苗[85]、人乳头瘤病毒疫苗[86]、水痘疫苗[87]等, 疫苗的有效性也得到广泛研究和验证. 当前如何评价疫苗的有效性和时效性是一个重要的课题, 它将得到公共卫生部门、传染病防控专家的持续关注.

利用数学模型来研究传染病的发病机理、流行规律已经得到了共识. 自 Agur 等[88] 首次从数学模型的角度提出了脉冲接种策略(PVS), 具有脉冲接种的传染病模型得到了研究与关注[88-94]. 区别于传染病防控策略, PVS 在疾病疫苗接种率相对较低的地区可以达到根除疾病的目的, 但是也受到了当地医疗资源水平的限制, 即药物、疫苗、病床和隔离单元等医疗资源是相对有限[95-97]的, 特别是在诸如 SARS、H7N9、Ebola、COVID-19 等突发性传染病的暴发到来之时. 因此, 研究医疗资源的有限对传染病防控策略的影响势在必行.

然而, 由于有限的医疗资源是一个动态变化的过程[98], 量化医疗资源的有限是一项具有挑战的任务. 目前基于有限医疗资源的连续 SIR 模型得到相应研究, Chon 等[99-100] 研究了有限的医疗资源及其供应效率对传染病传播的影响; Zhou 和 Fan[100] 建立了一个多群体 SIR 传染病学模型, 探讨了有限的医疗资源及群体靶向接种策略对疾病控制的影响. 就我们所知, 目前还没有文献研究资源限制对具有 PVS 的 SIR 模型动力学行为的影响. 为此, 考虑到有限医疗资源的饱和现象, 我们将研究具有非线性脉冲接种的 SIR 传染病模型的动力学行为, 探讨有限的疫苗资源对传染病的传播和控制的影响. 本节材料主要来源于文献[113].

4.1.2　模型建立

在经典的传染病动力学模型[101-103]中, 总人口 N 由易感者 $S(t)$、感染者 $I(t)$ 和恢复者 $R(t)$ 三部分组成, 经典的SIR模型[90][104][105]为

$$
\begin{cases}
\dfrac{\mathrm{d}S(t)}{\mathrm{d}t} = b - \beta S(t)I(t) - bS(t), \\[2mm]
\dfrac{\mathrm{d}I(t)}{\mathrm{d}t} = \beta S(t)I(t) - \gamma I(t) - bI(t), \\[2mm]
\dfrac{\mathrm{d}R(t)}{\mathrm{d}t} = \gamma I(t) - bR(t),
\end{cases}
\tag{4.1.1}
$$

其中, 总人口为 $N(t) = S(t) + I(t) + R(t) = 1$, 感染者以 $\gamma > 0$ 的速度恢复, $1/\gamma$ 为平均感染期. 易感者以 βI 的速度被感染, 其中 $\beta > 0$ 为传染率.

考虑到脉冲免疫接种策略[89-90], 模型(4.1.1)可写成

$$
\begin{cases}
\left.\begin{aligned}
\dfrac{\mathrm{d}S(t)}{\mathrm{d}t} &= b - \beta S(t)I(t) - bS(t), \\[2mm]
\dfrac{\mathrm{d}I(t)}{\mathrm{d}t} &= \beta S(t)I(t) - \gamma I(t) - bI(t),
\end{aligned}\right\} & t \neq nT, n \in \mathbf{N}, \\[6mm]
\left.\begin{aligned}
S(t^+) &= (1 - p(t))S(t), \\[1mm]
I(t^+) &= I(t),
\end{aligned}\right\} & t = nT, n \in \mathbf{N},
\end{cases}
\tag{4.1.2}
$$

其中 $T > 0$ 为脉冲接种的周期, $0 \leqslant p(t) < 1$ 为对易感者接种比例, $p(t)$ 在研究有限的医疗资源对传染病传播的影响中起着关键作用.

在第三世界国家特别是在医疗资源严重缺乏的农村地区以及外科、儿科和产科严重缺乏医务人员的边远区域[95], 医务人员必须进入农村进行疫苗接种, 医务人员要尽可能寻找更可能多的易感人群对他们接种疫苗, 另外医疗团队发现和接种易感者的速度也是有限的, 综合考虑有限的医疗资源的饱和效应, 将 $p(t)$ 重新定义成

$$
p(t) = \frac{p_{\max} S(t)}{S(t) + \theta}, \quad 0 \leqslant p_{\max} < 1,
\tag{4.1.3}
$$

其中, $p_{\max}$ 表示最大接种比例, θ 为半饱和常数. 注意到疫苗接种覆盖率和疫苗效力都远小于100%, 即有 $p_{\max} < 1$. 事实是, 非线性的接种率函数(4.1.3)就是希尔函数[106], 用希尔函数可以刻画有限医疗资源的饱和现象.

因此, 考虑到医疗资源有限现象, 模型(4.1.2)可以改写为

$$
\begin{cases}
\left.\begin{aligned}
\dfrac{\mathrm{d}S(t)}{\mathrm{d}t} &= b - \beta S(t)I(t) - bS(t), \\[2mm]
\dfrac{\mathrm{d}I(t)}{\mathrm{d}t} &= \beta S(t)I(t) - \gamma I(t) - bI(t),
\end{aligned}\right\} & t \neq nT, n \in \mathbf{N}, \\[6mm]
\left.\begin{aligned}
S(t^+) &= \frac{(1 - p_{\max})S^2(t) + \theta S(t)}{S(t) + \theta}, \\[2mm]
I(t^+) &= I(t),
\end{aligned}\right\} & t = nT, n \in \mathbf{N},
\end{cases}
\tag{4.1.4}
$$

当 $\theta = 0$ 时, 模型(4.1.4)就是经典的常脉冲接种 SIR 模型. 模型(4.1.4)的参数及其定义见表 4.1.

表 4.1 **模型(4.1.4)的参数及其定义、数值和来源**

参数	定 义	数值	来源
b	人群的出生率和死亡率	0.02	[107]
β	每个接触点的传输概率	1800	[107]
γ	受感染者的自然恢复率	100	[107]
p_{max}	最大的疫苗接种比例	$[0,1)$	[89][90]
θ	半饱和常数	$[0,1]$	
T	脉冲疫苗接种周期	$[0, 20]$	[89][90]

4.1.3 无病周期解的存在性及稳定性

首先研究模型(4.1.4)的无病周期解的存在性, 为此模型(4.1.4)的子系统

$$\begin{cases} \dfrac{dS(t)}{dt} = b - bS(t), t \neq nT, \\ S(t^+) = \dfrac{(1 - p_{max})S^2(t) + \theta S(t)}{S(t) + \theta}, t = nT, \\ S(0^+) = S_0, \end{cases} \quad (4.1.5)$$

由模型(4.1.5)的第一个方程可得

$$S(t) = [S(nT^+) - 1]e^{-b(t-nT)} + 1, \quad (4.1.6)$$

其中, $nT < t \leq (n+1)T$. 联系模型(4.1.5)的第二个方程可得

$$S((n+1)T^+) = \dfrac{(1 - p_{max})S^2((n+1)T) + \theta S((n+1)T)}{S((n+1)T) + \theta}. \quad (4.1.7)$$

将式(4.1.6)代入式(4.1.7)即可得

$$S((n+1)T^+) = ((1 - p_{max})\{[S(nT^+) - 1]e^{-bT} + 1\}^2 + \theta\{[S(nT^+) - 1]e^{-bT} + 1\}) \times ([S(nT^+) - 1]e^{-bT} + 1 + \theta)^{-1}. \quad (4.1.8)$$

记 $S(nT^+) = S_n$, 则可得到如下的差分方程

$$S_{n+1} = \dfrac{(1 - p_{max})[(S_n - 1)e^{-bT} + 1]^2 + \theta[(S_n - 1)e^{-bT} + 1]}{(S_n - 1)e^{-bT} + 1 + \theta} \doteq f(S_n), \quad (4.1.9)$$

这就是模型(4.1.5)的频闪映射, 它描述了连续两次脉冲接种之间易感者之间的关系. 模型(4.1.9)正平衡态的存在性意味着模型(4.1.5)正周期解的存在性. 因此需要进一步讨论频

闪映射(4.1.9)正平衡点的存在性,计算 $f(S_n)$ 关于 S_n 的导数可得

$$f'(S_n) = \left\{ (1 - p_{\max}) + \frac{p_{\max}\theta^2}{[(S_n - 1)\mathrm{e}^{-bT} + 1 + \theta]^2} \right\} \mathrm{e}^{-bT}, \tag{4.1.10}$$

显然, $0 < f'(S_n) < 1$ 成立.

为了方便,将频闪映射(4.1.9)的正不动点用 $\widetilde{S}$ 表示,它满足

$$A_1 \widetilde{S}^2 + B_1 \widetilde{S} + C_1 = 0, \tag{4.1.11}$$

其中

$$A_1 = \mathrm{e}^{-bT}[1 - (1 - p_{\max})\mathrm{e}^{-bT}] > 0,$$
$$B_1 = (\mathrm{e}^{-bT} - 1)[2(1 - p_{\max})\mathrm{e}^{-bT} - (\theta + 1)], \tag{4.1.12}$$
$$C_1 = -[(1 - p_{\max})(1 - \mathrm{e}^{-bT})^2 + \theta(1 - \mathrm{e}^{-bT})] < 0.$$

显然,一元二次方程(4.1.11)存在唯一的正根

$$\widetilde{S} = \frac{-B_1 + \sqrt{B_1^2 - 4A_1 C_1}}{2A_1}, \tag{4.1.13}$$

又由于 $0 < f'(\widetilde{S}) < 1$,所以它是稳定的.

由频闪映射(4.1.9)的不动点与模型(4.1.5)周期解之间的关系可知子系统(4.1.5)存在唯一的非平凡正周期解

$$S^*(t) = (\widetilde{S} - 1)\mathrm{e}^{-b(t-nT)} + 1, \quad nT < t \leqslant (n+1)T \tag{4.1.14}$$

根据 $0 < f'(S_n) < 1$ 和文献[108],立即得到以下引理.

引理 4.1　模型(4.1.5)存在正周期解 $S^*(t)$,特别地,对于模型(4.1.5)的任意解 $S(t)$,当 $t \to +\infty$ 时有 $|S(t) - S^*(t)| \to 0$.

可借助引理4.1证明频闪映射(4.1.9)存在唯一的稳定的不动点 $\widetilde{S}$.

下面继续研究模型(4.1.4)无病周期解 $(S^*(t), 0)$ 全局吸引的充分条件.

定理 4.2　若

$$R_0^1 = \frac{\beta[(\widetilde{S} - 1)(1 - \mathrm{e}^{-bT}) + bT]}{bT(\gamma + b)} < 1, \tag{4.1.15}$$

其中 $\widetilde{S}$ 由式(4.1.13)定义,则模型(4.1.4)的无病周期解 $(S^*(t), 0)$ 在第一象限全局渐近稳定.

证明　首先证明周期解 $(S^*(t), 0)$ 的局部稳定性,定义

$$S(t) = U(t) + S^*(t), \quad I(t) = V(t), \tag{4.1.16}$$

其中 $U(t), V(t)$ 是小扰动,上式还可以写成

$$\begin{pmatrix} U(t) \\ V(t) \end{pmatrix} = \Phi(t) \begin{pmatrix} U(0) \\ V(0) \end{pmatrix}, \quad 0 \leqslant t < T, \tag{4.1.17}$$

基解矩阵 $\Phi(t)$ 满足

$$\frac{\mathrm{d}\Phi(t)}{\mathrm{d}t} = \begin{pmatrix} -b & -\beta S^*(t) \\ 0 & \beta S^*(t) - \gamma - b \end{pmatrix} \Phi(t), \tag{4.1.18}$$

且 $\Phi(0) = I$ 为单位矩阵. 因此

$$\Phi(T) = \begin{pmatrix} \mathrm{e}^{-bT} & * \\ 0 & \mathrm{e}^{\int_0^T (\beta S^*(t) - \gamma - b)\mathrm{d}t} \end{pmatrix}, \tag{4.1.19}$$

其中 $*$ 不参与后续的计算. 模型 $(4.1.19)$ 的重置脉冲条件变为

$$\begin{pmatrix} U(nT^+) \\ V(nT^+) \end{pmatrix} = \begin{pmatrix} 1 - p_{\max} + \dfrac{\theta^2 p_{\max}}{(\theta + S^*(nT))^2} & 0 \\ 0 & 1 \end{pmatrix} \begin{pmatrix} U(nT) \\ V(nT) \end{pmatrix} \doteq B(nT) \begin{pmatrix} U(nT) \\ V(nT) \end{pmatrix}. \tag{4.1.20}$$

因此, 利用 Floquet 乘子理论, 若单值矩阵

$$M = B(T)\Phi(T) = \begin{pmatrix} 1 - p_{\max} + \dfrac{\theta^2 p_{\max}}{(\theta + S^*(nT))^2} & 0 \\ 0 & 1 \end{pmatrix} \times \begin{pmatrix} \mathrm{e}^{-bT} & * \\ 0 & \mathrm{e}^{\int_0^T (\beta S^*(t) - \gamma - b)\mathrm{d}t} \end{pmatrix} \tag{4.1.21}$$

其中两个特征值的模小于 1, 则周期解 $(S^*(t), 0)$ 是局部稳定的. 事实上,

$$\lambda_1 = \left(1 - p_{\max} + \frac{\theta^2 p_{\max}}{(\theta + S^*(T))^2}\right) \mathrm{e}^{-bT}, \quad \lambda_2 = \mathrm{e}^{\int_0^T (\beta S^*(t) - \gamma - b)\mathrm{d}t}. \tag{4.1.22}$$

显然 $0 < \lambda_1 < 1$. 因此, $(S^*(t), 0)$ 的稳定性取决于 $\lambda_2 < 1$. 因此若 $\int_0^T (\beta S^*(t) - \gamma - b)\mathrm{d}t < 0$, 即

$$\frac{1}{T}\int_0^T S^*(t)\mathrm{d}t = \frac{(\widetilde{S} - 1)(1 - \mathrm{e}^{-bT}) + bT}{bT} < \frac{\gamma + b}{\beta}, \tag{4.1.23}$$

上式等价于

$$\frac{\beta[(\widetilde{S} - 1)(1 - \mathrm{e}^{-bT}) + bT]}{bT(\gamma + b)} < 1, \tag{4.1.24}$$

而由 $R_0^1 < 1$ 可知模型 $(4.1.4)$ 的无病周期解 $(S^*(t), 0)$ 是局部渐近稳定的.

接下来分析模型 $(4.1.4)$ 的无病周期解 $(S^*(t), 0)$ 的全局吸引性. 由于 $R_0^1 < 1$, 可以选择足够小的 $\varepsilon_1 > 0$, 使得

$$\frac{1}{T}\int_0^T (S^*(t) + \varepsilon_1)\mathrm{d}t < \frac{\gamma + b}{\beta}. \tag{4.1.25}$$

由模型 $(4.1.4)$ 可知

$$\frac{\mathrm{d}S(t)}{\mathrm{d}t} \leqslant b - bS(t), \; t \neq nT,$$

$$S(t^+) = \frac{(1 - p_{\max})S^2(t) + \theta S(t)}{S(t) + \theta}, \; t = nT. \tag{4.1.26}$$

考虑比较方程

$$\frac{\mathrm{d}Z(t)}{\mathrm{d}t} = b - bZ(t), t \neq nT,$$

$$Z(t^+) = \frac{(1 - p_{\max})Z^2(t) + \theta Z(t)}{Z(t) + \theta}, t = nT. \tag{4.1.27}$$

由引理 4.1 和脉冲微分方程比较定理可知当 $t \to +\infty$ 时 $S(t) \leqslant Z(t)$ 和 $Z(t) \to S^*(t)$.
因此, 存在 $t_1 > 0$, 使得当 $t \geqslant t_1$ 时有

$$S(t) \leqslant Z(t) < S^*(t) + \varepsilon_1 \tag{4.1.28}$$

这里 $\varepsilon_1 > 0$ 足够小.

当 $t > t_1$ 时, 联立模型 (4.1.4) 的第二方程与式 (4.1.18) 可得

$$\frac{\mathrm{d}I(t)}{\mathrm{d}t} \leqslant (\beta(S^*(t) + \varepsilon_1) - \gamma - b)I(t), \tag{4.1.29}$$

考虑比较方程

$$\frac{\mathrm{d}y_1(t)}{\mathrm{d}t} = (\beta(S^*(t) + \varepsilon_1) - \gamma - b)y_1(t), t \neq nT,$$

$$y_1(t^+) = y_1(t), t = nT. \tag{4.1.30}$$

模型 (4.1.30) 在 $(nT,(n+1)T]$ 之间的积分可得

$$y_1((n+1)T) = y_1(nT)\mathrm{e}\int_{nT}^{(n+1)T}[\beta(S^*(t) + \varepsilon_1) - \gamma - b]\mathrm{d}t$$

$$= y_1(nT)\mathrm{e}^{\int_0^T[\beta(S^*(t)+\varepsilon_1)-\gamma-b]\mathrm{d}t}. \tag{4.1.31}$$

迭代可得

$$y_1(nT) = y_1((n-1)T)\mathrm{e}^{\int_0^T[\beta(S^*(t)+\varepsilon_1)-\gamma-b]\mathrm{d}t}$$

$$= y_1((n-2)T)\mathrm{e}^{2\int_0^T[\beta(S^*(t)+\varepsilon_1)-\gamma-b]\mathrm{d}t}$$

$$= \cdots \tag{4.1.32}$$

$$= y_1(0)\mathrm{e}^{n\int_0^T[\beta(S^*(t)+\varepsilon_1)-\gamma-b]\mathrm{d}t},$$

其中, $y_1(0) = y_1(0^+) > 0$, 由式 (4.1.25) 得到 $\lim\limits_{n\to\infty} y_1(nT) = 0$. 另一方面, 由模型 (4.1.30) 的第一方程可知

$$y_1(t) = y_1(nT)\mathrm{e}^{\int_{nT}^t[\beta(S^*(t)+\varepsilon_1)-\gamma-b]\mathrm{d}t}, t \in (nT,(n+1)T], \tag{4.1.33}$$

结合 $\mathrm{e}^{\int_{nT}^t[\beta(S^*(t)+\varepsilon_1)-\gamma-b]\mathrm{d}t}$ 及 $R_0^1 < 1$ 可得 $\lim\limits_{t\to\infty} y_1(t) = 0$.

假设 $(S(t),I(t))$ 是基于正初值为 (S_0,I_0) 情形下模型(4.1.4)的任意解,借助比较定理可得 $\limsup\limits_{t\to\infty}I(t) \leqslant \limsup\limits_{t\to\infty}y_1(t) = 0$,易得 $\lim\limits_{t\to\infty}I(t) = 0$.

同时存在 $t_2 > t_1$,使得 $t_2 > t_1$ 时 $0 < I(t) \leqslant \varepsilon_2$,且 ε_2 足够小.此外当 $t > t_2$ 时有

$$b - (\beta\varepsilon_2 + b)S(t) \leqslant \frac{\mathrm{d}S(t)}{\mathrm{d}t} \leqslant b - bS(t). \tag{4.1.34}$$

综上可得

$$\frac{\mathrm{d}y_2(t)}{\mathrm{d}t} = b - (\beta\varepsilon_2 + b)y_2(t), \quad t \neq nT,$$

$$y_2(t^+) = \frac{(1 - p_{\max})y_2^2(t) + \theta y_2(t)}{y_2(t) + \theta}, \quad t = nT. \tag{4.1.35}$$

类似于证明引理 4.1 的方法,可得模型(4.1.35)存在全局吸引的正周期解 $y_2^*(t)$,其中

$$y_2^*(t) = \left(\widetilde{y}_2 - \frac{b}{\beta\varepsilon_2 + b}\right)\mathrm{e}^{-(\beta\varepsilon_2+b)(t-nT)} + \frac{b}{\beta\varepsilon_2 + b}, t \in (nT,(n+1)T],$$

$$\widetilde{y}_2 = y_2(nT^+) = y_2^*(0^+) = \frac{-B_2 + \sqrt{B_2^2 - 4A_2C_2}}{2A_2},$$

$$A_2 = \mathrm{e}^{-(\beta\varepsilon_2+b)T}\left[\frac{b}{\beta\varepsilon_2 + b} - (1 - p_{\max})\mathrm{e}^{-(\beta\varepsilon_2+b)T}\right], \tag{4.1.36}$$

$$B_2 = \left(\mathrm{e}^{-(\beta\varepsilon_2+b)T} - \frac{b}{\beta\varepsilon_2 + b}\right) \times \left[2(1 - p_{\max})\mathrm{e}^{-(\beta\varepsilon_2+b)T} - \left(\theta + \frac{b}{\beta\varepsilon_2 + b}\right)\right],$$

$$C_2 = -\left[(1 - p_{\max})\left(\frac{b}{\beta\varepsilon_2 + b} - \mathrm{e}^{-(\beta\varepsilon_2+b)T}\right)^2 + \theta\left(\frac{b}{\beta\varepsilon_2 + b} - \mathrm{e}^{-(\beta\varepsilon_2+b)T}\right)\right].$$

由脉冲微分方程的比较定理可知 $y_2(t) \leqslant S(t) \leqslant Z(t)$.当 $t\to+\infty$ 时可知 $y_2(t)\to y_2^*(t)$ 和 $Z(t)\to S^*(t)$.因此,对于 t_3,存在足够小的 ε_3,使得当 $t_3 \geqslant t_2$ 时有

$$y_2^*(t) - \varepsilon_3 < S(t) < S^*(t) + \varepsilon_3, \tag{4.1.37}$$

即可得

$$S^*(t) - \varepsilon_3 < S(t) < S^*(t) + \varepsilon_3. \tag{4.1.38}$$

因此, $S(t) \to S^*(t)(t\to+\infty)$,从而证明了模型(4.1.4)的无病周期解 $(S^*(t),0)$ 的全局稳定性.

4.1.4 参数敏感性分析

在模型(4.1.4)决定阈值 R_0^1 的所有参数中,脉冲接种周期 T、脉冲接种的最大比例 $p_{\max}$ 以及与资源限制相关的参数 θ 是我们最关心的重要参数,注意到

$$\lim_{T\to 0}R_0^1 = \lim_{T\to 0}\frac{\beta[(\widetilde{S} - 1)(1 - \mathrm{e}^{-bT}) + bT]}{bT(\gamma + b)} = 0, \tag{4.1.39}$$

这表明疫苗接种的频率对根除传染病的重要性. 如图 4.1 所示, 固定 θ, 阈值 R_0^1 是 T 的单调递增函数; 固定 T, 阈值 R_0^1 是 θ 的单调递增函数. 同时临界值 T 和 θ 使 $R_0^1 = 1$, 这说明存在一个最优化的脉冲接种周期 $T_{\max}^\theta$, 使得对所有 $T < T_{\max}^\theta$ 都有 $R_0^1 < 1$. 此外, θ 越大, $T_{\max}^\theta$ 的值就越小. 由于 R_0^1 的复杂性, 虽然无法得到精确的解析表达式, 但是我们可以找到 $T_{\max}^\theta$ 的近似值.

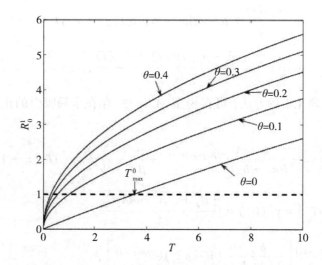

图 4.1　资源有限因子 θ 和脉冲周期 T 对阈值 R_0^1 的影响, $p_{\max} = 0.75$, 其他参数见表 4.1

如果 PVS 的应用频率足够高, 使得模型 (4.1.4) 中所有 $t > 0$ 都有 $\mathrm{d}I(t)/\mathrm{d}t \leqslant 0$, 则感染个体数是时间的递减函数. 如果脉冲保证 $S(t) \leqslant S_c \doteq (b + \gamma)/\beta$ 对于所有 t 都是满足这个条件的; 即一旦 S_c 接近阈值 (参见文献 [88] [104] 和其中的参考文献), 就施加脉冲接种.

从模型 (4.1.4) 的第一个方程可以看出

$$\frac{\mathrm{d}S(t)}{\mathrm{d}t} \leqslant b - bS(t). \tag{4.1.40}$$

考虑以下比较方程:

$$\frac{\mathrm{d}x(t)}{\mathrm{d}t} = b - bx(t), x(0) = \frac{(1 - p_{\max})S_c^2 + \theta S_c}{S_c + \theta}, \tag{4.1.41}$$

得到

$$x(t) = 1 + \left(\frac{(1 - p_{\max})S_c^2 + \theta S_c}{S_c + \theta} - 1 \right) \mathrm{e}^{-bt}. \tag{4.1.42}$$

因此

$$S(t) \leqslant x(t) = 1 + \left(\frac{(1 - p_{\max})S_c^2 + \theta S_c}{S_c + \theta} - 1 \right) \mathrm{e}^{-bt} \leqslant S_c, \tag{4.1.43}$$

求解上述不等式可得

$$0 \leqslant t \leqslant \frac{1}{b}\ln\left(1 + \frac{p_{\max}S_c^2}{(S_c + \theta)(1 - S_c)}\right),$$ (4.1.44)

这表明

$$T_{\max}^{\theta} = \frac{1}{b}\ln\left(1 + \frac{p_{\max}S_c^2}{(S_c + \theta)(1 - S_c)}\right).$$ (4.1.45)

因此若非线性脉冲接种周期小于 $T_{\max}^{\theta}$，则传染性疾病数量逐渐减少直到最终灭绝.

若 $\theta = 0$，则最大周期 $T_{\max}^0 = (1/b)\ln(1 + ((p_{\max}S_c)/(1 - S_c)))$，这是文献[88][90]研究常数脉冲接种策略. 显然，$T_{\max}^{\theta}$ 是关于 θ 的单调递减函数，$T_{\max}^{\theta} < T_{\max}^0$. 这表明若以根除疾病为最终目标，加快使用脉冲疫苗接种的频率是最有效的方法. 当考虑各种非线性因素时，这给根除地方病带来一系列的挑战[95-97].

如图 4.2(b)所示，若 $\theta = 0$ 时感染者 $I(t)$ 灭绝，即在不受资源限制的情形下，传染病最终被根除. 若存在资源有限现象，则易感人群和感染人群都呈现周期性振荡，如图 4.2(c)和 4.2(d)所示.

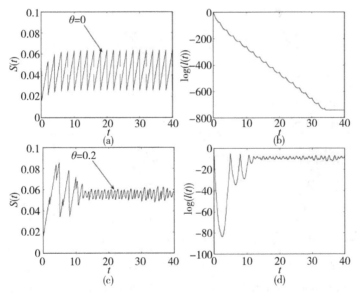

图 4.2 资源有限对模型(4.1.4)的动力学影响，$p_{\max} = 0.5, T = 2$，其他参数见表 4.1，(a)~(b) $\theta = 0$，(c)~(d) $\theta = 0.2$

我们知道要根除某种疾病，必须实施相应的控制措施使得疾病的再生数小于 1，即

$$R_0^2 = \frac{\beta(\widetilde{S} - 1)(1 - e^{-bT})}{b} + (\beta - \gamma - b)T.$$ (4.1.46)

采用 LHS 抽样方法[109-111]对 PRCC 值进行估计，研究了影响阈值的重要参数，如出生率 b、接触率 β、最大接种比例 $p_{\max}$、脉冲疫苗周期 T. 本书对每个参数抽取了 3000 个样本，

对模型(4.1.4)的相关参数进行了不确定性和敏感性分析. 使用均匀分布函数在很宽的范围内, 如 $b \sim U(0.001, 0.1)$、$\beta \sim U(1000, 2500)$、$T \sim U(0.1, 20)$ 和 $\theta \sim U(0, 1)$.

图 4.3(a)和图 4.3(b)~(g)分别给出了 R_0^2 对每个参数的 PRCC 值和 PRCC 散点图, 特别地, PRCC 值的绝对值在区间 $(0.4, 1)$、$(0.2, 0.4)$ 和 $(0, 0.2)$ 分别视为输入参数和输出变量有很明显、一般和没有明显的相关性. 图 4.3(a)说明了参数 $b, \beta, T, p_{\max}$ 对传染病的预防和控制起到很大的作用, 且前三个参数正相关, 后一个参数负相关, 减小 b, β, T 或增大 $p_{\max}$ 可得阈值 R_0^2 减小, 从而达到控制疾病的目的.

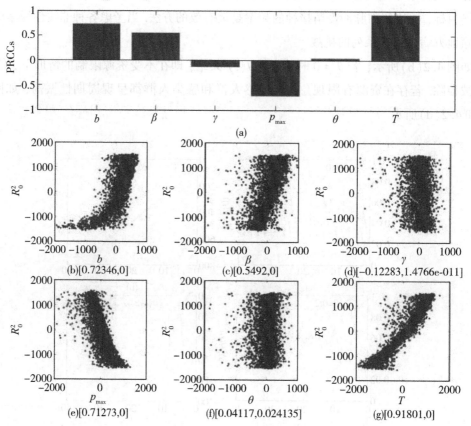

图 4.3　模型参数的 PRCC 值及 PRCC 散点图, $p_{\max} = 0.75, \theta = 0.2, T = 0.5$, 其他参数见表 4.1. (a) PRCC 值; (b) PRCC 散点图

4.1.5　地方病周期解的存在性与复杂动力学

本节我们利用分支理论[112]研究了模型(4.1.4)地方病周期解的存在性. 为了便于叙述, 将模型(4.1.4)改写为

$$\begin{cases}
\dfrac{\mathrm{d}S(t)}{\mathrm{d}t} = b - \beta S(t)I(t) - bS(t) \doteq F_1(S(t),I(t)), \\[2mm]
\dfrac{\mathrm{d}I(t)}{\mathrm{d}t} = \beta S(t)I(t) - \gamma I(t) - bI(t) \doteq F_2(S(t),I(t)),
\end{cases} \quad t \neq nT, n \in \mathbf{N},$$

$$\begin{cases}
S(t^+) = \dfrac{(1-p_{\max})S^2(t) + \theta S(t)}{S(t) + \theta} \doteq \Theta_1(S(t),I(t)), \\[2mm]
I(t^+) = I(t) \doteq \Theta_2(S(t),I(t)),
\end{cases} \quad t = nT, n \in \mathbf{N}.$$

(4.1.47)

利用文献[112]中的分支定理可以得到如下结论.

定理 4.3 若存在 $aT_0 > 0$ 使得 $R_0^1(T_0) = 1$, 且

$$\beta(\widetilde{S}(T_0) - 1)\mathrm{e}^{-bT_0}\left(\frac{bT_0 A_3}{1 - A_3\mathrm{e}^{-bT_0}} - 1\right) < \beta - r - b, \qquad (4.1.48)$$

其中 $A_3 = 1-p_{\max} + ((\theta^2 p_{\max})/(\theta + S^*(T_0))^2)$, 则模型(4.1.47)在 T_0 点存在一个超临界分支.

证明 为了利用分支理论, 作如下计算

$$d_0' = 1 - \mathrm{e}^{\int_0^{T_0}(\beta S^*(t)-\gamma-b)\mathrm{d}t}. \qquad (4.1.49)$$

若 $d_0' = 0$, 则 T_0 满足

$$\frac{\beta[(\widetilde{S}-1)(1-\mathrm{e}^{-bT_0}) + bT_0]}{b(\gamma+b)T_0} = 1, \qquad (4.1.50)$$

这表明存在 T_0 使得 $R_0^1 = 1$ 和无病周期解 $\delta = (S^*(t),0)$ 失去稳定性.

进一步地

$$\frac{\partial \Phi_1(T_0,X_0)}{\partial S} = \mathrm{e}^{-bT_0} > 0,$$

$$\frac{\partial \Phi_2(T_0,X_0)}{\partial I} = \mathrm{e}^{\int_0^{T_0}(\beta S^*(t)-\gamma-b)\mathrm{d}t} > 0,$$

$$\frac{\partial \Phi_1(T_0,X_0)}{\partial I} = -\int_0^{T_0}\beta S^*(v)\mathrm{e}^{-b(T_0-v)}\mathrm{e}^{\int_0^v(\beta S^*(t)-\gamma-b)\mathrm{d}t}\mathrm{d}v$$

$$\doteq A < 0,$$

$$a_0' = 1 - A_3\mathrm{e}^{-bT_0},$$

$$b_0' = 1 - A_3 A,$$

$$\frac{\partial^2 \Phi_2(T_0,X_0)}{\partial I\partial S} = \beta T_0\mathrm{e}^{\int_0^{T_0}(\beta S^*(t)-\gamma-b)\mathrm{d}t} > 0,$$

$$\frac{\partial^2 \Phi_2(T_0,X_0)}{\partial I^2} = -\beta^2\int_0^{T_0}\{\mathrm{e}^{\int_v^{T_0}(\beta S^*(\xi)-\gamma-b)\mathrm{d}\xi} \times \int_0^v\{S^*(\theta)\mathrm{e}^{\int_0^\theta(\beta S^*(\xi)-\gamma-b)\mathrm{d}\xi-b(v-\theta)}\}\mathrm{d}\theta\}\mathrm{d}v < 0,$$

$$\frac{\partial^2 \Phi_2(T_0,X_0)}{\partial I\partial T} = (\beta S^*(T_0)-\gamma-b)\mathrm{e}^{\int_0^{T_0}(\beta S^*(t)-\gamma-b)\mathrm{d}t},$$

$$\frac{\partial \Phi_1(T_0, X_0)}{\partial T} = -b(\widetilde{S} - 1)e^{-bT_0},$$

$$B = \left\{\beta b T_0 \frac{A_3 e^{-bT_0}}{1 - A_3 e^{-bT_0}}(\widetilde{S}(T_0) - 1) - (\beta S^*(T_0) - \gamma - b)\right\} \times e^{\int_0^{T_0}(\beta S^*(t) - \gamma - b)\,dt},$$

$$C = \beta^2 \int_0^{T_0} \left\{ e^{\int_0^{T_0}(\beta S^*(\xi) - \gamma - b)\,d\xi} \times \int_0^v \left\{ e^{-b(t-\theta)} S^*(\theta) e^{\int_0^\theta (\beta S^*(\xi) - \gamma - b)\,d\xi} \right\} d\theta \right\} dv$$

$$+ 2\beta T_0 \frac{1 - A_3 A}{1 - A_3 e^{-bT_0}} e^{\int_0^{T_0}(\beta S^*(t) - \gamma - b)\,dt} > 0. \tag{4.1.51}$$

即可得到 $BC < 0$ 的条件: 若参数满足 $B < 0$, 则模型(4.1.4)在 T_0 处有一个超临界分支.

事实上,

$$e^{\int_0^{T_0}(\beta S^*(t) - \gamma - b)\,dt} > 0. \tag{4.1.52}$$

因此, $B < 0$ 等价于

$$\beta b T_0 \frac{A_3 e^{-bT_0}}{1 - A_3 e^{-bT_0}}(\widetilde{S}(T_0) - 1) - (\beta S^*(T_0) - \gamma - b) < 0. \tag{4.1.53}$$

而根据定理条件易得 $B < 0$.

为了研究模型(4.1.4)复杂有趣的动力学行为, 本章选择脉冲周期 T 作为分支参数给出了模型(4.1.4)的分支图, 其中图 4.4(a)是 $\theta = 0$ 时模型的分支图形, 这种情形正是 Shulgin 在文献[90]的研究内容; 图 4.4(b)是 $\theta = 0.2$ 时模型的分支图形, 对比可知非线性脉冲接种模型比线性脉冲接种模型的动力学行为更加复杂, 系统随着参数的变化出现了倍周期分支、混沌吸引子、多稳定性、周期加倍、混沌危机和周期窗口等复杂的现象, 同时也出现了吸引子共存现象, 特别地, 图 4.5 给出了当 $T = 7.8$ 时两吸引子共存现象, 多吸引子共存表明传染病的暴发依赖于初值的变化, 这将给传染病预防与控制带来一系列不可预知的挑战.

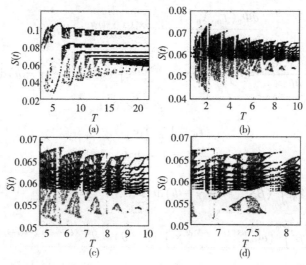

图 4.4 模型(4.1.4)以 T 为分支参数的分支图, 其中 $p_{\max} = 0.75$, 其他参数见表 4.1 中. (a) $\theta = 0$; (b) $\theta = 0.2$; (c)和(d)是图(b)的放大图

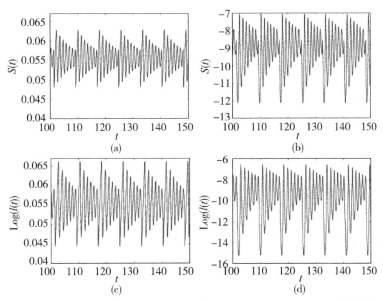

图 4.5　模型(4.1.4)的吸引子共存现象, 其中 $p_{\max} = 0.75, \theta = 0.2, T = 7.8$, 其他参数见表 4.1. (a) ~ (b) $(S_0, I_0) = (0.12, 0.05)$; (c) ~ (d) $(S_0, I_0) = (0.1, 0.02)$

4.2　具有非线性传染率的 SIR 模型

4.2.1　预备知识

为了本节研究的需要, 特给出如下引理.

引理 4.4　对于代数方程

$$g(z) = (a_1 z + a_2) e^z + a_3 z + a_2 = 0, \tag{4.2.1}$$

其中, $a_1 > a_0, a_2 < a_0, a_3 > a_0$ 及 $a_1 < a_3$. 假若

$$a_1 + a_2 + a_3 > 0, \quad e^{2 + \frac{a_2}{a_1}} \leqslant \frac{a_1}{a_3}$$

同时成立, 则代数方程(4.2.1)存在唯一的正根.

证明　对方程(4.2.1)两边关于 z 求导可得

$$g'(z) = (a_1 z + a_1 + a_2) e^z + a_3 = 0,$$

上述方程等价于

$$\left(z + 1 + \frac{a_2}{a_1}\right) e^{z + 1 + \frac{a_2}{a_1}} = -\frac{a_3}{a_1} e^{1 + \frac{a_2}{a_1}}, \tag{4.2.2}$$

由定义 4.10, 求解方程(4.2.2)可得两个根 z_1^* 和 z_2^*, 其中

$$z_1^* = W\left[0, -\frac{a_3}{a_1} e^{1 + \frac{a_2}{a_1}}\right] - \left(1 + \frac{a_2}{a_1}\right), \quad z_2^* = \left[-1, -\frac{a_3}{a_1} e^{1 + \frac{a_2}{a_1}}\right] - \left(1 + \frac{a_2}{a_1}\right).$$

为了保证 z_1^* 和 z_2^* 有意义, 由 Lambert W 函数的性质, z_1^* 和 z_2^* 必须满足如下条件

$$- \frac{a_3}{a_1} \mathrm{e}^{1+\frac{a_2}{a_1}} \geqslant - \mathrm{e}^{-1},$$

即

$$\mathrm{e}^{2+\frac{a_2}{a_1}} \leqslant \frac{a_1}{a_3}.$$

假若 $z_1^* > 0$, 由 z_1^* 的表达式可知

$$\left(1 + \frac{a_2}{a_1}\right) < W\left[0, - \frac{a_3}{a_1} \mathrm{e}^{1+\frac{a_2}{a_1}}\right] \leqslant 0,$$

再由 Lambert W 函数的性质化简上式可得

$$a_1 + a_2 + a_3 > 0, \tag{4.2.3}$$

因此, 当条件式(4.2.3)成立时, 方程(4.2.2)的根 z_1^* 为正根.

类似地, 假若 $z_2^* > 0$, 由 z_2^* 的表达式可知

$$1 + \frac{a_2}{a_1} < W\left[-1, - \frac{a_2}{a_1} \mathrm{e}^{1+\frac{a_2}{a_1}}\right] \leqslant - 1,$$

上式等价于

$$a_1 + a_2 + a_3 < 0, \quad 2a_1 + a_2 > 0,$$

又由 $a_1 < a_3$ 可知

$$a_1 + a_2 + a_3 > 2a_1 + a_2 > 0, \tag{4.2.4}$$

即可知条件式(4.2.4)不成立, 所以方程(4.2.2)的根 z_2^* 一定不是正根.

综上, 方程 $g(z)' = 0$ 存在唯一的正根 z_1^*, 这说明当 $z \in (0, +\infty)$ 时, 函数 $g(z)$ 存在唯一的极值 $g(z_1^*)$, 极值点为 z_1^*.

进一步地, 由方程(4.2.1)可知 $g(0) = a_2 > 0$, 且当 $z \to +\infty$ 时 $g(z) \to -\infty$. 因此, 当引理4.4的条件成立时, 代数方程(4.2.1)存在唯一的正根.

4.2.2　建立模型

基于经典的 SIR 传染病模型, 为了研究疫苗接种对疾病传染率的"心理"效应或抑制效应, 引入了一个饱和常数 k 值[100], 当发病率为 $\beta S(t)I(t)/(1 + kI(t))$ 时, k 值增大, 抑制效应增强, 疾病发病率降低, 易感者人口数量减少; 反之, 当 k 值减少, 抑制效应减弱, 疾病发病率增强, 易感者人口数量增多, 基于此, 得到脉冲接种传染病模型

$$\begin{cases} \dfrac{\mathrm{d}S(t)}{\mathrm{d}t} = b - \dfrac{\beta S(t)I(t)}{1 + KI(t)} - bS(t), \\ \dfrac{\mathrm{d}I(t)}{\mathrm{d}t} = \dfrac{\beta S(t)I(t)}{1 + KI(t)} - \gamma I(t) - bI(t,), \end{cases} \quad t \neq nT, n \in \mathbf{N},$$

$$\begin{cases} S(t^+) = [1 - p(t)]S(t), \\ I(t^+) = I(t), \end{cases} \quad t = nT, n \in \mathbf{N}.$$

其中, b 表示出生率和死亡率, $\dfrac{\beta S(t)I(t)}{1+KI(t)}$ 为非线性饱和接触传染率, $p(t)$ 为接种率, γ 为自然恢复率.

为了研究医疗资源有限现象对传染病传播动力学的影响, 这里采用了 Sigmoid 函数[114-115]来重新定义 $p(t)$, 将 $p(t)$ 看成一个非线性的饱和函数, 即

$$p(t)=\frac{p_1}{1+\mathrm{e}^{-S(t)}},0\leqslant p_1<1, \tag{4.2.5}$$

其中 p_1 代表最大接种率. 以上利用 Sigmoid 函数得到的疫苗接种率 $p(t)$ 形象地描述了传染病暴发过程中制定的免疫接种策略所受到的有限医疗资源的影响.

因此, 考虑到上述医疗资源的有限后, 模型(4.2.5)可改写成

$$\begin{cases}\dfrac{\mathrm{d}S(t)}{\mathrm{d}t}=b-\dfrac{\beta S(t)I(t)}{1+KI(t)}-bS(t),\\[2mm] \dfrac{\mathrm{d}I(t)}{\mathrm{d}t}=\dfrac{\beta S(t)I(t)}{1+KI(t)}-\gamma I(t)-bI(t,)\end{cases}\ t\neq nT,n\in\mathbf{N},\\[4mm] \begin{cases}S(t^+)=\left[1-\dfrac{p_1}{1+\mathrm{e}^{-S(t)}}\right]S(t),\\[2mm] I(t^+)=I(t),\end{cases}\ t=nT,n\in\mathbf{N}. \tag{4.2.6}$$

4.2.3 疾病根除周期解的存在性与稳定性

1. 疾病根除周期解的存在性

为了研究模型(4.2.6)疾病根除周期解的存在性, 我们令 $I\equiv0$, 考虑模型(4.2.6)的子系统

$$\begin{cases}\dfrac{\mathrm{d}S(t)}{\mathrm{d}t}=b-bS(t),t\neq nT,\\[2mm] S(t^+)=\left(1-\dfrac{p_1}{1+\mathrm{e}^{-S(t)}}\right)S(t),t=nT,\\[2mm] S(0^+)=S_0.\end{cases} \tag{4.2.7}$$

利用固定时刻脉冲微分方程的相关知识, 不难得到模型(4.2.7)存在一个 T-周期解. 事实上, 在任何脉冲区间 $[nT,(n+1)T]$ 上, 模型(4.2.7)的解为

$$S(t)=[S(nT^+)-1]\mathrm{e}^{-b(t-nT)}+1,$$

当 $t=(n+1)T$ 时, 联立模型(4.2.7)的第二个方程可得

$$S((n+1)T^+)=\frac{(\mathrm{e}^{-\{[S(nT^+)-1]\mathrm{e}^{-bT}+1\}}+1-p_1)\{[S(nT^+)-1]\mathrm{e}^{-bT}+1\}}{\mathrm{e}^{-\{[S(nT^+)-1]\mathrm{e}^{-bT}+1\}}+1}, \tag{4.2.8}$$

若记 $S(nT^+)=S_n$, 则由式(4.2.8)可以建立频闪映射

$$S_{n+1}=\frac{(\mathrm{e}^{-\{[S(nT^+)-1]\mathrm{e}^{-bT}+1\}}+1-p_1)\{[S(nT^+)-1]\mathrm{e}^{-bT}+1\}}{\mathrm{e}^{-\{[S(nT^+)-1]\mathrm{e}^{-bT}+1\}}+1}\triangleq f(S_n), \tag{4.2.9}$$

利用差分方程解的稳定性定理可得

$$f'(S_n) = \left\{ 1 - \frac{p_1\{[(S_n - 1)e^{-bT} + 2]e^{-[(S_n-1)e^{-bT}+1]}\} + (S_n - 1)e^{-bT} + 1}{(e^{-[(S_n-1)e^{-bT}+1]} + 1)^2} \right\} e^{-bT},$$

$$(4.2.10)$$

可知 $0 < |F'(y_n)| < 1$ 恒成立.

下面来求解频闪映射 $(4.2.9)$ 的不动点 S^*，为此将式 $(4.2.9)$ 改写成

$$(y^* - \sigma)[\exp(y^* e^{-\delta T}) + 1] = [(1 - p_2)\exp(y^* e^{-\delta T}) + 1]y^* e^{-\delta T}. \quad (4.2.11)$$

为了简化，记 $A_2 = [(S^* - 1)e^{(-bT)} + 1] > 0$，则 $S^* = \dfrac{A_2 - 1}{e^{-bT}} + 1$，故方程 $(4.2.11)$ 等价于

$$(aA_2 + \sigma)e^{A_2} + (cA_2 + \sigma) = 0, \quad (4.2.12)$$

其中 $a = 1 - e^{-\delta T} > 0, c = [1 + (p_1 - 1)e^{-bT}] < 0$，且 $0 \leqslant p_1 < \dfrac{1}{e} + 1$，显然 $a < c$.

本章将采用以下两种方法讨论频闪映射 $(4.2.9)$ 不动点的存在性和稳定性，即超越方程 $(4.2.12)$ 正解的存在性和稳定性.

方法一：解析法. 这里使用了预备知识 1.3.2 中函数的定义和相关性质.

不妨将式 $(4.1.12)$ 中的 A_2 看作未知数 x，则可设

$$f_1 = (-x + 1)e^{-x}, \quad f_2 = \frac{c}{a}x - 1.$$

令 $f_1 = f_2$，则

$$(-x + 1)e^{-x} = \frac{c}{a}x - 1.$$

将两边同时乘以 e，可得

$$(-x + 1)e^{-x+1} = \left(\frac{c}{a}x - 1\right)e, \quad (4.2.13)$$

利用 Lambert W 函数得

$$(-x + 1) = \text{Lambert } W\left[\left(\frac{c}{a}x - 1\right)e\right],$$

即

$$x = 1 - \text{Lambert } W\left[\left(\frac{c}{a}x - 1\right)e\right], \quad (4.2.14)$$

而 Lambert $W(z)$ 函数的定义域为 $[-e^{-1}, +\infty)$，因此 $z \geqslant -e^{-1}$，即

$$\left(\frac{c}{a}x - 1\right)e \geqslant -e^{-1},$$

解得

$$x \geqslant \frac{a}{c}(1 - e^{-2}),$$

则式 $(4.2.14)$

$$1 - \text{Lambert } W\left[\left(\frac{c}{a}x - 1\right)\text{e}\right] \geqslant \frac{a}{c}(1 - \text{e}^{-2}),$$

则

$$\text{Lambert } W\left[\left(\frac{c}{a}x - 1\right)\text{e}\right] \leqslant 1 - \frac{a}{c}(1 - \text{e}^{-2}), \tag{4.2.15}$$

易知 $0 < \dfrac{a}{c}\text{e}^{-2} < 1$，为了便于分析，可直接令

$$\text{Lambert } W\left[\left(\frac{c}{a}x - 1\right)\text{e}\right] \leqslant 1 - \frac{a}{c},$$

此时式 (4.2.15) 依然成立. 根据前文可知，$a = 1 - \text{e}^{bT}, c = 1 - p_1 - \text{e}^{bT}$，其中 $0 \leqslant p_1 \leqslant 1$，故 $1 - \dfrac{a}{c} = -\dfrac{p_1}{1 - p_1 - \text{e}^{bT}}$，此时取 $p_1 = 0$ 有最小值，即

$$\text{Lambert } W\left[\left(\frac{c}{a}x - 1\right)\text{e}\right] \leqslant 0,$$

由预备知识中 Lambert W 函数的定义及其相关性质得到，此时

$$\left(\frac{c}{a}x - 1\right)\text{e} \leqslant 0,$$

即

$$x \leqslant \frac{a}{c},$$

故 x 的范围是

$$\frac{a}{c}(1 - \text{e}^{-2}) \leqslant x \leqslant \frac{a}{c},$$

而 $x = A_2 = (\widetilde{S} - 1)\text{e}^{-bT} + 1$，故上式等价于

$$\frac{(1 - \text{e}^{bT})(1 - \text{e}^{-2})}{1 - p_1 - \text{e}^{bT}} \leqslant \left[(\widetilde{S} - 1)\text{e}^{-bT} + 1\right] \leqslant \frac{1 - \text{e}^{bT}}{1 - p_1 - \text{e}^{bT}},$$

可得式 (4.2.13) 必然存在一个正根.

而 $\dfrac{1 - \text{e}^{bT}}{1 - p_1 - \text{e}^{bT}}$ 是一个关于 p_1 的减函数，故当 p_1 取 0 时存在最大值 1. 已知 $0 \leqslant b \leqslant 1$，此时不妨考虑 $0 \leqslant b < \dfrac{2}{T}$ 的情况，可得 $\widetilde{S}$ 的范围是 $\widetilde{S} > 0$.

因此，研究可得 Lambert W 函数图像上存在大于 0 的点，使得频闪映射 (4.2.9) 至少存在一个正根 $\widetilde{S}$.

方法二：数形结合. 利用 Matlab 软件作图可以得到以下图像：

如图 4.6 所示，可看出函数 $f_1 = (-x + 1)\text{e}^{-x}$ 和 $f_2 = \dfrac{c}{a}x - 1$ 存在唯一正交点，研究得式 (4.2.13) 中存在唯一正根

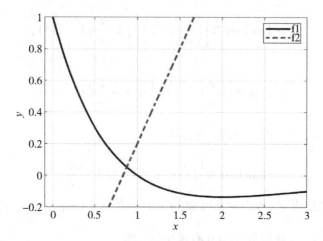

图 4.6 函数 $f_1 = (-x+1)\mathrm{e}^{-x}$ 和 $f_2 = \dfrac{c}{a}x - 1$ 的图像,其中 $\dfrac{c}{a} > 1$, $a = -5$, $c = -6$

$$x = A_2 = (\widetilde{S} - 1)\mathrm{e}^{-bT} + 1.$$

由引理 4.11 可知方程(4.2.11)存在唯一的正根 S^*,即频闪映射(4.2.9)存在唯一的不动点 S^*,使得 $S^* = f(S^*)$ 成立,且由 $0 < |F'(y_n)| < 1$ 可知频闪映射(4.2.9)的不动点 S^* 是稳定的,频闪映射(4.2.9)平衡点的存在性及稳定性等价于脉冲微分方程(4.2.7)正周期解的存在性和稳定性.

因此子系统(4.2.7)存在唯一的非平凡正周期解 $S^*(t) = (S^* - 1)\mathrm{e}^{-b(t-nT)} + 1$, $nT < t \leqslant (n+1)T$,于是可得引理如下.

引理 4.5 模型(4.2.7)存在一个正的周期解 $S^*(t)$,当 $t \to +\infty$ 时,模型(4.2.7)的任意正解 $S(t)$ 满足 $|S(t) - S^*(t)| \to 0$. 进而可得模型(4.2.7)存在疾病根除周期解 $(S^*(t), 0)$,其中

$$(S^*(t), 0) = ((S^* - 1)\mathrm{e}^{-b(t-nT)} + 1, 0), \quad nT < t \leqslant (n+1)T.$$

2. 疾病根除周期解的稳定性

定理 4.6 若

$$R_0^1 = \frac{\beta\big[(S^* - 1)(1 - \mathrm{e}^{-bT}) + bT\big]}{bT(\gamma + b)},$$

则模型(4.2.7)的疾病根除周期解 $(S^*(t), 0)$ 是全局渐近稳定的.

证明 首先采用变分方程来证明模型(4.2.7)疾病根除周期解 $(S^*(t), 0)$ 的局部渐近稳定性,作变换

$$S(t) = U(t) + S^*(t), \quad I(t) = V(t),$$

$U(t)$、$V(t)$ 是一个小的扰动,模型(4.2.7)在相应变分方程处的解为

$$\begin{pmatrix} U(t) \\ V(t) \end{pmatrix} = \Phi(t) \begin{pmatrix} U(0) \\ V(0) \end{pmatrix}, \quad 0 \leqslant t < T$$

其中基解矩阵 $\Phi(t)$ 满足

$$\frac{\mathrm{d}\Phi(t)}{\mathrm{d}t} = \begin{pmatrix} -b & -\beta S^*(t) \\ 0 & \beta S^*(t) - \gamma - b \end{pmatrix} \Phi(t),$$

其中 $\Phi(0) = I$ 为单位矩阵, 由上式可得

$$\Phi(t) = \begin{pmatrix} \mathrm{e}^{-bT} & * \\ 0 & \mathrm{e}^{\int_0^T [\beta S^*(t) - \gamma - b]\mathrm{d}t} \end{pmatrix}.$$

联立模型 (4.2.7) 可得

$$\begin{pmatrix} U(nT^+) \\ V(nT^+) \end{pmatrix} = \begin{pmatrix} 1 - \dfrac{p_1 S^*(nT)\mathrm{e}^{-S^*(nT)}}{[\mathrm{e}^{-S^*(nT)} + 1]^2} & 0 \\ 0 & 1 \end{pmatrix} \begin{pmatrix} U(nT) \\ V(nT) \end{pmatrix} \triangleq B(nT) \begin{pmatrix} U(nT) \\ V(nT) \end{pmatrix},$$

由定理 4.9, 若单值矩阵

$$M \triangleq B(T)\Phi(T) = \begin{pmatrix} 1 - \dfrac{p_1 S^*(nT)\mathrm{e}^{-S^*(nT)}}{[\mathrm{e}^{-S^*(nT)} + 1]^2} & 0 \\ 0 & 1 \end{pmatrix} \begin{pmatrix} \mathrm{e}^{-bT} & * \\ 0 & \mathrm{e}^{\int_0^T [\beta S^*(t) - \gamma - b]\mathrm{d}t} \end{pmatrix}$$

的两个特征根的模小于 1, 则疾病根除周期解 $(S^*(t),0)$ 是局部渐近稳定的. 事实上, 单值矩阵 M 的两个特征乘子分别为

$$\lambda_1 = \left(1 - \frac{p_1 S^*(nT)\mathrm{e}^{-S^*(nT)}}{[\mathrm{e}^{(-S^*(nT))} + 1]^2}\right)\mathrm{e}^{-bT}, \lambda_2 = \mathrm{e}^{\int_0^T [\beta S'(t) - \gamma - b]\mathrm{d}t},$$

其中 $0 < \lambda_1 < 1$. 因此, $(S^*(t),0)$ 的稳定性由特征乘子 λ_2 的大小决定, 而 $\lambda_2 < 1$ 等价于

$$\int_0^T [\beta S^*(t) - \gamma - b]\mathrm{d}t < 0$$

进而

$$\frac{1}{T} = \int_0^T S^*(t)\mathrm{d}t = \frac{(S^* - 1)[1 - \mathrm{e}^{-bT}] + bT}{bT} < \frac{\gamma + b}{\beta},$$

即

$$\frac{\beta(S^* - 1)[1 - \mathrm{e}^{-bT}] + bT}{bT(\gamma + b)} < 1 \tag{4.2.16}$$

而定理条件 $R_0^1 < 1$ 蕴含着 (4.2.16) 成立. 因此当 $R_0^1 < 1$ 时, 模型 (4.2.7) 的疾病根除周期解 $(S^*(t),0)$ 是局部渐近稳定的.

继续证明 $(S^*(t),0)$ 是全局吸引的. 由于 $R_0^1 < 1$, 因此对充分小的 $\varepsilon_1 > 0$, 有

$$\frac{1}{T}\int_0^T [S^*(t) + \varepsilon_1]\mathrm{d}t < \frac{\gamma + b}{\beta},$$

由模型 (4.2.7) 可得

$$\begin{cases} \dfrac{\mathrm{d}S(t)}{\mathrm{d}t} < b - bS(t), t \neq nT, \\ S(t^+) = \left(1 - \dfrac{p_1}{1 + \mathrm{e}^{-S(t)}}\right)S(t), t = nT, \end{cases}$$

根据脉冲微分方程比较定理, 考虑模型(4.2.7)的比较方程

$$\begin{cases} \dfrac{\mathrm{d}Z(t)}{\mathrm{d}t} < b - bZ(t), & t \neq nT, \\[3mm] Z(t^+) = \left(1 - \dfrac{p_1}{1 + \mathrm{e}^{-Z(t)}}\right)Z(t), & t = nT, \end{cases}$$

由引理 4.12 和比较定理可得 $S(t) \leqslant Z(t)$, 当 $t \to +\infty$ 时有 $Z(t) \to S^*(t)$. 所以, 存在充分小的 $\varepsilon_1 > 0$ 和充分大的 $t_1 > 0$, 使得当 $t \geqslant t_1$ 时有

$$S(t) \leqslant Z(t) < S^*(t) + \varepsilon_1, \tag{4.2.17}$$

当 $t \geqslant t_1$ 时, 联立模型(4.2.7)和式(4.2.14)可得

$$\frac{\mathrm{d}I(t)}{\mathrm{d}t} \leqslant [\beta(S^*(t) + \varepsilon_1) - \gamma - b]I(t).$$

进一步, 考虑比较方程

$$\begin{cases} \dfrac{\mathrm{d}y_1(t)}{\mathrm{d}t} = [\beta(S^*(t) + \varepsilon_1) - \gamma - b]y_1(t), & t \neq nT, \\[3mm] y_1(t^+) = y_1(t), & t = nT, \end{cases} \tag{4.2.18}$$

对方程(4.2.18)在 $[nT, (n+1)T]$ 求积分可得

$$y_1((n+1)T) = y_1(nT)\mathrm{e}^{\int_{nT}^{(n+1)T}[\beta(S^*(t)+\varepsilon_1)-\gamma-b]\mathrm{d}t} = y_1(nT)\mathrm{e}^{\int_0^T[\beta(S^*(t)+\varepsilon_1)-\gamma-b]\mathrm{d}t}.$$

通过数学归纳法可得

$$\begin{cases} \dfrac{\mathrm{d}y_2(t)}{\mathrm{d}t} = b - (\beta\varepsilon_2 + b)y_2(t), & t \neq nT, \\[3mm] y_2(t^+) = \left(1 - \dfrac{p_1}{1 + \mathrm{e}^{-y_2(t)}}\right)y_2(t), & t = nT, \end{cases} \tag{4.2.19}$$

其中 $y_1(0) = y_1(0^+) > 0$, 由式(4.2.19)可知 $\lim\limits_{n\to\infty} y_1(nT) = 0$. 另外, 由比较方程(4.2.18)可得

$$y_1(t) = y_1(nT)\mathrm{e}^{\int_{nT}^{t}[\beta(S^*(t)+\varepsilon_1)-\gamma-b]\mathrm{d}t}, t \in [nT, (n+1)T],$$

且根据 $\mathrm{e}^{\int_{nT}^{t}[\beta(S^*(t)+\varepsilon_1)-\gamma-b]\mathrm{d}t}$ 的有界性可推导出 $\lim\limits_{n\to\infty} y_1(t) = 0$.

设 $(S^*(t), 0)$ 是模型(4.2.7)初值为 (S_0, I_0) 的解, 且 $S_0 = S(0^+) > 0, I_0 = I(0^+) = y_1(0) > 0$, 由比较定理可得 $\limsup\limits_{t\to\infty} I(t) \leqslant \mathrm{imsup} y_1(t) = 0$, 考虑到 $I(t)$ 的正性, 有 $\lim\limits_{n\to\infty} y_1(t) = 0$.

同理, 存在充分大的 $t_2 > t_1 > 0$ 和充分小的 $\varepsilon_2 > 0$, 使得当 $t \geqslant t_2$ 时有 $0 < I(t) \leqslant \varepsilon_2$ 成立, 进而对所有的 $t > t_2$ 有 $b - (\beta\varepsilon_2 + b)S(t) \leqslant \dfrac{\mathrm{d}S(t)}{\mathrm{d}t} \leqslant b - bS(t)$, 因此考虑如下方程

$$\begin{cases} \dfrac{\mathrm{d}y_2(t)}{\mathrm{d}t} = b - (\beta\varepsilon_2 + b)y_2(t), & t \neq nT, \\[3mm] y_2(t^+) = \left(1 - \dfrac{p_1}{1 + \mathrm{e}^{-y_2(t)}}\right)y_2(t), & t = nT, \end{cases} \tag{4.2.20}$$

由引理 4.12 可知模型(4.2.20)存在一个全局渐近稳定的正周期解

$$y_2^*(t) = \bar{y}_2 - \frac{b}{\beta\varepsilon_2 + b}e^{-(\beta\varepsilon_2 + b)(t - nT)} + \frac{b}{\beta\varepsilon_2 + b}, t \in [nT, (n+1)T],$$

其中

$$\bar{y}_2 = y_2(nT^+) = y_2^*(0^+) = \frac{-B_2 \pm \sqrt{B_2^2 - 4A_2C_2}}{2A_2}.$$

由比较定理可知 $y_2(t) \leq S(t) \leq Z(t)$. 此外,当 $t \to +\infty$ 时,有 $y_2(t) \to y_2^*(t)$ 和 $Z(t) \to S^*(t)$ 成立. 所以存在充分大的 $t_3 \geq t_2 > 0$ 和充分小的 $\varepsilon_3 > 0$,使得当 $t > t_3$ 时,有 $y_2^*(t) - \varepsilon_3 < S(t) < S^*(t) + \varepsilon_3$ 成立,当 $\varepsilon_2 \to 0$ 时,有

$$S^*(t) - \varepsilon_3 < S(t) < S^*(t) + \varepsilon_3.$$

因此,当 $t \to +\infty$ 时 $S(t) \to S^*(t)$,即证明了当 $R_0 < 1$ 时,模型(4.2.7)的疾病根除周期解 $(S^*(t), 0)$ 是全局渐近稳定的.

4.2.4 基本再生数分析及数值模拟

为了研究脉冲接种周期 T 是如何影响阈值 R_0^1 的变化,对阈值 R_0^1 关于 T 求极限可得

$$\lim_{T \to 0} R_0^1 = \lim_{T \to 0} \frac{\beta[(S^* - 1)(1 - e^{-bT}) + bT]}{bT(\gamma + b)(1 + kI(t))^2} = 0,$$

这表明脉冲周期 T 充分小时,阈值 R_0^1 趋于 0 有利于疾病的治疗,即接种频率对根除传染病有着极其重要的作用. 由于 R_0^1 的数学表达式过于复杂,我们不能从理论上分析 R_0^1,只能近似寻求脉冲周期的最大值 $T_{\max}$.

对于模型(4.2.7),如果提高接种的频率使得对所有的 $t > 0$ 时有 $\frac{\mathrm{d}I(t)}{\mathrm{d}t} \leq 0$ 成立,那么感染者类的数量将单调下降,因此由模型(4.2.7)可得

$$\frac{\mathrm{d}I(t)}{\mathrm{d}t} = \left[\frac{\beta S(t)}{(1 + kI(t))^2} - \gamma - b\right]I(t) \leq 0$$

可得

$$S(t) \leq S_c \triangleq \frac{(b + \gamma)(1 + kI(t))^2}{\beta},$$

即当易感者类 $S(t)$ 达到阈值 S_c 时就实施一次脉冲接种.

由模型(4.2.7)的第一个方程可知

$$\dot{S}(t) \leq b - bS(t),$$

考虑比较方程

$$\begin{cases} \dfrac{\mathrm{d}x(t)}{\mathrm{d}t} \leq b - bx(t), \\ x(0) = \left(1 - \dfrac{p_1}{1 + e^{-S_c}}\right)S_c, \end{cases}$$

即可得

$$x(t) = 1 + \left[\frac{(1 + e^{-S_c} - p_1)S_c}{1 + e^{-S_c}} - 1 \right] e^{-bt}.$$

因此

$$S(t) \leqslant x(t) = 1 + \left[\left[\frac{(1 + e^{-S_c} - p_1)S_c}{1 + e^{-S_c}} - 1 \right] e^{-bt} \right] \leqslant S_c,$$

即

$$0 \leqslant t \leqslant \frac{1}{b} \ln \left[1 + \frac{p_1 S_c}{(1 + e^{-S_c})(1 - S_c)} \right].$$

进而

$$T_{\max}^{p_1} = \frac{1}{b} \ln \left[1 + \frac{p_1 S_c}{(1 + e^{-S_c})(1 - S_c)} \right], \tag{4.2.21}$$

综上，只要接种周期小于 $T_{\max}^{p_1}$，染病者的数量就将逐渐减少直至传染病被彻底根除. 由 Sigmoid 函数中对最大接种率 p_1 的定义，$0 \leqslant p_1 \leqslant 1$，此刻，$T_{\max}^{p_1}$ 不超过

$$T_{\max}^1 = \frac{1}{b} \ln \left[1 + \frac{S_c}{(1 + e^{-S_c})(1 - S_c)} \right]$$

即可，也就是 $T_{\max}^{p_1} \leqslant T_{\max}^1$，因此当 $t \leqslant T_{\max}^1$ 时，染病者的数量就将逐渐减少直至传染病被彻底根除. 这说明非线性因素 p_1 给根除传染病带来极大的困难，同时说明疫苗对根除传染病的重要性.

最后我们用数值方法研究资源有限对模型(4.2.7)动力学行为的影响(如图 4.7 所示)，为非线性传染病模型的研究及传染病传播实施控制提供策略.

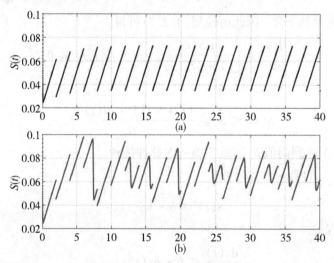

图 4.7　资源有限对模型(4.2.7)易感者 $S(t)$ 动力学行为的影响. 其中 $b = 0.02$, $\beta = 1800$, $\gamma = 120$, $T = 2$, $k = 0.01$. (a) $p_1 = 1$, (b) $p_1 = 0.5$

图 4.7(a)表示易感者在不受资源限制的情形下,易感者数量稳定在一定的水平;图 4.7(b)表示在资源有限效益下,易感者呈现无规则的波动.这说明资源有限使得模型 (4.2.7)的动力学行为变得更加复杂,同时有限的医疗资源给传染病的防控和治疗带来一系列困难与挑战.

$$12 = t8i\sqrt{a^2 + b^2} \tag{4.2.22}$$

图 4.8 利用 $\mathrm{Log}(I(t))$ 间接描述了资源有限对模型(4.2.7)中感染者 $I(t)$ 动力学行为的影响.对比图 4.8(a)与图 4.8(b)不难发现,医疗资源有限会导致传染病的概率增大,易感者数量增多.

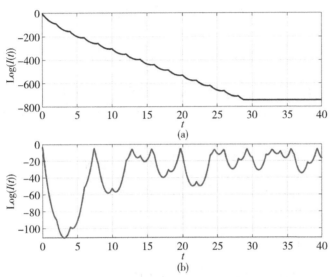

图 4.8 资源有限对模型(4.2.7)感染者 $I(t)$ 动力学行为的影响.其中 $b = 0.02$, $\beta = 1800$, $\gamma = 120$, $T = 2$, $k = 0.01$. (a) $p_1 = 1$, (b) $p_1 = 0.5$

4.3 一般形式的害虫-天敌控制模型

害虫的暴发往往会造成严重的生态和经济问题,因此害虫控制是当今世界最关注的问题,综合害虫管理(IPM)就是在这样的大背景下应运而生的,IPM 是因地、因时制宜、合理利用农业的、化学的、生物的、物理的方法以及其他有效的方法[116-119],理论[114][120]与实践[121-122]都证明 IPM 比单一的生物控制或化学控制更加有效.

本节基于农业害虫管控中的资源有限现象,借助数学模型,提出了一个具有非线性脉冲控制策略的害虫控制模型,将重点研究有限资源对害虫种群的影响.本章材料主要来源于文献[129].

4.3.1 模型建立及预备知识

基于经典的 Lotka-Volterra 模型[123-124],将其写成更一般的情形

$$\begin{cases} \dfrac{\mathrm{d}x}{\mathrm{d}t} = f(x) - \phi(x)y, \\[2mm] \dfrac{\mathrm{d}y}{\mathrm{d}t} = \mu\phi(x)y - \delta y. \end{cases} \tag{4.3.1}$$

其中, x 和 y 分别表示害虫和天敌的种群数量, $f(x)$ 表示害虫种群在没有天敌的情况下的增长率, $\phi(x)$ 是功能反应函数, μ 是食饵向捕食者的转化率, δ 是捕食者种群的自然死亡率.

考虑综合害虫管理策略, 在控制周期 T 内喷洒杀虫, 同时用 Sigmoid 函数[114-115]表示非线性生物的致死率 $p(x) = p_1/(1 + \mathrm{e}^{-x})$ 和 $p(y) = p_2/(1 + \mathrm{e}^{-y})$, 除此之外还对天敌进行常数 σ 投放, 于是在每一个脉冲周期点 nT 上有

$$\begin{aligned} x(t^+) &= \left(1 - \frac{p_1}{1 + \mathrm{e}^{-x}}\right)x, \\[2mm] y(t^+) &= \left(1 - \frac{p_2}{1 + \mathrm{e}^{-y}}\right)y + \sigma, \end{aligned} \tag{4.3.2}$$

其中 $n \in \mathbf{N} = \{0,1,2,\cdots\}$ 和 p_1, p_2 分别代表害虫和天敌的最大致死率.

结合模型(4.3.1)和模型(4.3.2)可以得到具有非线性脉冲控制策略的害虫天敌模型

$$\begin{cases} \left.\begin{aligned} \dfrac{\mathrm{d}x}{\mathrm{d}t} &= f(x) - \phi(x)y, \\[2mm] \dfrac{\mathrm{d}y}{\mathrm{d}t} &= \mu\phi(x)y - \delta y, \end{aligned}\right\} & t \neq nT, n \in \mathbf{N} \\[6mm] \left.\begin{aligned} x(t^+) &= \left(1 - \dfrac{p_1}{1 + \mathrm{e}^{-x}}\right)x, \\[2mm] y(t^+) &= \left(1 - \dfrac{p_2}{1 + \mathrm{e}^{-y}}\right)y + \sigma, \end{aligned}\right\} & t = nT, n \in \mathbf{N}. \end{cases} \tag{4.3.3}$$

为了研究上述害虫天敌模型的动力学行为, 对函数 $f(x)$ 和 $g(x)$ 作一些基本假设和相关引理.

假设 4.7[125-128]　设 $f(x)$ 和 $\phi(x)$ 在 $\mathbf{R}^+$ 上局部 Lipschitz 连续, 使得

I　$f(0) = 0$.

II　$\phi(0) = 0, \phi'(0) > 0$ 并且 $x > 0$ 时 $\phi(x) > 0$.

III　函数 $f(x)/\phi(x)$ 和 $\phi(x)/x$ 对于 $x > 0$ 是有上界的.

引理 4.8　考虑下面的代数方程

$$g(z) = (a_1 z + a_2)\mathrm{e}^z + a_3 z + a_2 = 0, \tag{4.3.4}$$

其中 $a_1 < a_3 < 0$, $a_2 > 0$, 若 $a_1 + a_2 + a_3 > 0$ 和 $\mathrm{e}^{2 + (a_2/a_1)} \leqslant a_1/a_3$, 则方程(4.3.4)存在一个正根.

证明　对 $g(z)$ 关于 z 求导得到

$$g'(z) = (a_1 z + a_1 + a_2)\mathrm{e}^z + a_3 = 0, \tag{4.3.5}$$

上述不等式等价于

$$\left(z + 1 + \frac{a_2}{a_1}\right)\mathrm{e}^{z + 1 + (a_2/a_1)} = -\frac{a_3}{a_1}\mathrm{e}^{1 + (a_2/a_1)}. \tag{4.3.6}$$

求解 (4.3.6) 可得到两个根 z_1^* 和 z_2^*

$$z_1^* = W\left[0, -\frac{a_3}{a_1}\mathrm{e}^{1+(a_2/a_1)}\right] - \left(1 + \frac{a_2}{a_1}\right),$$

$$z_2^* = W\left[-1, -\frac{a_3}{a_1}\mathrm{e}^{1+(a_2/a_1)}\right] - \left(1 + \frac{a_2}{a_1}\right). \tag{4.3.7}$$

只要

$$-\frac{a_3}{a_1}\mathrm{e}^{1+(a_2/a_1)} \geqslant -\mathrm{e}^{-1}, \tag{4.3.8}$$

即

$$\mathrm{e}^{2+(a_2/a_1)} \leqslant \frac{a_1}{a_3}. \tag{4.3.9}$$

显然, $z_1^* > 0$, 只要

$$\left(1 + \frac{a_2}{a_1}\right) < W\left[0, -\frac{a_3}{a_1}\mathrm{e}^{1+(a_2/a_1)}\right] \leqslant 0, \tag{4.3.10}$$

即

$$a_1 + a_2 + a_3 > 0, \quad a_1 + a_2 > 0. \tag{4.3.11}$$

类似地, $z_2^* > 0$, 只要

$$1 + \frac{a_2}{a_1} < W\left[-1, -\frac{a_3}{a_1}\mathrm{e}^{1+(a_2/a_1)}\right] \leqslant -1, \tag{4.3.12}$$

即

$$a_1 + a_2 + a_3 < 0, \quad 2a_1 + a_2 > 0. \tag{4.3.13}$$

由于 $a_1 < a_3$, 上述不等式不可能成立. 同时, 这表明函数 $g(z)$ 在 z_1^* 点存在唯一的极值. 此外由式 (4.3.4) 可得

$$g(0) = a_2 > 0, \quad g(z) \to -\infty, \quad z \to +\infty. \tag{4.3.14}$$

因此当引理的条件成立时, 函数 $g(z) = 0$ 存在唯一的正根.

4.3.2 害虫灭绝周期解的存在性和阈值条件

1. 害虫灭绝周期解的存在性

为了研究模型 (4.3.3) 的害虫灭绝周期解的存在性, 首先考虑模型 (4.3.3) 的子系统

$$\begin{cases} \dfrac{\mathrm{d}y(t)}{\mathrm{d}t} = -\delta y(t), t \neq nT, \\ y(t^+) = \left(1 - \dfrac{p_2}{1+\mathrm{e}^{-y(t)}}\right)y(t) + \sigma, t = nT, \\ y(0^+) = y_0. \end{cases} \tag{4.3.15}$$

由模型(4.3.15)可得

$$y(t) = y(nT^+) e^{-\delta(t-nT)}, \tag{4.3.16}$$

$$y((n+1)T^+) = \left[1 - \frac{p_2}{1 + e^{-y((n+1)T)}} \right] y((n+1)T) + \sigma. \tag{4.3.17}$$

将式(4.3.16)代入式(4.3.17)可得

$$y((n+1)T^+) = \left[1 - \frac{p_2}{1 + \exp\{-y(nT^+) e^{-\delta T}\}} \right] \times y(nT^+) e^{-\delta T} + \sigma. \tag{4.3.18}$$

即

$$y((n+1)T^+) = \frac{[(1-p_2)\exp(y(nT^+) e^{-\delta T}) + 1] y(nT^+) e^{-\delta T}}{\exp(y(nT^+) e^{-\delta T}) + 1} + \sigma. \tag{4.3.19}$$

记 $y(nT^+) = y_n$，则方程(4.3.19)可以改写为差分方程

$$y_{n+1} = \frac{[(1-p_2)\exp(y_n e^{-\delta T}) + 1] y_n e^{-\delta T}}{\exp(y_n e^{-\delta T}) + 1} + \sigma \doteq F(y_n). \tag{4.3.20}$$

方程(4.3.20)为模型(4.3.15)的频闪映射，模型(4.3.20)的正平衡态的存在性意味着模型(4.3.15)的正周期解的存在性. 因此对 $F'(y_n)$ 关于 y_n 求导得到

$$F'(y_n) = \left\{ (1-p_2) + \frac{[\exp(y_n e^{-\delta T}) + 1 - y_n e^{-\delta T} \exp(y_n e^{-\delta T})]}{[\exp(y_n e^{-\delta T}) + 1]^2} p_2 \right\} \times e^{-\delta T},$$

$$\tag{4.3.21}$$

显然 $0 < |F'(y_n)| < 1$ 成立.

接下来继续讨论频闪映射(4.3.20)的正平衡点 y^* 的存在性，即

$$(y^* - \sigma)(\exp\{y^* e^{-\delta T}\} + 1) = ((1-p_2)\exp\{y^* e^{-\delta T}\} + 1) y^* e^{-\delta T}. \tag{4.3.22}$$

令 $A_2 = y^* e^{-\delta T} > 0$，则式(4.3.22)等价于

$$(aA_2 + \sigma) e^{A_2} + (cA_2 + \sigma) = 0, \tag{4.3.23}$$

其中 $a = 1 - p_2 - e^{\delta T} < 0,\quad \sigma > 0,\quad c = 1 - e^{\delta T} < 0$，显然 $a < c$.

根据引理 4.16，方程(4.3.22)存在唯一的正根 y^*，即为

$$y^* = F(y^*). \tag{4.3.24}$$

因此子系统(4.3.15)存在唯一的非平凡正周期解 $y_p(t)$，其中

$$y_p(t) = y^* e^{-\delta(t-nT)}, nT < t \leqslant (n+1)T, \tag{4.3.25}$$

所以 $0 < |F'(y_p(t))| < 1$.

因此，模型(4.3.3)在区间 $nT < t \leqslant (n+1)T$ 上的害虫灭绝周期解的一般形式为

$$(x_p(t), y_p(t)) = (0, y^* e^{-\delta(t-nT)}). \tag{4.3.26}$$

定理 4.9　模型(4.3.15)存在正周期解 $y_p(t)$，对任意的 $y(t)$ 都有 $\lim\limits_{t \to +\infty} |y(t) - y_p(t)| = 0$.

由定理 4.17 可知模型(4.3.22)存在唯一的全局稳定的平衡点 y^*，因此模型(4.3.15)

存在唯一的全局稳定的周期解 $y_p(t)$,进而可以得到模型(4.3.3)存在唯一的害虫灭绝周期解 $(0,y_p(t))$.

2. 害虫灭绝周期解的稳定性

为了研究害虫灭绝周期解 $(0,y_p(t))$ 的稳定性,作变换

$$\bar{x}(t) = x(t) - x_p(t),$$
$$\bar{y}(t) = y(t) - y_p(t). \tag{4.3.27}$$

则模型(4.3.3)改写成

$$\frac{\mathrm{d}\bar{x}}{\mathrm{d}t} = f(\bar{x}) - \phi(\bar{x})[\bar{y} + y_p(t)],$$
$$\frac{\mathrm{d}\bar{y}}{\mathrm{d}t} = \mu\phi(\bar{x})[\bar{y} + y_p(t)] - \delta\bar{y}. \tag{4.3.28}$$

于是可以得到周期解 $(0,y_p(t))$ 的线性系统为

$$\frac{\mathrm{d}\bar{x}}{\mathrm{d}t} = [f'(0) - \phi'(0)y_p(t)]\bar{x},$$
$$\frac{\mathrm{d}\bar{y}}{\mathrm{d}t} = \mu\phi'(0)y_p(t)\bar{x} - \delta\bar{y}. \tag{4.3.29}$$

接下来研究模型(4.3.3)的害虫灭绝周期解 $(0,y_p(t))$ 全局吸引性.

定理 4.10 若

$$R_1 = \left(1 - \frac{p_1}{2}\right)\mathrm{e}^{\int_0^T[f'(0)-\phi'(0)y_p(t)]\mathrm{d}t} < 1, \tag{4.3.30}$$

模型(4.3.3)的害虫灭绝周期解 $(0,y_p(t))$ 是局部稳定的.

若

$$R_2 = \frac{TM_s m_s}{m_s\int_0^T y_p(s)\mathrm{d}s - \ln(1-p_1)} < 1, \tag{4.3.31}$$

$M_s = \sup_{x\geq 0}(f(x)/\phi(x)), m_s = \sup_{x\geq 0}(\phi(x)/x)$.则模型(4.3.3)的害虫灭绝周期解 $(0, y_p(t))$ 是全局吸引的.

证明 为了证明(4.3.3)的害虫灭绝周期解 $(0,y_p(t))$ 的局部稳定性,令 $\Phi(T)$ 为(4.3.28)的基本矩阵,且 $\Phi(T)$ 满足

$$\Phi(T) = \begin{pmatrix} \mathrm{e}^{\int_0^T[f'(0)-\phi'(0)y_p(t)]\mathrm{d}t} & 0 \\ * & \mathrm{e}^{-\delta T} \end{pmatrix}, \tag{4.3.32}$$

其中 $\Phi(0) = I$ 是单位矩阵, $*$ 项不参与计算.

于是模型(4.3.3)的脉冲方程变成

$$\begin{pmatrix} \bar{x}(nT^+) \\ \bar{y}(nT^+) \end{pmatrix} = \begin{pmatrix} 1 - \dfrac{p_1}{2} & 0 \\ 0 & 1 - \dfrac{p_2}{1 + \mathrm{e}^{-y_p(nT)}} - \dfrac{p_2 y_p(nT)\,\mathrm{e}^{-y_p(nT)}}{(1 + \mathrm{e}^{-y_p(nT)})^2} \end{pmatrix} \times \begin{pmatrix} \bar{x}(nT) \\ \bar{y}(nT) \end{pmatrix}, \quad (4.3.33)$$

因此, 根据 Floquet 乘子理论, 若矩阵

$$M = B(T)\Phi(T)$$

$$= \begin{pmatrix} 1 - \dfrac{p_1}{2} & 0 \\ 0 & 1 - \dfrac{p_2}{1 + \mathrm{e}^{-y_p(T)}} - \dfrac{p_2 y_p(T)\,\mathrm{e}^{-y_p(T)}}{(1 + \mathrm{e}^{-y_p(T)})^2} \end{pmatrix} \times \begin{pmatrix} \mathrm{e}^{\int_0^T [f'(0) - \phi'(0) y_p(t)]\mathrm{d}t} & 0 \\ * & \mathrm{e}^{-\delta T} \end{pmatrix},$$

$$(4.3.34)$$

特征值的模小于 1, 则害虫灭绝周期解 $(0, y_p(t))$ 为局部稳定的. 事实上, 两个 Floquet 乘子

$$\lambda_1 = \left(1 - \frac{p_1}{2}\right)\mathrm{e}^{\int_0^T [f'(0) - \phi'(0) y_p(t)]\mathrm{d}t},$$

$$\lambda_2 = \left|1 - \frac{p_2}{1 + \mathrm{e}^{-y_p(T)}} - \frac{p_2 y_p(T)\,\mathrm{e}^{-y_p(T)}}{(1 + \mathrm{e}^{-y_p(T)})^2}\right|\mathrm{e}^{-\delta T}. \quad (4.3.35)$$

若 $|\lambda_1| < 1, |\lambda_2| < 1$, 则害虫灭绝周期解 $(0, y_p(t))$ 是局部稳定的, 即

$$\left(1 - \frac{p_1}{2}\right)\mathrm{e}^{\int_0^T [f'(0) - \phi'(0) y_p(t)]\mathrm{d}t} < 1,$$

$$\left|1 - \frac{p_2}{1 + \mathrm{e}^{-y_p(T)}} - \frac{p_2 y_p(T)\,\mathrm{e}^{-y_p(T)}}{(1 + \mathrm{e}^{-y_p(T)})^2}\right|\mathrm{e}^{-\delta T} < 1. \quad (4.3.36)$$

通过计算可得

$$\left|1 - \frac{p_2}{1 + \mathrm{e}^{-y_p(T)}} - \frac{p_2 y_p(T)\,\mathrm{e}^{-y_p(T)}}{(1 + \mathrm{e}^{-y_p(T)})^2}\right|\mathrm{e}^{-\delta T} = \left|1 - \frac{p_2 \mathrm{e}^{y_p(T)}}{1 + \mathrm{e}^{y_p(T)}} - \frac{p_2 y_p(T)\,\mathrm{e}^{y_p(T)}}{(1 + \mathrm{e}^{y_p(T)})^2}\right|\mathrm{e}^{-\delta T}$$

$$\leqslant |1 - 2p_2| < 1$$

$$(4.3.37)$$

成立, 由定理条件可知害虫灭绝周期解 $(0, y_p(t))$ 是局部稳定的.

下面来证明害虫灭绝周期解 $(0, y_p(t))$ 是全局吸引性的. 由 $\dot{\bar{y}} \geqslant -\delta\bar{y}$ 和 $(\bar{x}_0, \bar{y}_0)$ 可得对任何初值有 $\bar{y} \geqslant \min(0, \bar{y}_0)\mathrm{e}^{-\delta t} \doteq \bar{y}_m(t)$. 为了研究方程 $\dot{\bar{x}}$, 定义函数

$$G(\bar{x}) = \int_{x_0}^{\bar{x}} \frac{1}{\phi(s)}\mathrm{d}s. \quad (4.3.38)$$

因为 $\phi(x) > 0$, 所以 $G(\bar{x})$ 是关于 $\bar{x}$ 的增函数, 为了使害虫灭绝, 只需证明当 $t \to \infty$ 时 $G(\bar{x}) \to -\infty$. 由函数 $G(\bar{x})$ 的定义可得

$$\frac{\mathrm{d}G(\bar{x})}{\mathrm{d}t} = \frac{1}{\phi(\bar{x})}\dot{\bar{x}} = \frac{f(\bar{x})}{\phi(\bar{x})} - \bar{y}(t) - y_p(t)$$

$$\leqslant \frac{f(\bar{x})}{\phi(\bar{x})} - \bar{y}_m(t) - y_p(t). \tag{4.3.39}$$

在区间 $(nT,(n+1)T]$ 上积分可得

$$G(\bar{x}((n+1)T^+))$$

$$= \int_{x_0}^{\bar{x}((n+1)T^+)} \frac{1}{\phi(s)}\mathrm{d}s$$

$$= \int_{x_0}^{\bar{x}((n+1)T)} \frac{1}{\phi(s)}\mathrm{d}s + \int_{\bar{x}((n+1)T)}^{\bar{x}((n+1)T^+)} \frac{1}{\phi(s)}\mathrm{d}s$$

$$\leqslant G(\bar{x}((n+1)T)) + \int_{\bar{x}((n+1)T)}^{\bar{x}((n+1)T^+)} \frac{1}{m_s s}\mathrm{d}s$$

$$\leqslant G(\bar{x}(nT^+)) + \int_{nT^+}^{(n+1)T}\left[\frac{f(\bar{x}(s))}{\phi(\bar{x}(s))} - \bar{y}_m(s) - y_p(s)\right]\mathrm{d}s + \int_{\bar{x}((x+1)T)}^{[1-p(\bar{x}((n+1)T))]\bar{x}((x+1)T)} \frac{1}{m_s s}\mathrm{d}s$$

$$= G(\bar{x}(nT^+)) + \int_{nT^+}^{(n+1)T}[M_s - \bar{y}_m(s) - y_p(s)]\mathrm{d}s + \frac{\ln[1 - p_1/(1 + \mathrm{e}^{-x(nT)})]}{m_s}$$

$$\leqslant G(\bar{x}(nT^+)) + \int_{nT^+}^{(n+1)T}[M_s - \bar{y}_m(s) - y_p(s)]\mathrm{d}s + \frac{\ln(1 - p_1)}{m_s}. \tag{4.3.40}$$

根据 $y_p(s)$ 的周期性及 $t > 0$ 可得

$$G(\bar{x}(t)) - G(x_0)$$

$$\leqslant \int_0^t [M_s - \bar{y}_m(s) - y_p(s)]\mathrm{d}s + l\frac{\ln(1 - p_{\max})}{m_s}$$

$$= -\int_0^t \bar{y}_m(s)\mathrm{d}s + \int_{lT}^t [M_s - y_p(s)]\mathrm{d}s + l\int_0^T [M_s - y_p(s)]\mathrm{d}s + l\frac{\ln(1 - p_1)}{m_s}$$

$$= \frac{m(0,\bar{y}_0)}{\delta}(\mathrm{e}^{-\delta t} - 1) + \int_{lT}^t [M_s - y_p(s)]\mathrm{d}s + l\int_0^T [M_s - y_p(s)]\mathrm{d}s + l\frac{\ln(1 - p_1)}{m_s}. \tag{4.3.41}$$

注意到 $t \to \infty$ 时 $l \to \infty$，因此只要

$$\int_0^T [M_s - y_p(s)]\mathrm{d}s + \frac{\ln(1 - p_1)}{m_s} < 0 \tag{4.3.42}$$

成立，那么有 $t \to \infty$ 时 $G(\bar{x}) \to \infty$，即

$$\frac{TM_s m_s}{m_s\int_0^T y_p(s)\mathrm{d}s - \ln(1 - p_1)} \leqslant 1. \tag{4.3.43}$$

因此 $t \to \infty$ 时 $\bar{x}(t) \to \infty$．

现在证明 $\bar{y}(t) \to 0$ 也成立, 由 $\bar{x} \to 0$ 可得存在 t_s 使得 $\phi(\bar{x}) \leqslant \delta/2$, 因此当 $t > t_s$ 时有

$$\dot{\bar{y}} = \mu \phi(\bar{x})\left[\bar{y} + y_p(t)\right] - \delta \bar{y} \leqslant \mu \phi(\bar{x}) y_p(t) - \frac{\delta}{2}. \tag{4.3.44}$$

由 $t \to \infty$ 时 $\bar{x} \to 0$ 以及 $y_p(t)$ 的周期性, 得到 $t \to \infty$ 时 $\phi(\bar{x}) y_p(t) \to 0$, 所以 $t \to \infty$ 时 $\bar{y} \to 0$, 即若式(4.3.43)成立, 则害虫灭绝周期解 $(0, y_p(t))$ 是全局吸引的, 进而是全局渐近稳定的.

4.3.3　应用举例

取 $f(x) = ax - bx^2$ 和 $\phi(x) = \alpha x/(1 + \omega x)$, 则模型(4.3.3)为

$$\begin{cases} \dfrac{\mathrm{d}x}{\mathrm{d}t} = ax - bx^2 - \dfrac{\alpha xy}{1 + \omega x}, \\[2mm] \dfrac{\mathrm{d}y}{\mathrm{d}t} = \mu\dfrac{\alpha xy}{1 + \omega x} - \delta y, t \neq nT, \end{cases} \Bigg\} t \neq nT, n \in \mathbf{N},$$

$$\begin{cases} x(t^+) = \left(1 - \dfrac{p_1}{1 + \mathrm{e}^{-x}}\right)x, \\[2mm] y(t^+) = \left(1 - \dfrac{p_2}{1 + \mathrm{e}^{-y}}\right)y + \sigma, \end{cases} \Bigg\} t = nT, n \in \mathbf{N}. \tag{4.3.45}$$

1. 阈值条件

从定理 4.10 可以得出, 模型(4.3.45)具有唯一的害虫灭绝周期解

$$(x_p(t), y_p(t)) = (0, y^* \mathrm{e}^{-\delta(t-nT)}), t \in (nT, (n+1)T], \tag{4.3.46}$$

其中 y^* 是式(4.3.22)的正根. 模型(4.3.45)害虫灭绝周期解的局部稳定性和全局吸引性的阈值条件可以直接从定理 4.18 中得到.

条件(4.3.30)等价于

$$\left(1 - \frac{p_1}{2}\right)\mathrm{e}^{\int_0^T[a - \alpha y^* \mathrm{e}^{-\delta(t-rT)}]\mathrm{d}t} < 1, \tag{4.3.47}$$

即

$$aT - \alpha y^* \frac{1 - \mathrm{e}^{-\delta T}}{\delta} < \ln\frac{2}{2 - p_1}. \tag{4.3.48}$$

因此阈值条件(4.3.30)可改写成

$$\frac{aT\delta - \alpha y^*(1 - \mathrm{e}^{-\delta T})}{\delta \ln(2/(2 - p_1))} < 1, \tag{4.3.49}$$

类似地, 阈值条件(4.3.31)可改写成

$$\frac{\delta T M_s m_s}{m_s y^*(1 - \mathrm{e}^{-\delta T}) - \delta \ln(1 - p_1)} < 1, \tag{4.3.50}$$

其中 $M_s = (a\omega + b)^2/4b\omega\alpha, m_s = \alpha$.

综上, 若式(4.3.49)成立, 则模型(4.3.45)的害虫灭绝周期解(4.3.46)是局部稳定的; 若式(4.3.50)成立, 则模型(4.3.45)的害虫灭绝周期解(4.3.46)是全局吸引的.

2. 分支分析

基于阈值条件(4.3.49)和(4.3.50)可知如果脉冲周期 $T < T_0^{\max} \doteq \min\{T_1^{\max}, T_2^{\max}\}$, 模型(4.3.45)具有全局渐近稳定的害虫根除周期解. 然而由于条件(4.3.49)和条件(4.3.50)中 y^* 的复杂性, 无法得到 $T_1^{\max}, T_2^{\max}$ 的解析表达式, 若脉冲周期 T 超过 $T_0^{\max}$, 则可以通过数值方法分析模型(4.3.45)的分支现象, 如图 4.9 和图 4.10 所示.

图 4.9 和图 4.10 显示了模型(4.3.45)复杂有趣的动力学行为, 包括周期加倍分支、混沌解、多稳定性、混沌危机、周期叠加、周期窗口、周期减半分支等. 图 4.9(a) 和图 4.9(b) 表明 $T=5$ 和 $T=7.8$ 时模型(4.3.45)分别存在一个周期解和拟周期解, 我们在图 4.11 和图 4.12 中给出了对应的相图.

同时, 分支图形还表明在很广泛的参数范围内模型(4.3.45)存在多个吸引子共存现象. 如在图 4.10 中当 $\sigma = 5$ 时系统有两个共存吸引子, 我们在图 4.13 中给出了更多细节. 图 4.14(a) ~ (d)揭示了当害虫和天敌种群的初始密度发生微小变化时, 模型(4.3.45)发生了吸引子切换现象, 即害虫和天敌种群的初始密度决定着害虫控制的成败, 注意到这一点有助于我们设计更加合理、有效的防治策略, 我们还通过害虫和天敌的盆吸引子域说明了初值的重要性, 如图 4.15 所示.

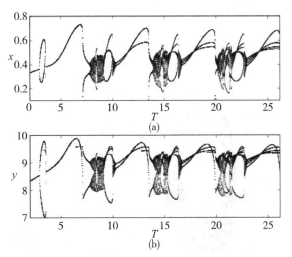

图 4.9 模型(4.3.45)以 T 为分支参数的分支. (a)食饵 x 关于 T 的分支图; (b)捕食者 y 关于 T 的分支图. $a = 8$, $b = 5$, $c = 1$, $\omega = 1$, $\mu = 0.95$, $d = 0.2$, $\sigma = 0.5$, $p_1^{\max} = 0.8$, $p_2^{\max} = 0.02$, $(x_0, y_0) = (2, 1)$

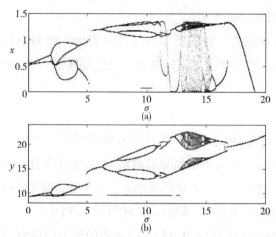

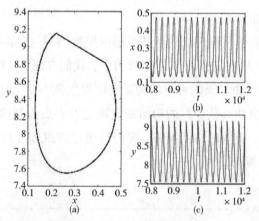

图 4.10　模型(4.3.45)以 σ 为分支参数的分支图. (a)食饵 x 关于 σ 的分支图; (b)捕食者 y 关于 σ 的分支图. $T = 12$, 其他参数与图 4.9 相同

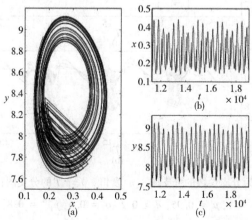

图 4.11　模型(4.3.45)的周期解. (a)相图; (b)害虫种群的时间序列; (c)天敌种群的时间序列. 其中 $T = 0.5, (x_0, y_0) = (0, 3.73)$, 其他参数与图 4.9 相同

图 4.12　模型(4.3.45)的拟周期解. (a)相图; (b)害虫种群的时间序列; (c)天敌种群的时间序列. 其中 $T = 7.8$, 其他参数与图 4.11 相同

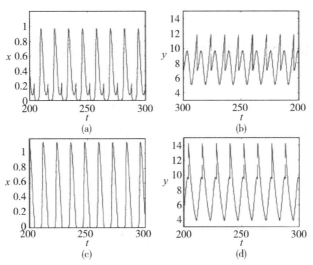

图 4.13 模型(4.3.45)的吸引子共存现象,其中 $\sigma = 5$,初始条件从左到右依次为 $(x_0, y_0) = (1, 1.2)$,$(2, 3)$,其他参数与图 4.10 一致

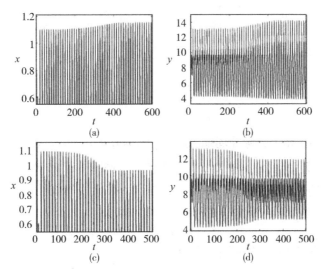

图 4.14 模型(4.3.45)的类吸引子切换行为,初始条件从左到右依次为 $(x_0, y_0) = (0.99, 4.4), (0.95, 4.45)$. 其他参数与图 4.13 一致

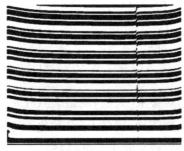

图 4.15 盆吸引子域. 横轴 $0.01 \leqslant x \leqslant 35$,纵轴 $0.01 \leqslant y \leqslant 100$,参数值和图 4.13 相同. 白色区域和黑色区域代表图 4.13 所示的吸引子吸引

4.4　具有 Holling II 型反应函数和非线性脉冲的害虫控制模型

基于经典的捕食-被捕食模型[130-131]，Holling 提出了三种不同的功能反应函数来描述自然界中不同类型捕食与被捕食种群之间的相互作用关系[132]，这是对 Lotka-Volterra 模型的一种补充. 本节我们将考虑具有 Holling II 型反应函数的 Lotka-Volterra 模型

$$\begin{cases} \dfrac{\mathrm{d}x}{\mathrm{d}t} = ax - bx^2 - \dfrac{cxy}{1 + \omega x}, \\[3mm] \dfrac{\mathrm{d}y}{\mathrm{d}t} = \mu \dfrac{cxy}{1 + \omega x} - dy, \end{cases} \tag{4.4.1}$$

其中 a,b,c,d,ω,μ 为正常数，$x(t)$，$y(t)$ 分别为 t 时刻被捕食者和捕食者的密度.

考虑到综合害虫管理策略[133-134]，模型 (4.4.1) 可改写成具有 IPM 策略的害虫控制模型

$$\begin{cases} \left.\begin{array}{l} \dfrac{\mathrm{d}x}{\mathrm{d}t} = ax - bx^2 - \dfrac{cxy}{1 + \omega x}, \\[3mm] \dfrac{\mathrm{d}y}{\mathrm{d}t} = \mu \dfrac{cxy}{1 + \omega x} - dy, \end{array}\right\} & t \neq nT, n \in \mathbf{N}, \\[6mm] \left.\begin{array}{l} x(t^+) = (1 - p_1)x, \\[2mm] y(t^+) = (1 - p_2)y + \sigma, \end{array}\right\} & t = nT, n \in \mathbf{N}, \end{cases} \tag{4.4.2}$$

其中 $\mathbf{N} = \{0,1,2,\cdots\}$ 和 T 为脉冲周期，$0 \leqslant p_1 < 1 (0 \leqslant p_2 < 1)$ 表示在 $t = nT$ 时刻因农药致死的害虫 (天敌) 的比例，$\sigma > 0$ 为在 $t = nT$ 时刻天敌常数投放量.

在综合害虫管理过程中，考虑到农业资源有限，我们用非线性的饱和函数 Hill 函数来替代模型 (4.4.2) 中的常数致死率，则模型 (4.4.2) 即为

$$\begin{cases} \left.\begin{array}{l} \dfrac{\mathrm{d}x}{\mathrm{d}t} = ax - bx^2 - \dfrac{cxy}{1 + \omega x}, \\[3mm] \dfrac{\mathrm{d}y}{\mathrm{d}t} = \mu \dfrac{cxy}{1 + \omega x} - dy, \end{array}\right\} & t \neq nT, n \in \mathbf{N}, \\[6mm] \left.\begin{array}{l} x(t^+) = \left(1 - \dfrac{p_1^{\max} x(t)}{x(t) + \theta_1}\right) x(t), \\[5mm] y(t^+) = \left(1 - \dfrac{p_2^{\max} y(t)}{y(t) + \theta_2}\right) y(t) + \sigma, \end{array}\right\} & t = nT, n \in \mathbf{N}, \end{cases} \tag{4.4.3}$$

其中 $p_1^{\max}(p_2^{\max})$ 分别表示杀虫剂对害虫 (天敌) 的最大致死率，$\theta_1(\theta_2)$ 为半饱和常数. 显然，在模型 (4.4.3) 中我们采用了生物防治 (投放天敌) 和化学防治 (喷洒农药) 相结合的方法来控制害虫种群的数量. 本节材料主要来源于文献 [135].

4.4.1 害虫灭绝周期解的存在性及稳定性分析

本节我们将研究模型(4.4.3)的害虫灭绝周期解的存在性及稳定性.

1. 害虫灭绝周期解的存在性

考虑模型(4.4.3)的子系统

$$\begin{cases} \dfrac{\mathrm{d}y}{\mathrm{d}t} = -\, \mathrm{d}y(t), \quad t \neq nT, \\[3mm] \left. \begin{array}{l} y(t^+) = \left(1 - \dfrac{p_2^{\max} y(t)}{y(t) + \theta_2}\right) y(t) + \sigma, \\[3mm] y(0^+) = y_0, \end{array} \right\} t = nT, \end{cases} \tag{4.4.4}$$

在区间 $(nT, (n+1)T]$ 上求解上述方程可得

$$y((n+1)T^+) = \left(1 - \frac{p_2^{\max} y(nT^+) \mathrm{e}^{-\mathrm{d}T}}{y(nT^+) \mathrm{e}^{-\mathrm{d}T} + \theta_2}\right) y(nT^+) \mathrm{e}^{-\mathrm{d}T} + \sigma. \tag{4.4.5}$$

记 $y(nT^+) = y_n$, 因此可得到频闪映射

$$y_{n+1} = \left(\frac{(1 - p_2^{\max}) \mathrm{e}^{-2\mathrm{d}T} y_n^2 + \theta_2 \mathrm{e}^{-\mathrm{d}T} y_n}{\mathrm{e}^{-\mathrm{d}T} y_n + \theta_2}\right) y(nT^+) \mathrm{e}^{-\mathrm{d}T} + \sigma \doteq F(y_n) \tag{4.4.6}$$

进一步讨论频闪映射(4.4.6)正解的存在性及稳定性, $F(y_n)$ 关于 y_n 的导数为

$$F'(y_n) = \left[(1 - p_2^{\max}) + \frac{p_2^{\max} \theta_2^2}{(\mathrm{e}^{-\mathrm{d}T} y_n + \theta_2)^2}\right] \mathrm{e}^{-\mathrm{d}T}, \tag{4.4.7}$$

显然 $0 < F'(y_n) < 1$.

接下来研究频闪映射(4.4.6)正不动点 y^* 的存在性, 即

$$A_1 y^{*2} + B_1 y^* + C_1 = 0, \tag{4.4.8}$$

其中,

$$A_1 = \exp(\mathrm{e}^{-\mathrm{d}T})[1 - (1 - p_2^{\max})\exp(\mathrm{e}^{-\mathrm{d}T})] > 0,$$

$$B_1 = \theta_2 - \sigma\exp(\mathrm{e}^{-\mathrm{d}T}) - \theta_2\exp(\mathrm{e}^{-\mathrm{d}T}), C_1 = -\theta_2\sigma < 0.$$

若记 $\Delta = B_1^2 - 4A_1 C_1$, 则

$$\Delta = (\theta_2 - \sigma\mathrm{e}^{-\mathrm{d}T} - \theta_2\mathrm{e}^{-\mathrm{d}T})^2 + 4\theta_2\mathrm{e}^{-\mathrm{d}T}[1 - (1 - p_2^{\max})\mathrm{e}^{-\mathrm{d}T}] > 0. \tag{4.4.9}$$

很显然频闪映射(4.4.6)存在唯一的正根, 即

$$y^* = \frac{-B_1 + \sqrt{B_1^2 - 4A_1 C_1}}{2A_1}, \tag{4.4.10}$$

又 $0 < F'(y_n) < 1$, 所以频闪映射(4.4.6)正不动点 y^* 是稳定的.

根据频闪映射(4.4.6)正不动点与子系统(4.4.4)周期解之间的关系可得模型(4.4.3)的子系统(4.4.4)存在唯一的非平凡正周期解

$$y_p(t) = y^* \exp[-d(t-nT)], \quad nT < t \leq (n+1)T, \tag{4.4.11}$$

综合 $0 < F'(y_n) < 1$ 和文献[131]可以得到如下定理.

定理 4.11　模型(4.4.4)存在 T 周期解 $y_p(t)$,且对于模型(4.4.4)的每个解 $y(t)$ 都有 $\lim\limits_{t \to \infty} |y(t) - y_p(t)| = 0$.

由定理 4.19 可知频闪映射(4.4.6)存在唯一的全局稳定的正不动点 y^*,则模型(4.4.4)的正周期解 $y_p(t)$ 是全局稳定的.

因此,模型(4.4.3)存在唯一的害虫灭绝周期解

$$(x_p(t), y_p(t)) = (0, y^* e^{-d(t-nT)}). \tag{4.4.12}$$

2. 害虫灭绝周期解的稳定性

作变换

$$(\bar{x}(t), \bar{y}(t)) = (x(t), y(t)) - (x_p(t), y_p(t)), \tag{4.4.13}$$

将以上变换代入模型(4.4.3)可得

$$\begin{cases} \dfrac{\mathrm{d}\bar{x}}{\mathrm{d}t} = a\bar{x} - b\bar{x}^2 - \dfrac{c\bar{x}}{1+\omega\bar{x}}[\bar{y} + y_p(t)], \\ \dfrac{\mathrm{d}\bar{y}}{\mathrm{d}t} = \dfrac{\mu c\bar{x}}{1+\omega\bar{x}}[\bar{y} + y_p(t)] - d\bar{y}, \end{cases} \tag{4.4.14}$$

若 $(\bar{x}, \bar{y})$ 足够小,则得到上述系统的近似系统

$$\begin{cases} \dfrac{\mathrm{d}\bar{x}}{\mathrm{d}t} = (a - cy_p(t))\bar{x}, \\ \dfrac{\mathrm{d}\bar{y}}{\mathrm{d}t} = \mu cy_p(t)\bar{x} - d\bar{y}. \end{cases} \tag{4.4.15}$$

为了方便,做记号

$$R_0^1 = \frac{adT}{cy^*(1-e^{-dT})}, R_0^2 = \frac{cdTM_s}{cy^*(1-e^{-dT}) - d\ln(1-p_1^{\max})}, \tag{4.4.16}$$

其中 $M_s = \dfrac{(a\omega + b)^2}{4bc\omega}$.

现在给出模型(4.4.3)的害虫灭绝周期解 $(0, y_p(t))$ 全局稳定性的充分条件.

定理 4.12　若 $R_0^1 \leq 1$,则模型(4.4.3)的害虫灭绝周期解 $(0, y_p(t))$ 是局部稳定的;若 $\{R_0^1, R_0^2\} \leq 1$,则 $(0, y_p(t))$ 是全局稳定的.

证明　令 $\Phi(T)$ 是模型(4.4.15)的基解矩阵,且

$$\Phi(T) = \begin{pmatrix} e^{\int_0^T [a - cy_p(t)]\mathrm{d}t} & 0 \\ * & e^{-dT} \end{pmatrix} \tag{4.4.17}$$

其中 $\Phi(0) = I$ 是单位矩阵,式中 $*$ 不参与计算.

模型(4.4.3)的脉冲条件可写成

$$
\begin{pmatrix} \bar{x}(nT^+) \\ \bar{y}(nT^+) \end{pmatrix} = \begin{pmatrix} 1 & 0 \\ 0 & 1 - p_2^{\max} + \dfrac{p_2^{\max}\theta_2^2}{\theta_2 + y_p(nT)} \end{pmatrix} \times \begin{pmatrix} \bar{x}(nT) \\ \bar{y}(nT) \end{pmatrix} = B(nT) \begin{pmatrix} \bar{x}(nT) \\ \bar{y}(nT) \end{pmatrix}. \quad (4.4.18)
$$

矩阵

$$
M = B(T)\Phi(T) = \begin{pmatrix} 1 & 0 \\ 0 & 1 - p_2^{\max} + \dfrac{p_2^{\max}\theta_2^2}{\theta_2 + y_p(nT)} \end{pmatrix} \times \begin{pmatrix} \mathrm{e}^{\int_0^T [a - cy_p(t)]\mathrm{d}t} & 0 \\ * & \mathrm{e}^{-dT} \end{pmatrix} \quad (4.4.19)
$$

的 Floquet 乘子 $\lambda_1 = \mathrm{e}^{\int_0^T [a - cy_p(t)]\mathrm{d}t}$, $\lambda_2 = \dfrac{1 - p_2^{\max} + p_2^{\max}\theta_2^2}{\theta_2 + y_p(t)}\mathrm{e}^{-dT}$. 由文献[132]定理 4.19 可知当且仅当 $|\lambda_1| < 1$, $|\lambda_2| < 1$ 时, 害虫灭绝周期解 $(0, y_p(t))$ 是局部稳定的, 即

$$
\mathrm{e}^{\int_0^T [a - cy_p(t)]\mathrm{d}t} < 1, \quad \lambda_2 = \left| 1 - p_2^{\max} + \dfrac{p_2^{\max}\theta_2^2}{\theta_2 + y_p(t)} \right| \mathrm{e}^{-dT} < 1. \quad (4.4.20)
$$

由定理条件 $R_0^1 < 1$ 可知 $(0, y_p(t))$ 是局部稳定的.

现在继续讨论害虫灭绝周期解 $(0, y_p(t))$ 的全局稳定性. 由 $\dot{\bar{y}} \geqslant -d\bar{y}$, 对任意的 (x_0, y_0) 有 $\bar{y} \geqslant \min(0, \bar{y}_0)\mathrm{e}^{-dT} \doteq \bar{y}_m(t)$. 做记号

$$
\phi(x) = \frac{cx}{1 + \omega x}, \qquad\qquad f(x) = ax - bx^2,
$$
$$
\sup_{x \geqslant 0} \frac{f(x)}{\phi(x)} = \frac{(a\omega + b)^2}{4bc\omega} \doteq M_s, \sup_{x \geqslant 0} \frac{\phi(x)}{x} = c. \quad (4.4.21)
$$

考虑函数 $G(\bar{x}) = \int_{x_0}^{\bar{x}} \dfrac{1}{\phi(s)}\mathrm{d}s$ 当 $\phi(x) > 0$ 时为增函数. 由于 $\phi(\cdot)$ 在 $\mathbf{R}^+$ 上满足局部 Lipschitz 条件, 则害虫种群最终会灭绝. 又由

$$
\frac{\mathrm{d}G(\bar{x})}{\mathrm{d}t} = \frac{1}{\phi(\bar{x})}\dot{\bar{x}} = \frac{f(\bar{x})}{\phi(\bar{x})} - \bar{y}(t) - y_p(t) \leqslant \frac{f(\bar{x})}{\phi(\bar{x})} - \bar{y}_m(t) - y_p(t), \quad (4.4.22)
$$

对于任意的 $n \in \mathbf{N}$, G 在 nT^+ 到 $(n+1)T$ 之间的关系

$$
G(\bar{x}((n+1)T)) \leqslant G(\bar{x}(nT^+)) + \int_{nT^+}^{(n+1)T} \left[\frac{f(\bar{x}(s))}{\phi(\bar{x}(s))} - \bar{y}_m(s) - y_p(s) \right]\mathrm{d}s,
$$
$$
\quad (4.4.23)
$$

因此可得

$$
G(\bar{x}((n+1)T^+))
$$
$$
= \int_{x_0}^{\bar{x}((n+1)T^+)} \frac{1}{\phi(s)}\mathrm{d}s
$$
$$
= \int_{x_0}^{\bar{x}((n+1)T)} \frac{1}{\phi(s)}\mathrm{d}s + \int_{\bar{x}((n+1)T)}^{\bar{x}((n+1)T^+)} \frac{1}{\phi(s)}\mathrm{d}s
$$

$$\leqslant G(\bar{x}((n+1)T)) + \int_{\bar{x}((n+1)T)}^{\bar{x}((n+1)T^+)} \frac{1}{cs}\mathrm{d}s$$

$$\leqslant G(\bar{x}(nT^+)) + \int_{nT^+}^{(n+1)T} \left[\frac{f(\bar{x}(s))}{\phi(\bar{x}(s))} - \bar{y}_m(s) - y_p(s) \right]\mathrm{d}s + \int_{\bar{x}((n+1)T)}^{[1-p_1(\bar{x}((n+1)T))]\bar{x}((n+1)T)} \frac{1}{cs}\mathrm{d}s$$

$$= G(\bar{x}(nT^+)) + \int_{nT^+}^{(n+1)T} [M_s - \bar{y}_m(s) - y_p(s)]\mathrm{d}s + \frac{\ln[1 - p_1(x((n+1)T))]}{c}$$

$$\leqslant G(\bar{x}(nT^+)) + \int_{nT^+}^{(n+1)T} [M_s - \bar{y}_m(s) - y_p(s)]\mathrm{d}s + \frac{\ln(1 - p_1^{\max})}{c}, \tag{4.4.24}$$

将 l 定义为 $\frac{t}{T}$ 的整数部分, 有

$$G(\bar{x}(t)) - G(x_0)$$

$$\leqslant \int_0^t [M_s - \bar{y}_m(s) - y_p(s)]\mathrm{d}s + l\frac{\ln(1 - p_1^{\max})}{c}$$

$$= -\int_0^t \bar{y}_m(s)\mathrm{d}s + \int_{lT}^t [M_s - y_p(s)]\mathrm{d}s + l\int_0^T [M_s - y_p(s)]\mathrm{d}s + l\frac{\ln(1 - p_1^{\max})}{c}$$

$$= \frac{\min(0, \bar{y}_0)}{c}(\mathrm{e}^{-dt} - 1) + \int_{lT}^t [M_s - y_p(s)]\mathrm{d}s + l\int_0^T [M_s - y_p(s)]\mathrm{d}s + l\frac{\ln(1 - p_1^{\max})}{c}. \tag{4.4.25}$$

根据 $y_p(t)$ 的周期性, 上式右端的前两个函数是有上界的. 要得到 $\lim\limits_{t\to\infty} l = \infty$ 只需要

$$\int_0^T [M_s - y_p(s)]\mathrm{d}s + \frac{\ln(1 - p_1^{\max})}{c} < 0 \tag{4.4.26}$$

即可, 这等价于

$$\frac{cTM_s}{c\int_0^T y_p(s)\mathrm{d}s - \ln(1 - p_1^{\max})} < 1. \tag{4.4.27}$$

由定理条件 $R_0^2 < 1$ 可知 $\lim\limits_{t\to\infty} \bar{x}(t) = 0$.

下面来讨论当 $\lim\limits_{t\to 0} \bar{y}(t) \to 0$ 时, 存在常数 t_s 使得当 $t > t_s$ 时有 $\phi(\bar{x}) \leqslant \frac{d}{2}$, 即可得

$$\dot{\bar{y}} = \mu\phi(\bar{x})[\bar{y} + y_p(t)] - d\bar{y} \leqslant \mu\phi(\bar{x})y_p(t) - \frac{d}{2}. \tag{4.4.28}$$

根据 $\lim\limits_{t\to\infty} \bar{x}(t) \to 0$ 和 $y_p(t)$ 的周期性可得 $\lim\limits_{t\to\infty}\phi(\bar{x})y_p(t) \to 0$. 因此, 当 $\lim\limits_{t\to\infty}\bar{y}(t) \to 0$ 时, 若 $R_0^2 < 1$, 模型 (4.4.3) 的害虫灭绝周期解 $(0, y_p(t))$ 是全局吸引的, 进而是全局渐近稳定的.

4.1.2　阈值策略及参数敏感性分析

由阈值条件 R_0^1 和 R_0^2 可得

$$R_0^1 - R_0^2 = \frac{dT[y^*(1 - e^{-dT})(a^2 - c^2M_s) - ad\ln(1 - p_1^{\max})]}{cy^*(1 - e^{-dT})[ay^*(1 - e^{-dT}) - d\ln(1 - p_1^{\max})]}. \tag{4.4.29}$$

若 $y^*(1 - e^{-dT})(a^2 - c^2M_s) - ad\ln(1 - p_1^{\max}) > 0$,则 $R_0^1 > R_0^2$. 若 $R_0^1 \leqslant 1$,则模型(4.4.3)的害虫灭绝周期解 $(0, y_p(t))$ 是全局稳定的. 若 $y^*(1 - e^{-dT})(a^2 - c^2M_s) - ad\ln(1 - p_1^{\max}) < 0$,则 $R_0^1 < R_0^2$,如图 4.16(a) 所示. 若 $R_0^2 \leqslant 1$,则 $(0, y_p(t))$ 是全局稳定的,如图 4.16(b) 所示,在这种情形下就不能由 $(0, y_p(t))$ 的局部稳定性推出其是全局稳定的.

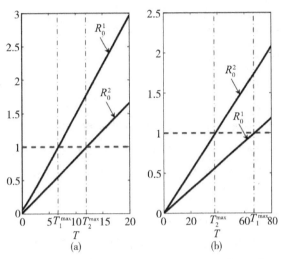

图 4.16 R_0^1 与 R_0^2 对比分析. (a) $R_0^1 > R_0^2, c = 1.6, \sigma = 0.78$; (b) $R_0^1 < R_0^2, c = 2.5, \sigma = 1$. 其他参数为 $a = 0.1, b = 0.8, \omega = 1, \mu = 0.4, d = 0.37, \sigma = 1, p_1^{\max} = 0.95, p_2^{\max} = 0.2, \theta_1 = 1, \theta_2 = 2$

在影响阈值 R_0^i 的所有参数中,我们最关心的是脉冲周期 T 和资源有限因子,如最大死亡率 $p_i^{\max}(i = 1, 2)$ 和半饱和常数 θ_2,下面我们将重点研究 $T, p_i^{\max}, \theta_2$ 阈值($R_0^i < 1, i = 1, 2$)的影响. 图 4.16(a) 表明, $R_0^i < 1(i = 1, 2)$ 是关于 $T \in (0, 20]$ 的单调递增函数. 同时 T 存在临界值使得 $R_0^i = 1$,即可以找到一个最大的脉冲周期 $T_i^{\max}$ 使得当 $T < T_i^{\max}(i = 1, 2)$ 时有 $R_0^i < 1$ 成立. 同时当 $T_1^{\max} < T_2^{\max}$ 时, R_0^2 达到阈值 1 所需要的时间要比 R_0^1 长. 同时从等高线图 4.17(a) 和图 4.17(c) 可知,适当降低 $p_2^{\max}$ 和增大 θ_2 可以使阈值 $R_0^i(i = 1, 2)$ 变小,但是图 4.17(d) 显示增大 $p_1^{\max}$ 可以使阈值 R_0^2 变小. 因此,提高杀虫剂对害虫最大致死率 $p_1^{\max}$、降低杀虫剂对天敌最大致死率是非常重要的,即提高化学农药的效率有助于对害虫进行综合控制. 此外,图 4.17(b) 显示在资源有限情形下如果能加快脉冲控制的频率,也可以达到根除害虫的目的.

下面采用 LHS 方法对重要参数(如内禀增长率 r、死亡率 c、最大致死率 $p_i^{\max}$、半饱和常数 θ_2、天敌的常数投放量 σ 和脉冲周期 T)的 PRCC 值进行敏感性分析. 当 $|\text{PRCC}| \in (0.4, \infty)$ 时, $(0.2, 0.4), (0, 0.2)$ 分别表示输入参数和输出变量之间存在非常显著、中等显著或不显著的相关性.

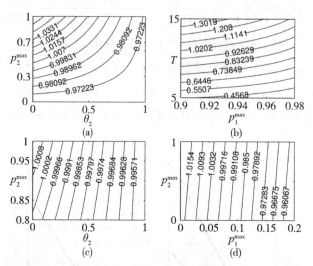

图 4.17　R_0^1 和 R_0^2 的等高线. (a) R_0^1 关于参数 p_2^{max} 和 θ_2 的等高线；(b) R_0^2 与 T 和 p_1^{max} 的等高线；(c) R_0^2 与 p_2^{max} 和 θ_2 的等高线；(d) R_0^1 与 p_2^{max} 和 p_1^{max} 的等高线. 参数为 $a = 0.5, b = 0.8, c = 1.6, \omega = 1, \mu = 0.4, d = 0.37, \sigma = 0.78, p_1^{max} = 0.95, p_2^{max} = 0.2, \theta_1 = 1, \theta_2 = 2, T = 6.5$(a) 和 $T = 12$(c - d)

　　本书选择 3000 个样本进行 LHS 抽样分析，图 4.18 均匀分布函数给出了所有参数的 PRCC 值，相关数据和参数详见表 4.2. 图 4.19 表明对害虫控制影响最大的参数为内禀增长率 a、死亡率 c、脉冲周期 T、天敌的常数投放量 σ 和杀虫剂对害虫的最大致死率 p_1^{max}，然而半饱和常数 θ_2 和杀虫剂对天敌的最大致死率 p_2^{max} 对阈值的影响较小.

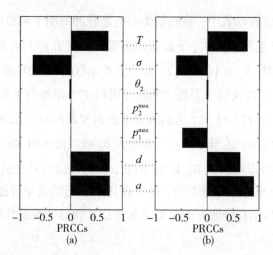

图 4.18　R_0^1 和 R_0^2 的敏感性分析. 参数为 $a = 0.5, b = 0.8, c = 1.6, \omega = 0.9, \mu = 0.4, d = 0.3, \sigma = 0.5, p_1^{max} = 0.95, p_2^{max} = 0.2, \theta_1 = 0.7, \theta_2 = 2$ 和 $T = 1$. (a) R_0^1 的 PRCC 值；(b) R_0^2 的 PRCC 值

表 4.2　模型(4.4.3)中的主要参数. 所有参数取值为 $b=0.5, c=1.6, \omega=0.9$ 和 $\mu=0.4$

参数	定义	范围
a	原出生率	$0.1\sim10$
d	死亡率	$0.01\sim1$
$p_1^{\max}$	最大致死率	$0.01\sim1$
$p_2^{\max}$	最大致死率	$0.01\sim1$
θ_2	半饱和常数	$0.01\sim1$
σ	恒定害虫数	$0.01\sim1$
T	脉冲周期	$0.5\sim20$

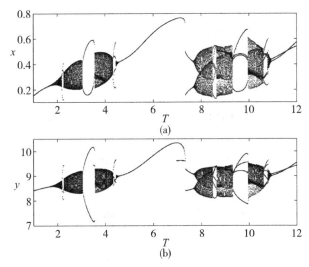

图 4.19　模型(4.4.3)以 T 为分支参数的分支图. 参数为 $a=8, b=5, c=1.6, \omega=1, \mu=0.95, d=0.2,$ $\sigma=0.8, p_1^{\max}=0.5, p_2^{\max}=0.1, \theta_1=0.2, \theta_2=2$ 和 $(x_0, y_0)=(2,1)$. (a)害虫 x 的分支图; (b)天敌 y 的分支图

4.1.3　正周期解的存在性及分支分析

本节借助分支理论[132], 同时以脉冲周期 T 和天敌投放常数 σ 作为分支参数, 重点分析了模型(4.4.3)在害虫灭绝周期解附近的正周期解的存在性. 由文献[132]中的分支定理可得如下结论.

定理 4.13　若 $R_0^1(T_0)=1$ 时, 模型(4.4.3)在点 $T_0>0$ 处发生跨临界分支, 即当 $T>T_0$ 时, 若模型(4.4.3)满足以下条件之一:

I　$M_1<0, 1-A_3A_4<0$;

II　$M_1>0, N_1+N_2<0,$

117

其中

$$M_1 = -cdT_0 y^*(T_0) \cdot \frac{A_3 e^{-dT_0}}{1 - A_3 e^{-dT_0}} - [a - cy_p(T_0)]; N_1 = 2p_1^{\max} \theta_1^{-1} \cdot e^{2\int_0^{T_0}[a-cy_p(\xi)]d\xi} - A_5;$$

$$N_2 = -2cT_0 \cdot \frac{1 - A_3 A_4}{1 - A_3 e^{-dT_0}} \cdot e^{\int_0^{T_0}[a-cy_p(\xi)]d\xi}; \quad A_3 = 1 - p_2^{\max} + \frac{p_2^{\max} \theta_2^2}{[y_p(T_0) + \theta_2]^2};$$

$$A_4 = \mu c \int_0^{T_0} y_p(\nu) \cdot e^{-d(T_0-\nu)} \cdot e^{\int_0^{\nu}[a-cy_p(\xi)]d\xi} d\nu;$$

$$A_5 = -2T_0 \cdot [b + c\omega y_p(\nu)] \cdot e^{\int_0^{T_0}[a-cy_p(\xi)]d\xi}$$

$$- c \int_0^{T_0} \left\{ e^{\int_\nu^{T_0}[a-cy_p(\xi)]d\xi} \cdot \int_0^{\nu} \{\mu c y_p(\theta) \cdot e^{-d(\nu-\theta)} \cdot e^{\int_0^{\theta}[a-cy_p(\xi)]d\xi}\} d\theta \right\} d\nu, \tag{4.4.30}$$

模型(4.4.3)存在一个稳定的正周期解.

证明　由文献[132]的分支理论可得

$$d_0' = 1 - e^{\int_0^T[a-cy_p(\xi)]d\xi}. \tag{4.4.31}$$

若 $d_0' = 0$, 取 T_0 满足

$$\frac{cy^*(1 - e^{-dT})}{adT_0} = 1, \tag{4.4.32}$$

这说明存在 T_0 使得 $R_0^1 = 1$, 同时模型(4.4.3)的害虫灭绝周期解 $\sigma = (0, y_p(t))$ 失去了稳定性, 且

$$\frac{\partial \Phi_1(T_0, X_0)}{\partial y} = e^{-dT_0} > 0; \quad \frac{\partial \Phi_2(T_0, X_0)}{\partial x} = d_0' = e^{\int_0^{T_0}[a-cy_p(\xi)]d\xi};$$

$$\frac{\partial \Phi_1(T_0, X_0)}{\partial x} = \int_0^{T_0} \mu c y_p(\nu) \cdot e^{-d(T_0-\nu)} \cdot e^{\int_0^{\nu}[a-cy_p(\xi)]d\xi} d\nu \doteq A_4 > 0;$$

$$d_0' = 1 - e^{\int_0^T[a-cy_p(\xi)]d\xi}; \quad a_0' = 1 - A_3 e^{-dT_0}; \quad A_3 \doteq 1 - p_2^{\max} + \frac{p_2^{\max} \theta_2^2}{[y_p(T_0) + \theta_2]^2};$$

$$b_0' = 1 - A_3 A_4; \quad \frac{\partial^2 \Phi_2(T_0, X_0)}{\partial x \partial y} = -cT_0 \cdot e^{\int_0^{T_0}[a-cy_p(\xi)]d\xi} < 0;$$

$$\frac{\partial^2 \Phi_2(T_0, X_0)}{\partial x^2} = -2T_0 \cdot [b + c\omega y_p(\nu)] \cdot e^{\int_0^{T_0}[a-cy_p(\xi)]d\xi}$$

$$- c \int_0^{T_0} \{ e^{\int_\nu^{T_0}[a-cy_p(\xi)]d\xi} \cdot \int_0^{\nu} \{\mu c y_p(\theta) \cdot e^{-d(\nu-\theta)} \cdot e^{\int_0^{\theta}[a-cy_p(\xi)]d\xi}\} d\theta \} d\nu$$

$$\doteq A_5 < 0;$$

$$\frac{\partial^2 \Phi_2(T_0, X_0)}{\partial x \partial \bar{T}} = [a - cy_p(T_0)] e^{\int_0^{T_0}[a-cy_p(\xi)]d\xi}; \quad \frac{\partial \Phi_1(T_0, X_0)}{\partial \bar{T}} = -dy^*(T_0) e^{-dT_0};$$

$$M = \left\{ -cdT_0 y^*(T_0) \cdot \frac{A_3 e^{-dT_0}}{1 - A_3 e^{-dT_0}} - [a - cy_p(T_0)] \right\} \cdot e^{\int_0^{T_0}[a-cy_p(\xi)]d\xi};$$

$$N = 2p_1^{\max} \theta_1^{-1} \cdot e^{2\int_0^{T_0}[a-cy_p(\xi)]d\xi} - 2cT_0 \cdot \frac{1 - A_3 A_4}{1 - A_3 e^{-dT_0}} \cdot e^{\int_0^{T_0}[a-cy_p(\xi)]d\xi}. \tag{4.4.33}$$

由 $MN < 0$ 可得 Ⅰ 或 Ⅱ,即如果参数满足 Ⅰ 或 Ⅱ,则模型(4.4.3)在 T_0 处发生跨越临界分支.

上述定理给出了模型(4.4.3)在害虫灭绝周期解不稳定时系统存在正周期解的情形,由此可知,$T > T_0$ 时模型(4.4.3)的周期解是稳定的.最后我们采用数值方法研究模型(4.4.3)的分支现象.

图 4.19 和图 4.20 分别给出了以脉冲周期 T 和天敌投放常数 σ 为分支参数的分支图形,图形显示当参数变化时,模型(4.4.3)呈现出诸如倍周期分支、混沌解、准周期解、切线分支、多稳定性、混沌危机、周期窗口、半周期分支等丰富的、复杂的动力学行为.特别地,模型(4.4.3)存在拟周期解的情况,如图 4.21 所示;从分支图形也可以看出系统存在多个吸引子共存的现象,详见图 4.22;图 4.23 展示了多个吸引子切换的现象.综上所述,在农业资源有限的情形下,系统的动力学行为变得更加复杂,非线性的控制因素给害虫控制带来了前所未有的挑战.

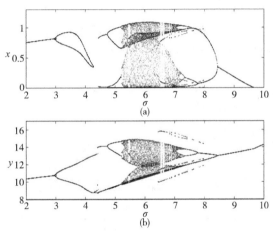

图 4.20 模型(4.4.3)以 σ 为分支参数的分支图.(a)害虫种 x 的分支图;(b)天敌 y 的分支图.其中 $T = 0.5$,其他参数同图 4.19

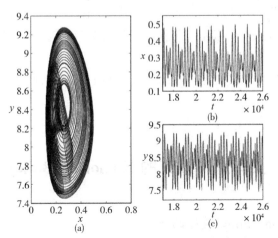

图 4.21 模型(4.4.3)的拟周期解.(a) x 和 y 的相图;(b) x 的时间序列;(c) y 的时间序列.其中 $T = 0.5$,其他参数同图 4.19

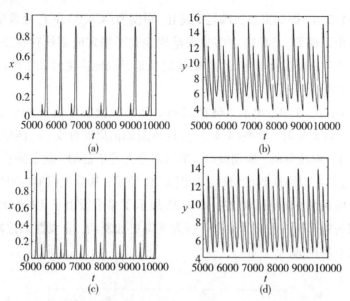

图 4.22　模型 (4.4.3) 的共存吸引子，从左往右 $(x_0, y_0) = (2.5, 1)$，$(x_0, y_0) = (2, 5.1)$. (a) ~ (b) 周期为 12 的吸引子；(c) ~ (d) 周期为 16 的吸引子. 其中 $T = 6, \sigma = 7.3$，其他参数同图 4.19

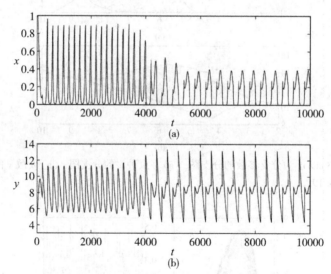

图 4.23　模型 (4.4.3) 的吸引子切换行为. (a) x 的时间序列；(b) y 的时间序列. 其中 $\sigma = 4.37, (x_0, y_0) = (2, 5)$，其他参数同图 4.22

4.5　具有脉冲效应的 Nicholson-Bailey 模型

4.5.1　Nicholson-Bailey 模型的建立

1935 年，Nicholson 和 Bailey[136]建立研究了经典的宿主-寄生模型. 2008 年，唐三一[137]

在 Nicholson-Bailey 模型的基础上, 建立了如下的宿主-寄生模型

$$\begin{cases} H_{n+1} = H_n \exp[r - aP_n], \\ P_{n+1} = H_n[1 - \exp(-aP_n)] + \sigma P_n. \end{cases} \tag{4.5.1}$$

其中 H_n 和 P_n 分别表示第 n 代宿主(害虫)和寄生虫(天敌)的密度; r 是宿主种群的内禀增长率; a 是寄生种群的捕食率; $\exp(-aP_n)$ 和 $[1 - \exp(-aP_n)]$ 分别表示宿主成功逃脱或未逃脱寄生的概率; σ 是寄生虫在第 n 代独立生存的密度, $n \in \xi \triangleq \{0, 1, 2, \cdots\}$.

在模型 (4.5.1) 的基础上, 为了研究 IPM 策略系统动力学的影响, 考虑对害虫周期性喷洒农药, 同时释放天敌, 唐三一提出具有 IPM 策略的 Nicholson-Bailey 模型[137]

$$\begin{cases} \left.\begin{array}{l} H_{n+1} = H_n \exp[r - aP_n], \\ P_{n+1} = H_n[1 - \exp(-aP_n)] + \sigma P_n. \end{array}\right\} \quad n \in \xi, \\ \left.\begin{array}{l} H_{qk^+} = (1 - q_1)H_{qk}, \\ P_{qk^+} = (1 - q_2)P_{qk} + \tau, \end{array}\right\} \quad q, k \in \mathbf{N}, \end{cases} \tag{4.5.2}$$

其中 $(H_{0^+}, P_{0^+}) = (H_0, P_0)$ 和 $\mathbf{N} \triangleq \{0, 1, 2, \cdots\}$, $q \in \mathbf{N}$ 是脉冲周期, q_1 和 q_2 分别表示杀虫剂对宿主和寄生虫的致死率, τ 表示对寄生虫的投放常数.

考虑农业资源有限及饱和效应, 用非线性的 Hill 函数[138]来替换模型 (4.5.2) 中的线性脉冲, 则模型 (4.5.2) 可改写成

$$\begin{cases} \left.\begin{array}{l} H_{n+1} = H_n \exp[r - aP_n], \\ P_{n+1} = H_n[1 - \exp(-aP_n)] + \sigma P_n, \end{array}\right\} \quad n \in \xi, \\ \left.\begin{array}{l} H_{qk^+} = \left(1 - \dfrac{q_1^{\max} H_{qk}}{\theta_1 + H_{qk}}\right) H_{qk}, \\[3mm] P_{qk^+} = \left(1 - \dfrac{q_2^{\max} P_{qk}}{\theta_2 + P_{qk}}\right) P_{qk} + \tau, \end{array}\right\} \quad q, k \in \mathbf{N}, \end{cases} \tag{4.5.3}$$

其中 $q_1^{\max}$ 和 $q_2^{\max}$ 分别表示杀虫剂对宿主和寄生虫的最大致死率; θ_1 和 θ_2 是半饱和常数; $0 \leqslant q_i^{\max} < 1$ 和 $\theta_i > 0$. 本节材料主要来源于文献[139].

4.5.2 害虫灭绝周期解的存在性和稳定性

基于 IPM 策略, 本节将重点研究模型 (4.5.3) 害虫灭绝周期解的存在性和全局吸引性. 为此记害虫灭绝集合为 $\delta = \{(H, P) \in R_+^2, H = 0\}$, 由模型 (4.5.3) 和 δ 可得其子系统为

$$\begin{cases} P_{n+1} = \sigma P_n, & n \in \xi, \\ P_{qk^+} = \left(1 - \dfrac{q_2^{\max} P_{qk}}{\theta_2 + P_{qk}}\right) P_{qk} + \tau, & n \in \xi, \\ p_0^+ = p_0. \end{cases} \tag{4.5.4}$$

模型 (4.5.4) 为周期系统, 周期解 P_n 定义在子区间 $[qs^+, q(s+1))$ 上, 且其初始值为 $P_{qs^+}, s \in \xi$.

由模型(4.5.4)的第一个方程可得到 $P_{n+1} = \sigma^{n+1-qs}P_{qs+}$，特别地，当 $n = q(s+1) - 1$ 时有 $P_{q(s+1)} = \sigma^q P_{qs+}$ 成立.

结合模型(4.5.4)的第二个方程有

$$P_{q(s+1)^+} = \frac{(q_2^{max} + 1)\sigma^{2q}P_{qs+}^+ + (\theta_2 + \tau)\sigma^q P_{qs+} + \theta_2\tau}{\theta_2 + \sigma^q P_{qs+}}. \tag{4.5.5}$$

记 $P_{q(s+1)^+}$ 为 P_{n+1}，则可得模型(4.5.4)的频闪映射为

$$P_{n+1} = F(P_n) = \frac{(1 + q_2^{max})\sigma^{2q}P_n^2 + (\theta_2 + \tau)\sigma^q P_n + \theta_2\tau}{\theta_2 + \sigma^q P_n}. \tag{4.5.6}$$

由频闪映射的相关性质，讨论频闪映射(4.5.6)正不动点的存在性和稳定性，由

$$F'(P_n) = \frac{(q_2^{max} + 1)\sigma^{3q}P_n^2 + 2(q_2^{max} + 1)\sigma^{2q}\theta_2 P_n + \theta_2^2\sigma^q}{\sigma^{2q}P_n^2 + 2\theta_2\sigma^q P_n + \theta_2^2} \tag{4.5.7}$$

可知，若 $|F'(P_n)| < 1$，则频闪映射(4.5.6)的正不动点是稳定的，而这个绝对值不等式等价于

$$A_0 P_n^2 + B_0 P_n + C_0 < 0, \tag{4.5.8}$$

其中 $A_0 = \sigma^{2q}[(q_2^{max} + 1)\sigma^q - 1]$，$B_0 = [2\theta_2\sigma^q(q_2^{max} + 1)\sigma^q - 1]$，$C_0 = \theta_2^2(\sigma^q - 1)$. 通过计算可得 $\Delta_0 = B_0^2 - 4A_0C_0 = 4\theta_2^2 q_2^{max}\sigma^p A_0$. 不难发现若 $A_0 < 0$，则 $\Delta_0 < 0$，即 $|F'(P_n)| < 1$. 而 $A_0 < 0$ 时可简化为

$$R_1 \underline{\underline{\Delta}} (1 + q_2^{max})\sigma^q < 1. \tag{4.5.9}$$

上述不等式可以保证频闪映射(4.5.6)正不动点的稳定性.

接下来，继续研究频闪映射(4.5.6)的正不动点的存在性. 记 $\widetilde{P}$ 为其不动点，则由映射(4.5.6)可得

$$\widetilde{P} = \frac{(1 + q_2^{max})\sigma^{2q}\widetilde{P}^2 + (\theta_2 + \tau)\sigma^q\widetilde{P} + \theta_2\tau}{\theta_2 + \sigma^q\widetilde{P}}, \tag{4.5.10}$$

即

$$A_1\widetilde{P}^2 + B_1\widetilde{P} + C_1 = 0, \tag{4.5.11}$$

$A_1 = \sigma^q[(q_2^{max} + 1)\sigma^q - 1]$，$B_1 = (\theta_2 + \tau)\sigma^q - \theta_2$，$C_1 = \theta_2\tau > 0$，当 $A_1 < 0$ 和 $\Delta_1 = B_1^2 - 4A_1C_1 > 0$ 时有 $R_1 < 1$ 成立. 所以频闪映射(4.5.6)存在唯一的正不动点 $\widetilde{P} = \frac{-(B_1 + \sqrt{\Delta_1})}{2A_1}$.

引理 4.14　若 $R_1 < 1$ 时模型(4.5.4)存在一个正周期解 P_n^*，同时对模型(4.5.4)的任意正解 P_n 有 $\lim_{n\to\infty}|P_n - P_n^*| = 0$.

由上述引理可得在区间 $[qs^+, q(s+1))$ 上的所有 s，模型(4.5.3)存在害虫灭绝周期解

$$(0, P_n^*) = \left(0, -\sigma^{n-qs}\frac{B_1 + \sqrt{\Delta_1}}{2A_1}\right). \tag{4.5.12}$$

为了研究模型(4.5.3)的害虫灭绝周期解 $(0, P_n^*)$ 的全局稳定性，可得如下定理.

定理 4.15 若模型(4.5.3)的任意解 (H_n, P_n) 满足

$$R_2 \triangleq \frac{2qrA_1(1-\sigma)}{a(1-\sigma^q)(B_1 + \sqrt{\Delta_1})} < 1, \tag{4.5.13}$$

则模型(4.5.3)的害虫灭绝周期解是全局渐近稳定的.

证明 由定理条件 $R_2 < 1$ 及 $P_n^* = \sigma^{n-qs}\widetilde{P}$ 有

$$\sum_{n=qs}^{q(s+1)-1} (r - aP_n^*) < 0, \tag{4.5.14}$$

即

$$\prod_{n=qs}^{q(s+1)-1} \exp(r - aP_n^*) < 0. \tag{4.5.15}$$

因此存在任意小的正数 ε 使得

$$\sigma_1 \triangleq \prod_{n=qs}^{q(s+1)-1} \exp[r - a(P_n^* - \varepsilon)] < 0. \tag{4.5.16}$$

易证 $P_{n+1} > \sigma P_n$,考虑比较方程

$$\begin{cases} Q_{n+1} = \sigma Q_n, & n \in \xi, \\ Q_{qk^+} = \left(1 - \dfrac{q_2^{\max} Q_{qk}}{\theta_2 + Q_{qk}}\right) Q_{qk} + \tau, & n \in \xi, \end{cases} \tag{4.5.17}$$

由引理 4.22 有 $P_n \geqslant Q_n$ 和 $\lim\limits_{n \to \infty} Q_n = P_n^*$. 因此对 $n \in \xi$ 有 $P_n \geqslant Q_n > P_n^* - \varepsilon$ 成立,由模型(4.5.3)可得

$$\begin{cases} H_{n+1} = H_n \exp[r - a(P_n^* - \varepsilon)], & n \in \xi, \\ H_{qk^+} = \left(1 + \dfrac{q_1^{\max} H_{qk}}{\theta_1 + H_{qk}}\right) H_{qk}, & n \in \xi, \end{cases} \tag{4.5.18}$$

联系阈值条件(4.5.16)可得

$$\begin{aligned} H_{q(s+1)} &= H_{qs^+} \prod_{n=qs}^{q(s+1)-1} \exp[r - a(P_n^* - \varepsilon)] \\ &= H_{qs}\left(1 - \frac{q_1^{\max} H_{qk}}{\theta_1 + H_{qk}}\right) \prod_{n=qs}^{q(s+1)-1} \exp[r - a(P_n^* - \varepsilon)] \\ &< H_{qs} \prod_{n=qs}^{q(s+1)-1} \exp[r - a(P_n^* - \varepsilon)] = \sigma_1 H_{qs}, \end{aligned} \tag{4.5.19}$$

显然 $H_{qs} = H_{0^+}\sigma_1^s$ 并且 $\lim\limits_{n \to \infty} H_{qs} = 0$. 由模型(4.5.3)有 $0 \leqslant H_n \leqslant H_{n-1}\exp r$,且对 $n \in qs^+ q(s+1)$ 有

$$0 \leqslant H_n \leqslant \exp[(n - qs)r] H_{qs^+} \leqslant \left(1 - \frac{q_1^{\max} H_{qk}}{\theta_1 + H_{qk}}\right) \exp(qr) H_{qs}, \tag{4.5.20}$$

即 $\lim\limits_{n \to \infty} H_n = 0$. 因此,模型(4.5.3)的害虫灭绝周期解 $(0, P_n^*)$ 是全局渐近稳定的.

4.5.3 阈值及分支分析

定理 4.15 告诉我们阈值 R_1 和 R_2 直接决定了模型(4.5.3)害虫灭绝周期解的稳定性,

也就是说这两个阈值对模型(4.5.3)的动力学行为起着至关重要的作用. 下面我们首先分析影响阈值 R_1 和 R_2 的重要参数.

在 R_1 和 R_2 的表达式中, 我们最关注的参数是脉冲周期 q 和杀虫剂对天敌的最大致死率以及半饱和常数 θ_2. 在图 4.24(a) 中, 随着脉冲周期 q 的增加, 阈值 R_1 减小, 而曲线 R_2-q 是一条典型的单峰曲线. 只有当 $q > 4$ 时才有 $\max\{R_1, R_2\} < 1$ 成立, 害虫灭绝周期解 $(0, P_n^*)$ 便是稳定的. 同时, $q_2^{\max}$ 介于 0.34 和 0.90 之间时才有 $R_2 < 1$, 如图 4.24(b) 所示. 基于这一事实, 选择一个合适的 $q_2^{\max}$ 对资源分配至关重要, 尤其是在资源有限的情形下, 释放过多的寄生虫可能不利于害虫控制, 如针对寄生蜂种群的种内竞争. 类似地, 图 4.24(c) R_2-θ_2 曲线也证实了这一结果, 该图表明: 阈值 R_2 随着半饱和常数 θ_2 的增加而逐渐减小; θ_2 的临界值为 2.16. 这也就意味着适当释放寄生虫将有利于害虫控制, 这在资源有限背景下是可以做到的.

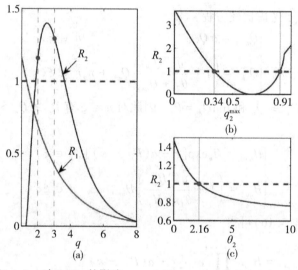

图 4.24　R_1, R_2 敏感性. (a) q 对 R_1, R_2 的影响, $r = 0.5, a = 0.01, q_2^{\max} = 0.95, \sigma = 0.6, \theta_2 = 0.2, \tau = 0.2$; (b) $q_2^{\max}$ 对 R_2 的影响, $r = 0.4, a = 0.05, q_2^{\max} = 0.95, \sigma = 0.6, \theta_2 = 4, \tau = 0.8, q = 1$; (c) θ_2 对 R_2 的影响, $r = 0.2, a = 0.05, q_2^{\max} = 0.3, \sigma = 0.8, \tau = 1.2, q = 2$

图 4.25 展示了模型(4.5.3)不同类型的周期解, 具体包括: 害虫灭绝周期解, 用 HF 表示, 见图 4.25(a) 和 (b), 周期为 2; 害虫-天敌共存周期解, 用 HP 表示, 见图 4.25(c) 和 (d), 周期为 9; 害虫暴发周期解, 用 HO 表示, 见图 4.25(e) 和 (f).

本节继续采用数值模拟方法研究模型(4.5.3)的单参数分支现象. 图 4.25(a) 和图 4.25(b) 是资源有限下的分支图; 图 4.25(c) 和图 4.25(d) 是不受资源限制影响的分支图, 通过对比可以发现由于资源有限的影响, 非线性脉冲控制系统比线性脉冲控制系统的动力学行为更复杂, 资源有限效应对害虫控制会带来一系列的挑战.

同时, 图 4.27 和图 4.28 是模型(4.5.3)分别以内禀增长率 r 和半饱和常数 θ_2 作为分支参数的分支图形. 特别地, 在图 4.27 中, 当分支参数 $r \in (2.71, 2.805), (2.819, 2.825)$ 和

$(2,83,2.86)$ 时, 模型$(4.5.3)$呈现出倍周期分支、周期窗口和混沌解, 在图 4.27 中, 当分支参数 $\theta_2 \in (0,0.65)$ 和 $(0.7,1.5)$ 时模型$(4.5.3)$发生倍周期分支和半周期分支.

通过分支图 4.26~图 4.28 可以看出, 模型$(4.5.3)$在特殊的参数区域范围内存在吸引子共存现象, 如图 4.29 所示, 模型$(4.5.3)$有 4 个不同的吸引子, 而出现这种不同吸引子现象主要是由于模型$(4.5.3)$的初始密度不同引起的. 为了更具体地说明系统的动力学行为对种群初始值的依赖, 我们用盆吸引子区域图 4.30 来研究图 4.29 所示的不同初值导致不同吸引子现象, 不同颜色的初值区域代表系统最终稳定的吸引子. 很显然, 种群初始密度直接决定对害虫控制的成败.

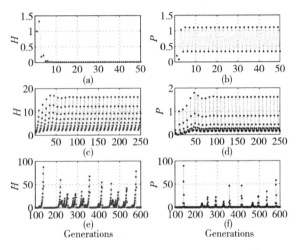

图 4.25 模型$(4.5.3)$的解序列. 图(a)、(b) $q = 2$ 时的 HF 周期解; 图(c)、(d) $q = 9$ 时的 HP 周期解; 图(e)、(f) $q = 20$ 时的 HO 周期解. 其他参数为 $r = 0.3, a = 0.1, q_1^{max} = 0.9, \theta_1 = 0.01, q_2^{max} = 0.4, \theta_2 = 0.5, \tau = 0.1$ 且 $(H_0, P_0) = (1, 0.2)$

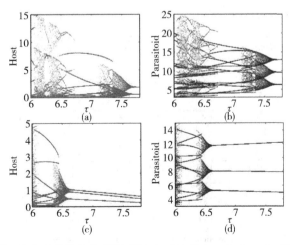

图 4.26 模型$(4.5.3)$以 τ 为分支参数的分支图. 图(a)、(b)中 $\theta_1 = 9, \theta_2 = 2$; 图$(c)$、$(d)$中 $\theta_1 = \theta_2 = 0$, 其他参数为 $a = 0.39, r = 3.8, \sigma = 0.6, q_1^{max} = 0.8, q_2^{max} = 0.3, q = 3$

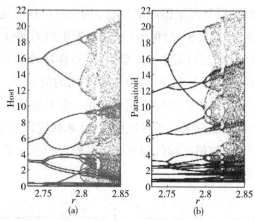

图 4.27 模型 $(4.5.3)$ 以 r 为分支参数的分支图. 参数为 $a = 0.45, \sigma = 0.4, q_1^{max} = 0.9, \theta_1 = 0.01, q_2^{max} = 0.1, \theta_2 = 0.5, \tau = 1.2, q = 2$

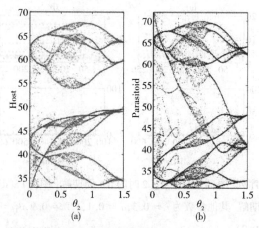

图 4.28 模型 $(4.5.3)$ 以 θ_2 为分支参数的分支图. 参数为 $r = 0.8343, a = 0.045, \sigma = 0.5, q_1^{max} = 0.5, \theta_1 = 3, q_2^{max} = 0.5, \tau = 2, q = 3$

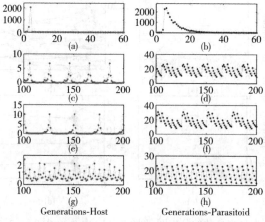

图 4.29 模型 $(4.5.3)$ 的共存吸引子. 参数为 $r = 2.63, a = 0.15, q_1^{max} = 0.2, \theta_1 = 0.0001, q_2^{max} = 0.3, \theta_2 = 0.00005, \tau = 10, q = 5.$ 从上到下的初值为 $(3.01, 0.99), (0.93, 20), (10.02, 25.81), (1, 25)$

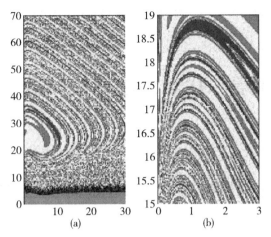

图 4.30　模型(4.5.3)的盆吸引域，其中不同颜色区域分别表示模型不同的吸引子

第5章 状态依赖脉冲微分方程

5.1 离散宿主-寄生模型的间歇控制策略

生物学、医学和生命科学中的某些问题可以通过建立数学模型来加以研究,用连续模型、离散模型、混合动力学模型来加以描述并进行定量的研究[140-141][103]. 不同的模型种类刻画不同的生物现象,每种模型都有不同的优势. 某些物种如昆虫,它们的种群预期寿命短、世代不重叠,用差分方程来描述它们的种群动力学行为比连续模型更合理、准确[142-144],因此通过差分方程来建立生物动力学模型在研究生物资源管理及有害生物控制中得到了广泛应用[137][145-150].

害虫的暴发往往会造成严重的生态和经济问题,需要采取复杂的控制措施,以减少其对人类生产生活的危害. 为了更有效地控制害虫,考虑到环境污染、资源成本等多方面因素,害虫综合治理策略 IPM 的概念应运而生[151][118][152][117],基于 IPM 策略的害虫控制模型得到广泛的研究[153-156].

IPM 策略中的一个基本概念就是阈值策略(Threshold Policy Control,TPC)[157-158],它是指在害虫种群密度达到经济阈值(Economic Threshold,ET)时[159-160],通过释放天敌和喷洒农药等手段或方法对害虫加以控制,使害虫的种群密度保持在经济危害水平(Economic Injury Level,EIL)以下[161-163],这种策略也被称为状态依赖反馈控制方法. 按照 Volterra 原理的基本思想,IPM 的主要目的是将害虫的种群密度控制在经济阈值以下,而不是根除它们,只有当害虫的密度达到给定的经济阈值 ET 时才采取合适的控制策略. 这种策略可以减少杀虫剂对非目标害虫的损害,保护生态环境[156-157].

众所周知,农业资源的有限直接影响着害虫控制的成败,本节正是基于此而开展的研究工作,特别地,本节提出了具有资源有限效应的状态依赖 Nicholson-Bailey 模型[138],通过数值方法研究有限的资源对害虫种群动力学的影响并给出害虫控制的相关建议. 本节材料主要来源于文献[63].

5.1.1 模型建立

阈值控制策略的核心目标是使得害虫种群密度保持在 EIL 以下,而不是寻求根除它们,只有当宿主的密度达到相应的经济阈值 ET 时才采取合适的策略. 在模型(4.5.1)中, 只有当害虫的密度达到给定的阈值时, 才会对宿主种群喷洒农药, 并使其密度降低到 EIL, 而不是对害虫周期性地喷洒化学杀虫剂, 即

$$(1-q_{1n})H_n\exp[r-ap_n]=ET, \tag{5.1.1}$$

其中 q_{1n} 是杀虫剂对宿主的致死率, 也就是喷洒农药后宿主的存活率为 $1-q_{1n}$. 根据阈值控制策略的思想, 重新定义杀灭率

$$q_{1n}=\begin{cases}\dfrac{E_T}{H_n\exp(r-ap_n)},&H_{n+1}>ET,\\[3mm]0,&H_{n+1}\leqslant ET.\end{cases} \tag{5.1.2}$$

通过阈值控制及 IPM 策略, 可以采用将生物防治(释放天敌)和化学防治(喷洒农药)相结合的综合治理策略将害虫的种群密度控制在经济阈值之内. 同时, 考虑到资源有限效应, 可以将模型(4.5.3)改写成

$$\begin{cases}\begin{rcases}H_{n+1}=\min\{H_n\exp[r-aP_n],ET\},\\ P_{n+1}=H_n[1-\exp(-aP_n)]+\sigma P_n,\end{rcases}&H_{n+1}\neq ET,n\in\xi,\\[3mm]P_{(n+1)}=\left(1+\dfrac{q_2^{\max}P_n}{\theta_2+P_n}\right)P_{n+1}+\tau,&H_{n+1}=ET,\end{cases} \tag{5.1.3}$$

其中 $(H_{0^+},P_{0^+})=(H_0,P_0)$ 和 $H_0<ET$, $\dfrac{q_2^{\max}p_n}{\theta_2+p_n}$ 代替半饱和函数, 其他参数与模型(4.5.3)相同.

5.1.2 分支分析

同固定时刻脉冲模型(4.5.3)相比, 状态依赖脉冲模型(5.1.3)的动力学行为表现得更加复杂, 如很难求出系统周期解的存在性与稳定性, 特别是在资源有限背景下, 非线性因素对研究模型(5.1.3)的动力学带来了巨大的困难, 基本上很难从理论上研究模型(5.1.3)的动力学行为, 因此在本节我们将通过数值模拟的方法来研究模型(5.1.3)的动力学行为, 并分析资源有限背景下模型(5.1.3)的动力学行为的重要参数.

首先, 以状态依赖模型(5.1.3)的内禀增长率 r 作为分支参数给出分支图形, 如图 5.1 所示, 当内禀增长率 r 从 1 变化到 2.8 时, 害虫和天敌种群 H_n, P_n 经历诸如倍周期分支、周期窗口、混沌解等的动态行为变化, 同时杀虫剂对害虫的致死率 q_{1n} 在 0 到 1 之间波动.

其次, 从分支图可以看出, 随着参数的不断变化, 模型(5.1.3)呈现包括 HF、HP 周期解和 HO 解等不同的解的类型以及不同的吸引子, 其中图 5.2(a)~(d)描述模型(5.1.3)天敌种群最大振幅为 21.316, 23.996, 19.208 和 26.045 的吸引子.

最后, 图 5.3 用盆吸引子图形研究了图 5.2 不同初值下吸引子.

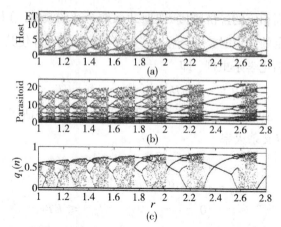

图 5.1　模型(5.1.3)以 r 为分支参数的分支图. 图(a)~(c)参数为 $a = 0.25, \sigma = 0.6, q_2^{\max} = 0.1, \theta_2 = 1,$ $\tau = 2, ET = 12$

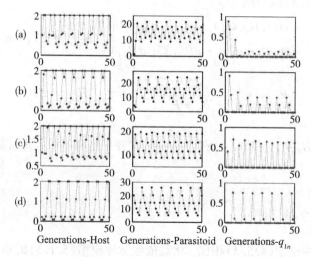

图 5.2　模型(5.1.3)的共存吸引子. 参数为 $r = 3, a = 0.2, \sigma = 0.7, q_2^{\max} = 0.5, \tau = 8, ET = 2.$ 从上到下初值为 $(1,1)$ $(0.2,4)$ $(1,9)$ $(0.2,20)$ 以及 $q_1(0) = 0$

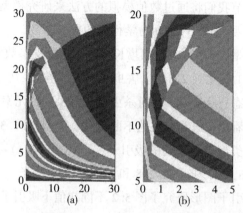

图 5.3　模型(5.1.3)的盆吸引子. 不同颜色区域分别表示图 5.2 不同的吸引子

5.1.3 小结

为了探讨资源有限对害虫防治的影响,本书构建具有非线性脉冲效应的 Nicholson-Bailey 模型,通过数值分析方法,研究了模型的动力学行为.研究发现,资源有限效应将模型的动力学行为变得更加复杂,这也给害虫控制带来了一系列新的挑战.同时,在害虫控制过程中,我们应当时刻关注害虫与天敌种群的初始密度,初始密度的小扰动、小变化可能会引起系统最终的不同稳定状态,而系统的最终状态直接决定了害虫控制的成效.因此,在害虫暴发猖獗又不得不面对农业资源短缺事实的同时,适当地释放天敌,将有利于害虫的防治,不以根除害虫为目的,只将害虫控制在经济伤害水平之下,这或许是应对有限资源巨大挑战的最佳策略.

本书的局限性是只关注了资源有限效应,而在现实的农林业生产活动中,还有诸如 Allee 效应、滞后效应、农药残留效应等许多因素影响害虫的防治,综合考虑这些因素,研究农业害虫的有效防治策略将具有更重要的理论和现实意义,这也是我们后期将要努力完成的研究工作.

5.2 复杂生境下的害虫-天敌网络耦合模型

5.2.1 背景知识

生态系统中害虫种群通常居住在相对固定的区域,但是为了觅食、寻找配偶、繁殖等多重因素,害虫种群也不得不从一个区域迁移到另一个区域[164-166].从图论的角度来看,种群的迁移行为就可以构成由节点和边组成网络耦合结构,其中节点相当于种群栖息地的斑块,边表示种群在斑块之间的移动,若有边界点,种群可以从一个斑块移动到另一个斑块,若没有边界点,种群不能直接在两个斑块间移动.这种种群迁移的过程也被称为是种群间的扩散行为.通过扩散,个体可以在斑块内或斑块外进行移动,从而增加或减少某个斑块内的种群密度.

在通常情形下,种群的扩散会对有限的资源和环境带来一系列影响.扩散是种群在生活、繁殖、觅食等活动中一个非常重要的行为.第一,扩散可以防止种群长期近亲繁殖产生不良后代,并使种群适应气候的能力增强;第二,扩散可以扩大种群的分布,有助于种群寻找更加合适的生活环境,也避免了极端环境下对种群密度的不利影响;第三,扩散有利于保持种群结构的稳定.几十年来,这种扩散的生态网络模型引起了专家学者的普遍关注[164-167],其中 Holland 和 Hastings[165]研究了不同的网络类型(规则网络、布线网络、随机网络等),它们对种群生态有着重要影响.

规则网络的聚类解小于不规则网络的聚类解,增加网络的随机性会增加聚类解的大小,异质网络具有较长的异步动态周期,这会导致较小的波动幅度和较高的种群灭绝风险. Marleau[167]研究了有限规模生态系统的重要性,并发现可以根据连通矩阵的特征值和特征向量预测空间结构和规模;Guichard 和 Gouhier[164]研究了 Rosenzweig-MacArthur 捕食-被捕食模型的非平衡空间动力学,并指出不规则的时空变化是由环境波动引起的;Yuan[166]研究了具有 IPM 策略的捕食-被捕食网络模型的动力学行为.

种群扩散不仅使相互作用的种群能够产生聚类解,还能促进嵌合体的产生[168].嵌合体现象是一种时空状态,在这种状态下一致和不一致共存[169-178]. Kuramoto 和 Battogtok[179]最先研究了非局部耦合振荡器中一致和不一致共存现象,这种状态被确定为嵌合体状态[180].在生态模型方面,Hizanidis[181]研究了嵌合体状态的存在可以解释不同的动力学状态,其中一些种群中的个体表现出相同的相位振荡,而其他种群中的个体可能不一致.通过调整相互作用的幂律指数,在 Rosenzweig-MacArthur 网络模型中也得到嵌合体状态[182].耦合拓扑结构可以在局部、非局部以及全局耦合之间变化,耦合结构的变化会导致空间一致性和各种嵌合体模式之间的转换.文献[172]研究了在不同的耦合拓扑和函数状态下耦合动力单元之间的聚类状态,得到了嵌合体状态出现在局部、非局部和全局耦合拓扑中以及模块化、时间化和多层网络中.文献[168]研究了随着种群向生态网络的加权平均场扩散的动力学行为[168].在生态系统中,扩散过程往往伴随空间的一致性,如果一个种群灭绝,则其他种群都面临灭绝风险,空间不一致在一定条件下可以增强种群的稳定性[183].

在聚类状态下,整个种群根据其一致特征被划分为若干子组,在每个子组中,斑块遵循相同的同步节奏,而这些斑块在子组之间是不一致的.在嵌合体状态下,斑块分为两组,种群在一组中是完全一致的但在另一组中是不一致的.在某些情形下,1-聚类可视为一致状态,n-聚类可视为不一致状态,2-聚类到 $n-1$-聚类可视为嵌合体状态.在害虫控制中,根除斑块中的害虫是一种理想状态,事实上,根据 IPM 策略的主要目标可知将害虫控制在经济阈值之内是一种最经济、最有效的方法.因此,本节考虑耦合强度、状态依赖脉冲效应和分布程度对 Predator-Preynetwork 模型的嵌合体和聚类状态的影响,构建了具有状态依赖脉冲控制的捕食-被捕食耦合网络模型,从理论和数值上研究模型的动力学行为.本节材料主要来源于文献[63].

5.2.2 模型建立及预备知识

经典的 Holling-II 捕食-被捕食模型[184-185]

$$
\begin{cases}
\dfrac{\mathrm{d}x(t)}{\mathrm{d}t} = rx(t)\left[1 - \dfrac{x(t)}{K}\right] - \dfrac{\beta x(t)y(t)}{1+\omega x(t)}, \\[3mm]
\dfrac{\mathrm{d}y(t)}{\mathrm{d}t} = \dfrac{\eta\beta x(t)y(t)}{1+\omega x(t)} - \delta y(t),
\end{cases}
\tag{5.2.1}
$$

其中,$x(t)$ 和 $y(t)$ 分别表示害虫和天敌种群的密度;r 和 K 分别表示害虫种群的内禀增长率和环境容纳量;$\dfrac{\beta x(t)y(t)}{1+\omega x(t)}$ 是 Holling-II 功能性反应函数,其中 η,β 和 ω 是正常数;η 表

示天敌的转化率; β 表示天敌对害虫的最大消耗率; ω 表示半饱和常数; δ 表示天敌种群的自然死亡率. 唐三一研究了模型(5.2.1)的动力学行为, 很显然模型(5.2.1)存在平衡点 $(0,0)$、$(K,0)$, 以及正平衡点 $E^* = \left(\dfrac{\delta}{\eta\beta - \delta\omega}, \dfrac{r\eta(K\eta\beta - K\delta\omega - \delta)}{K(\eta\beta - \delta\omega)^2} \right)$.

考虑阈值控制策略, 模型(5.2.1)可以改写成具有状态依赖脉冲的半动力系统

$$\begin{cases} \left. \begin{aligned} \frac{\mathrm{d}x(t)}{\mathrm{d}t} &= rx(t)\left[1 - \frac{x(t)}{K}\right] - \frac{\beta x(t)y(t)}{1 + \omega x(t)}, \\ \frac{\mathrm{d}y(t)}{\mathrm{d}t} &= \frac{\eta\beta x(t)y(t)}{1 + \omega x(t)} - \delta y(t), \end{aligned} \right\} & x(t) < ET, \\ \left. \begin{aligned} x(t^+) &= qx(t), \\ y(t^+) &= y(t) + \tau, \end{aligned} \right\} & x(t) = ET, \end{cases} \qquad (5.2.2)$$

其中, ET 是经济阈值, $q \in [0,1)$ 为杀虫剂对害虫种群的残存率, τ 是对天敌投放常数.

在此基础上, 具有状态依赖脉冲控制的捕食-被捕食模型(5.2.2)扩展到耦合网络中, 就可考虑如下具有状态依赖脉冲控制的捕食-被捕食耦合网络模型

$$\begin{cases} \left. \begin{aligned} \frac{\mathrm{d}x_i(t)}{\mathrm{d}t} &= rx_i(t)\left[1 - \frac{x_i(t)}{K}\right] - \frac{\beta x_i(t)y_i(t)}{1 + \omega x_i(t)} + \sum_{j=1}^N x_j d_{x_{ij}} a_{ij}, \\ \frac{\mathrm{d}x_i(t)}{\mathrm{d}t} &= \frac{\eta\beta x_i(t)y_i(t)}{1 + \omega x_i(t)} \delta y_i(t) + \sum_{j=1}^N y_j d_{y_{ij}} a_{ij}, \end{aligned} \right\} & x_i(t) < ET, \\ \left. \begin{aligned} x_i(t^+) &= qx_i(t), \\ y_i(t^+) &= y_i(t) + \tau, \end{aligned} \right\} & x_i(t) = ET, \end{cases} \qquad (5.2.3)$$

其中, $d_{x_{ij}}(d_{y_{ij}})$ 是种群从斑块 i 到斑块 $j(i = 1,2,\cdots,N; j = 1,2,\cdots,N)$ 的扩散速率, $x_i(t)$ 和 $y_i(t)$ 分别是第 i 个斑块的食饵和天敌的密度. 网络中每个物种的斑块数为 N. 模型(5.2.3)中包括 $2N$ 个耦合的微分方程. 此外 a_{ij} 表示允许扩散的转换矩阵, $C \equiv a_{ij} = A - E$, 其中 A 是扩散网络的邻接矩阵. 若 $a_{ij} = 1$, 则种群可以从斑块 j 移动到斑块 i. 对角矩阵 E 表示迁移, 且 $E_{ii} = \sum_{j=1}^N A_{ji}$ [165], 假设 $d_{x_{ij}} = d_{y_{ij}} = c, q_i = q, \tau_i = \tau$. 若害虫密度达到经济阈值, 则对害虫种群实施 IPM 控制策略, 因此参数满足 $0 \leqslant q < 1, \tau > 0$.

下面给出相应的预备知识.

近年来, 关于互联网、社交和生物网络[186]相继提出, 根据网络节点之间的方向, 网络可分为两种类型: 无向网络(图 5.4(a)~(c))和有向网络(图 5.4(d)~(f)). 在图 5.4 中, 每个网络有 10 个斑块, 分别记为 $1,2,\cdots,10$. 图 5.4(a)、(d)表示四维网络的两种类型, 即局部耦合网络. 图 5.4(b)、(e)表示两个随机网络, 这些网络中的边是随机连接的, 概率为 0.1. 图 5.4(c)、(f)显示了两个度为 9 的网络, 称之为完全连接或全局耦合网络. 由于每个节点的连接结构相同, 所以图 5.4(a)、(c)、(d)、(f)中的网络都是常规网络.

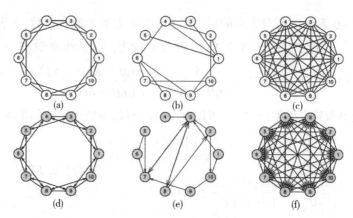

图 5.4　网络模型介绍,（a）、（b）、（c）为无向网络；（d）、（e）、（f）为有向网络

根据不同的连通性区分不同的网络结构,通过邻接矩阵 A 确定两个种群的连通性可以通过耦合网络在不同斑块之间进行描述,两个种群可以在一对连通斑块之间自由迁移[166].本书研究了基于环形网络的不同度的正则网络.在生态网络中,节点也叫斑块,无向网络是双向的,这意味着种群可以在两个斑块之间自由移动.

嵌合体测量的标准偏差 σ_{CL}:为了研究模型(5.2.3)的耦合强度 c 和脉冲参数 q 对动力学行为的影响,考虑标准偏差 σ_{CL}

$$\sigma_{CL} = \left(\frac{1}{N} \sum_{i=1}^{N} (CL_i - \overline{CL})^2 \right)^{\frac{1}{2}}, \tag{5.2.4}$$

其中 $\overline{CL}$ 是所有斑块脉冲间隔（PI）的平均

$$\overline{CL} = \frac{1}{N} \sum_{i=1}^{N} CL_i, \tag{5.2.5}$$

其中 CL_i 是变化系数,且

$$CL_i = \frac{\sigma PI_i}{\overline{PI_i}}, \tag{5.2.6}$$

PI_i 是两个脉冲之间的时间差,即斑块 i 中食饵密度达到经济阈值 ET 时的两种情况之间的时间差,$\overline{PI_i}$ 是 PI_i 的平均值,σ_{PI_i} 是 PI_i 的标准偏差.

基于 σ_{CL} 的定义,CL_i 和 $\overline{CL}$ 越接近,σ_{CL} 越接近于零.当 $\sigma_{CL} = 0$ 时,所有斑块的振荡模式相同,这就是一致状态.否则,就会产生嵌合体状态.

聚类解的线性相关系数 ρ_{ij}:用线性相关系数来区分不同嵌合体动力学行为[187],相关系数为

$$\rho_{ij} = \frac{\sum_{i=1}^{N} \sum_{j=1}^{N} (x_i - \overline{x_i})(x_j - \overline{x_j})(y_i - \overline{y_i})(y_j - \overline{y_j})}{\sum_{i=1}^{N} ((x_i - \overline{x_i})^2 (y_i - \overline{y_i})^2)^{\frac{1}{2}} \sum_{j=1}^{N} ((x_j - \overline{x_j})^2 (y_j - \overline{y_j})^2)^{\frac{1}{2}}}, \tag{5.2.7}$$

其中 x_i, x_j 和 y_i, y_j 是食饵和天敌种群的时间序列, 它们的平均值为 $\bar{x}_i, \bar{x}_j$ 和 $\bar{y}_i, \bar{y}_j$. 特别地, 当 $|\rho_{ij}| \approx 1$ 时, 两个斑块是线性相关的, 因此当 $|\rho_{ij}| > 0.99$ 时, 可以定义"种群聚类"[164]. 例如若所有斑块的振荡模式是全局同步的(即相同), 则称作 1-聚类解; 若所有斑块的振荡模式是全局异步的(即不相同), 则称作 N-聚类解(斑块的总数用 N 表示). 类似地, 斑块为 2-聚类到 k-聚类的解也有相似的定义.

5.2.3 耦合网络模型的时空动力学行为

1. 嵌合体状态

嵌合体状态是一种一致性和不一致性共存的时空模式, 多嵌合体状态或聚类嵌合体意味着存在多个不一致和一致状态. 模型(5.2.3)的不一致状态、嵌合体状态和一致状态可以通过图 5.5 参数空间 q-c 的不同颜色来加以表示, 当 σ_{CL} (色条)等于零时, 表示模型(5.2.3)处于一致状态, 即每个斑块之间具有相同的振荡模式; 不一致状态用红色标记, 它意味着非相位振荡接近于 $2N$ 维状态空间或存在混沌吸引子; 嵌合体态是介于不一致状态和一致状态之间的瞬时状态. 模型(5.2.3)从一致状态到不一致状态一定发生在分支处, 且嵌合体对初始条件高度敏感, 图 5.5 中聚类时间固定在区间 $[0,320]$ 中, 初始值是伪随机数, $x_i \in (1,2)$ 和 $y_i \in (2,3)$. 当耦合强度较高时, 即 $c \in (0.4, 0.9)$, 一致性占很大比例. 高耦合强度表明种群在斑块间的移动频率和移动数量较高; 当耦合强度较低时(如 $c \in (0, 0.4)$), 不一致性和嵌合体区域较多, 在这种情形下, 模型(5.2.3)参数 q 在系统状态切换中起着重要作用.

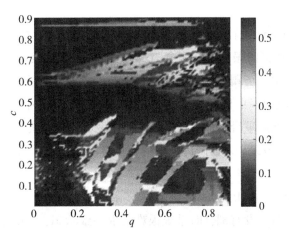

图 5.5 参数空间 $q-c$ 下模型(5.2.3)的状态, 色条表示标准偏差 σ_{CL}, 其范围从 0 到 0.5601. 参数 $r = 2$, $k = 100, \beta = 0.2, w = 0.1, \eta = 0.85, \delta = 0.79, \tau = 5.5, ET = 50$

为了研究 4 维空间中 10 个斑块环形网络的时空图, 图 5.6 选择了三组不同参数, 并采用两种害虫防治策略：对所有斑块害虫的阈值策略进行控制；仅对部分斑块（如奇数斑块）采取阈值控制策略，其他斑块不采取任何策略. 图 5.6(a)～(c) 显示在全局控制（控制所有斑块）下观察到三种不同的状态：图 5.6(a) 所示系统处于一致状态；图 5.6(b) 所示系统处于嵌合体状态，不一致性相对较敏感；图 5.6(c) 所示系统出现不一致状态. 另外，尽管图 5.6(d)～(f) 的参数与图 5.6(a)～(c) 相同，但系统仅生成了不同于全局控制下的三种嵌合体状态，这主要是由受控斑块的同步性和非受控斑块的异步性所决定的，因此局部控制难以实现全局同步，这样有可能产生嵌合体状态.

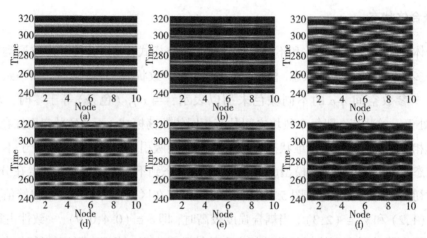

图 5.6　局部及全局控制下度为 4 的 10 个环形斑块网络的时空图, $r = 2, k = 100, \beta = 0.2, w = 0.1, \eta = 0.85, \delta = 0.79, \tau = 5.5$ 以及 $ET = 50$. (a) $q = 0.4, c = 0.2$, 全局控制, 一致状态; (b) $q = 0.5, c = 0.8$, 全局控制, 嵌合体状态; (c) $q = 0.5, c = 0.001$, 全局控制, 不一致状态; (d) $q = 0.4, c = 0.2$, 局部控制, 嵌合体状态; (e) $q = 0.5, c = 0.8$, 局部控制, 嵌合体状态; (f) $q = 0.5, c = 0.001$, 局部控制, 嵌合体状态

现在，我们给出图 5.6 所示各种情形对应斑块害虫种群的时间序列图. 如图 5.7(a) 所示，每个斑块中害虫种群的振荡模式完全同步，其中用红色曲线加以表示. 害虫种群密度若在规定时间内达到两次经济阈值 ET，这就意味着要对害虫种群实施两次 IPM 控制措施；图 5.7(c) 表示 10 个斑块的害虫种群的振荡模式，这与图 5.6(c) 中的时空图是一致的. 同步斑块的时间序列曲线彼此重合，而我们用不同颜色表示异步斑块的曲线. 将图 5.7(a)～(c) 和图 5.7(d)～(f) 对比发现，未控制斑块中的害虫数量可能超过经济阈值 ET，同时害虫可能暴发.

因此在害虫控制中，由于局部防治受到很多限制，全局防控优于局部防控. 当耦合强度 $c = 0$ 时，由图 5.8 可知，没有耦合时系统很难实现一致状态，无论是在全局控制下还是局部控制下，都存在很多的不一致性. 图 5.9 是其对应的全局或局部控制下每个斑块害虫种群的时间序列，当系统解耦合时，更容易产生不一致状态和嵌合体状态，基本上不会产生一致状态. 固定参数 q，适当释放天敌，并在同强度的斑块间喷洒杀虫剂来控制害虫. 全局控制可以确保害虫密度低于经济阈值 ET，局部控制的效果就远低于全局控制的情形.

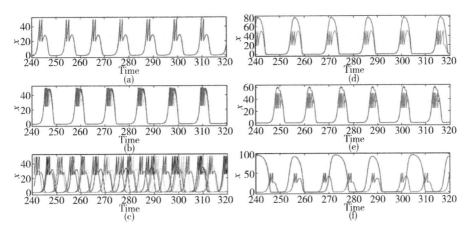

图 5.7 在图 5.6(a)~(f)中各斑块害虫种群的时间序列. (a) $q = 0.4, c = 0.2$, 全局控制, 一致状态; (b) $q = 0.5, c = 0.8$, 全局控制, 嵌合体状态; (c) $q = 0.5, c = 0.001$, 全局控制, 不一致状态; (d) $q = 0.4$, $c = 0.2$, 局部控制, 嵌合体状态; (e) $q = 0.5, c = 0.8$, 局部控制, 嵌合体状态; (f) $q = 0.5, c = 0.001$, 局部控制, 嵌合体状态

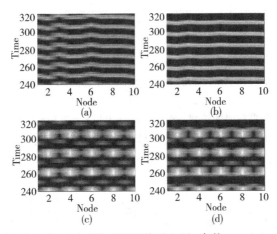

图 5.8 耦合强度 $c = 0$ 时度为 4 的 10 个斑块环形网络时空图. 参数 $r = 2, k = 100, \beta = 0.2, w = 0.1$, $\eta = 0.85, \delta = 0.79, \tau = 5.5$ 以及 $ET = 50$. (a) $q = 0.4, c = 0$, 全局控制, 嵌合体状态; (b) $q = 0.5$, $c = 0$, 全局控制, 嵌合体状态; (c) $q = 0.5, c = 0$, 局部控制, 嵌合体状态; (d) $q = 0.5, c = 0$, 局部控制, 嵌合体状态

2. 聚类解

本节将重点讨论控制模式、耦合强度和分布程度对模型(5.2.3)种群的影响. 由相关系数 ρ_{ij} 的定义可知, 当 $\rho_{ij} = 1$ 时斑块属于同一簇, 具有相同的动力学行为.

图 5.10 给出了聚类解中斑块的空间排列, 其中具有相同波动的斑块由相同颜色的圆形节点表示. 如当对所有斑块进行全局控制时, 将生成 1-聚类解、5-聚类解和 10-聚类解, 如图 5.10(a)~(c)所示. 在同样的参数下, 若对斑块进行局部控制时, 则生成 2-聚类解、4-聚

类解和 7-聚类解, 如图 5.10(d)~(f) 所示, 受控节点的半径小于未受控斑块的半径. 特别地, 1-聚类解通过聚集机制表示一致状态, 而 10-聚类解形成不一致状态. 无论节点处于全局控制还是局部控制, 种群大小都不一定会随着耦合强度的增加而减小, 而当耦合强度合适时种群密度达到最小值. 将图 5.10(b)、图 5.10(e) 与图 5.10(c)、图 5.10(f) 对比发现, 全局控制不一定比局部控制更快地产生更小的种群. 当参数相同时, 局部控制有时可以实现比全局控制更小的聚类解. 若还需要更小的聚类解, 局部控制有时可以达到全局控制的效果. 因此, 对某些斑块进行害虫控制所需的时间和资源较少.

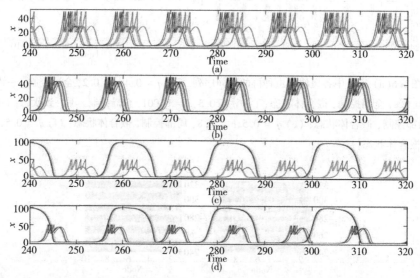

图 5.9 图 5.8 中斑块害虫种群的时间序列. 耦合强度 $c = 0$ 以 $r = 2, k = 100, \beta = 0.2, w = 0.1, \eta = 0.85$, $\delta = 0.79, \tau = 5.5, ET = 50$. (a) $q = 0.4, c = 0$, 全局控制, 嵌合体状态; (b) $q = 0.5, c = 0$, 全局控制, 嵌合体状态; (c) $q = 0.4, c = 0$, 局部控制, 嵌合体状态; (d) $q = 0.5, c = 0$, 局部控制, 嵌合体状态

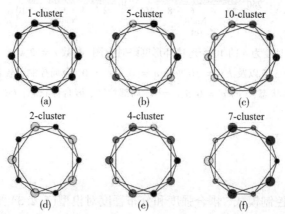

图 5.10 度为 4 的环形网络的聚类解, 参数同图 5.5. (a) $q = 0.4, c = 0.2$, 全局控制, 1-聚类; (b) $q = 0.5, c = 0.8$, 全局控制, 5-聚类; (c) $q = 0.5, c = 0.001$, 全局控制, 10-聚类; (d) $q = 0.4, c = 0.2$, 局部控制, 2-聚类; (e) $q = 0.5, c = 0.8$, 局部控制, 4-聚类; (f) $q = 0.5, c = 0.001$, 局部控制, 7-聚类

当 $q = 0.6$ 时，将图 5.10 节点的度设置为 4，种群大小与耦合强度成反比. 如图 5.11 (a)~(d)所示，当 $c = 0.01, c = 0.1, c = 0.2, c = 0.8636$ 时，分别确定了 10-聚类解、6-聚类解、5-聚类解和 1-聚类解，这些解对应于不一致状态、嵌合体体态和一致状态，详见图 5.11 (e)~(h). 图 5.11(i)~(l)所示相图由一致或不一致的不规则极限环组成. 由图 5.12 可知，每个斑块的害虫种群密度都周期性波动，最大值不超过 ET、最小值接近于零. 比较时间序列和图 5.12，发现随着 q 的增加脉冲次数也增加.

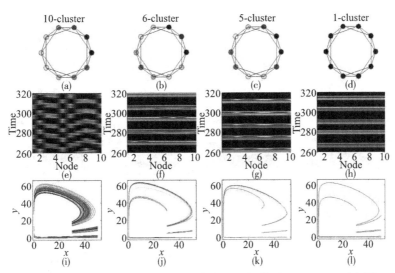

图 5.11　(a)~(d)表示度为 4 的环形网络的斑块聚类解的空间排列.(e)~(f)时空图.(i)~(l)相位图. 从左往右 c 值分别为 0.01、0.1、0.2 和 0.8636；q 为 0.6；其他参数为 $r = 2, k = 100, \beta = 0.2, w = 0.1,$ $\eta = 0.85, \delta = 0.79, \tau = 5.5, ET = 50$

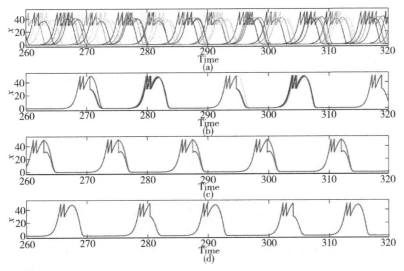

图 5.12　图 5.11 斑块对应害虫的时间序列.(a) $q = 0.6, c = 0.01$, 10-聚类；(b) $q = 0.6, c = 0.1$, 6-聚类；(c) $q = 0.6, c = 0.2$, 5-聚类；(d) $q = 0.6, c = 0.8636$, 1-聚类；参数为 $r = 2, k = 100, \beta = 0.2, w = 0.1, \eta = 0.85, \delta = 0.79, \tau = 5.5, ET = 50$

此外,图 5.13 显示了不同耦合强度对 9 维扩散网络聚类解的影响,对应的时间序列为图 5.14,从图 5.13 和图 5.14 可以看出,当度为 9 时聚类解和耦合强度没有太大的关联. 当耦合强度较低,即 $c = 0.06365$ 时,由于度值较大(10 个节点,9 维),系统仍然可以生成 2-聚类解. 考虑耦合强度 $q = 0$ 的极端情况,图 5.15 显示了维度为 4、6 和 9 的环形网络中每个斑块害虫种群的时间序列. 虽然维度不同,但耦合强度都等于 0,斑块之间没有种群迁移,三个维度数的时间序列是相同的.

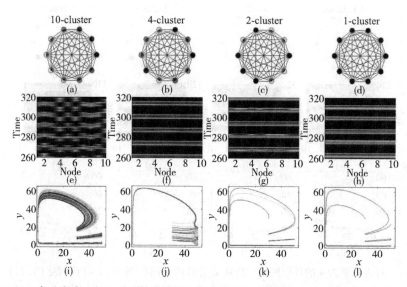

图 5.13　(a)~(d)表示度为 9 的环形网络每个斑块聚类解的空间排列. (e)~(f)时空图. (i)~(l)相位图. 从左往右 c 值分别为 0.0005、0.8818、0.06365 和 0.65;q 为 0.6;其他参数为 $r = 2, k = 100, \beta = 0.2, w = 0.1, \eta = 0.85, \delta = 0.79, \tau = 5.5, ET = 50$

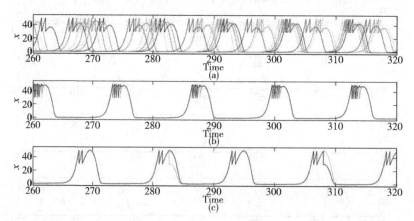

图 5.14　图 5.13 中每个斑块害虫种群的时间序列. (a) $q = 0.6, c = 0.005$, 10-聚类;(b) $q = 0.6, c = 0.8818$, 4-聚类;(c) $q = 0.6, c = 0.06365$, 2-聚类;(d) $q = 0.6, c = 0.65$, 1-聚类;参数 $r = 2, k = 100, \beta = 0.2, w = 0.1, \eta = 0.85, \delta = 0.79, \tau = 5.5, ET = 50$

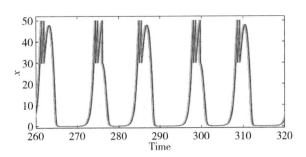

图 5.15 $c = 0$ 时度为 4,6 和 9 的环形网络斑块中害虫种群的时间序列. 参数为 $r = 2, k = 100, \beta = 0.2$

5.2.4   小结

基于 IPM 策略, 本章构建了具有状态依赖脉冲控制策略的捕食-被捕食扩散网络模型, 研究了双向规则网络情况下系统的嵌合体状态和聚类解. 在局部耦合和全局控制下, 耦合强度越高, 网络斑块的一致性趋势越明显. 相反, 耦合强度越低, 出现不一致状态和嵌合体体态的概率越高. 参数 q 在系统状态的转变中起着至关重要的作用. 因此, 在局部耦合的情况下, 为了尽快达到一致状态, 种群必须在斑块之间频繁迁移. 除了耦合强度外, 还考虑全局控制和局部控制对系统状态的影响. 在参数相同的情形下, 全局控制可以产生不一致状态、嵌合体状态和一致状态, 而局部控制只能出现嵌合体状态. 因此, 非受控节点难以与受控节点同步, 且非受控斑块中的害虫种群呈现周期性暴发模式.

对于网络模型, 当耦合强度较高时种群密度往往较小, 这主要是由于网络模型的扩散效应引起的, 这种扩散效应促使网络节点实现同步. 研究发现, 无论全局控制还是局部控制, 当耦合强度较高时, 种群大小不一定取较小的值, 而当耦合强度适当时, 种群大小能达到较小的值, 其根本原因在于脉冲效应改变了系统的轨迹, 影响了系统的聚类解. 在局部耦合情形下, 种群大小随着耦合强度的增加而减小. 在全局耦合的情形下, 种群大小不会随着耦合强度的增加而减小. 最后, 还验证了当耦合强度为零时, 不同程度的网络节点对系统状态的影响是相同的.

第6章 差分切换系统

6.1 Allee 效应诱导的离散切换捕食模型

6.1.1 背景知识

Allee 效应[188]最早是由 Allee 在 20 世纪 30 年代提出的, 其一直是生态学的一个相关话题, 1999 年 Stephens 等[189]将其明确定义为: 个体适合度的任何组成部分与同体数量或密度之间都存在正相关关系, 并分成成分 Allee 效应和总群 Allee 效应. 2003 年, Fauvergue[190]给出了这两种 Allee 效应的正式定义. 前者是随着雄性种群数量的减少, 雌性交配的概率也会降低, 即择偶 Allee 效应; 人口 Allee 效应是指人均增长率随人口规模的减小而减小, 它还可以分成弱 Allee 效应和强 Allee 效应. Allee 效应在濒危物种的保护和开发利用中发挥着重要作用, Allee 效应[189-205]也得到广泛关注.

害虫的暴发往往会造成严重的生态和经济问题. 为了更有效地控制害虫, 人们提出了综合害虫管理策略, 其中阈值策略控制是伴随 IPM 策略不断发展的, 当害虫密度达到经济阈值时, 通过释放天敌和喷洒农药将害虫密度维持在经济伤害水平以下, 如图 6.1 所示.

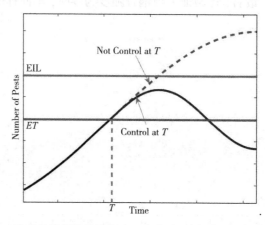

图 6.1 经济伤害水平(EIL)造成经济损失的最低人口密度. 经济阈值 ET 应采取控制措施以防止害虫数量增加达到经济危害水平的种群密度

IPM 的主要目的是将害虫的密度保持在经济伤害水平以下, 而不是试图根除它们, 只有当害虫的密度达到给定的 ET 时, 才能采用适当的策略, 这样才能最大限度地减少杀虫剂对非目标害虫的损害, 并保持环境质量.

基于 Allee 效应和 IPM 策略的概念, 本节提出了具有阈值策略和 Allee 效应的离散切换模型, 本节主要材料来自文献 [16].

6.1.2 模型建立

2011 年, 王万雄等[205]提出了一类具有 Allee 效应的离散生态系统

$$\begin{cases} H_{t+1} = H_t + rH_t(1-H_t)(1-\mathrm{e}^{-\theta H_t}) - aH_tP_t, \\ P_{t+1} = P_t + aP_t(H_t - P_t). \end{cases} \tag{6.1.1}$$

其中, H_t 和 P_t 是 t 代的捕食(害虫)和捕食者(天敌)种群密度; r 和 a 为常数; r 为害虫种群的内禀增长率; a 为害虫向天敌的转化效率; $H_t + rH_t(1-H_t)$ 表示在没有天敌的情况下害虫种群的增长率; aH_tP_t 代表自然环境下害虫的减少率; $P_t + aP_t(H_t - P_t)$ 代表天敌密度相对于害虫种群的变化; $1 - \mathrm{e}^{-\theta H_t}$ 是择偶 Allee 效应, 即种群在低密度状态很难找到配偶; θ 为 Allee 效应常数[196].

只有当害虫种群密度低于阈值 ET 时才会发生择偶 Allee 效应. 若种群密度高于阈值时 Allee 效应失效, 则模型(6.1.1)改写为

$$\begin{cases} H_{t+1} = H_t + rH_t(1-H_t) - aH_tP_t, \\ P_{t+1} = P_t + aP_t(H_t - P_t), \end{cases} \tag{6.1.2}$$

Celik 和 Duman[193]在 2009 年研究了模型(6.1.2)平衡点的稳定性.

为了控制害虫暴发, 当害虫种群密度超过经济阈值 ET 时, 对害虫种群喷洒杀虫剂, 假设化学杀虫剂对害虫的致死率为 q, 于是在模型(6.1.12)的基础上得到了如下的控制模型

$$\begin{cases} H_{t+1} = (1-q)[H_t + rH_t(1-H_t) - aH_tP_t], \\ P_{t+1} = P_t + aP_t(H_t - P_t). \end{cases} \tag{6.1.3}$$

因此, 由阈值策略与模型(6.1.1)和模型(6.1.3), 就推导出由择偶 Allee 效应诱导的离散切换模型

$$\begin{cases} \begin{cases} H_{t+1} = H_t + rH_t(1-H_t)(1-\mathrm{e}^{-\theta H_t}) - aH_tP_t, \\ P_{t+1} = P_t + aP_t(H_t - P_t), \end{cases} & H_t < ET; \\ \begin{cases} H_{t+1} = (1-q)[H_t + rH_t(1-H_t) - aH_tP_t], \\ P_{t+1} = P_t + aP_t(H_t - P_t), \end{cases} & H_t \geqslant ET. \end{cases} \tag{6.1.4}$$

模型(6.1.4)是基于阈值策略控制的切换系统.

6.1.3 子系统的动力学行为

本节研究了模型(6.1.4)两个子系统正平衡点的存在性和稳定性, 这将有助于研究切

换模型(6.1.4)的动力学行为. 为了方便, 做记号 $H(Z) = H_t - ET, Z = (H_t, P_t)$ 以及

$$F_{S_1}(Z) = \left[H_t + rH_t(1 - H_t)(1 - \mathrm{e}^{-\theta H_t}) - aH_tP_t, P_t + aP_t(H_t - P_t) \right]^{\mathrm{T}},$$

$$F_{S_2}(Z) = \left\{ (1 - q)\left[H_t + rH_t(1 - H_t) - aH_tP_t \right], P_t + aP_t(H_t - P_t) \right\}^{\mathrm{T}},$$

则切换系统(6.1.4)可以改写

$$Z'(t) = \begin{cases} F_{S_1}(Z), Z \in S_1, \\ F_{S_2}(Z), Z \in S_2, \end{cases} \tag{6.1.5}$$

其中 $S_1 = \{ Z \in R_+^2 \mid H(Z) < 0, H > 0, P > 0 \}, S_2 = \{ Z \in R_+^2 \mid H(Z) \geqslant 0, H > 0, P > 0 \}$.

同时, 将定义在区域 S_1(或 S_2)中切换系统(6.1.4)记为系统 F_{S_1}(或 F_{S_2}).

本书定义 8.4.1 介绍了切换系统平衡点类型[206][207][38][208-210], 定义 8.5.1 介绍了 Lambert W 函数[211][212], 下面给出切换频率的相关定义.

定义 6.1 对于切换系统(6.1.5), 若 $H_t \geqslant ET$ 且 $H_{t+1} < ET$, 或 $H_t \leqslant ET$ 且 $H_{t+1} > ET$, 则系统(6.1.5)经历一次切换, t 称为切换点. 两个切换点之间的时间间隔定义为切换频率.

1. F_{S_1} 系统平衡点的稳定性

若 $H_t < ET$, 系统(6.1.5)的动力学行为由系统 F_{S_1} 确定. 显然, 系统 F_{S_1} 具有两个不稳定的平衡点: 零平衡点 $(0,0)$ 和边界平衡点 $(1,0)$, 同时, 系统 F_{S_1} 存在唯一的正平衡点 $(H_{S_1}^*, P_{S_1}^*)$.

定理 6.2 若 $a/r < \theta$, 则系统 F_{S_1} 存在唯一的正平衡点 $(H_{S_1}^*, P_{S_1}^*)$, 其中

$$H_{S_1}^* = P_{S_1}^*, \quad rH_{S_1}^*(1 - H_{S_1}^*)(1 - \mathrm{e}^{-\theta H_{S_1}^*}) - aH_{S_1}^* = 0.$$

证明 由子系统 F_{S_1} 的正平衡点 $(H_{S_1}^*, P_{S_1}^*)$ 可知

$$(1 - H_{S_1}^*)(1 - \mathrm{e}^{-\theta H_{S_1}^*}) - \frac{aH_{S_1}^*}{r} = 0.$$

记

$$f(x) \triangleq (1 - x)(1 - \mathrm{e}^{-\theta x}) - \frac{ax}{r}.$$

关于 x 求 $f(x)$ 的导数可得

$$f'(x) \triangleq [1 + \theta(1 - x)]\mathrm{e}^{-\theta x} - \frac{r + a}{r} = 0,$$

即

$$(-\theta x + 1 + \theta)\mathrm{e}^{-\theta x + 1 + \theta} = \frac{r + a}{r}\mathrm{e}^{1 + \theta}, \tag{6.1.6}$$

进一步可得

$$\frac{r + a}{r}\mathrm{e}^{1 + \theta} > \mathrm{e}.$$

由定义 8.5.1 可得方程(6.1.6)唯一的正根为

$$x^* = \frac{(1+\theta) - W\left[0, \dfrac{r+a}{r}\mathrm{e}^{1+\theta}\right]}{\theta}.$$

一方面,通过计算可知

1)若 $x < x^*$,则 $f'(x) > 0$;

2)若 $x < x^*$,则 $f'(x) < 0$,

这表明 x^* 是 $f(x)$ 的局部极大值点,又 $a/r < \theta$,根据 Lambert W 函数的单调性可得

$$W\left[0, \frac{r+a}{r}\mathrm{e}^{1+\theta}\right] < W\left[0, (1+\theta)\mathrm{e}^{1+\theta}\right] = (1+\theta),$$

即可知 $x^* > 0$。

另一方面,由定义 8.5.1 可得

$$-\theta x^* + 1 + \theta = W\left[0, \frac{r+a}{r}\mathrm{e}^{1+\theta}\right] > 1,$$

很显然 $x^* < 1$,即可推出 $0 < x^* < 1$。由于 $f(x)$ 满足以下性质: $f(x) \in C(-\infty, +\infty)$, $f(0) = 0$, $f(1) < 0$, $\lim\limits_{x \to \infty} f(x) = -\infty$,易知点 x^* 是 $f(x)$ 和 $f(x^*)$ 的唯一极值点.

联立不等式 $f(x^*) > 0$, $f(1) < 0$ 和 $f'(x) < 0$, $x \in (x^*, +\infty)$,易证在区间 $(x^*, 1)$ 上有唯一的正根 $a/r < \theta$.

接下来研究系统 F_{S_1} 正平衡点 $(H_{S_1}^*, P_{S_1}^*)$ 的局部稳定性.

定理 6.3 若

$$\max\{-aH_{S_1}^*, aH_{S_1}^* + 2F_1(H_{S_1}^*) - 2\} < a^2 H_{S_1}^{*2} - aH_{S_1}^* F_1(H_{S_1}^*) < 1 - F_1(H_{S_1}^*),$$

则系统 F_{S_1} 的正平衡点 $(H_{S_1}^*, P_{S_1}^*)$ 是渐近稳定的,且

$$F_1(H_{S_1}^*) = 1 + (r - 2rH_{S_1}^*)(1 - \mathrm{e}^{-\theta H_t}) + rH_{S_1}^*(1 - H_{S_1}^*)\theta\mathrm{e}^{-\theta H_{S_1}^*} - aH_{S_1}^*.$$

定理 6.3 的证明类似于文献[205].

2. F_{S_1} 系统平衡点的稳定性

若 $H_t \geq ET$,则系统(6.1.5)的动力学行为由系统 F_{S_2} 确定. 系统 F_{S_2} 具有一个不稳定的零平衡点 $(0,0)$. 若

$$q < \frac{r}{1+r},$$

则系统 F_{S_2} 存在唯一的正平衡点 $(H_{S_2}^*, P_{S_2}^*)$,其中

$$H_{S_2}^* = P_{S_2}^* = \frac{r - (1+r)q}{(r+a)(1-q)}.$$

定理 6.4 若

$$\max\{-1 + \mathrm{tr}J, -1 - \mathrm{tr}J\} < \det J < 1, \tag{6.1.7}$$

则系统 F_{S_2} 的唯一正平衡点 $(H_{S_2}^*, P_{S_2}^*)$ 是渐近稳定的, 其中

$$J \triangleq \begin{pmatrix} (1-q)[1 + r - (2r+a)H_{S_2}^*] & a(q-1)H_{S_2}^* \\ aH_{S_2}^* & 1 - aH_{S_2}^* \end{pmatrix}. \tag{6.1.8}$$

证明　系统 F_{S_2} 的雅可比矩阵 J 在正平衡点 $(H_{S_2}^*, P_{S_2}^*)$ 处的特征方程为

$$P(\lambda) = \lambda^2 - (\mathrm{tr}J)\lambda + \det J. \tag{6.1.9}$$

由定理条件(6.1.7)可知

$$P(1) > 0,\ P(-1) > 0,\ \det J < 1$$

成立, 即方程(6.1.9)的所有根的模都小于 1. 由 Jury 判据[213]可得系统 F_{S_2} 的平衡点 $(H_{S_2}^*, P_{S_2}^*)$ 是局部渐近稳定的.

6.1.4　分支分析

在本节中, 我们将研究切换系统(6.1.5)的复杂动力学行为, 与模型(6.1.1)和模型(6.1.3)不同的是切换系统(6.1.5)以更复杂的方式描述了阈值控制策略和择偶 Allee 效应. 由于系统(6.1.5)是一个复杂的非线性模型, 很难进行相应的理论分析, 因此我们通过数值模拟来加以研究.

1.切换系统的平衡点分支

切换系统不同类型的平衡点[206-207]在害虫控制中起着关键作用, 下面我们研究真平衡点和假平衡点的分支.

如图 6.2 所示, 选择 r 和 ET 作为分支参数给出了切换系统(6.1.5)的平衡点分支. 当 ET 从 0.01 变化到 0.42, r 从 0.2 变化到 0.85, 参数空间被划分为 6 个区域. 特别地, 当 r 相

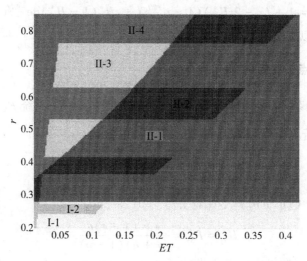

图 6.2　系统(6.1.5)关于 r 和 ET 的平衡点分支. 参数 $a = 1.5$, $\theta = 7.5$, $q = 0.25$

对较小时 ($r \in (0.2, 0.28)$)，空间可分为 2 个区域：区域 I-1 和区域 I-2，在区域 I-1 中仅存在 $E_{S_1}^r$，在区域 I-2 中仅存在 $E_{S_1}^v$．随着参数 r 的增大并达到阈值 $r = 0.28$，即 $r \in (0.28, 0.85)$ 时，参数空间被划分为 4 个区域，即区域 II-1、II-2、II-3、II-4，在 II-1 区，$E_{S_1}^r$ 和 $E_{S_2}^v$ 共存；在 II-2 区，$E_{S_1}^v$ 和 EVS2 共存；在 II-3 区，$E_{S_1}^r$ 和 $E_{S_2}^r$ 共存；在 II-4 区，$E_{S_1}^v$ 和 $E_{S_2}^r$ 共存．

为了防止害虫暴发，必须设计最佳控制策略将害虫种群密度保持在 ET 以下．从数学的角度来看，我们可以选择合适的经济阈值使子系统 F_{S_2} 的所有平衡点变为假平衡点，以此来达到控制害虫暴发的目的，也就是选择适当的参数 r 和 ET 使系统的平衡点位于 I-1、I-2、II-1 和 II-2 区域中．

2.敏感参数的分支分析

一维分支分析是研究动态系统特性的传统方法，可以通过重要参数变化来分析系统内部的复杂动力学行为．

为了研究系统(6.1.5)的动力学行为，我们选择以内禀增长率 r 作为分支参数给出系统的分支图形．从图 6.3 可以看出，系统(6.1.5)的动力学行为很复杂．当 r 由 2.18 增加到 2.7 时，系统(6.1.5)存在周期解、混沌解、倍周期解、多稳定性解等一系列现象；当参数 r 由 2.18 增大到 2.19 时，系统(6.1.5)具有稳定的解，如图 6.4(a)所示；当 r 从 2.19 增加到 2.2066 时，系统(6.1.5)存在一个稳定的周期解，如图 6.4(b)所示；当 r 继续增大到 2.4 或 2.65 时，系统(6.1.5)出现混沌吸引子现象，如图 6.4(c)、(d)所示．

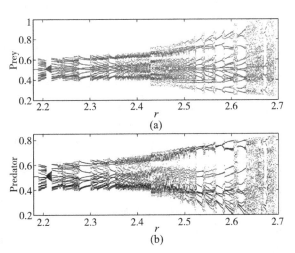

图 6.3 系统(6.1.5)关于 r 的分支图．其他参数为 $a = 2$，$\theta = 4$，$q = 0.05$，$ET = 0.45$，$(H_0, P_0) = (0.5, 0.4)$

此外，分别以杀虫剂的致死率和 Allee 效应常数作为分支参数的分支图 6.5 和图 6.6 进一步揭示系统(6.1.5)复杂而有趣的动态行为．对比图 6.5(a)与图 6.5(b)或图 6.5(c)发现, 当害虫受到强 Allee 效应时, 混沌解消失, 也就是强 Allee 效应使系统平衡点的局部稳定性增加. 图 6.6(a)同样证明了系统的动态行为是复杂的, 可能存在的隐藏因素必然对害虫控制产生不利影响. 然而, 若我们采取一些控制措施使得害虫内禀性增长率降低, 切换模型(6.1.5)的动力学行为将变得更加简单, 这有利于害虫的控制, 如图 6.6(b)所示. 综合图 6.5 和图 6.6 可知, 增强 Allee 效应可以降低切换系统动力学行为的复杂性, 在害虫防治中起着非常重要的作用.

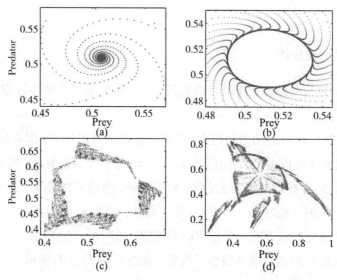

图 6.4   系统(6.1.5)的相图. (a) $r = 2.18$; (b) $r = 2.213$; (c) $r = 2.4$; (d) $r = 2.65$, 其他参数同图 6.3

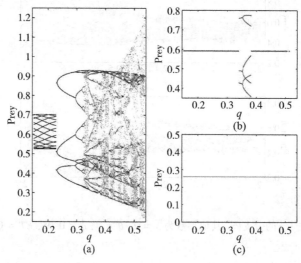

图 6.5   系统(6.1.5)关于 q 的分支图. (a) $\theta = 9.5$; (b) $\theta = 5$; (c) $\theta = 1$, 其他参数为 $a = 1.68$, $ET = 0.72$, $(H_0, P_0) = (0.1, 0.1)$

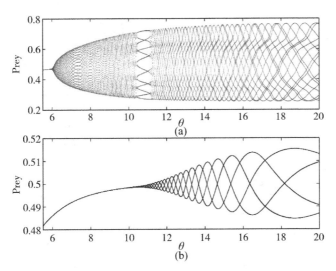

图 6.6 系统(6.1.5)关于 θ 的分支图. (a) $r = 2.13$; (b) $r = 2$, 其他参数为 $a = 2$, $q = 0.8$, $ET = 0.8$, $(H_0, P_0) = (0.3, 0.2)$

6.1.5 初始敏感性和切换效应

害虫和天敌种群的初始密度不同, 模型的动态行为将会发生相应变化. 本节重点讨论害虫和天敌的初始密度对害虫防控策略的影响, 还将讨论关键参数对系统(6.1.5)切换行为的影响.

1.初值的敏感性

为了研究种群初始密度与害虫防治之间的紧密关系, 图 6.7 研究了系统的初值对 IPM 策略的影响. 当初值为 $(0.3, 0.4)$ 且给定 $ET = 0.65$ 时, 害虫密度未达到经济阈值, 在此种情形下不需要对害虫进行 IPM 控制, 如图 6.4(a)所示; 若设定初始密度为 $(0.6, 0.1)$ 或 $(0.5, 0.73)$, 结果表明, 在应用 IPM 策略 1 或 2 次后, 切换系统(6.1.5)不再受控制, 如图 6.7(b)和图 6.7(c)所示; 当初始密度为 $(0.68, 0.7)$ 时, 为了控制害虫种群在 ET 以下, 需多次采取 IPM 措施, 如图 6.7(d)所示.

与此同时, 我们还通过另外一种表现形式来研究初始密度和害虫暴发之间的关系, 如图 6.8 所示, 初值被划分为 5 个不同的区域, 分别用 Ⅰ、Ⅱ、Ⅲ、Ⅳ、Ⅴ 表示. 在区域 Ⅰ, 害虫种群从未暴发, 系统稳定在子系统 F_{S_1} 中; 在 Ⅱ 区、Ⅲ 区和 Ⅳ 区, 分别采用 IPM 控制措施 1 次、2 次和 3 次后, 害虫密度才降低到经济阈值 ET 内; 在 Ⅴ 区, 切换系统(6.1.5)必须实施多次害虫防控策略. 不同的初始密度导致切换不同的稳定状态, 这给我们在制定害虫控制策略时提出了相应的要求, 必须重视种群的初始状态.

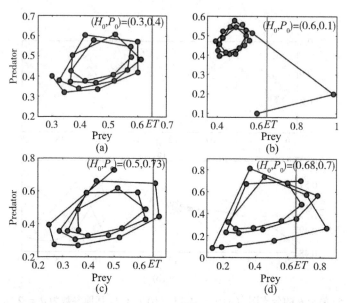

图 6.7　系统(6.1.5)在不同初始密度下的切换效应. 参数为 $a = 2$, $r = 1.9$, $\theta = 2$, $q = 0.1$, $ET = 0.8$

另外, 种群的初始密度也会影响系统的吸引子. 由图 6.3、图 6.5 和图 6.6 可知系统在一定的参数空间内存在多个吸引子共存现象. 特别地, 当 $r = 2.3$ 时, 系统存在两种不同的害虫暴发吸引子, 它们的振幅和频率存在很大差异, 如图 6.9(a)所示, 若 $(H_0, P_0) = (0.6, 0.4)$, 则系统(6.1.5)的解稳定在周期吸引子上; 如图 6.9(b)所示, 若 $(H_0, P_0) = (0.1, 0.1)$ 时, 系统存在一个复杂的拟周期的混沌吸引子, 这种情形给害虫控制带来了很多不可预见性, 在很大程度上增加了害虫控制的难度.

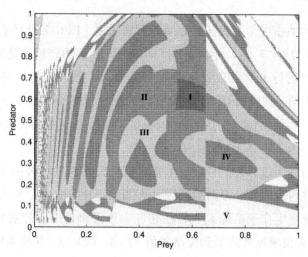

图 6.8　系统(6.1.5)初值 (H_0, P_0) 与害虫控制的关联. 参数为 $a = 1.4$, $r = 2.2$, $\theta = 6$, $q = 0.05$, $ET = 0.65$

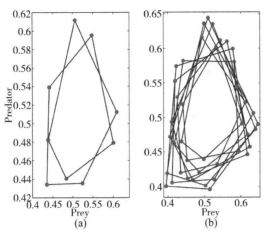

图6.9　系统(6.1.5)不同初值下的吸引子现象. (a) $(H_0, P_0) = (0.6, 0.4)$; (b) $(H_0, P_0) = (0.1, 0.1)$, 其他参数为 $a = 2$, $\theta = 4$, $q = 0.05$, $ET = 0.45$, $r = 2.3$

　　图6.10通过系统的盆吸引子现象说明了系统(6.1.5)在不同初值下的吸引子现象, 经济阈值 $ET = 0.45$ 为切换线, 害虫和天敌的最终稳定状态取决于它们的初始密度. 从害虫控制角度而言, 综合防治策略受制于种群的初始密度, 不同的吸引子决定了害虫暴发的最大幅度与频率.

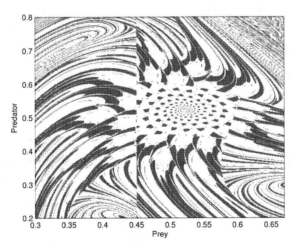

图6.10　切换系统(6.1.5)在区域 $H \in [0.3, 0.67]$ 和 $P \in [0.2, 0.8]$ 内的盆吸引域. 白色和黑色区域为图6.9中从左至右的吸引子

2.系统的切换频率

　　本节将重点研究重要参数对系统(6.1.5)切换频率的影响. 为此, 将切换系统(6.1.5)改写为

$$\begin{cases} \left.\begin{aligned} H_{t+1} &= H_t + r_t H_t(1 - H_t)(1 - \mathrm{e}^{-\theta H_t}) - a H_t P_t, \\ P_{t+1} &= P_t + a P_t(H_t - P_t), \end{aligned}\right\} & H_t < ET; \\ \left.\begin{aligned} H_{t+1} &= (1 - q)[H_t + r_t H_t(1 - H_t) - a H_t P_t], \\ P_{t+1} &= P_t + a P_t(H_t - P_t), \end{aligned}\right\} & H_t \geq ET, \end{cases} \tag{6.1.10}$$

其中 $r_t = r + \sigma u$ 是 q 的随机扰动, u 是均匀分布的变量 $[-1,1]$, $\sigma > 0$ 表示噪声强度.

若内禀增长率 r 每 90 代随机扰动一次, 强度 $\sigma = 1$, 则系统不同的吸引子发生的切换更加强劲, 如图 6.11(a) 所示, 在前 90 代中, 第一个稳定吸引子的振幅非常小, 害虫的密度低于 ET, 一旦参数在第 90 代出现随机扰动, 系统 (6.1.10) 迅速切换到具有中等振幅的稳定害虫暴发吸引子, 参数在第 180 代出现随机扰动, 这导致吸引子切换到第三个害虫暴发吸引子上, 并且该吸收子为混沌吸引子, 这种情形给害虫控制带来了不可估量的难度. 相对应地, 由于参数的随机扰动, 可导致系统从振幅大的吸引子向振幅小的吸引子切换, 最后稳定在经济阈值以内, 这种情形将有助于害虫的控制, 如图 6.11(b) 所示.

为了研究农药致死率对系统切换行为的影响, 我们将切换系统 (6.1.5) 改写为

$$\begin{cases} \left.\begin{aligned} H_{t+1} &= H_t + r H_t(1 - H_t)(1 - \mathrm{e}^{-\theta H_t}) - a H_t P_t, \\ P_{t+1} &= P_t + a P_t(H_t - P_t), \end{aligned}\right\} & H_t < ET; \\ \left.\begin{aligned} H_{t+1} &= (1 - q_t)[H_t + r H_t(1 - H_t) - a H_t P_t], \\ P_{t+1} &= P_t + a P_t(H_t - P_t), \end{aligned}\right\} & H_t \geq ET, \end{cases} \tag{6.1.11}$$

其中 $q_t = q + \eta u$ 是 q 的随机扰动, $\eta > 0$ 表示噪声强度. 通过数值研究我们发现 q_t 以相对较大的强度 (即 $\eta > 0.1$) 每 90 代随机扰动时, 系统 (6.1.11) 也可以发生类似的切换行为, 如图 6.12 所示. 图 6.11 和图 6.12 都表明, 当参数发生随机变化时, 系统的吸引子可以发生切换现象, 这对害虫暴发产生着很大影响, 因此在设计害虫控制策略和作出相关决定时, 一定要考虑参数的小扰动对切换系统稳定性的影响.

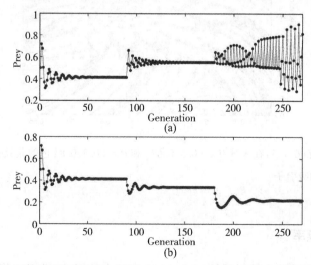

图 6.11 系统 (6.1.10) 的吸引子切换现象. 参数 $a = 2$, $\theta = 2$, $q = 0.3$, $ET = 0.5$, $r = 2.5$, $\sigma = 1$, $(H_0, P_0) = (0.5, 0.1)$

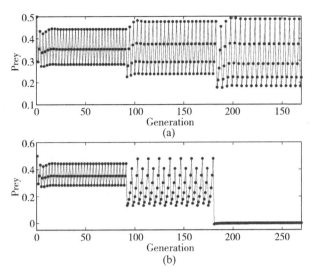

图 6.12 系统(6.1.11)的吸引子切换现象. 参数 $a = 0.8$, $\theta = 5$, $q = 0.5$, $ET = 0.4$, $r = 1$, $\mu = 0.3$, $(H_0, P_0) = (0.5, 0.4)$

此外, 我们还研究了初始密度对切换频率的影响. 图 6.13(a)~(c)展示了具有不同初始密度的系统(6.1.5)的切换频率, 图 6.13(d)~(f)显示了切换时间和切换频率之间的关系. 特别地, 图 6.13(e)~(f)的切换频率稳定在 9, 而图 6.13(d)的切换频率在 9 和 13 之间波动. 我们还可以发现, 图 6.13(f)的切换频率收敛速度比图 6.13(e)快 3 倍. 若系统频繁地发生变化, 则必须频繁地实施防控措施, 这也就导致对杀虫剂的过度依赖, 显然这是不符合经济成本和环境保护政策的. 因此, 切换频率相对于切换时间的状态取决于种群的初始密度, 这有助于我们设计更优化的综合害虫防治策略.

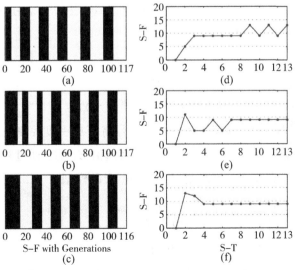

图 6.13 系统(6.1.5)的切换频率和切换时间. 参数 $a = 2$, $\theta = 2$, $q = 0.01$, $ET = 0.35$, $r = 2.1$, 从上到下初值为 $(0.3, 0.4)$, $(0.2, 0.6)$, $(0.7, 0.6)$

6.2　间歇性控制策略诱导的离散切换模型

6.2.1　模型建立

经典的 Beverton-Holt 模型[214]用来描述单种群的种内竞争增长

$$H_{t+1} = \frac{aH}{b + H_t}, \quad t \in \mathbf{N} = 0,1,2,\cdots \tag{6.2.1}$$

其中 H_t 是种群在第 t 代时的密度，a 为增长率参数[215]，b 是正常数. 模型(6.2.1)是离散 Pielou 逻辑模[216].

为了描述两种群的种间相互作用关系，Nicholson 和 Bailey 研究了一个寄主-寄生模型[217]，在此基础上，唐三一[137]将 Nicholson-Bailey 模型改写成

$$\begin{cases} H_{t+1} = H_t e^{\alpha - \beta P_t}, \\ P_{t+1} = H_t(1 - e^{-\beta P_t}) + \gamma P_t, \end{cases} \tag{6.2.2}$$

式中，H_t 和 P_t 分别代表害虫和天敌种群第 t 代的密度，α 是害虫的增长率，β 表示天敌的搜寻率，γ 是天敌的存活率，且 $0 < \gamma < 1$，$e^{-\beta P_t}$ 和 $(1 - e^{-\beta P_t})$ 分别代表害虫个体成功逃离天敌、被天敌捕食的概率.

在文献[137]中，唐三一研究了具有固定时刻脉冲和状态依赖脉冲的害虫-天敌模型的动力学行为，研究表明不同剂量和频率的杀虫剂应用以及释放的天敌数量，对害虫控制至关重要.

基于模型(6.2.1)和模型(6.2.2)，我们建立了具有 Beverton-Holt 生长的宿主-寄生模型

$$\begin{cases} H_{t+1} = \frac{aH}{b + H_t}e^{\alpha - \beta P_t}, \\ P_{t+1} = H_t(1 - e^{-\beta P_t}) + \gamma P_t. \end{cases} \tag{6.2.3}$$

考虑综合害虫管理(IPM)策略，其主要目的是将害虫密度控制在经济伤害水平(EIL)以下，而不是彻底根除害虫，当害虫密度达到经济阈值 ET 后，通过释放天敌或喷洒杀虫剂控制害虫，因此得到具有阈值控制策略[157]的害虫-天敌模型

$$\begin{cases} H_{t+1} = (1 - k)\frac{aH}{b + H_t}e^{\alpha - \beta P_t}, \\ P_{t+1} = (1 + r)\left[H_t(1 - e^{-\beta P_t}) + \gamma P_t\right] + \tau, \end{cases} \tag{6.2.4}$$

其中 k 表示杀虫剂对害虫种群的致死率，r 表示天敌投放率，τ 表示对天敌的常数投放率，且有 $0 < k < 1, 0 < r < 1$ 以及 $\tau > 0$.

因此，结合模型(6.2.3)和模型(6.2.4)，得到了由阈值控制策略诱导的离散切换害虫-天敌模型

$$
\begin{cases}
\left.\begin{aligned}
H_{t+1} &= \frac{aH}{b+H_t}e^{\alpha-\beta P_t}, \\
P_{t+1} &= H_t(1-e^{-\beta P_t})+\gamma P_t,
\end{aligned}\right\} & H_t < ET, \\[4mm]
\left.\begin{aligned}
H_{t+1} &= (1-k)\frac{aH}{b+H_t}e^{\alpha-\beta P_t}, \\
P_{t+1} &= (1+r)\left[H_t(1-e^{-\beta P_t})+\gamma P_t\right]+\tau,
\end{aligned}\right\} & H_t \geqslant ET,
\end{cases}
\tag{6.2.5}
$$

其中，ET 是经济阈值，它主要由农林作物的产量及害虫种群的密度等多重因素决定. 本节材料主要来源于文献[221].

6.2.2 子系统定性分析

在这一部分，我们将研究切换模型(6.2.5)两个子系统的动力学行为. 为此，定义如下区域：

$$G_1 = \{(H_t,P_t)\,|\,H_t < ET, H_t > 0, P_t > 0, t\in\mathbf{N}\},$$
$$G_2 = \{(H_t,P_t)\,|\,H_t \geqslant ET, H_t > 0, P_t > 0, t\in\mathbf{N}\},$$

特别地，为了叙述的方便，定义在区域 $G_1(G_2)$ 中的离散切换模型(6.2.5)分别记为模型 F_{G_1} (F_{G_2}).

接下来将研究子系统 F_{G_1} 和 F_{G_2} 的动力学行为.

定理 6.5 若

$$1-\gamma < \beta(ae^{\alpha-b}), \tag{6.2.6}$$

$$\frac{b+H_1^*\gamma}{b+H_1^*}+\frac{\beta H_1^*(b+2H_1^*)}{ae^{\alpha}} < 1+\beta H_1^*, \tag{6.2.7}$$

$$\frac{b\gamma}{b+H_1^*}+\beta H_1^* < 1+\frac{\beta(H_1^*)^2}{ae^{\alpha}}, \tag{6.2.8}$$

则子系统 F_{G_1} 存在唯一的局部渐近稳定的正平衡点 (H_1^*,P_1^*).

证明 由切换模型(6.2.5)可知子系统 F_{G_1} 的内部平衡点 (H_1^*,P_1^*) 满足

$$
\begin{cases}
H_1^* = \dfrac{aH_1^*}{b+H_1^*}e^{\alpha-\beta P_{1t}^*}, \\
P_1^* = H_1^*(1-e^{-\beta P_1^*})+\gamma P_1^*,
\end{cases}
\tag{6.2.9}
$$

由式(6.2.9)推导出

$$(1-\gamma)P_1^* = (ae^{\alpha-\beta P_1^*}-b)(1-e^{-\beta P_1^*}). \tag{6.2.10}$$

为了分析上述方程，定义辅助函数

$$\begin{cases} f_1(x) = (1 - \gamma)x \\ g_1(x) = (ae^{\alpha - \beta x} - b)(1 - e^{-\beta x}), \end{cases} \quad (6.2.11)$$

易知 $f_1(0) = g_1(0) = 0$ 和 $\lim\limits_{x \to +\infty} g_1(x) = -b < 0$，定理条件 $(6.2.6)$ 为 $f'_1(0) < g'_1(0)$，即存在 $x^* > 0$ 使得 f_1 与 g_1 相交. 此外还存在唯一的正解 x^* 使得 $g'_1(x) = 0$，其中

$$x^* = -\frac{1}{\beta}\ln\frac{a + be^{-\alpha}}{2a},$$

这说明方程 $(6.2.10)$ 具有唯一的正解 P_1^*. 因此子系统 F_{G_1} 存在唯一的内部平衡点 (H_1^*, P_1^*).

继续研究正平衡点 (H_1^*, P_1^*) 的局部稳定性，子系统 F_{G_1} 在正平衡点 (H_1^*, P_1^*) 处的雅可比矩阵为

$$J = \begin{pmatrix} \dfrac{b}{b + H_1^*} & -\beta H_1^* \\ 1 - \dfrac{(b + H_1^*)}{ae^{\alpha}} & \dfrac{\beta H_1^*(b + H_1^*)}{ae^{\alpha}} + \gamma \end{pmatrix},$$

其特征方程是

$$\lambda^2 - \text{Trace}(J)\lambda + \text{Det}(J) = 0,$$

其中 $\text{Trace}(J) = \dfrac{b}{b + H_1^*} + \dfrac{\beta H_1^*(b + H_1^*)}{ae^{\alpha}} + \gamma$，$\text{Det}(J) = \dfrac{b\gamma}{b + H_1^*} + \beta H_1^* - \dfrac{\beta H_1^{*2}}{ae^{\alpha}}$. 由定理条件 $(6.2.7)$ 和条件 $(6.2.8)$ 可推导出 $|\text{Trace}(J)| < 1 + \text{Det}(J) < 2$，借助 Jury 判据[213] 可得子系统 F_{G_1} 的平衡点 (H_1^*, P_1^*) 是局部渐近稳定的.

类似地，我们还研究得到了子系统 F_{G_2} 内部平衡点的存在性和稳定性.

定理 6.6　若

$$(1 + r)\gamma < 1,$$

$$\frac{b + H_2^*\gamma}{b + H_2^*} + \frac{\beta(1 + r)H_2^*(b + 2H_2^*)}{ae^{\alpha}} < 1 + \beta(1 + r)H_2^*, \quad (6.2.12)$$

和

$$\frac{b(1 + r)\gamma}{b + H_2^*} + \beta(1 + r)H_2^* < 1 + \frac{\beta(1 + r)(H_2^*)^2}{ae^{\alpha}}, \quad (6.2.13)$$

则子系统 F_{G_2} 的内部平衡点 (H_2^*, P_2^*) 是局部渐近稳定的.

定理 6.6 的证明过程类似于定理 6.5.

综上，在一定条件下，害虫与天敌是可以共存的.

6.2.3　分支分析

为了探索模型 $(6.2.5)$ 动力学行为的复杂性，下面将进行数值模拟以显示系统存在的

各种分析现象, 包括单参数分支及多参数分支等. 表 6.1 给出了参数的定义和范围.

表 6.1 参数的定义和范围

参数	定 义	单位	范围	参考文献
α	宿主的内在增长率	/	[1.5, 3.3]	[37-38]
β	寄生蜂的搜索效率	/	[0.01, 3]	[37-38]
γ	寄生蜂的密度无关存活率	d^{-1}	[0.01, 0.5]	[39]
a	寄主固有生长率	d^{-1}	[0.2, 1.5]	[40]
b	半饱和常数	个/m^2	[0.08, 6]	[40]
k	主机瞬时杀灭率	/	[0.1, 0.9]	假定
r	寄生蜂的比例释放率	/	[0.1, 0.7]	假定
τ	寄生蜂释放率	个/m^2	[0.04, 8]	假定
ET	控制阈值	个/m^2	[0.01, 4]	假定

1. 切换系统(6.2.5)的平衡点分支

在本节中, 我们研究切换系统(6.2.5)的真假平衡点分支, 为此, 选择参数 α 和 ET 作为分支参数, 如图 6.14 所示, 根据平衡点的数量和类型, 我们将参数空间划分为六个区域:

1) 区域 I: 没有内部平衡;

2) 区域 II: 只有 E_v^1 存在;

3) 区域 III: 只有 E_v^2 存在;

4) 区域 IV: 只有 E_r^2 存在;

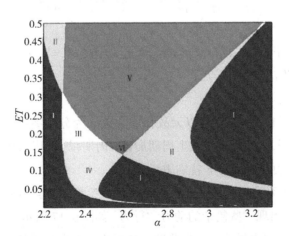

图 6.14 系统(6.2.5)关于 α 和 ET 的平衡点分支图. 参数为 $r = 0.54$, $a = 0.9$, $b = 6$, $\tau = 0.9$, $\gamma = 0.18$, $k = 0.3$

5）区域 V：E_v^1 和 E_v^2 共存；

6）区域 VI：E_v^1 和 E_r^2 共存.

为了实现最佳害虫防治策略，有必要设计有效的防治措施，使害虫种群密度低于 ET，这就要求我们选择适当的参数 α、β 和 ET，使子系统 F_{C_2} 的内部平衡点变成假平衡点. 这种情况下，最优控制参数区域为 III 和 V.

2.单参数分支分析与混沌

在本节中，我们通过数值模拟研究了相关控制参数（如 k 和 τ）对模型（6.2.5）动力学行为的影响.

首先选择农药致死率 k 作为分支参数，并固定其他参数给出模型（6.2.5）的分支图，如图 6.15 所示. 结果表明 k 的选择对于研究更复杂的系统动力学（6.2.5）是至关重要的，尤其是对于 $k \in [0.6, 0.9]$. 特别地，混沌表现为 $k \in [0.715, 0.762]$、$[0.808, 0.814]$、$[0.825, 0.875]$ 和 $[0.895, 0.9]$. 此外，当 k 从 0.6 增加到 0.65 时，模型（6.2.5）发生了倍周期分支和周期减半分支.

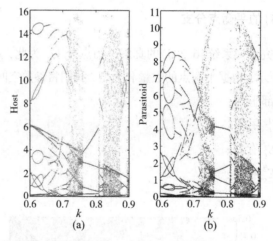

图 6.15　系统（6.2.5）关于 k 的分支图. 参数为 $\alpha = 3.3$，$r = 0.7$，$\beta = 1$，$a = 0.6$，$b = 0.08$，$\tau = 0.04$，$\gamma = 0.08$，$ET = 2.5$，$(H_0, P_0) = (3, 2)$

同时，我们研究了模型（6.2.5）以天敌释放常数 τ 为分支参数的分支图. 如图 6.16 所示，当 τ 从 0.2 增加到 1.8 时，系统发生周期加倍、周期减半和周期窗口、混沌等动力学现象. 模型（6.2.5）的动力学行为对 τ 特别敏感.

另外，我们研究了系统以天敌搜寻效率 β 为分支参数的分支图形. 它表明，在这种情况下，系统（6.2.5）也会出现一些复杂的动力学行为，如图 6.17 所示. 系统这些复杂的动力学行为为害虫防治带来了诸多挑战，这要求我们必须关注害虫与天敌种群之间的相互作用关系，设计合理有效的 IPM 综合防治策略.

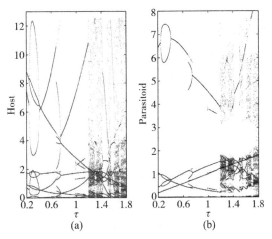

图 6.16　系统(6.2.5)关于 τ 的分支图. 参数为 $\alpha = 3$, $r = 0.48$, $\beta = 1.45$, $a = 1$, $b = 1.2$, $k = 0.9$, $\gamma = 0.02$, $ET = 2$, $(H_0, P_0) = (2,3)$

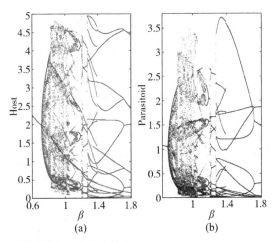

图 6.17　系统(6.2.5)关于 β 的分支图. 其他参数为 $\alpha = 1.5$, $r = 0.1$, $a = 1.5$, $b = 1.2$, $k = 0.6$, $\gamma = 0.01$, $ET = 4$, $(H_0, P_0) = (3,5)$

6.2.4　种群初值敏感性分析

害虫与天敌种群间的相互作用是害虫暴发和控制的关键因素之一. 由于模型(6.2.5)的动力学行为对系统参数及种群初始密度非常敏感, 本节我们将重点研究种群初始值对系统切换频率的影响, 并讨论模型(6.2.5)多吸引子共存现象.

1. 切换频率及控制策略

基于文献[209][16], 我们给出切换频率的定义[209][16].

定义 6.7　若 $(H_t - ET)(H_{t+1} - ET) \leqslant 0$ 和 $H_{t+1} \neq ET$, 则切换系统(6.2.5)经历一次交换, 其中 t 是一个切换点. 两个连续切换点之间的间隔称为切换频率.

　　如图 6.18 所示, 不同的初始值导致切换频率的不同, 其稳定状态也不一样, 其中, 图 6.18(a)、(b)显示了不稳定的切换频率, 而图 6.18(c)显示了稳定的切换频率, 同时图 6.18(c)的频率要明显高于其他两个. 切换频率在害虫控制中起着重要的作用, 这主要是因为高切换频率要求频繁采取相应的害虫控制措施, 如杀虫剂、人力、设备等农业资源, 事实上, 由于经济、环境等各种原因导致这些农业资源是相当有限的. 因此在设计 IPM 策略时要综合研究这些有可能影响害虫控制的各种因素.

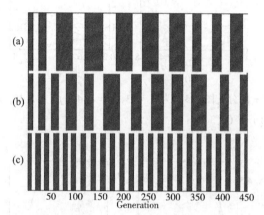

图 6.18　系统(6.2.5)基于不同初值的切换频率. 其中(a)~(c) $(H_0, P_0) = (3.0, 2.5), (3.5, 2.2), (4.0, 3.5)$, 其他参数为 $\alpha = 1.7, r = 0.2, a = 1.5, b = 0.2, k = 0.2, \gamma = 0.6, ET = 0.8$

　　接下来, 分析系统的初始值对害虫控制策略的影响. 对于给定的经济阈值 ET, 图 6.19 描述了在四种不同情形下, 模型(6.2.5)的动力学如何随着初始值的变化而变化. 特别是图 6.19(a)显示了不需要控制策略, 而图 6.19(b)~(d)显示了需要实施 IPM 策略 1、2 和多次的情形.

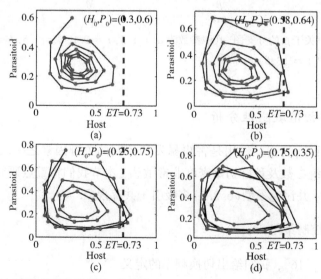

图 6.19　切换频率和初值的相互作用关系. 参数为 $\alpha = 2, r = 0.1, a = 0.2, b = 0.3, k = 0.1, \gamma = 0.3$

此外, 我们还讨论了种群的初始密度对害虫暴发频率的影响. 在图 6.20 中, 害虫和天敌种群的初始值分为五个区域, 分别用 I、II、III、IV 和 V 表示, 这对应于模型(6.2.5)的害虫暴发模型, 分别对应害虫暴发次数为 0、1、2、3 及多次暴发. 很显然, 区域 I 中初始值的选择对害虫控制最有利, 因为它不需要对害虫实施任何控制策略, 而区域 V 中的初始值对害虫控制最不利, 持续多次使用化学防治策略对经济、环境会造成严重的负面影响.

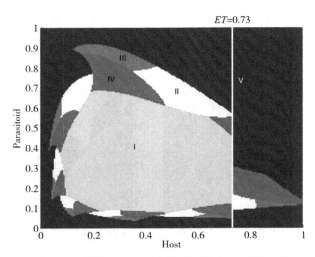

图 6.20 宿主和寄生物种群初始密度的平面分支图, 参数与图 6.19 相同

2.多吸引子共存

本节主要研究切换模型(6.2.5)的吸引子共存现象及其影响因素.

图 6.21 描述了基于不同种群初始密度下的不同吸引子, 不同的吸引子主要表现在它的

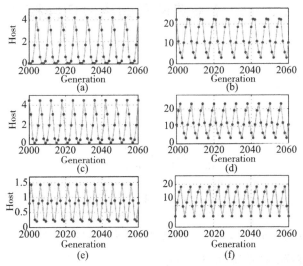

图 6.21 系统(6.2.5)基于 $(H_0, P_0) = (1.5, 3.0)$, $(1.5, 3.5)$, $(1.5, 4.0)$ 下的共存吸引子. 其他参数为 $\alpha = 1.6$, $r = 0.2$, $a = 1.5$, $b = 0.2$, $\beta = 0.16$, $\tau = 8$, $k = 0.2$, $\gamma = 0.5$, $ET = 0.6$

振幅及周期不同. 很显然, 第三个吸引子的害虫种群的周期和振幅较小, 第二个吸引子的天敌种群的振幅略大. 三个周期吸引子的周期分别为 7、6、5.

　　为了进一步研究模型(6.2.5)初始值的敏感性, 我们研究了图 6.21 所示三种害虫暴发吸引子的盆吸引区域. 我们将系统害虫天敌种群的初始密度对应的参数空间分为三个不同的区域, 它们分别对应于图 6.21 从上到下的吸引子, 如图 6.22 所示. 很显然, 由于图 6.21 (e)对应区域的初始值对应的吸引子中害虫种群的振幅最小, 这有利于害虫控制. 研究进一步表明, 害虫与天敌种群的初始值对控制害虫的成败起着相当重要的作用.

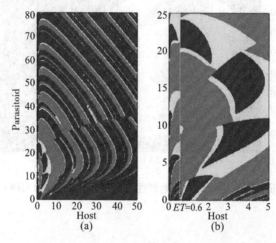

图 6.22　图 6.21 所示吸引子的盆吸引域

6.3　IPM 策略诱导的离散切换模型

6.3.1　模型建立

经典的 Lotka-Volterra 捕食-被捕食系统为

$$\begin{cases} \dfrac{dx}{dt} = rx\left(1 - \dfrac{x}{K}\right) - bxy, \\ \dfrac{dy}{dt} = cxy - dy, \end{cases} \qquad (6.3.1)$$

其中 $x(t)$ 和 $y(t)$ 分别表示害虫和天敌的密度, 所有参数均为正常数.

　　通过无量纲化变换, 将系统(6.3.1)改写成

$$\begin{cases} \dfrac{\mathrm{d}x}{\mathrm{d}t} = \alpha x(1-x) - \beta xy, \\[2mm] \dfrac{\mathrm{d}y}{\mathrm{d}t} = (\beta x - \delta)y, \end{cases} \tag{6.3.2}$$

其中 $\alpha = rK$，$\beta = K^2 c$，$\delta = dK$. 借助前向欧拉方法，将连续系统(6.3.2)离散化可得

$$\begin{cases} x(t+1) = x(t) + \sigma[\alpha x(t)(1-x(t)) - \beta x(t)y(t)], \\ y(t+1) = y(t) + \sigma[(\beta x(t) - \delta)y(t)], \end{cases} \tag{6.3.3}$$

其中 σ 代表步长.

基于 IPM 的主要目标是将害虫种群密度保持在经济危害水平 EIL 以下，而不是根除它. 于是当害虫种群密度超过经济阈值 ET 时，即 $x(t) \geqslant ET$，对害虫种群喷洒化学杀虫剂，于是在模型(6.3.3)的基础上得到了它的控制模型

$$\begin{cases} x(t+1) = (1-p)\{x(t) + \sigma[\alpha x(t)(1-x(t)) - \beta x(t)y(t)]\}, \\ y(t+1) = y(t) + \sigma[(\beta x(t) - \delta)y(t)] + \sigma\tau y(t), \end{cases} \tag{6.3.4}$$

其中 $0 < p < 1$ 是化学杀虫剂对害虫种群的致死率，$\tau > 0$ 是对天敌的投放比例.

为了叙述方便，作记号 $R_+^2 = \{(x(t), y(t)) \mid x(t) \geqslant 0, y(t) \geqslant 0\}$，同时有

$$\begin{cases} G^1 = \{(x(t), y(t)) \in R_+^2 \mid x(t) < ET\}, \\ G^2 = \{(x(t), y(t)) \in R_+^2 \mid x(t) \geqslant ET\}. \end{cases} \tag{6.3.5}$$

在区域 G^1 中，系统(6.3.3)的害虫密度在经济阈值 ET 以下. 在区域 G^2 中，系统(6.3.3)的害虫密度超过经济阈值 ET，故改用了相应的 IPM 控制策略(包括喷洒农药和投放天敌). 因此，联立 G^1 区域中系统(6.3.3)和 G^2 区域中的系统(6.3.5)可得到如下的离散切换系统

$$\begin{cases} \left.\begin{array}{l} x(t+1) = x(t) + \sigma[\alpha x(t)(1-x(t)) - \beta x(t)y(t)], \\ y(t+1) = y(t) + \sigma[(\beta x(t) - \delta)y(t)], \end{array}\right\} \quad x(t) < ET, \\[4mm] \left.\begin{array}{l} x(t+1) = (1-\sigma p)x(t) + \sigma[\alpha x(t)(1-x(t)) - \beta x(t)y(t)], \\ y(t+1) = y(t) + \sigma[(\beta x(t) - \delta)y(t)] + \sigma\tau y(t), \end{array}\right\} \quad x(t) \geqslant ET, \end{cases} \tag{6.3.6}$$

分别记系统(6.3.6)定义在 G^1 区域和 G^2 区域的子系统为 S_{G^1} 和 S_{G^2}. 本节材料主要来源于文献[222].

6.3.2 子系统及切换系统的动力学行为分析

1.子系统 S_{G^1} 和 S_{G^2} 的动力学行为

子系统 S_{G^1} 存在唯一的正平衡点 $(x_1^*, y_1^*) = (\delta/\beta, \alpha(\beta-\delta)/\beta^2)$. 肖冬梅在文献[223]中详细讨论了系统 S_{G^1} 正平衡点的存在性和稳定性.

若 $\delta > \tau$ 和 $\alpha(\beta-\delta) > \beta p - \alpha\tau$，则子系统 S_{G^2} 存在唯一的正平衡点 (x_2^*, y_2^*)，其中

$x_2^* = (\delta - 1)/\beta, y_2^* = (\alpha(\beta - \delta) + \alpha\tau - \beta p)/\beta^2$. 在研究 (x_2^*, y_2^*) 的稳定性之前，先介绍如下引理[224].

定理6.8 设 $F(\lambda) = \lambda^2 + P\lambda + Q, F(1) > 0$ 且 λ_1, λ_2 是 $F(\lambda) = 0$ 的两个根，则

I 当且仅当 $F(-1) > 0$ 和 $Q > 1$ 时，$|\lambda_1| < 1, |\lambda_2| < 1$；

II 当且仅当 $F(-1) < 0$ 时，$|\lambda_1| < 1, |\lambda_2| > 1$（或 $|\lambda_1| > 1, |\lambda_2| < 1$）；

III 当且仅当 $F(-1) < 0$ 和 $Q > 1$ 时，$|\lambda_1| > 1, |\lambda_2| > 1$；

IV 当且仅当 $F(-1) = 0$ 和 $P \neq 0, 2$ 时，$\lambda_1 = -1, |\lambda_2| \neq 1$；

V 当且仅当 $P^2 - 4Q < 0$ 和 $Q = 1$ 时，λ_1 和 λ_2 是复杂的且 $|\lambda_1| = 1, |\lambda_2| = 1$.

注意到子系统 S_{G^2} 的正平衡点 (x_2^*, y_2^*) 的局部稳定性是由特征方程的特征值的模来决定的. 子系统 S_{G^2} 在 (x_2^*, y_2^*) 处的雅可比矩阵

$$J(x_2^*, y_2^*) = \begin{pmatrix} -2\alpha\sigma x_2^* + \alpha\sigma - p\sigma - \sigma\beta y_2^* & -\sigma\beta x_2^* \\ \sigma\beta y_2^* & 1 - \alpha\sigma + \sigma\beta x_2^* + \sigma\tau \end{pmatrix}, \quad (6.3.7)$$

其特征方程为

$$\lambda^2 + (-2 + H\sigma)\lambda + (1 - H\sigma + G\sigma^2) = 0, \quad (6.3.8)$$

特征多项式

$$F(\lambda) = \lambda^2 + (-2 + H\sigma)\lambda + (1 - H\sigma + G\sigma^2), \quad (6.3.9)$$

其中

$$\begin{cases} G = \dfrac{(\delta - \tau)(\alpha\beta - \alpha\delta + \alpha\tau - p\beta)}{\beta} > 0, \\ H = \left(\dfrac{\alpha\delta}{\beta} - \dfrac{\alpha\tau}{\beta}\right) = \dfrac{\alpha(\delta - \tau)}{\beta} > 0, \end{cases} \quad (6.3.10)$$

显然 $F(1) = G\sigma^2 > 0$ 且 $F(-1) = 4 - 2H\sigma^2 + G\sigma^2$.

设 λ_1 和 λ_2 是特征方程(6.3.8)的两个根，即为正平衡点 (x_2^*, y_2^*) 的特征值. 若 $|\lambda_1| < 1$ 且 $|\lambda_2| < 1$，则将平衡点 (x_2^*, y_2^*) 称为汇 sink，该 sink 是局部渐近稳定的；若 $|\lambda_1| > 1$ 且 $|\lambda_2| > 1$，(x_2^*, y_2^*) 称为一个源 source，该 source 是不稳定的；若 $|\lambda_1| < 1$ 且 $|\lambda_2| > 1$（或 $|\lambda_1| > 1$ 且 $|\lambda_2| < 1$），则 (x_2^*, y_2^*) 是鞍点；若 $|\lambda_1| = 1$ 或 $|\lambda_2| = 1$ 则 (x_2^*, y_2^*) 是非双曲平衡点.

接下来我们可以通过定理6.8计算不动点 (x_2^*, y_2^*) 的局部动力学.

定理6.9 设 (x_2^*, y_2^*) 为 S_{G^2} 的正不动点，

I 若特征方程(6.3.8)满足 $G \geqslant H^2/4$ 且 $\sigma > (H - \sqrt{H^2 - 4G})/G$ 及 $G < H^2/4$ 且 $H/G > \sigma > 0$ 中的任意一个条件，则平衡点 (x_2^*, y_2^*) 是汇；

II 若特征方程(6.3.8)满足 $G \geqslant H^2/4$ 且 $\sigma > (H - \sqrt{H^2 - 4G})/G$ 及 $G \geqslant H^2/4$ 且 H/G 中的任意一个条件，则平衡点 (x_2^*, y_2^*) 是源；

III 若特征方程(6.3.8)满足 $G \geqslant H^2/4$ 且 $(H + \sqrt{H^2 - 4G})/G > \sigma > (H - \sqrt{H^2 - 4G})/G$，则平衡点 (x_2^*, y_2^*) 是鞍点；

IV 若特征方程 $(6.3.8)$ 满足 $G \geqslant H^2/4, \sigma = (H \pm \sqrt{H^2 - 4G})/G$, 且 $\sigma \neq 2/H, 4/H$, 则 (x_2^*, y_2^*) 是非双曲平衡点.

2.切换系统 $(6.3.6)$ 的动力学行为

根据定义 8.4.1, 我们给出切换系统 $(6.3.6)$ 的真、假平衡点:

当 $x < ET$ 时, 对于子系统 S_{G1}, 若 $\beta > \delta$ 且 $\delta/\beta < ET$, 则系统 S_{G1} 存在一个真平衡点, 记为 Z_r^1; 若 $\beta > \delta$ 和 $\delta/\beta \geqslant ET$, 则系统 S_{G1} 存在一个假平衡点, 记为 Z_v^1.

当 $x \geqslant ET$ 时, 对于子系统 S_{G2}, 若 $\delta > \tau, \alpha(\beta - \delta) > \beta p - \alpha\tau$ 且 $(\delta - \tau)/\beta \geqslant ET$, 则系统 S_{G2} 存在一个真平衡点, 记为 Z_r^2; 若 $\delta > \tau, \alpha(\beta - \delta) > \beta p - \alpha\tau$ 且 $(\delta - \tau)/\beta < ET$, 则系统 S_{G2} 存在一个假平衡点, 记为 Z_v^2.

定义五条曲线:

$L_1 = \delta/\beta, L_2 = (\delta - \tau)/\beta, L_3 = \alpha(\beta - \delta)/\beta^2, L_4 = [\alpha(\beta - \delta) + \alpha\tau - \beta p]/\beta^2$ 及 $L_5 = ET$. 由 $(\delta - \tau)/\beta < \delta/\beta$, 考虑三种情形:

(1)若 $ET \leqslant (\delta - \tau)/\beta < \delta/\beta$, 则平衡点 Z_v^1 和 Z_r^2 可以共存, 如图 6.23 (a) 所示;

(2)若 $(\delta - \tau)/\beta < ET \leqslant \delta/\beta$, 则平衡点 Z_v^1 和 Z_v^2 可以共存, 如图 6.23 (b) 所示;

(3)若 $(\delta - \tau)/\beta < \delta/\beta < ET$, 则平衡点 Z_r^1 和 Z_v^2 可以共存, 如图 6.23 (c) 和图 6.23 (d) 所示, 而当 $ET = 0.8$ 时, 吸引子收敛于 Z_r^1, 如图 6.23(d) 所示.

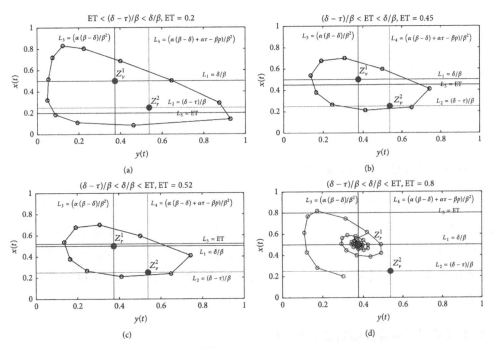

图 6.23 切换模型 $(6.3.6)$ 的真假平衡点. 参数 $p = 0.1, \tau = 1, \sigma = 0.35, \beta = 4, \alpha = 3, \delta = 2.0$, (a) $ET = 0.2$; (b) $ET = 0.45$; (c) $ET = 0.52$; (d) $ET = 0.8$

下面我们重点研究参数 β, τ 和 ET 对害虫控制的影响. 系统(6.3.6)在参数空间 β 和 ET、参数空间 β 和 τ 下, 可以分为三个区域: 区域 I 是 Z_r^1 和 Z_v^2 共存区域; 区域 II 是 Z_v^1 和 Z_v^2 共存区域; 区域 III 是 Z_v^1 与 Z_r^2 共存区域, 如图 6.24 所示. 从害虫控制角度出发, 应当设计适当的控制策略、选择合适的经济阈值 ET 使 S_{G1} 和 S_{G2} 的内部平衡点为假平衡点, 区域 II 即设计最优控制策略的理想参数区域.

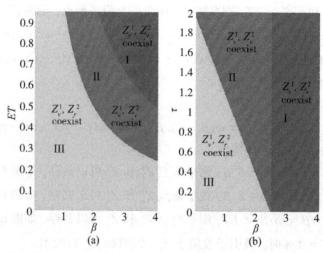

图 6.24　系统(6.3.6)平衡点分支. (a) β 和 ET 在 $\delta = 2.0, \tau = 1$ 的参数空间; (b) β 和 τ 在 $\delta = 2.0, ET = 0.8$ 的参数空间

6.3.3　分支分析

为了研究离散切换系统(6.3.6)丰富的动力学行为, 本节借助数值分析技巧, 对系统(6.3.6)进行单参数分支研究.

1. 具有不同关键参数的分支图

以步长 σ 作为分支参数并将所有其他参数值固定为图 6.25 所示, 给出了系统(6.3.6)的分支参数图, 如图 6.25 所示. 当步长 σ 从 0.45 增大到 0.79 时, 系统发生了复杂的动力学行为, 包括混沌、窄周期窗和宽周期窗以及混沌危机等. 随着参数 σ 从 0.45 增大到 0.68, 系统存在不同的周期性吸引子. 当参数进一步增大时, 即 $\sigma \in (0.68, 0.79)$, 系统进入混沌状态.

2. 多重吸引子共存及初始敏感性分析

从分支图 6.25 可知, 当 $\sigma \in (0.46, 0.53)$ 和 $(0.645, 0.67)$ 时系统(6.3.6)存在多吸引子共存现象. 特别地, 当 $\sigma = 0.66$ 时存在两个不同吸引子, 这两个吸引子有着不同的振幅和频率, 如图 6.26 所示. 当初始密度为 $(x_0, y_0) = (0.4, 0.15)$ 时, 害虫种群的最大振幅为 0.802, 吸引子的周期为 6 代, 如图 6.26(c) 所示; 当初始密度为 $(x_0, y_0) = (0.52, 0.2)$ 时, 害虫种群的最大振幅为 0.956, 吸引子周期为 7 代, 如图 6.26(c) 所示.

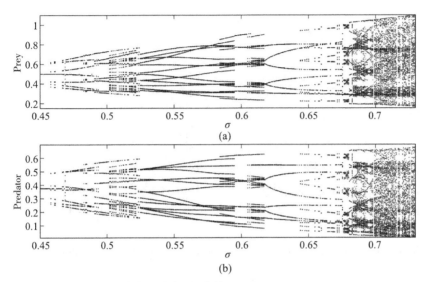

图 6.25 系统(6.3.6)以 σ 为分支参数的分支图. 参数 $p = 0.1, \tau = 0.3, \sigma = 0.43, \beta = 4, \alpha = 3, \delta = 2.0$

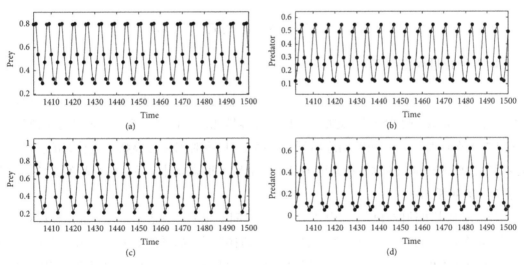

图 6.26 系统(6.3.6)的共存吸引子. 参数 $p = 0.1, \tau = 0.3, \sigma = 0.66, \beta = 4, \alpha = 3, \delta = 2.0, ET = 0.6$, (a)、(b) $(x_0, y_0) = (0.4, 0.15)$, (c)、(d) $(x_0, y_0) = (0.52, 0.2)$

同时, 图 6.27 给出了图 6.26 吸引子的盆吸引域. 系统(6.3.6)存在三个不同的吸引子区域, 分别用不同的颜色加以表示, 这说明吸引区域与周期解相关, 即分别对应于如图 6.26(a)~(d)所示的周期吸引子; 图 6.27(b)最大颜色区域对应于无穷大吸引子. 通过分析, 图 6.26 对应的初值区域对实施 IPM 策略有利, 然而无穷大吸引子对应的初值区域会对害虫控制带来困难, 进一步说明关注害虫与天敌的初值密度有助于我们设计更加合理的综合害虫控制策略.

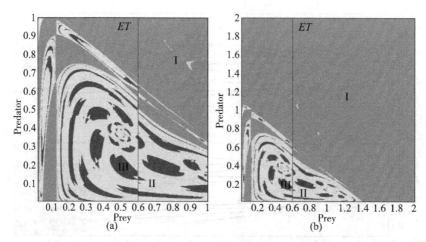

图 6.27 系统(6.3.6)盆吸引域.(a) $0 \leqslant x_0 \leqslant 1$ 和 $0 \leqslant y_0 \leqslant 1$; (b) $1 \leqslant x_0 \leqslant 2$ 和 $1 \leqslant y_0 \leqslant 2$. 其他参数与图 6.26 相同

6.3.4 系统切换时间、切换频率和参数敏感性分析

本节我们将讨论关键参数对系统(6.3.6)切换时间、切换频率的影响.

1.切换时间和切换频率

切换时间和切换频率是决定害虫控制成败的关键因素. 若害虫种群的切换次数(或切换频率)是一个常数, 则系统是稳定的, 可以相对容易地设计控制策略. 此外, 切换时间越小(或切换频率越大), 控制策略的应用频率越高. 若切换时间和切换频率是动态的, 则系统是不稳定的或处于混沌状态. 在系统不稳定的情形下很难设计合适的害虫控制策略, 给害虫控制带来重重困难.

频谱图是害虫种群时间序列中频率频谱随时间变化的直观表示, 为了研究参数对切换时间和切换频率的影响, 下面用频谱图来分析切换频率. 如图 6.28(a)所示, 当 $\alpha = 3$ 及 $(x_0, y_0) = (0.4, 0.15)$ 时, 害虫种群的切换时间总是稳定的, 对应的光谱图的时间序列是周期性的, 如图 6.28 (c)所示. 此外, 主频率为 0.165Hz, 切换时间约为 6 代, 与图 6.28 (a)一致; 类似地, 图 6.28(b) 和图 6.28(e)分别显示稳定状态及切换频率 0.1428Hz; 当 $\alpha = 3.5$ 和 $(x_0, y_0) = (0.8, 0.2)$ 时, 系统(6.3.6)是不稳定的, 谱图 6.28 (f))显示了无序频率.

为了研究关键参数对切换频率影响的更多细节, 定义切换时间的平均值.

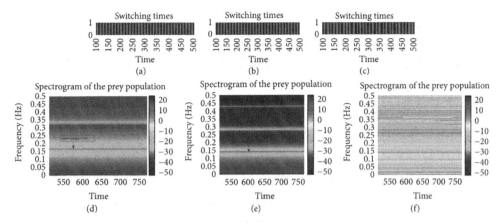

图 6.28 切换次数(a)~(c)和切换频率(d)、(f). 参数 $p = 0.1$,$\tau = 0.3$,$\sigma = 0.66$,$\beta = 4$,$\delta = 2.0$,$ET = 0.6$, (a)、(d) $\alpha = 3$,$(x_0,y_0) = (0.4,0.15)$; (b)、(e) $\alpha = 3$, $(x_0,y_0) = (0.52,0.2)$; (c)、(f) $\alpha = 3.5$,$(x_0,y_0) = (0.8,0.2)$; 右边的颜色中, 最上面代表功率谱最高的频率

定义 6.10 平均切换时间是 i 和 $i+1999$ 代之间所有切换时间的平均值, 其中 i 是固定的时间点.

图 6.29 显示了关键参数 p、ET、α 对平均切换时间的影响. 特别地, 在图 6.29(a)中, 通过改变参数 α 而保持其他参数不变, 分析平均切换时间, 得到了 α 不同时的 5 条曲线, 如图 6.29(a)所示. 结果表明, p 在 $(0.25,0.6)$ 区间内存在较大的振荡特征, 平均切换时间最大值也出现在该区间内; 当 p 从 0.6 增加到 1 时, 5 条曲线的平均切换时间逐渐变小, 且变得稳定. α 越大, 平均切换时间越小, 如曲线($\alpha = 2$)的任意一点都高于曲线($\alpha = 3.2$). 在图 6.29(b)中, 讨论了与 ET 有关的害虫种群的平均切换时间, 平均切换时间的最大值出现在 $(0.3,0.6)$ 内, 平均切换时间随着 ET 的变大而变大. 因此, 若要延长平均转换时间, 即害虫暴发期延长, 应该将参数 p 控制在 $(0.3,0.6)$ 内.

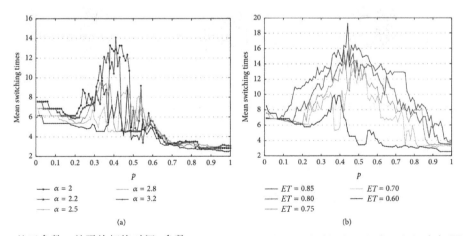

图 6.29 基于参数 p 的平均切换时间. 参数 $p = 0.1$,$\tau = 0.3$,$\sigma = 0.66$,$\beta = 4$,$\delta = 2.0$, (a) $ET = 0.6$, $\alpha = 2,2.2,2.5,2.8,3.2$; (b) $\alpha = 2$, $ET = 0.85,0.80,0.75,0.60$. 平均切换时间在 50 代到 2050 代之间

2.平均切换时间的敏感性分析

为了研究系统的平均切换时间对参数的敏感性,采用拉丁超立方抽样和相关系数(PRCC)研究了影响平均切换时间最显著的重要参数,包括害虫种群减少比例(p)、经济阈值(ET)、天敌增加比例(τ)、转化率(β)、生长速率(α)和死亡率(δ).选取3000个样本的LHS对所有参数进行了不确定性和敏感性分析,假设所有参数都服从均匀分布,即$p \sim U(0.1,0.3), ET \sim U(0.5,0.8), \tau \sim U(0.1,0.3)$,$\beta \sim U(3.6,4.1), \alpha \sim U(1,3)$及$\delta \sim U(1.8,2.2)$,如图6.30所示,其中图6.30(a)为PRCC值,图6.30(b)~(g)分别给出了每个参数的PRCC散点图.根据PRCC绝对值的大小,平均切换时间高度依赖于经济阈值(ET)、转化率(β)和增长率(α)这三个参数.从参数的PRCC值还可以看出α对结果的影响最大,δ与平均切换时间呈显著负相关,而ET与平均转换时间呈显著正相关.适当增大参数还可以使平均切换时间增大,同时增大参数还可导致害虫暴发,这为设计合理的害虫控制策略提供了思路.

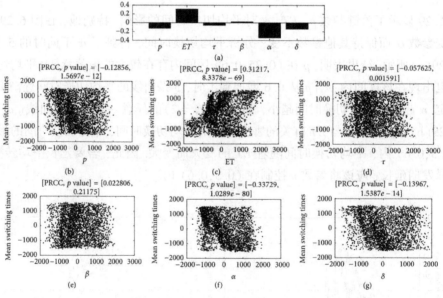

图6.30　PRCC值与散点图.(a)PRCC结果;(b)~(g)PRCC散点图

第7章 非光滑 Filippov 系统

7.1 突发性传染病模型的选择性治疗策略

7.1.1 引言

诸如俄罗斯流感[225]，西班牙流感[226]，2009 年流感大流行[227-228]的突发性传染疾病是人类历史上最重要的灾难，它威胁着公共卫生安全和社会稳定，世界各国越来越关注新兴传染病的预防和治疗. 世界卫生组织报告称，仅 2012—2013 年用于控制传染病[229]传播的支出超过 4.68 亿美元，用于治疗和研究新出现的传染病的资金规模巨大，而且在不断增加.

自 2003 年年初中国首次暴发严重急性呼吸系统综合征（SARS）以来，SARS 迅速蔓延至东南亚地区乃至全世界，是 21 世纪第一个严重的新疾病. 随着 SARS 在一些国家和地区的快速传播，SARS 感染病和流感的数量不断增加，因其高发病率和高死亡率而对公共卫生构成严重威胁. 在预防和治疗 SARS 方面，虽然各国已经采取了有效和必要的措施，包括加强监测、病例早期发现和治疗以及感染控制，但有限的医疗资源限制了疫情的防控，特别是许多医疗落后、经济落后的发展中国家[95][230][97][113]表现得尤其明显.

特别是医疗机构、医务人员在面对 SARS 感染和普通流感病例时，由于医疗资源的有限，医务人员选择 SARS 感染病例进行相关治疗，对于感染流感的患者，医生不得不建议他们在家治疗以缓解医疗资源的压力，为了描述医疗资源有限和选择压力的影响，就需要选择感染 SARS 的患者数量作为医务人员采取选择性治疗策略的指标. 具有的阈值策略[157][231]为：若感染 SARS 的患者人数低于阈值水平，医院对 SARS 感染患者和普通流感病例同时进行治疗；若感染 SARS 的患者人数高于阈值水平，医院仅选择 SARS 感染患者进行治疗. 这种阈值策略也叫开关控制，用 Filippov 系统[231-232]来描述. 本节正是基于此而开展的工作.

本节材料主要来源于文献[233].

7.1.2 具有选择性策略的模型建立

基于非线性治疗策略的传染病模型[234]

$$\begin{cases} \dfrac{\mathrm{d}S(t)}{\mathrm{d}t} = A - \mu S - \beta SI, \\[2mm] \dfrac{\mathrm{d}I(t)}{\mathrm{d}t} = \beta SI - (\mu_1 + \nu)I - \dfrac{cI}{1+bI}, \\[2mm] \dfrac{\mathrm{d}R(t)}{\mathrm{d}t} = \nu I + \dfrac{cI}{1+bI} - \mu_R R, \end{cases} \tag{7.1.1}$$

其中, $S(t)$、$I(t)$ 和 $R(t)$ 分别代表在 t 时刻易感者、感染者和恢复者类的人数, A 是易感者的常数输入率, μ_S 和 μ_R 为易感者和恢复者的自然死亡率, μ_1 为感染者的因病和自然死亡率, 显然有 $\mu_1 > \mu_S$; $H(I) = cI/(1+bI)$ 表示非线性的治愈率, c 表示最大治愈率, b 表示医疗资源有限因子; ν 为感染者的自然恢复率, $\nu < c$, βSI 是双线性发生率.

当医院面对同时 SARS 感染病例和流感病例时, 模型 (7.1.1) 被改写成

$$\begin{cases} \dfrac{\mathrm{d}S(t)}{\mathrm{d}t} = A - \mu_S S - \beta_1 SI_1 - \beta_2 SI_2, \\[2mm] \dfrac{\mathrm{d}I_1(t)}{\mathrm{d}t} = \beta_1 SI_1 - \mu_1 I_1 - \nu_1 I_1 - \dfrac{p_1 c_1 I_1}{1 + p_1 b_1 I_1 + {}_1 p_2 b_2 I_2}, \\[2mm] \dfrac{\mathrm{d}I_2(t)}{\mathrm{d}t} = \beta_2 SI_2 - \mu_2 I_2 - \nu_2 I_2 - \dfrac{p_2 c_2 I_2}{1 + p_1 b_1 I_1 + {}_1 p_2 b_2 I_2}, \\[2mm] \dfrac{\mathrm{d}R(t)}{\mathrm{d}t} = \nu_1 I_1 + \nu_2 I_2 + \dfrac{p_1 c_1 I_1 + p_2 c_2 I_2}{1 + p_1 b_1 I_1 + {}_1 p_2 b_2 I_2} - \mu_R R, \end{cases} \tag{7.1.2}$$

其中, I_1 和 I_2 分别表示感染 SARS 和流感的患者人数; β_i 称为 I_i 的基本传播系数; μ_i 是 I_i 的病死亡和自然死亡率, $\mu_i > \mu_S$; p_i 表示医生对 I_i 进行治疗的概率; c_i 表示 I_i 单位时间的最大治愈率; b_i 描述治疗 I_i 的资源有限因子; ν_i 为 I_i 的自然恢复率, $\nu_i < c_i$, $i = 1, 2$.

医生如何科学地选择感染 SARS 或流感的患者进行治疗, 这需要进行定量的分析来得出结论, 根据阈值策略, 为了确定精确的阈值, 定义基于 p_1 和 p_2 的治愈函数

$$\zeta(p_1, p_2) = \frac{p_1 c_1 I_1 + p_2 c_2 I_2}{1 + p_1 b_1 I_1 + p_2 b_2 I_2},$$

通过计算可得

$$\frac{\partial \zeta}{\partial p_1} = \frac{[c_1 + p_2 I_2 (b_2 c_1 - b_1 c_2)] I_1}{(1 + p_1 b_1 I_1 + p_2 b_2 I_2)^2}, \quad \frac{\partial \zeta}{\partial p_2} = \frac{[c_2 - p_1 I_1 (b_2 c_1 - b_1 c_2)] I_2}{(1 + p_1 b_1 I_1 + p_2 b_2 I_2)^2},$$

考虑到选择的压力, 根据 $\partial \zeta / \partial p_2$ 和阈值 $I_c \triangleq \dfrac{c_2}{b_2 c_1 - b_1 c_2}$, 若 $b_2 c_1 - b_1 c_2 > 0$, 则 ζ 在 $p_1 = 1$ 处最大.

综上可得, 当 $I_1 < I_c$ ($I_1 > I_c$) 时, ζ 相对于 p_2 是一个单调的递增 (递减) 函数. 因此, 在 SARS 暴发早期, 即当 $I_1 < I_c$ 时, 医院同时接诊流感患者与 SARS 患者治疗, 也就是 $p_1 = p_2 = 1$. 随着 SARS 的流行, 即当 $I_1 > I_c$ 时, 医院有限的医疗资源不能同时接诊 SARS 患者和流感患者, 只能选择 SARS 患者进行治疗, 医务人员不得不劝退普通流感患者回家治疗, 也

就是 $p_1 = 1$，$p_2 = 0$.

因此，若 SARS 病例数小于阈值 I_c，模型(7.1.2)为

$$\begin{cases} \dfrac{\mathrm{d}S(t)}{\mathrm{d}t} = A - \mu_S S - \beta_1 SI_1 - \beta_2 SI_2, \\[2mm] \dfrac{\mathrm{d}I_1(t)}{\mathrm{d}t} = \beta_1 SI_1 - \mu_1 I_1 - \nu_1 I_1 - \dfrac{c_1 I_1}{1 + b_1 I_1 + b_2 I_2}, \\[2mm] \dfrac{\mathrm{d}I_2(t)}{\mathrm{d}t} = \beta_2 SI_2 - \mu_2 I_2 - \nu_2 I_2 - \dfrac{c_2 I_2}{1 + b_1 I_1 + b_2 I_2}, \\[2mm] \dfrac{\mathrm{d}R(t)}{\mathrm{d}t} = \nu_1 I_1 + \nu_2 I_2 + \dfrac{c_1 I_1 + c_2 I_2}{1 + b_1 I_1 + b_2 I_2} - \mu_R R. \end{cases} \tag{7.1.3}$$

若 SARS 病例数大于阈值 I_c，模型(7.1.2)为

$$\begin{cases} \dfrac{\mathrm{d}S(t)}{\mathrm{d}t} = A - \mu_S S - \beta_1 SI_1 - \beta_2 SI_2, \\[2mm] \dfrac{\mathrm{d}I_1(t)}{\mathrm{d}t} = \beta_1 SI_1 - \mu_1 I_1 - \nu_1 I_1 - \dfrac{c_1 I_1}{1 + b_1 I_1}, \\[2mm] \dfrac{\mathrm{d}I_2(t)}{\mathrm{d}t} = \beta_2 SI_2 - \mu_2 I_2 - \nu_2 I_2, \\[2mm] \dfrac{\mathrm{d}R(t)}{\mathrm{d}t} = \nu_1 I_1 + \nu_2 I_2 + \dfrac{c_1 I_1}{1 + b_1 I_1} - \mu_R R. \end{cases} \tag{7.1.4}$$

为了简化模型，将每年流感患者数量看成一个常数，即 $I_2 = k \in \mathbf{Z}^+$，同时由于 SARS 高致病性，不考虑医疗资源的限制，SARS 患者随时都可以得到治疗，即 $b_1 = 0$. 所以模型(7.1.3)和(7.1.4)即可写成如下的非光滑系统[231-232].

$$\begin{cases} \dfrac{\mathrm{d}S(t)}{\mathrm{d}t} = A - \mu S - \beta SI, \\[2mm] \dfrac{\mathrm{d}I(t)}{\mathrm{d}t} = \beta SI - \nu I - \dfrac{c_1 I}{1 + b_1 I + \varepsilon b_2 k}, \end{cases} \tag{7.1.5}$$

其中

$$\varepsilon = \begin{cases} 1, H(Z) < 0, \\ 0, H(Z) > 0. \end{cases} \tag{7.1.6}$$

这里 $\mu = \mu_S + \beta_2 k$，$\nu = \mu_1 + \nu_1$，$I_c = \dfrac{c_2}{b_2 c_1 - b_1 c_2}$ 和 $H(Z) = I_1 - I_c$ 与向量 $\mathbf{Z} = (S, I_1)^{\mathrm{T}}$. 为了叙述方便，做记号

$$F_{S_1}(Z) = \left(A - \mu S - \beta_1 SI_1, \beta_1 SI_1 - \nu I_1 - \dfrac{c_1 I_1}{1 + b_2 k} \right)^{\mathrm{T}},$$

$$F_{S_2}(Z) = (A - \mu S - \beta_1 SI_1, \beta_1 SI_1 - \nu I_1 - c_1 I_1)^{\mathrm{T}}.$$

因此, 模型(7.1.5)和模型(7.1.6)可以重新改写成 Filippov 系统

$$\dot{Z}(t) = \begin{cases} F_{G_1}(Z), Z \in G_1, \\ F_{G_2}(Z), Z \in G_2, \end{cases} \tag{7.1.7}$$

$S_1 = \{Z \in \mathbf{R}_+^2 \mid H(Z) < 0\}$, $S_2 = \{Z \in \mathbf{R}_+^2 \mid H(Z) > 0\}$. 此外, 将两个区域 S_1 和 S_2 的不连续边界 Σ 定义为 $\Sigma = \{Z \in \mathbf{R}_+^2 \mid H(Z) = 0\}$, 并且 H 是一个标量函数, H_Z 在 Σ 上非零梯度. 记定义在区域 S_1 的 Filippov 系统(7.1.7)为子系统 S^1, 定义在区域 S_2 的 Filippov 系统(7.1.7)为子系统 S^2.

7.1.3　子系统的定性分析

对子系统 S^1, 它具有无病平衡态 E_0 和地方性平衡态 E_1, 且

$$E_0 = \left(\frac{A}{\mu}, 0\right), \quad E_1 = (S_*^1, I_*^1) = \left(\frac{1}{\beta_1}\left(\nu + \frac{c_1}{1+b_2k}\right), \frac{\mu}{\beta_1}(R_{01}-1)\right),$$

其中

$$R_{01} = \frac{\beta}{\nu + \dfrac{c_1}{1+b_2k}} \frac{A}{\mu}$$

是子系统 S^1 的基本再生数.

为了分析平衡点 E_0 和 E_1 的全局稳定性, 特构造 Lyapunov 函数

$$V_0(t) = I_1(t), \quad V_1(S, I_1) = \frac{1}{2S_*^1}(S - S_*^1)^2 + \left(I_1 - I_*^1 - I_*^1 \ln\frac{I_1}{I_*^1}\right).$$

借助 Lasalle 不变集原理, 当 $R_{01} < 1$ 和 $R_{01} > 1$ 时, 有 E_0 和 E_1 是全局稳定的.

类似地, 对子系统 S^2, 若其基本再生数 $R_{02} = \dfrac{\beta_1}{\nu + c_1}\dfrac{A}{\mu} < 1$, 则子系统 S^2 存在一个全局渐近稳定的无病平衡点 $E_0 = (A/\mu, 0)$, 若 $R_{02} > 1$, 地方病平衡点

$$E_2 = (S_*^2, I_*^2) = \left(\frac{1}{\beta_1}(\nu + c_1), \frac{\mu}{\beta_1}(R_{02}-1)\right)$$

是全局渐近稳定的.

同时, 子系统 S^i 关于其平衡点 $E_i = (S_*^i, I_*^i)$ 的特征多项式为

$$\lambda^2 + \frac{A}{S_*^i}\lambda + \beta_1(A - \mu S_*^i) = 0.$$

地方病平衡点 E_i 是结点还是焦点取决于

$$\Delta_i = \frac{A^2}{S_*^{i2}} - 4\beta_1(A - \mu S_*^i), \quad i = 1, 2.$$

的符号.

此外, 注意到 $R_{02} < R_{01}$, 因此当 $R_{01} < 1$ 时, 自由系统 S^1 和控制系统 S^2 都稳定在它们

各自的无病平衡点上；当 $R_{02} > 1$ 时，两个子系统 S^1 和 S^2 都稳定在它们各自的地方病平衡点上.

7.1.4 Filippov 系统(7.1.7)的基本性质

根据函数 $\sigma(Z)$ 的定义有

$$\sigma(Z) = I_1^2\left(\beta_1 S - \nu - \frac{c_1}{1+b_2 k}\right)(\beta_1 S - \nu - c_1), \quad Z \in \Sigma, \tag{7.1.8}$$

由滑动区域的定义 $\Sigma_{SL} = \{Z \in \Sigma \mid \sigma(Z) \leq 0\}$，因此，滑动区域 Σ_S 为

$$\Sigma_s = \left\{Z \in \Sigma \,\middle|\, \frac{1}{\beta_1}\left(\nu + \frac{c_1}{1+b_2 k}\right) \leq S \leq \frac{1}{\beta_1}(\nu + c_1), \quad I_1 = I_c\right\},$$

即

$$\Sigma_s = \{Z \in \Sigma \mid S_*^1 \leq S \leq S_*^2, \, I_1 = I_c\}.$$

下面采用文献[232]中的 Utkin 等度控制方法来研究 Filippov 系统(7.1.7)在滑动区域 Σ_S 上的动力学行为. 由 $H(Z) = 0$ 可知

$$\frac{\partial H}{\partial t} = I_1' = \beta_1 S I_c - \nu I_c - \frac{c_1 I_c}{1+\varepsilon b_2 k} = 0,$$

对上述方程关于 ε 求解可得

$$\varepsilon = \frac{c_1 + \nu - \beta_1 S}{b_2 k(\beta_1 S - \nu)}.$$

根据 Utkin 等度控制方法可得，在滑动区域 Σ_S 上的滑动模式动力学微分方程为

$$S'(t) = A - \mu S - \beta_1 S I_c, \tag{7.1.9}$$

其中 $S \in (S_*^1, S_*^2) \triangleq S_d$. 显然，当 $S_p = A/(\mu + \beta_1 I_c)$ 和 $S_p \in S_d$ 时，滑动模式方程(7.1.9)存在唯一的伪平衡点 $E_P = (S_p, I_c)$，而 $S_p \in S_d$ 等价于

$$\frac{\mu}{\beta_1}(R_{02} - 1) < I_c < \frac{\mu}{\beta_1}(R_{01} - 1).$$

注意到

$$I_c = \frac{c_2}{b_2 c_1}, \quad I_*^1 = \frac{\mu}{\beta_1}(R_{02} - 1), \quad I_*^2 = \frac{\mu}{\beta_1}(R_{01} - 1),$$

可以把上述不等式改写为

$$H_1 \triangleq b_2 c_1 I_*^2 < c_2 < b_2 c_1 I_*^1 \triangleq H_2. \tag{7.1.10}$$

对滑动模式方程(7.1.9)，很容易证明伪平衡点 E_P 在滑动区域 Σ_S 上是局部渐近稳定的.

7.1.5 滑动分支分析

1.平衡点和滑动模式分支

本小节将讨论 Filippov 系统(7.1.7)所有平衡点和滑动模式分支. 为此，选择参数 k 和

c_2 建立分支集, 其他所有参数的选择如图 7.1 所示.

注意到 $R_{01} > R_{02}$ 和 $I_*^1 > I_*^2$. 若 $c_2 > H_2$ (即图 7.1 中 $\Omega_1 \cup \Omega_2 \cup \Omega_3$), 则平衡点 E_1 和 E_2 分别为真平衡点和假平衡点, 分别记为 E_R^1 和 E_V^2. 若 $H_1 < c_2 < H_2$ (即图 7.1 中 $\Omega_4 \cup \Omega_5$), 则平衡点 E_1 和 E_2 都是假平衡点, 记为 E_V^1 和 E_V^2. 在这种情形下, Filippov 系统 (7.1.7) 存在唯一的伪平衡点 E_P, 并且它是局部渐近稳定的. 若 $c_2 < H_1$ (即图 7.1 中的 Ω_6), 则平衡点 E_1 和 E_2 分别为假平衡点和真平衡点, 分别记为 E_V^1 和 E_R^2.

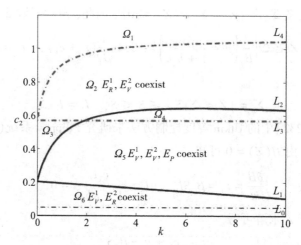

图 7.1 Filippov 系统 (7.1.7) 关于 k 和 c_2 的分支图. 五条曲线是 $L_0 = \{(k, c_2) \mid c_2 = v_2\}$ 和 $L_i = \{(k, c_2) \mid c_2 = H_i, i = 1, 2, 3, 4\}$. 参数 $A = 0.6, \beta_1 = 1, \beta_2 = 0.01, \mu_s = 0.39, \mu_1 = 0.9, \mu_R = 0.38, v_1 = 0.01, v_2 = 0.05, b_2 = 2, c_1 = 0.5$

下面来研究 Filippov 系统 (7.1.7) 滑动区域 Σ_S 和不变域的关系. 为此, 有

$$\Omega \triangleq \{S + I_1 \in \mathbf{R}_+^2 \mid 0 < S + I_1 \leqslant d = \frac{A}{\min\{\mu_S, \mu_1, \mu_R\}}, S \geqslant 0, I_1 \geqslant 0\}.$$

若 $S_*^2 < d - I_c$, 滑动区域 Σ_S 位于 Ω 中, 即

$$c_2 < b_2 c_1 (d - S_*^2) \triangleq H_3. \tag{7.1.11}$$

当 $S_*^2 > d - I_c$ 时, Σ_S 不在 Ω 内, 即

$$c_2 > b_2 c_1 (d - S_*^1) \triangleq H_4. \tag{7.1.12}$$

特别地, 当 $H_3 < c_2 < H_4$ 时 (即图 7.1 中的区域 $\Omega_2 \cup \Omega_4$), 滑动区域 Σ_S 部分在不变域 Ω 之内, 部分在 Ω 之外.

2. 边界平衡点分支

随着参数的不断变化, Filippov 系统的伪平衡点、切点和真平衡点 (或切点和真平衡) 碰撞合并为一点, 系统发生边界点分支.

Filippov 系统 (7.1.7) 的切点满足

$$\beta_1 S I_1 - \nu I_1 - \frac{c_1 I_1}{1 + \varepsilon b_2 k} = 0, \quad I_1 = I_c,$$

求解可得上述关于 S 方程得到的 $E_T^1 = (S_*^1, I_c)$ 和 $E_T^2 = (S_*^2, I_c)$. 注意到两个切点 E_T^1 和 E_T^2 是滑线 Σ_S 的端点.

Filippov 系统(7.1.7)的边界点满足

$$A - \mu S - \beta_1 S I_1 = 0, \quad \beta_1 S I_1 - \nu I_1 - \frac{c_1 I_1}{1 + \varepsilon b_2 k} = 0, \quad I_1 = I_c,$$

且

$$\frac{A}{\mu + \beta_1 I_c} = \frac{1}{\beta_1}\left(\nu + \frac{c_1}{1 + \varepsilon b_2 k}\right)$$

时, 系统有边界点为 $E_B^1 = (S_*^1, I_c)$ 或 $E_B^2 = (S_*^2, I_c)$.

此外, 有

$$F_{S_1} H(E_B^2) = \left(\beta_1 S_*^2 - \nu - \frac{c_1}{1 + b_2 k}\right)I_*^2 = \frac{c_1 b_2 k \mu (\boldsymbol{R}_{02} - 1)}{\beta_1 (1 + b_2 k)} > 0,$$

$$F_{S_2} H(E_B^1) = (\beta_1 S_*^1 - \nu - c_1) I_*^1 = \frac{c_1 b_2 k \mu (1 - \boldsymbol{R}_{01})}{\beta_1 \left(1 + b_2 k \dfrac{\mu}{\beta_1}\right)} < 0,$$

$\det(F_{S_i}(E_B^i))$ 存在具有负实部 $\dfrac{-A}{2 S_*^i}$ 和非零的非零特征根 $\dfrac{-A \pm \sqrt{\Delta_i} S_*^i}{2 S_*^i}$, 这取决于 Δ_i, $i = 1, 2$ 的符号.

由定义 8.16, 在边界点 E_B^i 发生了边界点分支.

综上所述可得以下结论.

定理 7.1 若 $\Delta_i < 0 (\Delta_i < 0)$, $i = 1, 2$, 则 E_B^i 发生了边界焦点(结点)分支.

特别地, 由图 7.2 可知: 当参数 c_2 到达临界值 $c_2^* = 0.2631$ 时, 一个稳定焦点 E_R^2 与一个切点 E_T^2 碰撞合并为同一点, 此时 $I_c = 0.2631$, $\Delta_2 = -0.5825 < 0$, 即在点 E_B^2 处发生边界焦点分支. 当 $c_2 < 0.2631$ 时, 一个稳定焦点 E_R^2 与系统的一个切点 E_T^2 共存, 如图 7.2(a)所示; 当 $c_2 = 0.2631$ 时发生边界点分支, 如图 7.2(b)所示; 当 $c_2 > 0.2631$ 时, 边界平衡点分离出 E_T^2 和 E_p, 如图 7.2(b)所示.

类似地, 当参数 c_2 到达临界值 $c_2^t = 0.6477$, 此时 $\Delta_1 = 0.0667 > 0$, Filippov 系统 (7.1.7) 在 E_B^1 处发生边界结点分支, 如图 7.3 所示. 当 $c_2 > 0.6477$ 时, 一个稳定结点 E_R^1 与一个切点 E_T^1 共存, 如图 7.3(a)所示; 当 $c_2 = 0.6477$ 时发生边界点分支, 焦点 E_p 和切点 E_T^1 被代替; 当 $c_2 < 0.6477$ 时, 边界点分离出 E_p 和切点 E_T^1, 如图 7.3(c)所示.

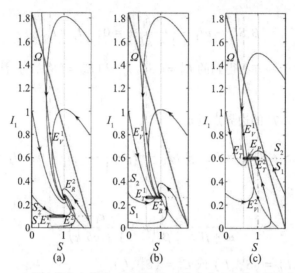

图 7.2　Filippov 系统 (7.1.7) 的边界焦点分支. 这里选择 c_2 作为分支参数, 其他参数为 $A = 0.7, \beta_1 = 1,$ $\beta_2 = 0.01, \mu_s = 0.39, \mu_1 = 0.5, \mu_R = 0.38, v_1 = 0.01, b_2 = 2, c_1 = 0.5, k = 4$, 以及 (a) $c_2 = 0.1$; (b) $c_2 = 0.2631$; (c) $c_2 = 0.6$

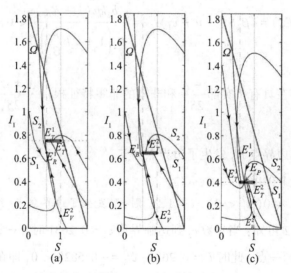

图 7.3　Filippov 系统 (7.1.7) 的边界焦点分支. 以 c_2 为分支参数, (a) $c_2 = 0.75$; (b) $c_2 = 0.6477$; (c) $c_2 = 0.4$. 其他参数同图 7.2

7.1.6　全局动力学行为

本节将研究 Filippov 系统 (7.1.7), 当 $R_{02} > 1$ 时, 两个真平衡点 $E_R^i, i = 1, 2$ 和伪平衡点 E_P 的全局渐近稳定性. 首先总结出了 Filippov 系统 (7.1.7) 可能存在的极限环类型.

I. 极限环全部位于向量场 $F_{S_1}(Z)$ 或 $F_{S_2}(Z)$ 内, 如图 7.4(a) 所示;

II. 极限环与滑线 Σ_s 相切于一点, 如图 7.4(b) 所示, 或极限环包含滑线 Σ_s 的一部分,如图 7.4(c) 所示.

III.极限环将整段滑线 Σ_S 包含在环内部, 如图 7.4(d) 所示.

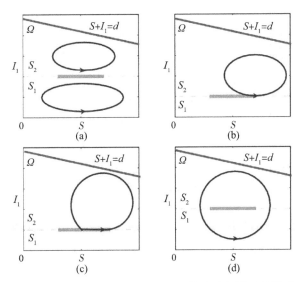

图 7.4   用 Filippov 系统(7.1.7)可能存在极限环的情形

1. 极限环的不存在性

为了研究 Filippov 系统(7.1.7)平衡点的全局稳定性, 需要排除上述三类极限环的存在性. 首先排除第一类极限环的存在性, 用 $f^{(i)}(Z)$ 表示系统 S^i 的右端函数, 这里 $f^{(i)}(Z) = (f_1^{(i)}(Z), f_2^{(i)}(Z))$, $i = 1,2$.

引理 7.2   不存在全部位于向量场 $F_{S_i}(Z)$, $i = 1,2$ 内的极限环.

证明   对系统 S^i, 构造 Dulac 函数 $B(S, I_1) = 1/(SI_1)$, 则

$$\frac{\partial(Bf_1^{(i)})}{\partial S} + \frac{\partial(Bf_2^{(i)})}{\partial I_1} = -\frac{A}{S^2 I_1} < 0,$$

所以在区域 S_i, $i = 1,2$ 中不存在极限环. 因此, 不存在全部位于向量场 $F_{S_1}(Z)$ 或 $F_{S_2}(Z)$ 内的极限环.

接下来, 排除第二类极限环的存在性.

引理 7.3   不存在与滑线相切或包含滑线一部分的极限环.

证明   分三种情形来加以讨论.

情形一: 若 $I_*^2 < I_c < I_*^1$, 即 $H_1 < c_2 < H_2$, 则在滑线 Σ_S 上存在一个局部稳定的伪平衡点 E_P, E_P 在滑线上局部稳定表明引理 7.3 是成立的.

情形二: 若 $I_c < I_*^2$, 即 $c_2 < H_1$, 在滑线 Σ_S 如图 7.5 中线段 $\overline{E_T^1 E_T^2}$, 有

$$S'(t) = A - \mu S - \beta_1 S I_c > 0,$$

这说明轨线在滑线 Σ_S 上的方向是从左向右.

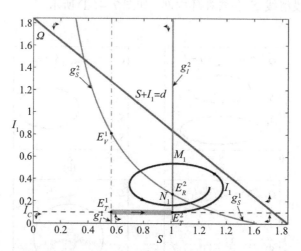

图 7.5 Filippov 系统 (7.1.7) 的等倾线 (g_I^i 和 g_S^i), 平衡点 (E_V^1 和 E_V^2), 滑动区域 Σ_S 和不变域 Ω 的相互关系. $g_I^1 \triangleq \{(S,I_1) \mid S = S_*^2\}$ 和 $g_S^1 \triangleq \{(S,I_1) \mid I_1 = (A - \mu S)/\beta_1 S\}$. $g_I^2 \triangleq \{(S,I_1) \mid S = S_*^2\}$ 和 $g_S^2 \triangleq \{(S, I_1) \mid I_1 = (A - \mu S)/\beta_1 S\}$

下面来证明始于切点 E_T^2 的轨线 l_1 不会再与滑线 Σ_S 碰撞. 注意, 始于切点 E_T^2 的轨线 l_1 要么直接趋向于 E_T^2, 要么盘旋着趋向于 E_R^2, 因为 E_R^2 是区域 S^1 稳定的结点或焦点. 若 E_R^2 是焦点, 那么 l_1 将与水平等倾线先后相交于点 M_1 和 N_1, 并且 N_1 位于线段 $\overline{E_T^2 E_R^2}$ 上, 因此, M_1 和 N_1 在切点 E_T^2 的上方. 因此, 始于切点 E_T^2 的轨线 l_1 不会形成极限环, 如图 7.5 所示.

情形三: 若 $I_c > I_*^1$, 即 $c_2 > H_2$, 类似于情形二.

综上所述, 不存在与滑线 Σ_S 相切或包含滑线一部分的极限环.

为了排除第三类极限环的存在性. 给出下列引理和详细证明.

引理 7.4 不存在整段滑线包含于环内的极限环.

证明 假设 Filippov 系统 (7.1.7) 在不变域 Ω 内有一个极限环 Γ, 且 Γ 将滑线 $\overline{T_1 T_2}$ 包含于环内, 如图 7.6 所示, 极限环 Γ 被不连续的边界 Σ 分成上下两部分, 分别记为 Γ_2 和 Γ_1, 记交点为 H_1 和 H_2. 同时, Γ 与辅助线 $I_1 = I_c - \epsilon (I_1 = I_c + \epsilon)$ 的交点记为 $A_1, A_2 (A_3, A_4)$, 这里 $\epsilon > 0$.

由 $\Gamma_1 (\Gamma_2)$ 和线段 $A_1 A_2 (A_3 A_4)$ 围成的区域记为 $G_1 (G_2)$, 且记区域 $G_1 (G_2)$ 的边界分别为 $L_1 (L_2)$, 方向如图 7.6 所示.

考虑 Dulac 函数 $B = 1/(SI_1)$, 利用 Green 公式可得

$$\iint_{G_1} \left[\frac{\partial (Bf_1^{(1)})}{\partial S} + \frac{\partial (Bf_2^{(1)})}{\partial I_1} \right] \mathrm{d}S \mathrm{d}I_1 = B \int_{L_1} [f_1^{(1)} \mathrm{d}I_1 - f_2^{(1)} \mathrm{d}S] = - \int_{\overrightarrow{A_2 A_1}} Bf_2^{(1)} \mathrm{d}S.$$

类似地, 有

$$\iint_{G_2} \left[\frac{\partial (Bf_1^{(2)})}{\partial S} + \frac{\partial (Bf_2^{(2)})}{\partial I_1} \right] \mathrm{d}S \mathrm{d}I_1 = - \int_{\overrightarrow{A_3 A_4}} Bf_2^{(2)} \mathrm{d}S.$$

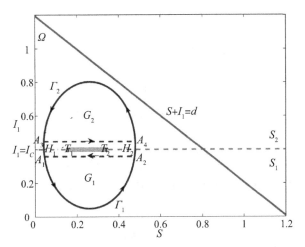

图 7.6 用 Filippov 系统(7.1.7)的相平面 S-I_1 图

若 $G_0 \subset G_1$, 则有

$$\xi \triangleq \iint_{G_0}\left[\frac{\partial(Bf_1^{(1)})}{\partial S} + \frac{\partial(Bf_2^{(1)})}{\partial I_1}\right]\mathrm{d}S\mathrm{d}I_1 < 0,$$

进一步

$$0 > \xi > \iint_{G_1}\left[\frac{\partial(Bf_1^{(1)})}{\partial S} + \frac{\partial(Bf_2^{(1)})}{\partial I_1}\right]\mathrm{d}S\mathrm{d}I_1 + \iint_{G_2}\left[\frac{\partial(Bf_1^{(2)})}{\partial S} + \frac{\partial(Bf_2^{(2)})}{\partial I_1}\right]\mathrm{d}S\mathrm{d}I_1$$

$$= -\int_{\overrightarrow{A_2A_1}}Bf_2^{(1)}\,\mathrm{d}S - \int_{\overrightarrow{A_3A_4}}Bf_2^{(2)}\,\mathrm{d}S.$$

$$(7.1.13)$$

记点 $H_1, H_2, A_1, A_2, A_3, A_4$ 的横坐标分别为 $x_1, x_2, x_1 + h_1(\epsilon), x_2 - h_2(\epsilon), x_1 + h_3(\epsilon), x_2 - h_4(\epsilon)$, 其中 $h_i(\epsilon) > 0$ 是连续的且 $\lim_{\epsilon \to 0}h_i(\epsilon) \to 0(i = 1,2,3,4)$. 因此, 有

$$\lim_{\epsilon \to 0}\left[-\int_{\overrightarrow{A_2A_1}}Bf_2^{(1)}\,\mathrm{d}S\right] = \lim_{\epsilon \to 0}\int_{x_1+h_1(\epsilon)}^{x_2-h_2(\epsilon)}\left(\beta_1 - \frac{\nu + \frac{c_1}{1+b_2k}}{S}\right)\mathrm{d}S,$$

$$\lim_{\epsilon \to 0}\left[\beta(x_2 - h_2(\epsilon) - x_1 - h_1(\epsilon)) - \left(\nu + \frac{c_1}{1+b_2k}\right)\ln\left|\frac{x_2 - h_2(\epsilon)}{x_1 + h_1(\epsilon)}\right|\right]$$

$$= \beta(x_2 - x_1) - \left(\nu + \frac{c_1}{1+b_2k}\right)\ln\left|\frac{x_2}{x_1}\right|.$$

类似可得

$$\lim_{\epsilon \to 0}\left[-\int_{\overrightarrow{A_3A_4}}Bf_2^{(2)}\,\mathrm{d}S\right] = \beta(x_1 - x_2) + (\nu + c_1)\ln\left|\frac{x_2}{x_1}\right|.$$

因此, 有

$$\lim_{\epsilon \to 0}\left[-\int_{\overrightarrow{A_2A_1}}Bf_2^{(1)}\,\mathrm{d}S - \int_{\overrightarrow{A_3A_4}}Bf_2^{(2)}\,\mathrm{d}S\right] = \frac{c_1b_2k}{1+b_2k}\ln\left|\frac{x_2}{x_1}\right| > 0,$$

这与式(7.1.13)矛盾. 故不存在包含整段滑线于环内的极限环.

2.Filippov 系统(7.1.7)的全局稳定性

首先, 研究真平衡点 E_R^1 的全局渐近稳定性.

定理 7.5　若 $c_2 > H_2$(即 $I_c > I_*^1$), 则 Filippov 系统(7.1.7)的地方病平衡点 E_R^1 是全局渐近稳定的.

证明　当 $c_2 > H_2$ 时, 存在地方病平衡点 E_R^1 和 E_V^2 都在 Σ 的同一侧. 虽然在不变域 Ω 中存在滑线 Σ_S, 但滑线 Σ_S 上不存在伪平衡点. 当 $R_{01} > 1$ 时, S_1 的地方病平衡点是局部渐近稳定的. 根据滑动区域 Σ_S 可得

$$S'(t) = A - \mu S - \beta_1 S I_c < 0,$$

这表明轨线在滑线 $\overline{E_T^1 E_T^2}$ 的运动方向是从右至左的, 如图 7.7 所示.

注意到 $H_3 \leq H_4, H_1 \leq H_2, H_1 \leq H_3, H_2 \leq H_4$, 则 $H_3 \leq H_2$ 或 $H_3 \geq H_2$. 对于不同参数值, 滑线可能全部位于、部分位于、不位于不变域 Ω 中. 因此, 分三种情形来加以讨论.

情形一: 若 $c_2 > H_4$(即图 7.1 中的区域 Ω_1), 则滑线 $\overline{E_T^1 E_T^2}$ 全部位于不变域 Ω 中, 如图 7.7(a)所示. 根据引理 7.2、引理 7.3 和引理 7.4 可以排除上述三种极限环的存在性. 因此地方病平衡点 E_R^1 是全局渐近稳定的.

情形二: 若 $\max\{H_2, H_3\} < c_2 \leq H_4$(即图 7.1 中的区域 Ω_2), 则滑线 $\overline{E_T^1 E_T^2}$ 的一部分位于不变域 Ω 中, 如图 7.7(b)所示. 注意到在 $G_2 \cap \Omega$ 区域内向量场的方向是向下的. 此外, 由引理 7.3 可知不存在与滑线 $\overline{E_T^1 E_T^2}$ 相切的极限环. 因此地方病平衡点 E_R^1 是全局渐近稳定的.

情形三: 若 $c_2 \leq \max\{H_2, H_3\}$(即图 7.1 中的区域 Ω_3), 则滑线 $\overline{E_T^1 E_T^2}$ 全部位于不变域 Ω 之外, 如图 7.7(c)所示.

这两个地方病平衡点 E_R^1 和 E_V^2 全部位于区域 $S_1 \cap \Omega$ 中, 向量场在区域 $S_2 \cap \Omega$ 的方向是向下的, 因此在 Ω 中不存在既位于 S_1 又位于 S_2 的极限环. 另外, 根据引理 7.2, 在区域 S_1 中不存在极限环, 所以地方病平衡点 E_R^1 是全局渐近稳定的.

值得注意的是, 平衡点 E_R^1 和 E_V^2 都位于区域 S_1 中, 这说明系统所有的轨线都将进入 Σ 下方的不变域 Ω 中, 且它们停留在其中, 都趋于真平衡点 E_R^1. 因此, E_R^1 是全局渐近稳定的.

接下来研究平衡点 E_P 在滑动区域 Σ_S 中的全局渐近稳定性.

定理 7.6　若 $H_1 < c_2 < H_2$(即 $I_*^2 < I_c < I_*^1$), 则 Filippov 系统(7.1.7)的伪平衡点 E_P 是全局渐近稳定的.

证明　容易看出平衡点 E_1 和 E_2 是假平衡点, 记为 E_V^1、E_V^2, 并且滑线 Σ_S 上的伪平衡点 E_P 是局部渐近稳定的. 注意到滑线 Σ_S 可能全部或部分位于不变域 Ω 中, 因此分两种情况来讨论.

情形一: 若 $c_2 \geq \min\{H_2, H_3\}$(即图 7.1 中的区域 Ω_4), 滑线 $\overline{E_T^1 E_T^2}$ 部分位于不变域 Ω 中, 如图 7.8(a)所示. 与定理 7.5 情形二相似, 可以排除极限环的存在.

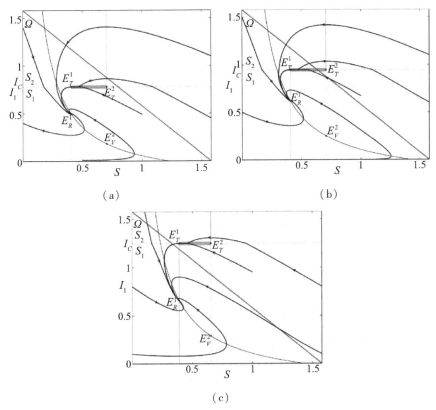

图 7.7 地方性平衡点 E_R^1 的全局稳定性. 参数为 $A = 0.6, \beta_1 = 2, \beta_2 = 0.05, \mu_s = 0.39, \mu_1 = 0.5, \mu_R = 0.38, v_1 = 0.01, b_2 = 1, k = 2$, (a) $c_1 = 0.9, c_2 = 0.7$; (b) $c_1 = 0.9, c_2 = 0.85$; (c) $c_1 = 0.8, c_2 = 0.1$

情形二: 若 $c_2 < \min\{H_2, H_3\}$ (即图 7.1 中的区域 Ω_5), 滑线 $\overline{E_T^1 E_T^2}$ 全部位于不变域 Ω 中, 如图 7.8(b) 所示. 可以利用引理 7.4 排除 Σ_S 周围极限环的存在性.

综上所述, 在不变域 Ω 中不存在极限环. 因此, 伪平衡点 E_P 是全局渐近稳定的.

最后讨论真平衡点 E_R^2 的全局渐近稳定性.

定理 7.7 若 $c_2 < H_1$ (即 $I_c < I_*^2$), 则 Filippov 系统 (7.1.7) 的地方病平衡点 E_R^2 是全局渐近稳定的.

证明 当 $c_2 < H_1$ (即图 7.1 中的区域 Ω_6) 时, 整段滑线全部位于不变域 Ω 中, 如图 7.9 所示. 显然, 系统存在两个地方病平衡点 E_V^1 和 E_R^2, 不存在伪平衡点, 但滑线 Σ_S 仍然存在, 且轨线在 $\overline{E_T^1 E_T^2}$ 上的方向是从左向右的, 如图 7.9 所示, 利用与定理 7.5 情形一类似, 可以排除在不变域 Ω 中存在极限环. 因此, 地方病平衡点 E_R^2 是全局渐近稳定的.

注: 若 $R_{01} < 1$, Filippov 系统 (7.1.7) 稳定到无病平衡点 E_0, 这是自由系统 S^1 的无病平衡点, 如图 7.10 所示. 事实上, 当 $R_{01} < 1$ 时, Filippov 系统 (7.1.7) 不存在任何平衡点及滑线. 根据引理 7.2, Filippov 系统 (7.1.7) 不存在极限环. 因此, Filippov 系统 (7.1.7) 的轨线都穿越不连续的边界 Σ, 最终稳定在子系统的边界平衡点 E_0 上.

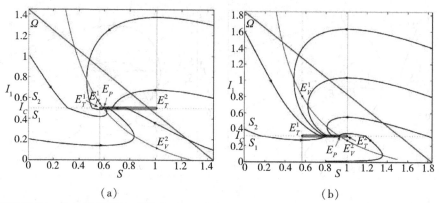

（a）　　　　　　　　　　　　　　　　（b）

图 7.8　伪平衡点 E_p 的全局稳定性. 参数为 $\beta_1 = 1, \beta_2 = 0.01, \mu_s = 0.39, \mu_1 = 0.5, \mu_R = 0.38, v_1 = 0.01,$ $b_2 = 2, c_1 = 0.5, k = 4,$ 以及（a）$c_1 = 0.9, c_2 = 0.7$；（b）$c_1 = 0.9, c_2 = 0.85$；（c）$c_1 = 0.8, c_2 = 0.1$

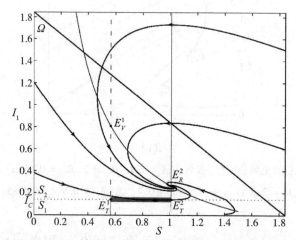

图 7.9　地方性平衡点 E_R^2 的全局稳定性. 参数为 $A = 0.7, \beta_1 = 1, \beta_2 = 0.01, \mu_s = 0.39, \mu_1 = 0.5, \mu_R = 0.38, v_1 = 0.01, b_2 = 2, c_1 = 0.5, c_2 = 0.14, k = 4$

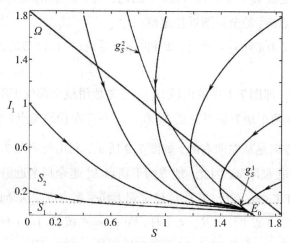

图 7.10　无病平衡点 E_0 的动力学行为. 参数为 $A = 0.7, \beta_1 = 0.3, \beta_2 = 0.01, \mu_s = 0.39, \mu_1 = 0.5, \mu_R = 0.38, v_1 = 0.01, b_2 = 2, c_1 = 0.5, c_2 = 0.1, k = 4$

3. 关键参数和生物意义解释

下面考虑关键参数对阈值 R_{01} 和 R_{02} 的影响.

虽然阈值 R_{01} 和 R_{02} 依赖于 Filippov 系统(7.1.7)的所有参数, 但是这里最关心的是 c_1, 即对 SARS 患者的最大治愈率, 它在控制 SARS 的传播及治疗 SARS 中起着至关重要的作用. 显然当 $\dfrac{\partial R_{01}}{\partial c_1} < 0$, $\dfrac{\partial R_{02}}{\partial c_1} < 0$ 时, 阈值 R_{01} 和 R_{02} 是关于 c_1 的单调减函数. 同时, 阈值为

$$c_1^* = \frac{(A\beta_1 - \mu\nu)(1 + b_2 k)}{\mu}.$$

因此 $R_{01}(c_1) = 1$, 当 $c_1 > c_1^*$ 时, 有 $R_{01}(c_1) < 1$ 成立.

又根据 $I_c = c_2/(c_1 b_2)$ 可知 I_c 是关于 c_1 的减函数, 基于阈值 c_1^*, 阈值 I_c 可改写成

$$I_c^* = \frac{c_2}{c_1^* b_2} = \frac{c_2\mu}{b_2(A\beta_1 - \mu\nu)(1 + b_2 k)}, \tag{7.1.14}$$

医务人员选择不超过 I_c^* 的阈值 I_c 对 SARS 进行选择性治疗, 才能有效控制 SARS 的传播, 如图 7.11 所示. 在 SARS 暴发初期($I_1 < I_c^*$), SARS 患者通过有效的治疗后病情得到控制. 一旦 SARS 患者的数量超过阈值 I_c^*(即 $I_1 > I_c^*$), 有限的医疗资源将不能控制 SARS 的传播, 如图 7.11 上面点虚线所示. 此时, 必须实施选择性治疗措施, 即在医院内只针对 SARS 感染者进行治疗, 如图 7.11 实线所示. 因此, 选择性治疗的措施将有助于控制 SARS 的传播.

进一步, 研究阈值 I_c 对 SARS 传播的影响, 如图 7.12 所示. 由式(7.1.14)可计算出 $I_c^* \approx 0.29$, 图 7.12 中的最下面曲线代表当 $I_c < I_c^*$ 时 SARS 可以得到彻底的控制, 而上面两条曲线代表当 $I_c > I_c^*$ 时 SARS 将暴发, 即使对 SARS 患者进行选择性的治疗也不能控制 SARS 疫情的传播, 这说明选择一个适当的阈值 I_c 来对 SARS 患者进行选择性治疗, 对控制 SARS 疫情的传播起着至关重要的作用.

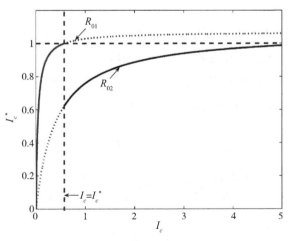

图 7.11 R_{01} 和 R_{02} 的单调性. 参数为 $A = 0.64$, $\beta_1 = 0.4$, $\beta_2 = 0.01$, $\mu_s = 0.39$, $\mu_1 = 0.5$, $\nu_1 = 0.01$, $b_2 = 1.2$, $c_2 = 0.5$, $k = 8$

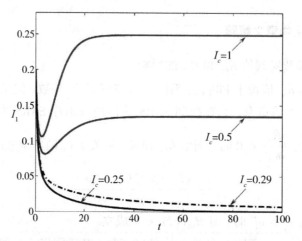

图 7.12 具有不同阈值 I_c 的时间序列. 参数为 $A = 0.9$, $\beta_1 = 0.8$, $\beta_2 = 0.05$, $\mu_s = 0.2$, $\mu_1 = 0.7$, $\mu_s = 0.38$, $v_1 = 0.01$, $b_2 = 1$, $c_2 = 1$, $k = 10$

因此, 为了控制 SARS 的传播和治疗, 改进医疗设施是一项紧迫的工作, 应该建立健全一个快速、准确、高效的筛查和早期诊断 SARS 患者的体系, 及时对感染突发性传染病的患者进行选择性治疗, 以免错过最佳的治疗时间. 同时, 科研工作者应该开发更加有效的疫苗、药物也是至关重要的, 这些措施都可以缓解有限的医疗资源对医院及医务工作者的压力.

7.2 突发性传染病模型的资源有限效应

7.2.1 模型建立

在模型(7.1.3)和(7.1.4)的基础上, 假设每年患普通流行感冒的人数趋于一个常数, 即 $I_2 = k \in \mathbf{Z}^+$. 同时考虑到医疗资源的有限, SARS 患者不可能在第一时间就被诊断出, 即使是被确诊后的 SARS 患者也并不一定马上就可得到治疗, 即 $b_1 \neq 0$. 因此, 模型(7.1.3)和模型(7.1.4)被简化成如下的 Filippov 系统[231-232]:

$$\begin{cases} \dfrac{\mathrm{d}S(t)}{\mathrm{d}t} = A - \mu S - \beta SI, \\ \dfrac{\mathrm{d}I(t)}{\mathrm{d}t} = \beta SI - \nu I - \dfrac{c_1 I}{1 + b_1 I + \varepsilon b_2 k}, \end{cases} \tag{7.2.1}$$

其中

$$\varepsilon = \begin{cases} 1, H(Z) < 0, \\ 0, H(Z) > 0. \end{cases} \tag{7.2.2}$$

这里 $\mu = \mu_S + \beta_2 k$，$\nu = \mu_1 + \nu_1$，$I_c = \dfrac{c_2}{b_2 c_1 - b_1 c_2}$，$\beta = \beta_1$，$I = I_1$ 和 $H(Z) = I - I_c$ 与向量 $Z = (S, I)^{\mathrm{T}}$. 记

$$F_{G_1}(Z) = \left(A - \mu S - \beta_1 S I_1, \beta_1 S I_1 - \nu I_1 - \frac{c_1 I_1}{1 + b_2 k} \right)^{\mathrm{T}},$$

$$F_{G_2}(Z) = \left(A - \mu S - \beta_1 S I_1, \beta_1 S I_1 - \nu I_1 - c_1 I_1 \right)^{\mathrm{T}}.$$

因此，Filippov 模型(7.2.1)和模型(7.2.2)可改写成向量形式

$$\dot{Z}(t) = \begin{cases} F_{G_1}(Z), & Z \in G_1, \\ F_{G_2}(Z), & Z \in G_2, \end{cases} \tag{7.2.3}$$

其中

$$G_1 = \{ Z \in \mathbf{R}_+^2 \,|\, H(Z) < 0 \}, \quad G_2 = \{ Z \in \mathbf{R}_+^2 \,|\, H(Z) > 0 \}.$$

此外，将两个区域 G_1 和 G_2 的不连续边界(或流形) Σ 描述为 $\Sigma = \{ Z \in \mathbf{R}_+^2 \,|\, H(\mathbf{Z}) = 0 \}$ 并且 $H(Z)$ 是 $H_Z(Z)$ 在 Σ 上的切换线. 本节材料主要来源于文献[235].

7.2.2　两个子系统的定性分析

当 $I < I_c$ 时，Filippov 系统(7.2.3)的子系统为

$$\begin{cases} \dfrac{\mathrm{d} S(t)}{\mathrm{d} t} = A - \mu S - \beta S I, \\[3mm] \dfrac{\mathrm{d} I(t)}{\mathrm{d} t} = \beta S I - \nu I - \dfrac{c_1 I}{1 + b_1 I_1 + b_2 k}. \end{cases} \tag{7.2.4}$$

基本再生数是

$$R_1 = \frac{\beta}{\nu + \dfrac{c_1}{1 + b_2 k}} \frac{A}{\mu}.$$

显然，子系统(7.2.4)存在唯一的无病平衡点 $E_1^0 = (A/\mu, 0)$，且当 $R_1 < 1$ 时，E_1^0 是全局渐近稳定的.

子系统(7.2.4)的地方病平衡点满足

$$\begin{cases} A - \mu S - \beta S I = 0, \\[2mm] \beta S - \nu - \dfrac{c_1}{1 + b_2 k + b_1 I} = 0, \end{cases}$$

即可写成

$$I^2 + m_1 I + n_1 = 0, \tag{7.2.5}$$

其中

$$m_1 = \frac{\nu [\beta(1 + b_2 k) + \mu b_1] + c_1 \beta - A \beta b_1}{\nu \beta b_1}, \quad n_1 = \frac{\nu \mu(1 + b_2 k) + c_1 \mu}{\nu \beta b_1}(1 - R_1).$$

注意到当且仅当 $R_1 > 1$ 时 $n < 0$；当且仅当 $R_1 = 1$ 时 $n = 0$；当且仅当 $R_1 < 1$ 时 $n_1 > 0$. 为了下文叙述的方便，作如下记号：

$$I_1^1 = \frac{-m_1 + \sqrt{\Delta_1}}{2}, I_1^2 = \frac{-m_1 - \sqrt{\Delta_1}}{2}, \Delta_1 = m_1^2 - 4n_1, S_1^i = \frac{A}{\mu + \beta I_1^i}, i = 1,2.$$

引理 7.8 对子系统 (7.2.4) 有：

(1) 若 $R_1 > 1$，则系统存在唯一的地方病平衡点 $E_1^1 = (S_1^1, I_1^1)$；

(2) 若 $R_1 = 1$ 且 $m_1 < 0$，则系统存在唯一的地方病平衡点 $E_1^1 = (S_1^1, I_1^1)$；

(3) 若 $R_1 = 1$ 且 $m_1 \geqslant 0$，则系统不存在地方病平衡点；

(4) 若 $R_1 < 1, m_1 < 0$ 和 $\Delta_1 > 0$，则系统存在两个地方病平衡点 $E_1^1 = (S_1^1, I_1^1)$ 和 $E_1^2 = (S_1^2, I_1^1)$；

(5) 若 $R_1 < 1, m_1 < 0$ 和 $\Delta_1 = 0$，则系统存在两个地方病平衡点 $E_1^1 = (S_1^1, I_1^1)$ 和 $E_1^2 = (S_1^2, I_1^1)$ 联合成一个二重地方性平衡解；

(6) 若 $R_1 < 1, m_1 < 0$ 和 $\Delta_1 < 0$，则系统存在地方病平衡点；

(7) 若 $R_1 < 1$ 且 $m_1 \geqslant 0$，则系统不存在地方病平衡点.

接下来，研究子系统 (7.2.4) 的地方病平衡点 $E_1^i(S_1^i, I_1^i)$, $i = 1,2$ 的稳定性，其特征方程是

$$\lambda^2 + H(I_1^i)\lambda + G(I_1^i) = 0, \tag{7.2.6}$$

其中

$$H(I_1^i) = \mu + \beta I_1^i - \frac{c_1 b_1 I_1^i}{(1 + b_1 I_1^i + b_2 k)^2}, \quad G(I_1^i) = \frac{A\beta^2 I_1^i}{\mu + \beta I_1^i} - \frac{(\mu + \beta I_1^i)c_1 b_1 I_1^i}{(1 + b_1 I_1^i + b_2 k)^2}.$$

$$\tag{7.2.7}$$

可以从式 (7.2.6) 得到如下结论.

引理 7.9 假设 $R_1 > 1$，若 $H(I_1^1) > 0$，子系统 (7.2.4) 的地方病平衡点 E_1^1 是一个稳定的结点或焦点；若 $H(I_1^1) < 0$，E_1^1 是一个不稳定的结点或焦点，且子系统 (7.2.4) 至少存在一个极限环；若 $H(I_1^1) = 0$，E_1^1 是其线性系统的中心.

引理 7.10 若 $R_1 < 1, m_1 < 0, \Delta_1 > 0, A > A_1$，则子系统 (7.2.4) 的地方病平衡点 E_1^2 是一个鞍点；若 $H(I_1^1) < 0$，则子系统 (7.2.4) 的地方病平衡点 E_1^1 是一个不稳定的结点或焦点；若 $H(I_1^1) = 0$，E_1^1 是其线性系统的中心.

引理的证明方法详见参考文献 [236][237]. 若 $I > I_c$，则 Filippov 系统 (7.2.4) 变为

$$\begin{cases} \dfrac{\mathrm{d}S(t)}{\mathrm{d}t} = A - \mu S - \beta SI, \\ \dfrac{\mathrm{d}I(t)}{\mathrm{d}t} = \beta SI - \nu I - \dfrac{c_1 I}{1 + b_1 I}, \end{cases} \tag{7.2.8}$$

它存在唯一的无病平衡点 $E_2^0 = (A/\mu, 0)$，且当 $R_2 < 1$ 时，E_2^0 是全局渐近稳定的，其中

$$R_2 = \frac{\beta}{\nu + c_1} \frac{A}{\mu}$$

是子系统(7.2.8)的基本再生数.

记

$$E_2^1 = (S_2^1, I_2^1) = \left(\frac{A}{\mu + \beta I_2^1}, \frac{-m_2 + \sqrt{\Delta_2}}{2} \right), \quad E_2^2 = (S_2^2, I_2^2) = \left(\frac{A}{\mu + \beta I_2^2}, \frac{-m_2 - \sqrt{\Delta_2}}{2} \right),$$

其中

$$m_2 = \frac{\nu(\beta + \mu b_1) + c_1\beta - A\beta b_1}{\nu\beta b_1}, \quad n_2 = \frac{\nu\mu + c_1\mu}{\nu\beta b_1}(1 - R_2), \quad \Delta_2 = m_2^2 - 4n_2.$$

关于 $E_2^i(S_2^i, I_2^i)(i = 1, 2)$ 的特征方程为

$$\lambda^2 + H(I_2^i)\lambda + G(I_2^i) = 0,$$

其中

$$H(I_2^i) = \mu + \beta I_2^i - \frac{c_1 b_1 I_2^i}{(1 + b_1 I_2^i)^2}, \quad G(I_2^i) = \frac{A\beta^2 I_2^i}{\mu + \beta I_2^i} - \frac{(\mu + \beta I_2^i)c_1 b_1 I_2^i}{(1 + b_1 I_2^i)^2}.$$

子系统(7.2.8)可以得到类似引理7.9及引理7.10的结论,这里不再赘述.

7.2.3 Filippov 系统(7.2.3)的基本性质

1.滑动区域的存在性

由 Filippov 凸组合方法[231-232]可知,定义滑动向量场的凸组合向量为

$$F_G(Z) = \alpha(Z)F_{G_1}(Z) + (1 - \alpha(Z))F_{G_2}(Z), \tag{7.2.9}$$

其中

$$\alpha(Z) = \frac{\langle H_Z(Z), F_{G_2}(Z) \rangle}{\langle H_Z(Z), F_{G_2}(Z) - F_{G_1}(Z) \rangle}, \quad 0 \leq \alpha(Z) \leq 1.$$

特别地,当 $\alpha(Z) = 1$ 时,表示 F_G^1 与切换面 Σ 相切;当 $\alpha(Z) = 0$ 时,表示 F_G^2 与切换面 Σ 相切. 因此,定义滑动区域为

$$\Sigma_S = \{ Z \in \Sigma \mid 0 \leq \alpha(Z) \leq 1 \}.$$

滑动区域的边界为 $\partial\Sigma_S^+ = \{ Z \in \Sigma : \alpha(Z) = 0 \}$ 和 $\partial\Sigma_S^- = \{ Z \in \Sigma : \alpha(Z) = 1 \}$,向量场 $F_{G_1}(Z)$ 和 $F_{G_2}(Z)$ 与切换面 Σ 相切于 $\partial\Sigma_S^+$ 或 $\partial\Sigma_S^-$. 特别地,可以用 $\langle H_Z(Z), F_{G_1}(Z) \rangle$, $i = 1, 2$ 来定义不变区域、逃逸区域和滑动区域,详细请见参考文献[238][239].

通过计算

$$\alpha(Z) = \frac{(1 + b_1 I_c + b_2 k)[c_1 - (\beta S - \nu)(1 + b_1 I_c)]}{c_1 b_2 k},$$

求解不等式 $0 \leq \alpha(Z) \leq 1$ 可得

$$\frac{1}{\beta}\left(\frac{c_1}{1+b_1 I_c + b_2 k} + \nu\right) \leqslant S \leqslant \frac{1}{\beta}\left(\frac{c_1}{1+b_1 I_c} + \nu\right), I_c = \frac{c_2}{b_2 c_1 - b_1 c_2}.$$

因此, Filippov 系统 (7.2.3) 的滑动区域可定义为

$$\Sigma_S = \left\{(S, I_c) \ \bigg| \ \frac{1}{\beta}\left(\frac{c_1}{1+b_1 I_c + b_2 k} + \nu\right) \leqslant S \leqslant \frac{1}{\beta}\left(\frac{c_1}{1+b_1 I_c} + \nu\right), \ I_c = \frac{c_2}{b_2 c_1 - b_1 c_2}\right\}.$$

$$(7.2.10)$$

2. 滑动模型动力学行为

本书采用 Utkin 等度控制方法[232], 得到了定义在区域 Σ_S 上的滑动动力学微分方程, 即由 $H = 0$ 可得

$$\frac{\partial H}{\partial Z} = I'_1 = \beta_1 S I_c - \nu I_c - \frac{c_1 I_c}{1+b_1 I_c + \varepsilon b_2 k} = 0, \qquad (7.2.11)$$

求解上述方程

$$\varepsilon = \frac{c_1 - (1+b_1 I_c)(\beta S - \nu)}{b_2 k(\beta_1 S - \nu)}.$$

根据 Utkin 等度控制方法, 得到了定义在区域 Σ_S 上的滑动模式动力学微分方程为

$$S'(t) = A - \mu S - \beta_1 S I_c, \quad I_c = \frac{c_2}{b_2 c_1 - b_1 c_2}.$$

3. Filippov 系统 (7.2.3) 的平衡点

为了方便, 记真平衡点 E_R、假平衡点 E_V、伪平衡点 E_P、边界平衡点 E_B 及切点 E_T.

常规平衡点: 仅考虑子系统有两个地方病平衡点的情况. 子系统 (7.2.4) 有两个地方病平衡点 $E^1_1 = (S^1_1, I^1_1)$ 和 $E^2_1 = (S^2_1, I^2_1)$, 在 $R_1 < 1, m_1 < 0$ 和 $\Delta_1 > 0$ 情形下, 当 $I^1_1 < I_c$ 时, E^1_1 和 E^2_1 都是子系统 (7.2.4) 的真平衡点, 记为 E^{11}_R 和 E^{12}_R; 当 $I^2_1 > I_c$ 时, E^1_1 和 E^2_1 都是子系统 (7.2.4) 的假平衡点, 记为 E^{11}_V 和 E^{12}_V; 当 $I^2_1 < I_c < I^1_1$ 时, E^1_1 和 E^2_1 是子系统的假平衡点和真平衡点, 记为 E^{11}_V 和 E^{12}_R.

类似地, 对子系统 (7.2.8) 的两个地方病平衡点 $E^i_2 = (S^i_2, I^i_2)$, $i = 1,2$, 当 $R_2 < 1, m_2 < 0$ 和 $\Delta_2 > 0$, E^1_1 是否为真平衡点和假平衡点 (分别用 E^{2i}_R 和 E^{2i}_V) 取决于 I^i_2 和 I_c 的大小.

伪平衡点: 假设存在伪平衡点且记为 $E_P = (S_p, I_c)$, 由滑模方程 (7.2.11) 可知伪平衡点满足

$$A - \mu S_p - \beta_1 S_p I_c = 0,$$

其中 $S_p = \dfrac{A}{\mu + \beta I_c} \in \Sigma_S$, 且 S_p 是唯一的正平衡点, 即 $S_p = \dfrac{A}{\mu + \beta I_c} \in \Sigma_S$ 成立, 则 Filippov 系统 (7.2.3) 存在唯一的伪平衡点 E_P.

对于伪平衡点 $E_P = (S_p, I_c)$, 可将滑模方程 (7.2.11) 改写为

$$S'(t) = A - \mu S - \beta S I_c \doteq \phi(S), \tag{7.2.12}$$

由式 (7.2.12) 可得

$$\left. \frac{\partial \phi(S)}{\partial S} \right|_{S=S_P} = -\mu - \beta I_C < 0,$$

这表明伪平衡点 E_P 在 Σ_S 中是局部稳定的.

边界平衡点: Filippov 系统 (7.2.3) 的边界平衡点满足以下方程组

$$\begin{cases} A - \mu S - \beta S I_c = 0, \\ \beta S - \nu - \dfrac{c_1}{1 + b_1 I_c + \varepsilon b_2 k} = 0, \\ I_c = \dfrac{c_2}{c_1 b_2 - c_2 b_1}, \end{cases}$$

若

$$\frac{A}{\mu + \beta I_C} = \frac{1}{\beta}\left(\frac{c_1}{1 + b_1 I_c + \varepsilon b_2 k} + \nu \right), \tag{7.2.13}$$

系统存在边界平衡点 $E_B = \left(\dfrac{1}{\beta}\left[\dfrac{c_1}{1 + b_1 I_c + \varepsilon b_2 k} + \nu \right], I_c \right)$. 在条件 (7.2.13) 下, 当 $\varepsilon = 1$ 时, 即 $I_C = I_1^1$ 或 $I_C = I_1^2$ (若 I_1^1 或 I_1^2 存在) 时, 边界平衡点为 E_B^{11} 和 E_B^{21}; 当 $\varepsilon = 0$ 时, 即 $I_C = I_2^1$ 或 $I_C = I_2^2$ (若 I_1^1 或 I_1^2 存在) 时, 边界平衡点为 E_B^{21} 和 E_B^{22}.

切点: 切点 E_T 在滑动区域 Σ_S 上满足

$$\begin{cases} \beta S - \nu - \dfrac{c_1}{1 + b_1 I_C + \varepsilon b_2 k} = 0, \\ I_c = \dfrac{c_2}{c_1 b_2 - c_2 b_1}, \end{cases}$$

和

$$\begin{cases} \beta S - \nu - \dfrac{c_1}{1 + b_1 I_C} = 0, \\ I_c = \dfrac{c_2}{c_1 b_2 - c_2 b_1}. \end{cases}$$

因此, 系统可能存在两个切点 $E_T^1 = \left(\dfrac{1}{\beta}\left[\dfrac{c_1}{1 + b_1 I_c + b_2 k} + \nu \right], I_c \right)$ 和 $E_T^2 = \left(\dfrac{1}{\beta}\left[\dfrac{c_1}{1 + b_1 I_c} + \nu \right], I_c \right)$.

7.2.4 Filippov 系统 (7.2.3) 滑动分支分析

借助数值方法来进一步研究 Filippov 系统 (7.2.3) 的动力学行为, 对系统 ((7.2.3) 余维一的局部滑动分支和全局滑动分支进行了相关分析.

1.局部滑动分支

边界平衡点分支是 Filippov 系统局部滑动分支中的一种, 其特征是当一个参数通过临界值时, 伪平衡、切点和真平衡(或切点和实平衡)在不连续面上发生碰撞而发生边界点分支, 它包括边界鞍点、边界结点和边界焦点[240]等情形.

边界平衡分支发生在 E_B, 若 $F_{G_1}(E_B)$ 是可逆的, 或等价于 $F_{G_1}(E_B)$ 的特征值具有不等于零的实部和 $\langle H_Z(E_B), F_{G_1}(E_B)\rangle \neq 0$, $i,j = 1,2$; $i \neq j$. 其中 $F_{G_1}(E_B)$ 是子系统(7.2.4)或子系统(7.2.8)关于边界平衡点 E_B 的特征多项式. 若 I_1^i 和 I_2^i 存在, 其中 $i = 1,2$, 则 Filippov 系统(7.2.3)可能具有边界平衡点 E_B^{1i} 和 E_B^{2i}, 对边界平衡点 E_B^{1i} 和 E_B^{2i} 有

$$F_{G_2}H(E_B^{11}) = \left(\beta S_1^1 - \nu - \frac{c_1}{1 + b_1 I_1^1}\right) I_1^1 < 0, \tag{7.2.14}$$

$$F_{G_2}H(E_B^{12}) = \left(\beta S_1^2 - \nu - \frac{c_1}{1 + b_1 I_1^2}\right) I_1^2 < 0, \tag{7.2.15}$$

如果 E_B^{1i} 为鞍点(结点或焦点), 则 $DF_{G_i}(E_B)$ 具有非零实部复特征值 $-H(I_1^i)/2$, $i = 1,2$. 类似地, 系统将会产生边界平衡 E_B^{21} 和 E_B^{22}. 因此, 系统在 E_B^{ij}, $i,j = 1,2$ 处出现边界平衡分支.

边界鞍点分支: 对 Filippov 系统(7.2.3), 当参数 c_2 达到临界值时, 系统的三种平衡点 E_R、E_T 和 E_P 发生碰撞合并为一点, 发生边界鞍点分支. 当参数 c_2 达到临界值 $c_2^t \approx 3$ 时, Filippov 系统(7.2.3)的鞍点 E_R^{22}、切点 E_T^2 及伪平衡点 E_P 发生碰撞合并为同一点 E_B^2, 如图 7.13(b)所示. 在这种情况下, 参数

$$c_2^t = \frac{I_2^2 c_1 b_2}{1 + b_1 I_2^2}, \tag{7.2.16}$$

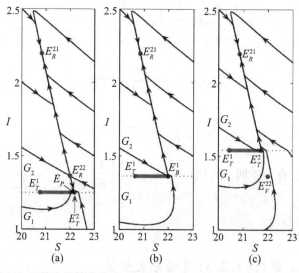

图 7.13　Filippov 系统(7.2.3)的边界鞍点分支. 参数为 $A = 363$, $\beta = 1.1$, $\mu = 15$, $\nu = 13.2$, $c_1 = 14$, $k = 1$, $b_2 = 0.2$, (a) $c_2 = 2.8$; (b) $c_2 = 3$; (c) $c_2 = 3.3$

当 $c_2 < c_2^t$ 时, 即 $c_2 = 0.28$, 鞍点 E_R^{22} (不稳定的真平衡点), 稳定的伪平衡 E_p 和不可视的切线 E_T^2 可以共存, 如图 7.13(a) 所示, 当 $c_2 = c_2^t$ 时, 它们同时碰撞在一起; 当 $c_2 > c_2^t$ 时, 分离成一个伪平衡点 E_V^{22} 和一个切点 E_T^2, 同时伪平衡点 E_P 消失, 如图 7.13(c) 所示.

边界结点分支: 如图 7.14 所示, 当参数 c_2 达到临界值 $c_t^2 \approx 0.355$ 时, 系统的真平衡点 E_R^{11} 与正切点 E_T^1 发生碰撞, 系统的边界结点分支发生在 E_B^{11}, 边界值 c_t^2 为

$$c_2^t = \frac{I_1^1 c_1 b_2}{1 + b_1 I_1^1}, \qquad (7.2.17)$$

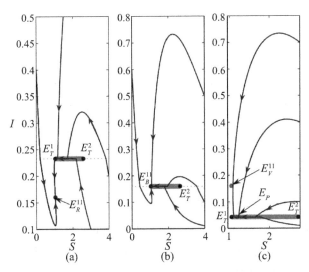

图 7.14 Filippov 系统(7.2.3)的边界结点分支. 参数为 $A = 1, \beta = 1, \mu = 0.8, \nu = 0.8, b_1 = 0.5, c_1 = 2, k = 6, b_2 = 1.2$, 和(a) $c_2 = 0.5$; (b) $c_2 = 0.355$; (c) $c_2 = 0.1$

当 $c_2 > c_2^t$ 时, 即 $c_2 = 0.5$, 一个稳定的结点 E_R^{11} 和切点 E_T^1 共存, 如图 7.14(a) 所示; 当 $c_2 = 0.5$ 时, 它们在 $c_2 = c_2^t$ 处碰撞, 如图 7.14(b) 所示; 当 $c_2 = 0.1$ 时, 被伪平衡点 E_P、切点 E_T^1 和假平衡点 E_V^{11} 取代, 如图 7.14(c) 所示.

边界焦点分支: 类似地, 当 $c_t^2 \approx 0.635$ 时, Filippov 系统(7.2.3)在边界平衡点 E_B^{21} 处发生边界焦点分支 E_B^{21}, 临界值

$$c_2^t = \frac{I_2^1 c_1 b_2}{1 + b_1 I_2^1}. \qquad (7.2.18)$$

当 $c_2 < 0.635$ 时, 稳定焦点 E_R^{21} 和切点 E_T^2 同时存在, 如图 7.15(a) 所示; 当 $c_2 = 0.5$ 时, 它们在 $c_2 = c_2^t$ 处碰撞在一起, 如图 7.15(b) 所示; 当 $c_2 > 0.635$, 即 $c_2 = 0.7$ 时, 又分离出伪平衡点 E_P、切点 E_T^2 和虚平衡点 E_V^{21}, 如图 7.15(c) 所示.

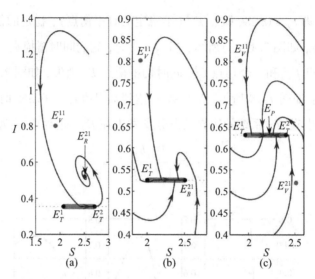

图 7. 15　Filippov 系统(7.2.3)的边界焦点分支. 参数为 $A = 1.8$, $\beta = 0.8$, $\mu = 0.3$, $\nu = 1$, $b_1 = 1.5$, $c_1 = 1.8$, $k = 1$, $b_2 = 1.2$, (a) $c_2 = 0.5$; (b) $c_2 = 0.635$; (c) $c_2 = 0.7$

7. 2. 5　全局滑动分支

Filippov 系统(7.2.3)通过 Hopf 分支或同宿环分支产生一个完全位于区域 G_1 或 G_2 的周期解[240][36], 正如参考文献[240][206]中提到的, Filippov 系统(7.2.3)可能存在两类新的周期解, 即包含一段滑线的滑动周期解(Sliding Periodic Solution)和仅包含滑线上一个孤立点(切点或边界点)的穿越周期解(Crossing Periodic Solution), 下面主要研究 Filippov 系统(7.2.3)的擦边分支、穿越分支及扣环分支等全局滑动分支.

擦边分支: 从参考文献[240][206]可知, 一个标准周期解与滑线的一段发生碰撞, 即为擦边分支. 注意到 Filippov 系统(7.2.3)在区域 G_2 内有一个稳定的标准周期解, 即 $c_2 = 0.5$ 时, 如图 7.16(a)所示. 此时系统(7.2.3)存在两个切点 E_T^1 和 E_T^2, 子系统(7.2.8)存在一个不稳定的假平衡点 E_V^1, 子系统(7.2.4)存在一个不稳定的真平衡点 E_R^2, 如图 7.16(b)所示. 随着参数 c_2 的逐渐增大, 当增大到 0.85 时, 系统(7.2.3)的标准周期解与切点 E_T^2 碰撞到一起发生擦边分支, 如图 7.16(b)所示; 随着参数 c_2 的继续增大, 滑线的一段成为周期解的一部分, 如图 7.16(c)所示, 此时 $c_2 = 0.95$.

特别地, 当 c_2 增大到 1.6 时, 稳定的周期解消失, 在 $c_2 = 1.6$ 时, 分离出一个稳定的伪平衡点 E_P, 对子系统(7.2.8), 真平衡点 E_R^2 变成假平衡点 E_V^2, 真/假平衡点在 $c_2 = 1.6$ 处发生分支, 如图 7.16(d)所示. 同时, 图 7.16(d)也表示了 Filippov 系统的假平衡点与真平衡点不能共存.

扣环分支: 随着参数的变化, 一个稳定的滑动周期解与系统另外一个不可视的二次切点碰撞[240], 即发生扣环分支, 如图 7.17(c)所示. 图 7.17(b)显示了 Filippov 系统

(7.2.3)存在滑动周期解、不可视的二次切点 E_T^1、不稳定的正平衡点 E_V^1 和 E_R^2,当参数 c_2 增大并超过 0.7 时,该周期解通过整段滑线 Σ_S,滑动周期解位于区域 G_2 和滑线 Σ_S 内,如图 7.17(c)所示.从图 7.17(b)~(d)可以看出滑动周期解完全位于区域 G_1 和 Σ_S 上.类似地,从图 7.17(b)~(d)可知,系统在 $c_2 = 1.05$ 时发生了一次扣环分支,从图 7.17(b)~(d)可知,当参数 $c_2 = 2.7$ 时系统发生了一次扣环分支,与图 7.15(b)~(d)不同的是,图 7.17(g)的滑动周期解完全位于区域 G_2 和 Σ_S 上.

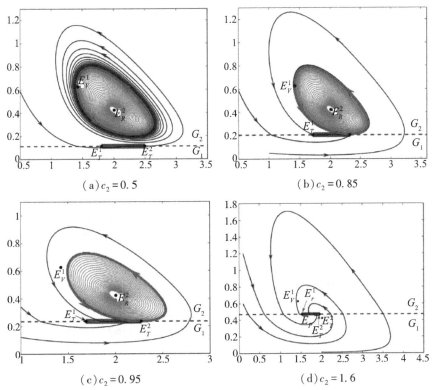

(a) $c_2 = 0.5$ 　　　　　　　(b) $c_2 = 0.85$

(c) $c_2 = 0.95$ 　　　　　　　(d) $c_2 = 1.6$

图 7.16　Filippov 系统(7.2.3)的擦边分支.参数为 $A = 2, \upsilon = 0.5, \beta = 2, b_1 = 1, b_2 = 1, c_1 = 5, k = 0.5,$ $\mu = 0.15$

　　穿越分支:随着参数的变化,一个稳定的滑动周期解变成一个稳定的穿越周期解所发生的分支被称为穿越分支.值得注意的是,一段滑线及其一个端点 E_T^1 的滑动周期解位于滑动区域 Σ_S 上,即区域 G_1 和 G_2 中,如图 7.17(h)所示.在滑动区域 Σ_S 上,当 c_2 增大到 3.45 时,滑动周期解仅包含滑线的一个左端点 E_T^1,此时,一个稳定的滑动周期解变成一个稳定的穿越周期解,如图 7.17(i)所示.从图 7.17(i)可以看出,当 c_2 继续增大到 4 时,滑动区域 Σ_S 位于 G_1 和 G_2 的交叉区域内,从图 7.17(h)~(j)可以看出,系统在参数 $c_2 = 3.45$ 发生了穿越分支.类似地,图 7.17(a)~(b)说明 Filippov 系统(7.2.3)也可能发生一次穿越分支.

　　综上,当分支参数从 0.5 增大到 4 时,Filippov 系统(7.2.3)具有相应的局部和全局滑动分支,依次为:穿越分支→扣环分支→真假平衡点分支→扣环分支→穿越分支.特别地,当分叉参数在 1.6 左右变化时, 稳定的滑动周期解消失, 出现一个稳定的伪平衡点, 所有轨道都趋向于局部渐近稳定的伪平衡点. 在这种情况下, Filippov 系统 (7.2.3) 发生了真/假平衡点分支.

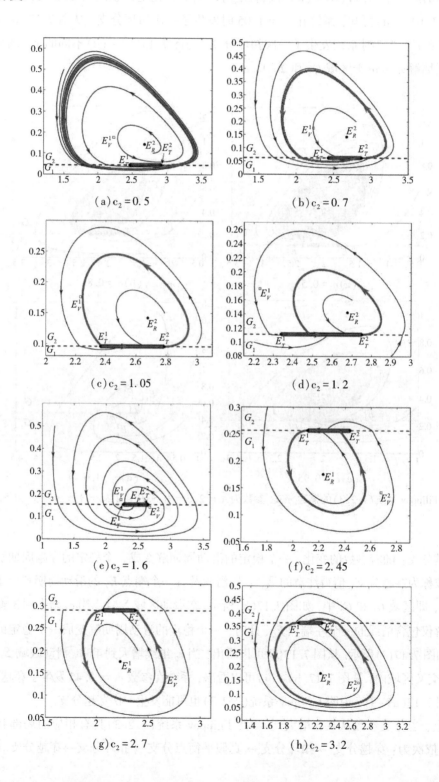

(a) $c_2 = 0.5$

(b) $c_2 = 0.7$

(c) $c_2 = 1.05$

(d) $c_2 = 1.2$

(e) $c_2 = 1.6$

(f) $c_2 = 2.45$

(g) $c_2 = 2.7$

(h) $c_2 = 3.2$

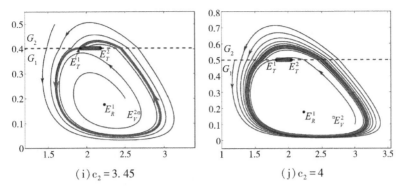

(i) $c_2 = 3.45$ (j) $c_2 = 4$

图 7.17 Filippov 系统(7.2.3)的扣环分支. 参数为 $A = 0.9$, $\nu = 0.1$, $\beta = 2$, $b_1 = 1$, $b_2 = 2$, $c_1 = 6$, $k = 0.1$, $\mu = 0.052$

7.2.5 关键参数分析和生物意义解释

资源制约因子、基本再生数 R_i, $i = 1,2$ 和经济阈值是影响突发性传染病传播的重要因素. 本节将首先研究资源制约因子 b_1 如何影响 Filippov 系统(7.2.3)的动力学行为.

由于医疗资源的限制, 即 $b_1 \neq 0$, Filippov 系统(7.2.3)的子系统的动力学行为变得更加复杂, Filippov 系统(7.2.3)的动力学行为也受到了资源有限因子的影响. 实际上, 滑动模式会随着阈值的变化而不断变化, 如图 7.18(a)所示, 滑线段的长度随着恢复率 c_1 的增加而增加. 注意到 Filippov 系统(7.2.3)在 $b_1 = 0$ 这种情况下不存在伪平衡点. 由于医疗资源的限制, Filippov 系统(7.2.3)存在伪平衡点 E_P, 其相对于滑动段是全局稳定的, 如图 7.18 (b)所示, 这表明新出现的传染病将成为地方病.

同时, 如图 7.18 所示, SARS 患者数量的增长速度在控制前远快于控制后. 通过比较图 7.19 中的浅色线和深色线, 有限的医疗资源对患者高峰出现的时间以及 SARS 传播的持续时间有很大影响. 事实上, 深色线(有足够的医疗资源, 即 $b_1 = 0$)表明, 感染者数量有一个快速下降的峰值, SARS 的传播时间很短. 浅色线(资源有限, 即 $b_1 = 2.5$)表示感染者数量的峰值出现延迟, 且峰值明显增加, 说明有限的医疗资源不利于传染病的治疗.

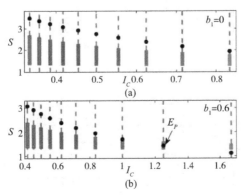

图 7.18 b_1 对 Filippov 系统(7.2.3)伪平衡点存在的影响. 参数为 $A = 2.2$, $\nu = 1.2$, $\beta = 1$, $b_2 = 1$, $c_2 = 0.5$, $k = 10$, $\mu = 0.3$ 以及 $c_1 = 0.6, 0.7, \cdots, 1.5$

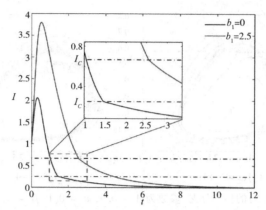

图 7.19 基于不同 b_1 值的时间序列.参数为 $A = 0.6, \mu = 0.5, \nu = 0.6, \beta = 0.6, k = 2, b_2 = 5, c_2 = 0.8,$ $b_1 = 0.1.(S_0, I_0) = (10, 1)$

因此,为了预防和控制突发性传染病的传播,必须及时实施选择性策略,控制基本再生数 $R_i < 1, i = 1, 2.$ 下面进一步研究影响基本再生数 R_i 和经济阈值 I_c 的重要参数.

从基本再生数 R_i 的表达式可以看出,它们是关于 c_1 的单调递减函数.对 $R_{01} = 1$ 关于 c_1 求解可得

$$c_1^* = \frac{(A\beta - \mu\nu)(1 + b_2 k)}{\mu},\tag{7.2.19}$$

故当 $c_1 > c_1^*$ 时有 $R_{01}(c_1) < 1$,如图 7.20(a) 所示,即提高 SARS 的最大治愈率将有助于 SARS 的预防和控制.

此外,阈值 I_c 是关于参数 c_1 的单调递减函数.因此,为了控制 SARS 的传播,将阈值 I_c 降低到 I_c^* 至关重要,在这里

$$I_c^* = \frac{c_2}{c_1^* b_2 - c_2 b_1} = \frac{c_2 \mu}{b_2(A\beta_1 - \mu\nu)(1 + b_2 k) - \mu c_2 b_1},\tag{7.2.20}$$

也就是说,阈值越小,越有利于 SARS 的预防和控制,如图 7.20(b) 所示,这说明应该对 SARS 感染者及时确诊并进行选择性治疗,以免错过最佳治疗时机.

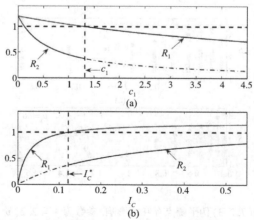

图 7.20 R_1 和 R_2 相对于 c_1 和 c_2 的单调性. 参数为 $A = 0.6, \mu = 0.5, \nu = 0.6,$ $\beta = 0.6, k = 2, b_2 = 5, c_2 = 0.8, b_1 = 0.1$

7.3 周期摄动的 Filippov 捕食系统

7.3.1 引言

大多数虫害暴发会造成严重的生态和经济问题，这一直是昆虫学家和经济学家非常关注的问题. 因此，控制农林业害虫是世界各国面临的一个日益重要的问题. 众所周知，影响害虫种群生长、繁殖、迁徙的因素有很多，其中环境的季节性或周期性波动是重要因素之一. 如温度变化强烈影响白天细菌的繁殖率，月亮和潮汐周期调节着水生和陆地生态系统中许多物种的迁移率[241-243]，季节性可以支持竞争物种共存[244-245]，并产生非常复杂的生态系统动力学[243]. 因此，关于季节或环境的周期性波动对种群群体行为影响得到了广泛的关注和深入的研究[244][246][106][247-251].

综合虫害管理 IPM 是包括各种化学农药、生物农药和生物防治的综合控制方法，它的主要目的是将害虫减少到预定的经济危害水平以下(EIL)，经济成本很低，对环境的影响最小，如图 6.1 所示. 当前基于 IPM 策略的害虫控制模型没有考虑到资源有限效应，事实上，每个国家在农药、农民、设备、成本等农业资源方面都有其上限，特别是对广大发展中国家，资源有限是一个客观存在的实际问题，这不仅使农业害虫的防治面临严峻挑战，而且受到生态农业部门的高度关注.

理解周期性变化的环境和农业资源有限对害虫控制至关重要，为了描述有限的农业资源和季节周期性变化对害虫控制的影响，借助阈值控制(TPC)策略，即当害虫种群密度增加并超过经济阈值(ET)时对害虫实施 IPM 策略，如图 6.1 所示. 因此，本节提出了一个具有阈值策略的非光滑 Filippov 捕食-被捕食模型来刻画农业资源有限和季节周期性变化，并研究其动力学行为，探讨重要参数对害虫控制的影响.

7.3.2 模型建立

具有 Holling II 型功能性函数的 Lotka-Volterra 模型

$$\begin{cases} \dfrac{\mathrm{d}x(t)}{\mathrm{d}t} = ax(t) - \dfrac{\beta x(t)y(t)}{1 + bx(t)}, \\ \dfrac{\mathrm{d}y(t)}{\mathrm{d}t} = \eta \dfrac{\beta x(t)y(t)}{1 + bx(t)} - dy(t), \end{cases} \tag{7.3.1}$$

其中 $x(t), y(t)$ 分别是时间为 t 时食饵和捕食者种群的密度; a 为食饵种群的内禀增长率，式

$$\frac{\beta x(t)}{1 + bx(t)}$$

是 Holling II 型功能反应. 具体来说，β 表示捕食者的搜索速度，定义 $b = \beta h$，其中 h 是处理时

间,即搜寻食饵到捕获到食饵的时间;η 表示食饵的转化效率,d 表示捕食者种群的死亡率.

事实上,害虫和天敌种群都生活在季节性变化的周期环境中,为了研究季节性、周期性对种群行为的影响,基于文献[249][250]的建模思想,可以得到系统(7.3.1)具有周期扰动的系统

$$
\begin{cases}
\dfrac{\mathrm{d}x(t)}{\mathrm{d}t} = ax(t) - \dfrac{\beta x(t)y(t)}{1 + bx(t)} + \varGamma[1 - \cos z(t)]x(t), \\[3mm]
\dfrac{\mathrm{d}y(t)}{\mathrm{d}t} = \eta\dfrac{\beta x(t)y(t)}{1 + bx(t)} - \mathrm{d}y(t), \qquad\qquad x(t) < ET. \quad (7.3.2) \\[3mm]
\dfrac{\mathrm{d}z(t)}{\mathrm{d}t} = \omega,
\end{cases}
$$

其中 $z(t) = \omega t$,$\varGamma[1 - \cos z(t)]$(即 $\varGamma(1 - \cos\omega t)$)表示周期性变化或波动的环境,$\varGamma$ 和 ω 代表强迫项的振幅和频率. 考虑到强迫项 $\varGamma[1 - \cos z(t)]$ 是内禀增长率 a 的小扰动,则模型(7.3.2)第一个方程的右边可以改写成

$$
\{a + \varGamma[1 - \cos z(t)]\}x(t) - \dfrac{\beta x(t)y(t)}{1 + bx(t)}.
$$

事实上,只有当害虫种群密度增加并超过 ET 时,才会对害虫种群采用综合防治策略,即当 $x(t) > ET$ 时,模型(7.3.2)可以重写为具有控制策略的子系统

$$
\begin{cases}
\dfrac{\mathrm{d}x(t)}{\mathrm{d}t} = ax(t) - \dfrac{\beta x(t)y(t)}{1 + bx(t)} + \varGamma[1 - \cos z(t)]x(t) - qx(t), \\[3mm]
\dfrac{\mathrm{d}y(t)}{\mathrm{d}t} = \eta\dfrac{\beta x(t)y(t)}{1 + bx(t)} - \mathrm{d}y(t) + \tau, \qquad\qquad\qquad (7.3.3) \\[3mm]
\dfrac{\mathrm{d}z(t)}{\mathrm{d}t} = \omega,
\end{cases}
$$

其中,q 是杀虫剂对害虫种群的致死率,τ 是天敌的释放量.

考虑到农业资源的有限,农药致死率 q 被有限资源的饱和现象取代,即非线性饱和函数

$$
q = \dfrac{q_{\max}x(t)}{\theta + x(t)}, \quad 0 \leqslant q_{\max} < 1,
$$

其中 $q_{\max}$ 和 θ 分别代表农药对害虫的最大致死率和半饱和常数,注意到致死率低于100%,实际死亡率也低于100%,因此有 $q_{\max} < 1$. 因此考虑到资源限制和饱和效应,模型(7.3.3)即为

$$
\begin{cases}
\dfrac{\mathrm{d}x(t)}{\mathrm{d}t} = ax(t) - \dfrac{\beta x(t)y(t)}{1 + bx(t)} + \varGamma[1 - \cos z(t)]x(t) - \dfrac{q_{\max}x^2(t)}{\theta + x(t)}, \\[3mm]
\dfrac{\mathrm{d}y(t)}{\mathrm{d}t} = \eta\dfrac{\beta x(t)y(t)}{1 + bx(t)} - \mathrm{d}y(t) + \tau, \qquad\qquad x(t) > ET. \quad (7.3.4) \\[3mm]
\dfrac{\mathrm{d}z(t)}{\mathrm{d}t} = \omega,
\end{cases}
$$

综合模型(7.3.2)和模型(7.3.4)可以得到非光滑的 Filippov 系统[231][232]

$$\begin{cases} \dfrac{\mathrm{d}x(t)}{\mathrm{d}t} = ax(t) - \dfrac{\beta x(t)y(t)}{1 + bx(t)} + \\ \qquad \Gamma[1 - \cos z(t)]x(t) - \varepsilon \dfrac{q_{\max}x^2(t)}{\theta + x(t)}, \qquad x(t) > ET. \\ \dfrac{\mathrm{d}y(t)}{\mathrm{d}t} = \eta \dfrac{\beta x(t)y(t)}{1 + bx(t)} - dy(t) + \varepsilon\tau, \\ \dfrac{\mathrm{d}z(t)}{\mathrm{d}t} = \omega, \end{cases} \tag{7.3.5}$$

其中

$$\varepsilon = \begin{cases} 0, & H(Z) < 0, \\ 1, & H(Z) > 0, \end{cases} \tag{7.3.6}$$

$H(Z) = x(t) - ET, Z = (x, y, z)^{\mathrm{T}}$ 定义在 $R_+^2 \times T^1$ 中, $T^1 = \dfrac{R_+}{2\pi N}^{[252]}$, N 为正整数. 同时, 经济

阈值 ET 是预先给定的. 为了方便起见, 记

$$F_{G_1}(Z) = \begin{bmatrix} ax - \dfrac{\beta xy}{1 + bx} + \Gamma[1 - \cos z]x \\ \dfrac{\eta \beta xy}{1 + bx} - \mathrm{d}y \\ \omega \end{bmatrix}$$

和

$$F_{G_2}(Z) = \begin{bmatrix} ax - \dfrac{\beta xy}{1 + bx} + \Gamma[1 - \cos z]x - \dfrac{q_{\max}x^2}{\theta + x} \\ \dfrac{\eta \beta xy}{1 + bx} - \mathrm{d}y + \tau \\ \omega \end{bmatrix}.$$

Filippov 系统 (7.3.5) 和 (7.3.6) 可以写成向量形式[231][232][240]

$$\mathbf{Z}'(t) = \begin{cases} F_{G_1}(t), & Z \in G_1, \\ F_{G_2}(t), & Z \in G_2, \end{cases} \tag{7.3.7}$$

且

$$G_1 = \{Z \in R_+^2 \times T^1 \mid H(Z) < 0\}, \quad G_2 = \{Z \in R_+^2 \times T^1 \mid H(Z) > 0\}.$$

此外, 将两个区域 G_1 和 G_2 分开的不连续边界 (或流形) Σ 定义为

$$\Sigma = \{Z \in R_+^2 \times T^1 \mid H(Z) = 0\}. \tag{7.3.8}$$

为了研究切换流形上 Filippov 系统 (7.3.7) 的动力学, 需要采用 Filippov 凸方法[231] 或 Utkin 的等效控制方法[232], 确定滑模动力学和 Filippov 系统 (7.3.7) 的 Σ. 将定义在区域 G_1 中的 Filippov 系统 (7.3.7) 记为 G^1, 定义在区域 G_2 中的系统记为 G^2. 设

$$\sigma(Z) = \langle H_Z(Z), F_{G_1}(Z)\rangle \cdot \langle H_Z(Z), F_{G_2}(Z)\rangle = F_{G_1}H(Z) \cdot F_{G_2}H(Z),$$

其中 $\langle\,,\rangle$ 表示内积, $F_{G_i}H(Z) = F_{G_i} \cdot \mathrm{grad}\, H(Z)$ 是 H 关于向量场 F_{G_i} 在 Z 的李导数(Lie Derivative)[253], 滑动区域定义为

$$\Sigma_S = \{Z \in \Sigma \mid \sigma(Z) \leqslant 0, H(Z) = 0\}. \tag{7.3.9}$$

滑动模式 Σ_S 可分为[240][238][254]:

(1)逃逸区域: $\langle H_Z(Z), F_{G_1}(Z)\rangle < 0$ 且 $\langle H_Z(Z), F_{G_2}(Z)\rangle > 0$;

(2)滑动区域: $\langle H_Z(Z), F_{G_1}(Z)\rangle > 0$ 且 $\langle H_Z(Z), F_{G_2}(Z)\rangle < 0$.

7.3.3 分支分析

本节研究 Filippov 系统(7.3.7)的分支现象, 注意到一些对 IPM 控制策略影响重大的参数, 如强制项 Γ 的振幅、阈值 ET 和半饱和常数(有限资源常数) θ, 以这些参数作为分支参数, 通过数值方法模拟出分支图, 来展示 Filippov 系统(7.3.7)的动力学行为.

1. Filippov 系统(7.3.7)以强迫项 Γ 为分支参数的分支图

如图 7.21(a)所示, 若强迫项 Γ 的振幅从 0 增加到 0.24, 则害虫种群的局部最大值小于经济阈值 $ET = 3$, 这有利于害虫控制; 当强迫项 Γ 的振幅从 0.24 增加到 0.4 时, 有 4 个局部最大值, 尤其是局部最大值大于阈值 ET, 表明害虫种群暴发可能失控. 图 7.21(a)和图 7.22(b)中的数值结果显示, Filippov 系统(7.3.7)的动力学行为非常复杂, 包括倍周期分支、混沌吸引子、多稳态、周期加性、混沌危机和周期窗口. 这说明周期性强迫对害虫种群动力学行为的重要性.

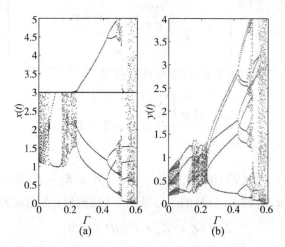

图 7.21 Filippov 系统(7.3.7)关于参数 Γ 的分支图. (a) $x(t)$ 的分支图; (b) $y(t)$ 的分支图. 参数为 $a = 0.2$, $b = 0.1$, $\beta = 0.6$, $d = 0.4$, $\eta = 0.4$, $q_{max} = 0.9$, $\theta = 0.1$, $ET = 3$, $(x_0, y_0) = (0.2, 0.1)$

2.Filippov 系统(7.3.7)以阈值 ET 为分支参数的分支图

ET 在实施 IPM 控制策略时起着重要作用. 如图 7.22 所示, Filippov 系统(7.3.7)的动力学行为随着 ET 的不同而变化. 与图 7.21 相比, 图 7.22 所示的分支图具有更有趣的动力学行为, 这说明选择合适的阈值 ET 对害虫防治的成功起着决定性的作用.

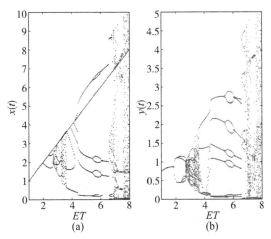

图 7.22　Filippov 系统(7.3.7)关于参数 ET 的分支图. (a) $x(t)$ 的分支图; (b) $y(t)$ 的分支图. $\Gamma = 0.2$, $(x_0, y_0) = (0.3, 0.2)$, 其他参数值同图 7.21

3.Filippov 系统(7.3.7)以有限因子 θ 为分支参数的分支图

相比图 7.21 和图 7.22, 图 7.23 所示的分支图更复杂. 农药的用量对害虫的控制至关重要, 在资源有限情形下, 隐藏的因素可能会对我们的控制策略产生不利影响.

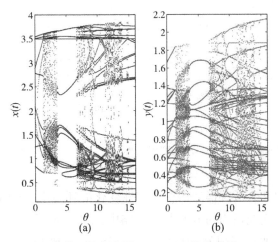

图 7.23　Filippov 系统(7.3.7)关于参数 θ 的分支图. (a) $x(t)$ 的分支图; (b) $y(t)$ 的分支图. $ET = 3.5$, 其他参数值同图 7.22

基于上述分支图, 我们继续研究 Filippov 系统(7.3.7)的吸引子、切换瞬态及其生物学意义. 如图 7.22 所示, Filippov 系统(7.3.7)存在具有不同阈值的周期吸引子、拟周期吸引子和混沌吸引子, 在图 7.22 的基础上, 进一步对上述三种不同吸引子给出了更详细的解释, 分别如图 7.24~图 7.26 所示. 害虫暴发模式在很大程度上依赖于经济阈值 ET.

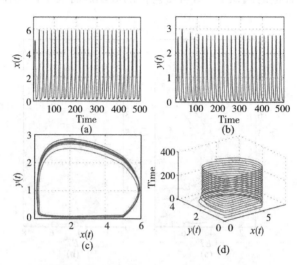

图 7.24　Filippov 系统(7.3.7)的周期吸引子. 参数为: $a = 0.2$, $b = 0.1$, $\beta = 0.6$, $\gamma = 0.2$, $d = 0.4$, $\eta = 0.4$, $q_{max} = 0.9$, $\theta = 0.1$, $\tau = 1$, $\omega = 1$, $ET = 5$, $(x_0, y_0) = (0.3, 0.2)$

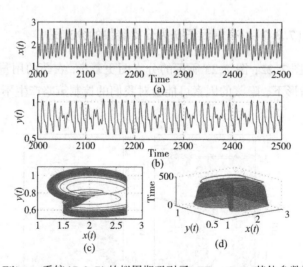

图 7.25　Filippov 系统(7.3.7)的拟周期吸引子. $ET = 2.7$, 其他参数同图 7.24

周期吸引子: 害虫和天敌种群生活在周期性变化的环境中, 同时害虫防治过程存在客观的资源限制效应, 在实施适当的 IPM 控制策略中, Filippov 系统(7.3.7)仍然在很大范围的参数空间中存在周期吸引子现象, 如图 7.24 所示, 害虫和天敌种群是共存状态, 害虫种群的局部最大值在 ET 附近且在 EIL 以内, 且是相对稳定的状态, 这表明害虫种群在控制范围内, 害虫种群不会对作物带来经济损失, 这正和 IPM 的主要目的一致, 即维持害虫种群在 EIL 以下, 而不是彻底根除它.

拟周期吸引子: 如图 7.25 所示, 当经济阈值 $ET = 2.7$ 时, Filippov 系统(7.3.7)存在拟周期吸引子现象.

混沌吸引子: 混沌吸引子对害虫控制带来了诸多不确定的因素, 如图 7.26 所示, 害虫种群的最终状态未知. 在这种情况下, 很难设计合适的 IPM 控制措施. 从数学的角度来看, 唯一可行的方法是通过改变模型(7.3.7)的相应参数值, 即经济阈值 ET 的大小来避免 Filippov 系统(7.3.7)出现混沌吸引子的状态.

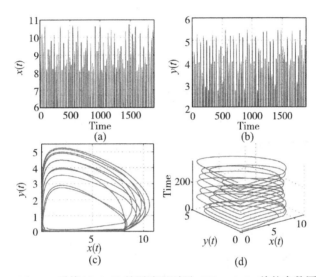

图 7.26　Filippov 系统(7.3.7)的混沌吸引子. $ET = 2.7$, 其他参数同图 7.24

吸引子切换现象: 如图 7.21~图 7.24 所示, 在一定的参数空间范围内, Filippov 系统(7.3.7)存在多个吸引子共存现象, 当系统的初值发生微小变化时, 数值研究结果表明系统(7.3.7)会发生吸引子切换现象, 如图 7.27(a)和图 7.27(b)所示, 一个小振幅的吸引子可以切换到一个大振幅的吸引子; 如图 7.27(c)和图 7.27(d)所示, 一个大振幅的吸引子可以切换到一个小振幅的吸引子. 因此, 切换系统的初始值的变化会影响生物防治的结果, 即害虫和天敌种群的最终稳定状态取决于它们的初始密度, 如图 7.27(a)和图 7.27(b)所示的情形将有助于害虫控制, 然而如图 7.27(c)和图 7.27(d)所示的情况将不利于害虫的控制. 从害虫防治的角度来看, 由于不同的初值导致不同的吸引子切换现象, 而不同的吸引子具有不同的暴发幅度和频率, 这说明综合防治策略的成败取决于害虫与天敌种群的初始密度.

类似地, 其他参数的变化, 诸如参数 a 的扰动也会导致 Filippov 系统(7.3.7)两个吸引子之间的切换行为, 如图 7.28 所示. 当 $a = 0.5$ 时, Filippov 系统(7.3.7)小振幅的吸引子可以切换到大振幅的吸引子, 见图 7.28(a)和图 7.28(b), 这不利于害虫控制; 而当 $a = 0.2$ 时, Filippov 系统(7.3.7)大振幅的吸引子切换到小振幅的吸引子, 这种情形将有利于害虫的控制. 所以, 在设计合理的害虫防控策略前应该重点关注相关参数的变化对系统动力学行为的影响, 以此来为设计有效的综合害虫管理策略提供理论依据.

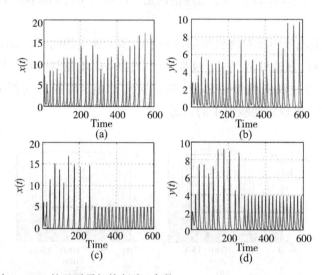

图 7.27　Filippov 系统 (7.3.7) 的吸引子切换行为. 参数 $a = 0.2$, $b = 0.1$, $\beta = 0.6$, $\gamma = 0.4$, $d = 0.4$, $\eta = 0.4$, $q_{max} = 0.9$, $\theta = 1$, $\tau = 0.5$, $\omega = 1$, $ET = 5$, (a)、(b) $(x_0, y_0) = (0.5158, 0.2942)$; (c)、(d) $(x_0, y_0) = (0.3149, 0.2078)$

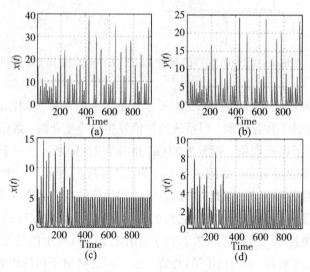

图 7.28　Filippov 系统 (7.3.7) 的吸引子切换行为. (a)、(b) $a = 0.5$, (c)、(d) $a = 0.2$, $(x_0, y_0) = (0.5, 0.4)$, 其他参数同图 7.27

7.3.4　滑动面与滑动模态动力学

在本节中, 我们首先关注滑动面及其区域的存在性, 然后推导滑动模态动力学.

通过计算

$$\sigma(Z) = \left\{ aET - \frac{\beta ETy}{1+bET} + \Gamma(1-\cos z)ET \right\}$$

$$\cdot \left\{ aET - \frac{\beta ETy}{1+bET} + \Gamma(1-\cos z)ET - \frac{q_{max}ET^2}{\theta + ET} \right\}, \quad Z \in \Sigma, \tag{7.3.10}$$

根据式 $(7.3.9)$，Filippov 系统 $(7.3.7)$ 的滑动区域 Σ_S 等价于求解以下关于 $y(t)$ 和 $z(t)$ 的两个不等式

$$\begin{cases} aET - \dfrac{\beta ETy}{1+bET} + \Gamma(1-\cos z)ET > 0, \\ aET - \dfrac{\beta ETy}{1+bET} + \Gamma(1-\cos z)ET - \dfrac{q_{max}ET^2}{\theta + ET} < 0. \end{cases}$$

上述不等式等价于

$$a - \frac{q_{max}ET}{\theta + ET} < \frac{\beta y}{1+bET} - \Gamma(1-\cos z) < a. \tag{7.3.11}$$

从 $z'(t) = \omega$ 中很容易得到 $z(t) = \omega t$，将它代入式 $(7.3.11)$，则式 $(7.3.11)$ 等价于

$$\frac{(1+bET)\left[a - \dfrac{q_{max}ET}{\theta + ET} + \Gamma(1-\cos z) \right]}{\beta} < y < \frac{(1+bET)\left[a + \Gamma(1-\cos z) \right]}{\beta}. \tag{7.3.12}$$

为方便起见，将上述不等式的左侧和右侧记为

$$y_{min}(t) = \frac{(1+bET)\left[(a+\Gamma)(\theta+ET) - q_{max}ET \right]}{\beta(\theta+ET)} - \frac{\Gamma(1+bET)}{\beta}\cos(\omega t)$$

和

$$y_{max}(t) = \frac{(1+bET)(a+\Gamma)}{\beta(\theta+ET)} - \frac{\Gamma(1+bET)}{\beta}\cos(\omega t).$$

因此，滑动区域 Σ_S 可以记为

$$\Sigma_S = \left\{ (x,y,z) \in R_+^2 \times T^1 \,\middle|\, y_{min}(t) < y_{max}(t), x = ET \right\}. \tag{7.3.13}$$

接下来，为了得到 Filippov 系统 $(7.3.7)$ 在区域 Σ_S 定义的滑模动力学微分方程，采用 Utkin 等效控制方法，由 $H = 0$ 可得

$$\frac{\partial H}{\partial t} = \frac{\partial x(t)}{\partial t} = ax - \frac{\beta xy}{1+bx} + \Gamma(1-\cos z)x - \frac{q_{max}x^2}{\theta + x} = 0,$$

关于 ε 求解上述方程

$$\varepsilon = \frac{(\theta + ET)\left\{ \left[a + \Gamma(1-\cos z) \right](1+bET) - \beta y \right\}}{q_{max}ET(1+bET)}, \quad x(t) = ET.$$

因此，滑模 Σ_S 上的动力学可由以下微分方程确定

$$\begin{cases} y'(t) = \dfrac{\eta\beta ETy}{1 + bET} - \mathrm{d}y + \dfrac{(\theta + ET)\{[a + \varGamma(1 - \cos z)](1 + bET) - \beta y\}}{q_{\max}ET(1 + bET)}\tau, \\ z'(t) = \omega. \end{cases} \tag{7.3.14}$$

定义

$$A_1 = \frac{\eta\beta q_{\max}ET^2 - \mathrm{d}q_{\max}ET(1 + bET) - \beta(\theta + ET)\tau}{q_{\max}ET(1 + bET)}$$

和

$$A_2 = \frac{\tau(\theta + ET)(a + \varGamma)}{q_{\max}ET}, \quad A_3 = \frac{\varGamma\tau(\theta + ET)}{q_{\max}ET},$$

则系统(7.3.14)可以改写成

$$\begin{cases} y'(t) = A_1 y(t) + A_2 + A_3\cos z(t), \\ z'(t) = \omega. \end{cases} \tag{7.3.15}$$

显然, 由系统(7.3.15)的第二个方程可得 $z(t) = \omega t$, 将其代入系统(7.3.15)的第一个方程, 并用初始值 $y(0) = y_0$ 求解可得

$$\begin{aligned} y(t) = {} & \exp(A_1 t)\left[y_0 + \frac{A_2 A_1^2 + A_2\omega^2 + A_1^2 A_3}{A_1(A_1^2 + \omega^2)}\right] \\ & - \frac{A_2 A_1^2 + A_2\omega^2 + A_1^2 A_3\cos(\omega t) - A_3 A_1\omega\sin(\omega t)}{A_1(A_1^2 + \omega^2)}. \end{aligned} \tag{7.3.16}$$

因此, 式(7.3.16)的 $y(t)$ 是标量微分方程(7.3.15)的解.

7.3.5 滑动周期解及其在 IPM 中的应用

本节将讨论 Filippov 系统(7.3.7)滑动周期解的存在性和稳定性, 并介绍滑动周期解的稳定性在 IPM 策略中的应用.

为了讨论标量微分方程(7.3.15)周期为 $2\pi/\omega$ 的滑动周期解的存在性, 即 $y(2\pi/\omega) = y_0$, 结合式(7.3.16)可得

$$y_0 = \exp\left(\frac{2\pi A_1}{\omega}\right)\left[y_0 + \frac{A_2 A_1^2 + A_2\omega^2 + A_1^2 A_3}{A_1(A_1^2 + \omega^2)}\right] - \frac{A_2 A_1^2 + A_2\omega^2 + A_1^2 A_3}{A_1(A_1^2 + \omega^2)}.$$

求解上述方程可得

$$y_0 = \frac{A_2 A_1^2 + A_2\omega^2 + A_1^2 A_3}{A_1(A_1^2 + \omega^2)}. \tag{7.3.17}$$

将式(7.3.17)代入式(7.3.16)得到系统(7.3.15)的滑动周期解 $y^*(t)$

$$\begin{aligned} y^*(t) = {} & -\frac{A_2 A_1^2 + A_2\omega^2 + A_1^2 A_3\cos(\omega t) - A_3 A_1\omega\sin(\omega t)}{A_1(A_1^2 + \omega^2)} \\ = {} & \frac{A_2}{A_1} - \frac{A_1 A_3\cos(\omega t) - A_3 A_1\omega\sin(\omega t)}{A_1^2 + \omega^2}. \end{aligned} \tag{7.3.18}$$

为了简化式(7.3.18), 可得

$$\frac{A_1 A_3 \cos(\omega t) - A_3 A_1 \omega \sin(\omega t)}{A_1^2 + \omega^2} = \frac{A_3}{\sqrt{A_1^2 + \omega}} \big[\cos\phi\cos(\omega t) - \sin\phi\sin(\omega t) \big]$$

$$= \frac{A_3}{\sqrt{A_1^2 + \omega}} \cos(\omega t + \phi),$$

其中

$$\cos\phi = \frac{A_1}{\sqrt{A_1^2 + \omega}}, \quad \sin\phi = \frac{\omega}{\sqrt{A_1^2 + \omega}}.$$

则式(7.3.18)可以改写成

$$y^*(t) = -\frac{A_2}{A_1} - \frac{A_3}{\sqrt{A_1^2 + \omega}} \cos(\omega t + \phi). \tag{7.3.19}$$

因此当 $A_1 < 0$ 时, 滑动周期解 $y^*(t)$ 在滑动区域 Σ_S 上是稳定的. 值得注意的是, 滑动周期解的存在性和稳定性在阈值策略控制中起着至关重要的作用, 所以有必要弄清楚滑动区域(7.3.13)和滑动周期解(7.3.19)之间的关系, 即周期解 y^* 可以位于滑动区域 Σ_S 并成为滑动周期解的条件. 若对所有 $t \geqslant 0$ 都有

$$y_{\min}(t) < y^*(t) < y_{\max}(t)$$

成立, 则周期解 y^* 位于滑动区域 Σ_S 上且为滑动周期解. 结合 $y_{\min}(t)$ 和 $y_{\max}(t)$, 上述不等式即

$$B_1 + B_2\cos(\omega t) \leqslant y^*(t) \leqslant B_3 + B_4\cos(\omega t), \tag{7.3.20}$$

其中

$$B_1 = \frac{(1 + bET)\big[(a + \Gamma)(\theta + ET) - q_{\max}\big]}{\beta(\theta + ET)}$$

和

$$B_2 = -\frac{\Gamma(1 + bET)}{\beta}, \quad B_3 = -\frac{(1 + bET)(a + \Gamma)}{\beta}.$$

综上, 可以从理论上证明 y^* 位于 Σ_S 中, 我们继续借助数值模拟方法来研究 y^* 和 Σ_S 的关系. 具体来说, 若周期强迫的幅值很小, 即选取 $\Gamma = 0.1$, 则滑动周期解 y^* 可以位于滑动区域 Σ_S 内, 如图 7.29(a)所示, 这说明只要选择合适的参数, 滑模动力学(7.3.15)存在唯一的滑动周期解, 这种情形下有利于害虫的控制. 当周期解的振幅 Γ 增大到一个临界值时, 即当 $\Gamma = 0.4$ 时, 滑模动力学(7.3.15)将不存在滑动周期解, 函数 y^* 在滑动区域 Σ_S 之外, 如图 7.29(b)所示. 从害虫防治的角度来看, 害虫种群 $x(t)$ 不会一直处于滑动区域, 在这种情况下可能导致害虫的暴发.

滑动周期解的存在性和稳定性在阈值策略控制中起着至关重要的作用. 当 $A_1 = -1.032638 < 0$ 时, 滑动周期解 y^* 在滑动区域 Σ_S 上是稳定的, 这意味着从 $(x_0, y_0, 0)$ 出发的任何解都将快速趋近于滑动周期解 y^*. 注意到 IPM 的主要目的是维持害虫种群密度在

EIL 以下, 而不是根除它们. 事实上, 理论证明和数值仿真结果都表明了 IPM 策略的有效性, 即可以设计合适的 TPC 策略来保证 Filippov 系统(7.3.7)滑动周期解的全局稳定性, 如图 7.30 所示.

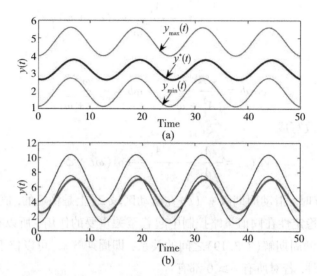

图 7.29 滑动区域与周期解的关系. 参数为 $a = 0.5$, $b = 0.3$, $\beta = 0.2$, $d = 0.4$, $\eta = 0.3$, $q_{max} = 0.9$, $\theta = 0.5$, $\tau = 3.5$, $\omega = 1/2$, $ET = 2$, (a) $\Gamma = 0.1$, (b) $\Gamma = 0.4$

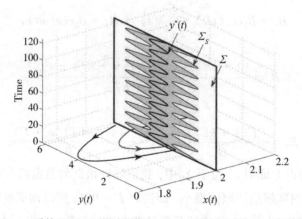

图 7.30 Filippov 系统(7.3.7)滑动周期解 $y^*(t)$ 的全局稳定性, 参数值同图 7.29

7.4 具有季节扰动的 Filippov 森林害虫系统

7.4.1 模型建立

Chen-Charpentier[255] 提出了甲虫系统模型

$$\begin{cases} \dfrac{\mathrm{d}V(t)}{\mathrm{d}t} = r_v V(t) \left(1 - \dfrac{V(t)}{k_v} - m(B) \right), \\ \dfrac{\mathrm{d}B(t)}{\mathrm{d}t} = r_b B(t) \left(1 - \dfrac{B(t)}{k_b} \right) - \dfrac{\alpha B^2(t)}{1 + \beta B^2(t)}, \end{cases} \qquad (7.4.1)$$

其中,$V'(t)$ 为树木的数量,r_v 和 k_v 分别为其增长率和环境容纳量. $B'(t)$ 表示山松甲虫密度,内禀增长率为 r_b,环境容纳量 k_b,在没有甲虫的情况下,树木的生长受到密度的限制,严格服从 Logistic 增长;$m(B)$ 为在甲虫攻击下树木的死亡率,式

$$\dfrac{\alpha B^2(t)}{1 + \beta B^2(t)}$$

为 Holling III 型功能反应函数,在模型(7.4.1)的基础上,向长城[256] 提出了以下森林害虫模型

$$\begin{cases} \dfrac{\mathrm{d}V(t)}{\mathrm{d}t} = r_v V(t) \left(1 - \dfrac{V(t)}{k_v} \right) - \delta B(t) V(t), \\ \dfrac{\mathrm{d}B(t)}{\mathrm{d}t} = r_b B(t) \left(1 - \dfrac{B(t)}{k_b} \right) + \eta \delta B(t) V(t) - \dfrac{\alpha B^2(t)}{1 + \beta B^2(t)}, \end{cases} \qquad (7.4.2)$$

δ 表示因为甲虫导致树木的死亡率;η 为甲虫的转换系数;$\eta \delta B(t) V(t)$ 表示甲虫消耗树木后数量增加. 为了探讨周期强迫对种群群落的影响,本节考虑具有周期强迫项 $\gamma(1 - \cos\omega t)$ 的森林害虫系统[257] [250] [251]

$$\begin{cases} \dfrac{\mathrm{d}V(t)}{\mathrm{d}t} = r_v V(t) \left(1 - \dfrac{V(t)}{k_v} \right) - \delta B(t) V(t), \\ \dfrac{\mathrm{d}B(t)}{\mathrm{d}t} = r_b B(t) \left(1 - \dfrac{B(t)}{k_b} \right) + \eta \delta B(t) V(t) - \dfrac{\alpha B^2(t)}{1 + \beta B^2(t)} + \gamma(1 - \cos S(t)) B(t), \\ \dfrac{\mathrm{d}S(t)}{\mathrm{d}t} = \omega, \end{cases}$$

$$(7.4.3)$$

其中 γ 和 ω 为周期强迫项的幅值和频率. 将模型(7.4.3)改写成

$$\dfrac{\mathrm{d}B(t)}{\mathrm{d}t} = \left[r_b + \gamma(1 - \cos S(t)) \right] B(t) - r_b \dfrac{B^2(t)}{k_b} + \eta \delta B(t) V(t) - \dfrac{\alpha B^2(t)}{1 + \beta B^2(t)},$$

当害虫种群密度达到或超过经济阈值时,采用综合防治策略 IPM 来控制害虫. 考虑人为干扰因素,包括植树或释放天敌. 当 $B(t) > ET$ 时,对害虫喷洒农药,模型(7.4.3)即为

$$\begin{cases} \dfrac{\mathrm{d}V(t)}{\mathrm{d}t} = r_v V(t) \left(1 - \dfrac{V(t)}{k_v} \right) - \delta B(t) V(t) + \tau(t), \\ \dfrac{\mathrm{d}B(t)}{\mathrm{d}t} = r_b B(t) \left(1 - \dfrac{B(t)}{k_b} \right) + \eta \delta B(t) V(t) - \dfrac{\alpha B^2(t)}{1 + \beta B^2(t)} \\ \qquad\qquad + \gamma(1 - \cos S(t)) B(t) - q_1 B(t), \\ \dfrac{\mathrm{d}S(t)}{\mathrm{d}t} = \omega, \end{cases} \qquad (7.4.4)$$

其中，$\tau(t)$ 可视为新种树木，q_1 为农药对害虫的致死率. 因此，结合模型 (7.4.3) 和模型 (7.4.4) 可得 Filippov 系统[258-259]

$$
\begin{cases}
\dfrac{\mathrm{d}V(t)}{\mathrm{d}t} = r_v V(t)\left(1 - \dfrac{V(t)}{k_v}\right) - \delta B(t)V(t) + \varepsilon\tau(t), \\[2mm]
\dfrac{\mathrm{d}B(t)}{\mathrm{d}t} = r_b B(t)\left(1 - \dfrac{B(t)}{k_b}\right) + \eta\delta B(t)V(t) - \dfrac{\alpha B^2(t)}{1 + \beta B^2(t)} \\[2mm]
\qquad\qquad + \gamma(1 - \cos S(t))B(t) - \varepsilon q_1 B(t), \\[2mm]
\dfrac{\mathrm{d}S(t)}{\mathrm{d}t} = \omega,
\end{cases}
\tag{7.4.5}
$$

且

$$
\varepsilon = \begin{cases} 0, & B(t) < ET, \\ 1, & B(t) > ET. \end{cases}
\tag{7.4.6}
$$

记 $H(Z) = B(t) - ET$，$Z = (V, B, S)^{\mathrm{T}}$ 定义在 $G = R_+^2 \times T^1$ 上，$T^1 = R_+ / 2\pi N$[252]. 不连续的边界 $\Sigma = \{Z \in G \mid H(Z) = 0\}$ 将 G 分为两个区域 $G_1 \in \{Z \in G \mid H(Z) < 0\}$，$G_2 \in \{Z \in G \mid H(Z) > 0\}$，则上述 Filippov 系统可改写成向量形式

$$
Z'(t) = \begin{cases} F_{G_1}(Z), & Z \in G_1, \\ F_{G_2}(Z), & Z \in G_2, \end{cases}
\tag{7.4.7}
$$

其中

$$
F_{G1}(Z) = \begin{bmatrix} r_v V\left(1 - \dfrac{V}{k_v}\right) - \delta BV \\[2mm] r_b B\left(1 - \dfrac{B}{k_b}\right) + \eta\beta BV - \dfrac{\alpha B^2}{1 + \beta B^2} + \gamma(1 - \cos S)B \\[2mm] \omega \end{bmatrix}^{\mathrm{T}},
\tag{7.4.8}
$$

$$
F_{G2}(Z) = \begin{bmatrix} r_v V\left(1 - \dfrac{V}{k_v}\right) - \delta BV + \tau \\[2mm] r_b B\left(1 - \dfrac{B}{k_b}\right) + \eta\beta BV - \dfrac{\alpha B^2}{1 + \beta B^2} + \gamma(1 - \cos S)B - q_1 B \\[2mm] \omega \end{bmatrix}.
\tag{7.4.9}
$$

本节材料来源于文献 [260].

7.4.2　滑动区域和滑动模态动力学

本节研究 Filippov 系统 (7.4.7) 的滑动区域和滑动模态动力学. 由 $\sigma(Z)$ 和开关面 $H(Z)$ 的定义可得

$$
\sigma(Z) = \left\{ r_b ET\left(1 - \dfrac{ET}{k_b}\right) + \eta\delta ETV - \dfrac{\alpha ET^2}{1 + \beta ET^2} + \gamma(1 - \cos S)ET \right\}
$$

$$
\cdot \left\{ r_b ET\left(1 - \dfrac{ET}{k_b}\right) + \eta\delta ETV - \dfrac{\alpha ET^2}{1 + \beta ET^2} + \gamma(1 - \cos S)ET - q_1 ET \right\} < 0, \quad Z \in \Sigma.
$$

$$
\tag{7.4.10}
$$

由此可以得到滑动区域满足

$$\begin{cases} r_bET\left(1 - \dfrac{ET}{k_b}\right) + \eta\delta ETV - \dfrac{\alpha ET^2}{1 + \beta ET^2} + \gamma(1 - \cos S)ET > 0, \\ r_bET\left(1 - \dfrac{ET}{k_b}\right) + \eta\delta ETV - \dfrac{\alpha ET^2}{1 + \beta ET^2} + \gamma(1 - \cos S)ET - q_1ET < 0. \end{cases}$$

上述不等式等价于

$$-r_b\left(1 - \frac{ET}{k_b}\right) + \frac{\alpha ET}{1 + \beta ET^2} < \eta\delta V + \gamma(1 - \cos S) < -r_b\left(1 - \frac{ET}{k_b}\right) + \frac{\alpha ET}{1 + \beta ET^2} + q_1.$$

$$(7.4.11)$$

将 $S = \omega t$ 代入式 (7.4.11) 可得

$$V_{\min}(t) < V < V_{\max}(t),$$

其中

$$V_{\min}(t) = \frac{1}{\eta\delta}\left(-r_b\left(1 - \frac{ET}{k_b}\right) + \frac{\alpha ET^2}{1 + \beta ET^2} - \gamma(1 - \cos\omega t)\right),$$

$$V_{\max}(t) = \frac{1}{\eta\delta}\left(-r_b\left(1 - \frac{ET}{k_b}\right) + \frac{\alpha ET^2}{1 + \beta ET^2} - \gamma(1 - \cos\omega t) + q_1\right).$$

因此, Filippov 系统 (7.4.7) 的滑动区域为

$$\Sigma_S = \{Z \in G \mid B = ET, V_{\min}(t) < V < V_{\max}(t)\}.$$

通过采用 Utkin 的等效控制方法[259], 进一步介绍了 Filippov (7.4.7) 的滑模动力学. 由 $\dot{H} = 0$ 可得

$$\frac{\partial H}{\partial t} = \frac{\partial B}{\partial t} = r_bB\left(1 - \frac{B}{k_b}\right) + \eta\delta BV - \frac{\alpha B^2}{1 + \beta B^2} + \gamma(1 - \cos S)B - \varepsilon q_1B < 0,$$

其中 $B = ET$. 关于 ε 求解上述方程可得

$$\varepsilon = \frac{r_b\left(1 - \dfrac{ET}{k_b}\right) + \eta\delta V - \dfrac{\alpha ET}{1 + \beta ET^2} + \gamma(1 - \cos S)}{q_1}.$$

因此, Filippov 系统 (7.4.7) 在滑动区域 Σ_S 上的动力学方程可由

$$\begin{cases} \dfrac{dV(t)}{dt} = r_vV\left(1 - \dfrac{V}{k_v}\right) - \delta BV + \dfrac{r_b\left(1 - \dfrac{ET}{k_b}\right) + \eta\delta V - \dfrac{\alpha ET}{1 + \beta ET^2} + \gamma(1 - \cos S)}{q_1}\tau \\ \dfrac{dS(t)}{dt} = \omega \end{cases}$$

$$(7.4.12)$$

确定, 定义

$$A_1 = -\frac{r_v}{k_v}, \quad A_2 = r_v - \delta ET + \frac{\eta\delta\tau}{q_1}, \quad A_4 = \frac{\gamma\tau}{q_1},$$

$$A_3 = \frac{r_b \tau}{q_1}\left(1 - \frac{ET}{k_b}\right) - \frac{\alpha ET\tau}{q_1(1 + \beta ET^2)} + \frac{\gamma\tau}{q_1}.$$

因此, 方程(7.4.12)可以表示为

$$\begin{cases} V' = A_1 V^2 + A_2 V + A_3 + A_4 \cos S, \\ S' = \omega. \end{cases} \tag{7.4.13}$$

同时

$$V' = A_1 V^2 + A_2 V + A_3 + A_4 \cos\omega t, \tag{7.4.14}$$

方程(7.4.14)的解 $V_*(t)$, 图 7.31(a)、图 7.31(b)和图 7.32 描述了系统的滑动周期解. 当树木密度在 $V_{\min}(t)$ 和 $V_{\max}(t)$ 之间波动时, 害虫种群密度始终没有达到或超过 ET, 在这种情况下, 害虫是完全可控的. 然而, 当 γ 取较大值 0.48 时, 系统的周期解超出滑动区域的边界, 而滑动区域不是滑动周期解, 因此害虫种群变得不可预测, 在这种情况下可能暴发, 如图 7.31(a)所示.

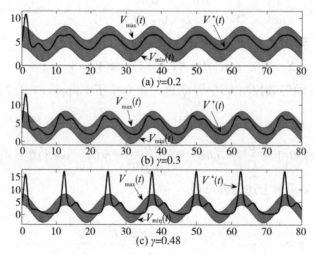

图 7.31　Filippov 系统(7.4.7)滑动区域与周期解的关系. 参数 $r_b = 1.4$, $k_b = 10$, $\eta = 0.3$, $\delta = 0.45$, $\alpha = 5$, $\beta = 1$, $ET = 3$, $r_v = 1.4$, $k_v = 10$, $q_1 = 0.6$, $\tau = 0.1$, $\omega = 0.5$, (a) $\gamma = 0.2$, (b) $\gamma = 0.3$, (c) $\gamma = 0.48$

从图 7.31 中可知, γ 越大则 $V_{\min}(t)$ 越小. 从生物学角度出发, 若害虫暴发, 更多的树木将被破坏, 树木的密度将会降低, 所以系统滑动周期解的存在性对害虫的防治至关重要. 若周期强迫的振幅 γ 低于某一临界值, 两个种群的初始密度是随机的, 则 Filippov 系统(7.4.7)存在稳定的滑动周期解, 这表明害虫处于可控范围内, 如图 7.32 所示.

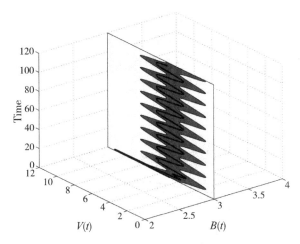

图 7.32　Filippov 系统(7.4.7)的滑动周期解. 参数同图 7.31(a)

7.4.3　动力学行为分析

本节采用数值方法首先研究 Filippov 系统(7.4.7)的单参数分支, 然后讨论了 Filippov 系统(7.4.7)吸引子共存现象, 最后分析了重要参数的敏感性, 并给出了相应的生物意义解释.

1. Filippov 系统(7.4.7)的单参数分支分析

选择周期强迫项振幅 γ 作为分支参数, 得到了系统的分支图, 如图 7.33 所示. 当 $0.1 < \gamma < 0.6$ 时, 害虫种群发生振荡, 且局部最大值不超过 ET, 有利于害虫防治. 当 $\gamma > 0.6$ 时, 害虫数量在某些情况下会超过阈值 ET, 而在其他情况下则会低于阈值 ET, 这意味着系统将在两个子系统之间切换, 在这种情形下, 若害虫密度高于 ET 但低于 EIL, 则害虫密度仍在

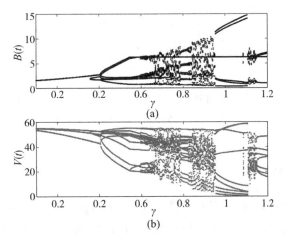

图 7.33　Filippov 系统(7.4.7)关于 γ 的分支图. 参数为 $r_b = 0.4$, $k_b = 10$, $\eta = 0.16$, $\delta = 0.6$, $\alpha = 8$, $\beta = 0.5$, $ET = 6.282$, $r_v = 3.3$, $k_v = 75$, $q_1 = 0.6$, $\tau = 0.1$, $\omega = 2.424$

可控范围内. 从图 7.33 还可以发现, Filippov 系统经历了稳定状态、倍周期分支、混沌、周期窗口、多吸引子共存等动力学行为. 类似地, 以经济阈值 ET 和周期强迫项的频率 ω 为分支参数的分支图 7.34 和分支图 7.35, 从多角度反映出随着参数的小扰动, Filippov 系统 (7.4.7) 发生了一系列有趣的、复杂的动力学行为.

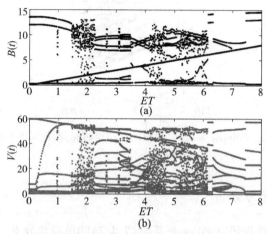

图 7.34　Filippov 系统 (7.4.7) 关于 ET 的分支图. 参数为 $r_b = 0.4$, $k_b = 10$, $\eta = 0.16$, $\delta = 0.6$, $\alpha = 8$, $\beta = 1$, $r_v = 3.3$, $k_v = 75$, $\gamma = 0.6$, $q_1 = 0.6$, $\tau = 0.1$, $\omega = 2.25$

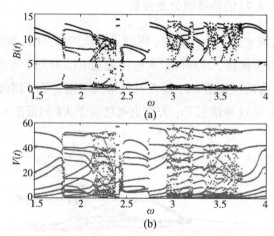

图 7.35　Filippov 系统 (7.4.7) 关于 ω 的分支图. 参数为 $r_b = 0.4$, $k_b = 10$, $\eta = 0.16$, $\delta = 0.6$, $\alpha = 8$, $\beta = 1$, $ET = 5.5$, $r_v = 3.3$, $k_v = 75$, $\gamma = 0.59$, $q_1 = 0.6$, $\tau = 0.1$

2. 吸引子共存现象

从分支图形可以看出, 在一定的参数空间下, Filippov 系统 (7.4.7) 存在吸引子共存现象. 图 7.36、图 7.37、图 7.38 (图 7.39) 分别显示了 Filippov 系统 (7.4.7) 存在四个、三个、两个吸引子共存现象, 还展示系统存在的周期吸引子、拟周期吸引子和混沌吸引子.

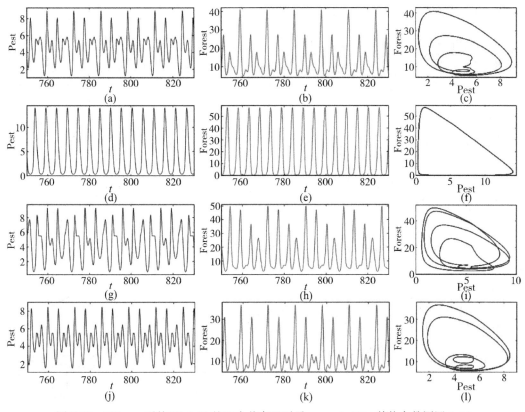

图 7.36 Filippov 系统(7.4.7)的四个共存吸引子. ω = 2.422, 其他参数同图 7.35

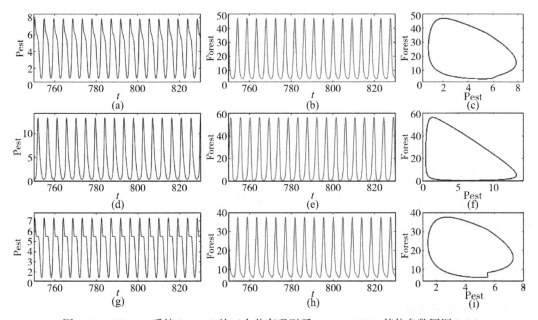

图 7.37 Filippov 系统(7.4.7)的三个共存吸引子. ω = 2.738, 其他参数同图 7.35

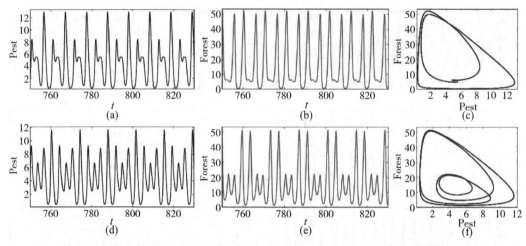

图 7.38　Filippov 系统(7.4.7)的两个共存吸引子. $\omega = 1.824$，其他参数同图 7.35

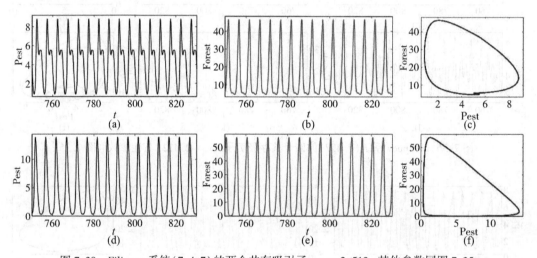

图 7.39　Filippov 系统(7.4.7)的两个共存吸引子. $\omega = 2.513$，其他参数同图 7.35

另外，两个共存吸引子的时间序列的关系可以通过小波相干性的时频空间进行比较. 图 7.40 显示了图 7.38 中两个共存吸引子的害虫和森林的小波相干性，图 7.39 中两个共存吸引子的波相干性如图 7.41 所示. 在图 7.40 中，水平约为 5% 的显著性水平区域由黑色轮廓线表示，较亮的阴影表示边缘效果可能会扭曲图片，色标显示特定时间段的强弱，箭头表示两个共存吸引子之间的相位差，其中左箭头表示相位，右箭头表示反相位，向上箭头表示第一个吸引子领先第二个吸引子，向下箭头表示第二个吸引子领先第一个吸引子[261-263].

3.参数敏感性分析

本节选择 ET、γ 和 ω 作为变参数，分析它们对 Filippov 系统(7.4.7)动力学的影响. 若阈值 ET 从 5 变为 6.5，振幅较小的周期吸引子可以切换到振幅较大的周期吸引子，如图

7.42(a)和图 7.42(b)所示, 从害虫控制的角度来看, 更大的经济阈值 ET 允许一定数量的害虫在更大范围内存在, 无须采取害虫控制策略. 然而, 如图 7.42(c)所示的经济阈值处于临界值 $ET = 7$ 时, 系统出现了拟周期的现象, 在这种情形下, 给害虫控制带来很大挑战.

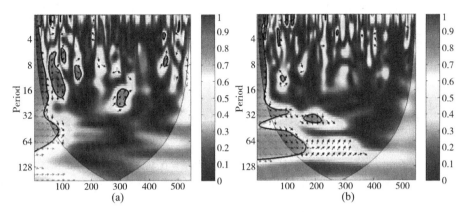

图 7.40 图 7.38 中两个共存吸引子的小波相干性. (a)吸引子对害虫的小波相干性; (b)吸引子对森林的小波相干性

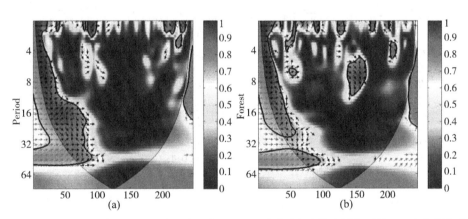

图 7.41 图 7.39 中两个共存吸引子的小波相干性. (a)吸引子对害虫的小波相干性; (b)吸引子对森林的小波相干性

当 $\gamma = 0.5$ 时, 图 7.43(a)~(c)显示了 Filippov 系统(7.4.7)滑动周期轨道, 害虫种群密度始终在 ET 上. 当振幅 γ 增加到 0.59 时, Filippov 系统(7.4.7)的滑动周期轨道相互切换, 如图 7.43(d)~(f)所示.

类似地, 从图 7.44 中可以发现, 系统(7.4.7)的种群密度对参数 ω 很敏感. 当 $\omega = 0.2$ 和 $\omega = 0.6$ 时都存在滑动周期解, 但振幅、周期和相图变化很大, 图 7.44(a)所示 $\omega = 0.2$ 时的每个周期的滑动时间比图 7.44(d)所示 $\omega = 0.6$ 的情节滑动时间长. 当 ω 发生微小变化时, 系统(7.4.7)的滑动周期轨道变换成拟滑动周期轨道, 如图 7.44(g)~(i)所示.

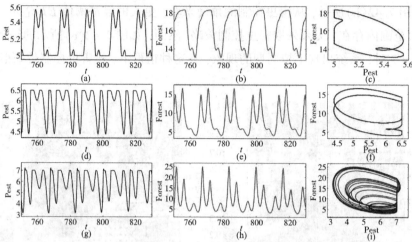

图 7.42　Filippov 系统(7.4.7)关于 ET 的敏感性分析. 参数为 $r_b = 0.4$, $k_b = 10$, $\eta = 0.16$, $\delta = 0.5$, $\alpha = 6$, $\beta = 1$, $r_v = 3.3$, $k_v = 75$, $\gamma = 0.2$, $q_1 = 0.6$, $\tau = 0.1$, $\omega = 0.4$, (a)~(c) $ET = 6.5$; (g)~(i) $ET = 7$

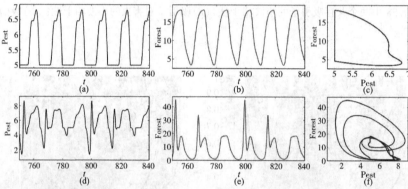

图 7.43　Filippov 系统(7.4.7)关于 γ 的敏感性分析. 参数为 $r_b = 0.4$, $k_b = 10$, $\eta = 0.16$, $\delta = 0.5$, $\alpha = 6$, $\beta = 1$, $r_v = 3.3$, $k_v = 75$, $q_1 = 0.6$, $\tau = 0.1$, $ET = 5$, $\omega = 0.4$, (a)~(c) $\gamma = 0.5$; (d)~(f) $\gamma = 0.59$

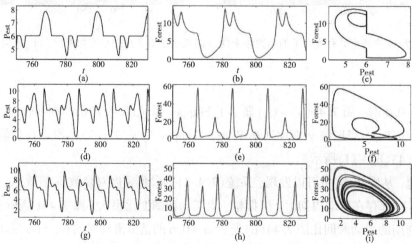

图 7.44　Filippov 系统(7.4.7)关于 ω 的敏感性分析. 参数为 $r_b = 0.4$, $k_b = 10$, $\eta = 0.16$, $\delta = 0.5$, $\alpha = 6$, $\beta = 1$, $r_v = 3.3$, $k_v = 75$, $q_1 = 0.6$, $\tau = 0.1$, $ET = 6$, $\gamma = 0.59$, (a)~(c) $\omega = 0.2$; (d)~(f) $\omega = 0.68$

7.5 Filippov 捕食模型的群体防御效应

7.5.1 模型建立

Rosenzweig[264]在 1971 年首次提出了浓缩悖论, 这在随后的几年里引起了生态世界的极大兴趣. 弗里德曼和沃尔科维茨[265]引入了一个针对害虫种群的具有群体防御的捕食者-食饵模型, 其中群体防御是一个术语, 用于描述食饵在数量较多时更好地防御或躲避捕食者的能力. 种群生态学中有许多很好的例子证明了群体防御的现象: 孤独的麝牛可以成功地被狼攻击[266], 而狼在面对成群的麝牛时就不敢靠近; 昆虫能够隐藏起来, 这使得捕食者很难识别它们[267]. 群体防御得到了众多学者的广泛研究[268-271][28][272][273][57][274-276].

为了研究食饵的群体防御效应, 肖燕妮等[28]研究了如下模型

$$\begin{cases} \dfrac{\mathrm{d}x(t)}{\mathrm{d}t} = rx(t)\left[1 - \dfrac{x(t)}{K}\right] - \dfrac{x(t)y(t)}{a + x^2(t)}, \\ \dfrac{\mathrm{d}y(t)}{\mathrm{d}t} = y(t)\left[\dfrac{\mu x(t)}{a + x^2(t)} - D\right]. \end{cases} \tag{7.5.1}$$

针对模型(7.5.1), 作如下假设

I $x(t)$ 和 $y(t)$ 分别表示食饵(害虫)和捕食者(天敌)种群的密度;

II r 是食饵种群的内禀增长率, K 代表环境容纳量, D 代表捕食者种群的死亡率, μ 代表食饵的转化效率;

III 非单调的饱和函数

$$\dfrac{x(t)}{a + x^2(t)},$$

它是 Sokol 和 Howel[277]提出的简化 Monod-Haldane 或 Holling IV 函数, 描述了密度很大的食饵种群的群体防御, $a > 0$ 是半饱和常数.

在模型(7.5.1)的基础上, 当害虫种群数量增加并超过经济阈值 ET 时, 即 $x(t) > ET$, 分别通过喷洒杀虫剂和释放天敌对害虫和天敌种群实施化学和生物控制策略, 得到如下的具有 IPM 策略的群体防御模型

$$\begin{cases} \dfrac{\mathrm{d}x(t)}{\mathrm{d}t} = rx(t)\left[1 - \dfrac{x(t)}{K}\right] - \dfrac{x(t)y(t)}{a + x^2(t)} - \theta x(t), \\ \dfrac{\mathrm{d}y(t)}{\mathrm{d}t} = y(t)\left[\dfrac{\mu x(t)}{a + x^2(t)} - D\right] + \tau. \end{cases} \tag{7.5.2}$$

θ 表示农药对害虫的致死率, τ 表示释放的天敌数量, 其中 $0 < \theta < 1, \tau > 0$.

因此, 结合模型(7.5.1)和模型(7.5.2), 得出了具有间歇控制策略的 Filippov 生态切

换模型

$$
\begin{cases}
\dfrac{\mathrm{d}x(t)}{\mathrm{d}t} = rx(t)\left[1 - \dfrac{x(t)}{K}\right] - \dfrac{x(t)y(t)}{a + x^2(t)}, \\[3mm]
\dfrac{\mathrm{d}y(t)}{\mathrm{d}t} = y(t)\left[\dfrac{\mu x(t)}{a + x^2(t)} - D\right], \\[3mm]
\end{cases}
\quad x(t) < ET;
$$

$$
\begin{cases}
\dfrac{\mathrm{d}x(t)}{\mathrm{d}t} = rx(t)\left[1 - \dfrac{x(t)}{K}\right] - \dfrac{x(t)y(t)}{a + x^2(t)} - \theta x(t), \\[3mm]
\dfrac{\mathrm{d}y(t)}{\mathrm{d}t} = y(t)\left[\dfrac{\mu x(t)}{a + x^2(t)} - D\right] + \tau.
\end{cases}
\quad x(t) > ET. \tag{7.5.3}
$$

模型(7.5.3)是具有阈值策略[157]的非光滑 Filippov 系统, 具有 IPM 策略的非光滑 Filippov 捕食-被捕食生态系统[26][235][157]得到了广泛关注. 系统(7.5.3)还可以写成

$$
\begin{cases}
\dfrac{\mathrm{d}x(t)}{\mathrm{d}t} = rx(t)\left[1 - \dfrac{x(t)}{K}\right] - \dfrac{x(t)y(t)}{a + x^2(t)} - \varepsilon\theta x(t), \\[3mm]
\dfrac{\mathrm{d}y(t)}{\mathrm{d}t} = y(t)\left[\dfrac{\mu x(t)}{a + x^2(t)} - D\right] + \varepsilon\tau,
\end{cases} \tag{7.5.4}
$$

其中

$$
\varepsilon = \begin{cases}
0, & x - ET < 0, \\
1, & x - ET > 0.
\end{cases} \tag{7.5.5}
$$

进一步, 将上述 Filippov 系统写成向量形式, 为此首先定义 $R_+^2 = \{Z(x, y) \mid x \geqslant 0, y \geqslant 0\}$ 和光滑函数 $H(Z) = x - ET$, 记

$$
F_{G_1}(Z) = \left[rx\left[1 - \dfrac{x}{K}\right] - \dfrac{xy}{a + x^2}, y\left(\dfrac{\mu x(t)}{a + x^2(t)} - D\right)\right]^{\mathrm{T}},
$$

$$
F_{G_2}(Z) = \left[rx\left[1 - \dfrac{x}{K}\right] - \dfrac{xy}{a + x^2} - \theta x, y\left(\dfrac{\mu x(t)}{a + x^2(t)} - D\right) + \tau\right]^{\mathrm{T}}.
$$

于是, 模型(7.5.3)和模型(7.5.4)可写为向量形式的 Filippov 系统[231][232][240]

$$
Z'(t) = \begin{cases}
F_{G_1}(Z), & Z \in G_1, \\
F_{G_2}(Z), & Z \in G_2,
\end{cases} \tag{7.5.6}
$$

式中

$$
G_1 = \{Z \in R_+^2 \mid H(Z) < 0\}, \quad G_2 = \{Z \in R_+^2 \mid H(Z) > 0\}.
$$

此外, 还定义了不连续流形

$$
\Sigma = \{Z \in R_+^2 \mid H(Z) = 0\}.
$$

它将两个区域 G_1 和 G_2 分开. 显然, $R_+^2 = G_1 \cup \Sigma \cup G_2$. 为了方便叙述, 将定义在区域 G_1 和 G_2 中的 Filippov 系统(7.5.6)分别表示为子系统 S_1 和子系统 S_2. 本节材料主要来源于文献[303].

7.5.2 子系统 S_1 和 S_2 的动力学行为

若 $x < ET$, Filippov 系统(7.5.6)的动力学行为由子系统 S_1 或模型(7.5.1)决定. 基于阮世贵和肖燕妮[28]主要研究结果, 表 7.1 总结了与子系统 S_1 有关的一些结果. 为了方便, 用 $E_1(x_1, y_1)$, $E_2(x_2, y_2)$ 来表示 S_1 的两个内部平衡, 其中

表 7.1   **子系统 S_1 的动力学行为**

条件 1	动 力 学	条件 2	动 力 学
$x_1 < K \leqslant x_2$	E_1 是全局稳定的	$x_1 < K \leqslant -x_2 + 2\sqrt{\mu x_1/D}$	E_1 是全局稳定的
$x_1 < K \leqslant x_2$	E_1 是稳定的 E_2 是一个鞍点 无闭合轨道	$-x_1 + 2\sqrt{\mu x_1/D} \leqslant K \leqslant x_3$	E_1 是不稳定的 发生亚临界 Hopf 分支
$x_3 < K \leqslant \mu/D$	E_1 是不稳定的 E_2 是一个鞍点 Hopf 分支发生	$x_3 < K \leqslant x_2$	E_1 不稳定 存在一个唯一的极限环
$\mu/D < K$	E_1 是不稳定的 E_2 是一个鞍点 无闭合轨道	$\mu/D < K$	E_1 是不稳定的 E_2 是一个鞍点 无闭合轨道

$$x_1 = \frac{\mu - \sqrt{\mu^2 - 4aD^2}}{2D}, \quad y_1 = r\left[1 - \frac{x_1}{K}\right](a + x_1^2),$$

$$x_2 = \frac{\mu - \sqrt{\mu^2 - 4aD^2}}{2D}, \quad y_2 = r\left[1 - \frac{x_2}{K}\right](a + x_2^2).$$

在表 7.1 中, 条件 1、条件 2 和条件 3 分别如下所示

$$4aD^2 < \mu^2 < \frac{16}{3}aD^2, \quad \frac{16}{3}aD^2 < \mu^2, \quad \frac{2\mu - \sqrt{\mu^2 - 4aD^2}}{2D}.$$

若 $x > ET$, 则 Filippov 系统(7.5.6)的定性行为由子系统 S_2 或模型(7.5.2)决定, 它具有垂直等倾线

$$y = (a + x^2)\left[r\left(1 - \frac{x}{K}\right) - \theta\right]$$

和水平等倾线

$$y = \frac{\tau}{D - \frac{\mu x}{a + x^2}}.$$

可见子系统 S_2 存在一个害虫灭绝平衡点 $(0, \tau/D)$. 子系统 S_2 的内部平衡可以通过上述两条等值线得到, 这样就得到关于 x 的一元三次方程

$$-\frac{rD}{K}x^3 + \left[\frac{\mu r}{K} + D(r-\theta)\right]x^2 - \left[\frac{Dar}{K} + (r-\theta)\mu\right]x + Dar(r-\theta) - \tau = 0.$$

$$(7.5.7)$$

借助 Cardano 公式[278]，可知上述一元三次方程可能存在一个、两个或三个不同的实解，图 7.45(c)、(b) 及 (a) 分别表示方程可能存在一个、两个及三个正实根的情形. 因此，子系统 S_2 至少存在一个内部平衡态.

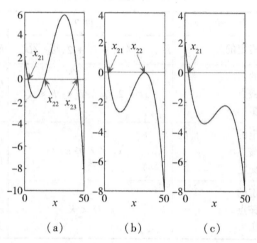

图 7.45　方程(7.5.7)正解的存在性. 参数 $r = 0.8$, $\mu = 0.8$, $D = 0.015$, $\theta = 0.1$, $\tau = 0.1$, $a = 205$, (a) $K = 12$; (b) $K = 19.25$; (c) $K = 25$

为了研究子系统 S_2 平衡点 $E_{2i}(x_{2i}, y_{2i})$ 的稳定性，可得雅可比矩阵

$$\begin{pmatrix} A & B \\ C & D \end{pmatrix},$$

其中 $A = r\left(1 - \frac{2x}{K}\right) - \frac{y(a - x^2)}{(a + x^2)} - \theta$, $B = -\frac{x}{a + x^2}$, $C = \frac{\mu y(a - x^2)}{(a + x^2)^2}$, $D = \frac{\mu x}{a + x^2} - D$.

正平衡态 $E_{2i}(x_{2i}, y_{2i})$, $i = 1, 2, 3$ 的特征方程为

$$\overline{\lambda}^2 - (A + D)\overline{\lambda} + (AC - BD) = 0.$$

若 $A + D < 0$ 且 $AC - BD > 0$，则正平衡点 E_{2i} 是稳定的.

通过数值方法，我们研究了子系统 S_2 正平衡的存在性和局部稳定性，如图 7.46、图 7.47、图 7.48 所示，平衡点用红点标记，洋红色和橙色曲线表示 S_2 的等值线，蓝色曲线表示子系统 S_2 的轨线. 在图 7.46 中，子系统 S_2 存在一个正平衡 E_{21}，它是一个稳定的焦点；在图 7.47 中，子系统 S_2 存在两个正平衡点，分别是鞍点 E_{21} 和稳定结点 E_{22}；在图 7.48 中，子系统 S_2 存在三个正平衡点，包括鞍点 E_{22}、不稳定结点 E_{21} 和稳定结点 E_{23}.

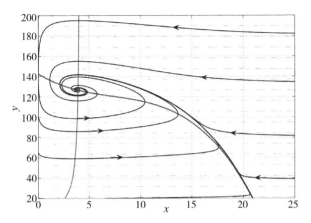

图 7.46　S_2 的一个正平衡点. 参数 $r = 0.8$, $K = 25$, $\mu = 0.8$, $D = 0.015$, $\theta = 0.1$, $\tau = 0.1$, $a = 205$

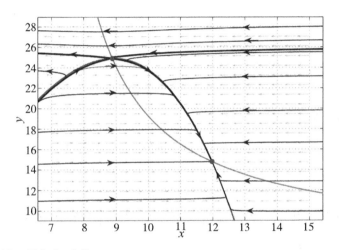

图 7.47　S_2 的两个正平衡点. 参数 $r = 1$, $K = 15$, $\mu = 0.1$, $D = 0.015$, $\theta = 0.1$, $\tau = 0.1$, $a = 2$

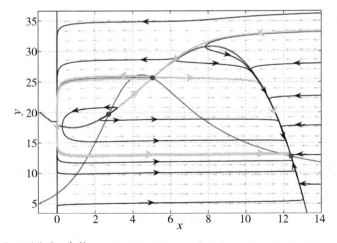

图 7.48　S_2 的三个正平衡点. 参数 $r = 1$, $K = 15$, $\mu = 0.1$, $D = 0.015$, $\theta = 0.1$, $\tau = 0.1$, $a = 20$

7.5.3　滑动模态动力学

1.滑动区域的存在性

由滑动区域(7.5.7) Σ_S 的定义可知, $\sigma(Z) \leqslant 0$ 等价于

$$\left[r\left(1 - \frac{ET}{K} \right) - \frac{y}{a + ET^2} \right] \cdot \left[r\left(1 - \frac{ET}{K} \right) - \theta - \frac{y}{a + ET^2} \right] \leqslant 0,$$

即

$$\begin{cases} r\left(1 - \dfrac{ET}{K} \right) - \dfrac{y}{a + ET^2} \geqslant 0, \\ r\left(1 - \dfrac{ET}{K} \right) - \dfrac{y}{a + ET^2} - \theta \leqslant 0. \end{cases}$$

求解上述不等式组可得

$$y_{\min} \doteq \frac{(a + ET^2)\left[r(K - ET) - K\theta \right]}{K} \leqslant y \leqslant \frac{r(a + ET^2)(K - ET)}{K} \doteq y_{\max}.$$

因此, Filippov(7.5.6)的滑动区域

$$\Sigma_S = \left\{ (x, y)^T \in R_+^2 \,\middle|\, x = ET, \quad y_{\min} \leqslant y \leqslant y_{\max} \right\}. \tag{7.5.8}$$

2.滑动模态动力

借助 Utkin 等效控制方法[232]来求滑动动力学微分方程. 由 $H(Z) = 0$ 且联立 Filippov 系统(7.5.4)的第一个方程可得

$$\frac{\partial H}{\partial t} = rx(t)\left[1 - \frac{x(t)}{K} \right] - \frac{x(t)y(t)}{a + x^2(t)} - \varepsilon\theta x(t) = 0, \quad x(t) = ET,$$

求解上述方程可得

$$\varepsilon = \frac{r(K - ET)}{K\theta} - \frac{y(t)}{\theta(a + ET^2)},$$

将 ε 代入 Filippov 系统(7.5.4)的第二个方程有

$$y'(t) = \frac{\theta\mu ET - D\theta(a + ET^2) - \tau}{\theta(a + ET^2)} y(t) + \frac{r\tau(K - ET)}{K\theta} \doteq \phi(y). \tag{7.5.9}$$

标量微分方程(7.5.9)确定就是 Filippov 系统在滑动区域 Σ_S 上的动力学方程, 它存在唯一的伪平衡 $E_p(ET, y_p)$, 其中

$$y_p = \frac{r\tau(K - ET)(a + ET^2)}{K[D\theta(a + ET^2) + \tau - \theta\mu ET]}, \quad y_p \in \Sigma_S.$$

进一步研究 Filippov 系统(7.5.6)伪平衡 $E_p(ET, y_p)$ 的稳定性, 对等式(7.5.9)两边关

于 y 求导可得

$$\phi'(y) = \frac{\theta\mu ET - D\theta(a + ET^2) - \tau}{\theta(a + ET^2)}.$$

因此, 若

$$\theta\mu ET < D\theta(a + ET^2) + \tau, \qquad (7.5.10)$$

则 $\phi'(y) < 0$, 这说明 Filippov 系统(7.5.6)的伪平衡 $E_p(ET, y_p)$ 在滑动区域 Σ_s 上是局部渐近稳定的.

3.Filippov 系统(7.5.6)的平衡态

Filippov 系统(7.5.6)有五种类型的平衡点, 即真平衡点、假平衡点、伪平衡点、边界平衡点和切点, 分别记为 E^R、E^V、E_p、E_b 和 E_t.

I 伪平衡点: 若

$$y_{\min} \leq y_p = \frac{r\tau(K - ET)(a + ET^2)}{K[D\theta(a + ET^2) + \tau - \theta\mu ET]} \leq y_{\max}$$

成立, 则 Filippov 系统(7.5.6)存在唯一的伪平衡 $E_p(ET, y_p)$, 且在条件(7.5.10)下是局部渐近稳定的.

II 边界平衡点: Filippov 系统(7.5.6)的边界平衡点满足

$$\begin{cases} rx(t)\left[1 - \dfrac{x(t)}{K}\right] - \dfrac{x(t)y(t)}{a + x^2(t)} = 0, \\ \dfrac{\mu x(t)y(t)}{a + x^2(t)} - Dy(t) + \tau = 0, \\ x(t) = ET. \end{cases} \qquad (7.5.11)$$

和

$$\begin{cases} rx(t)\left[1 - \dfrac{x(t)}{K}\right] - \dfrac{x(t)y(t)}{a + x^2(t)} - \theta x(t) = 0, \\ \dfrac{\mu x(t)y(t)}{a + x^2(t)} - Dy(t) + \tau = 0, \\ x(t) = ET. \end{cases} \qquad (7.5.12)$$

由式(7.5.11)可知, 若

$$D = \frac{\mu ET}{a + ET^2},$$

则 Filippov 系统(7.5.6)存在边界平衡 $E_b^2(ET, y_{\max})$.

由式(7.3.4)可知, 若

$$y_{\min} = \frac{\tau}{D - \dfrac{\mu ET}{a + ET^2}},$$

则 Filippov 系统 (7.5.6) 存在边界平衡 $E_b^1(ET, y_{\min})$. 考虑生物学意义, 必须有 $y_{\min} > 0$, 即 $D > \dfrac{\mu ET}{a + ET^2}$, 在这种情况下, Filippov 系统 (7.5.6) 存在两个边界平衡 $E_b^1(ET, y_{\min})$ 和 $E_b^2(ET, y_{\max})$.

III　切点: Filippov 系统 (7.5.6) 在滑线区域 Σ_S 上的切点满足

$$\begin{cases} rx(t)\left[1 - \dfrac{x(t)}{K}\right] - \dfrac{x(t)y(t)}{a + x^2(t)} - \varepsilon\theta x(t) = 0, \\ x(t) = ET. \end{cases}$$

求解可得

$$\begin{cases} x(t) = ET, \\ y(t) = \left[r\left(1 - \dfrac{ET}{K}\right) - \varepsilon\theta\right](a + ET^2), \end{cases}$$

因此, Filippov 系统 (7.5.6) 存在两个切点 $E_t^1(ET, y_{\min})$ 和 $E_t^2(ET, y_{\max})$. 注意到, 切点即为滑线段的端点.

IV　真、假平衡点: 为了研究 Filippov 系统 (7.5.6) 真、假平衡点, 必须探讨子系统 S_1 和 S_2 的所有平衡点. 而对子系统 S_1, 它存在两个内部平衡点 $E_{11}(x_{11}, y_{11})$ 和 $E_{12}(x_{12}, y_{12})$, 根据真、假平衡点的定义可将其划分成:

①若 $x_{12} < ET$, 则子系统 S_1 存在两个真平衡点 E_{11}^R 和 E_{12}^R;

②若 $x_{11} > ET$, 则子系统 S_1 存在两个假平衡点 E_{11}^V 和 E_{12}^V;

③若 $x_{11} < ET < x_{12}$, 则子系统 S_1 存在一个真平衡点 E_{11}^R 和一个假平衡点 E_{12}^V.

对子系统 S_2, 如图 7.49 所示, 它存在三个内部平衡点 $E_{21}(x_{21}, y_{21})$、$E_{22}(x_{22}, y_{22})$ 和 $E_{23}(x_{23}, y_{23})$, 其中 $x_{21} < x_{22} < x_{23}$, 根据真、假平衡点的定义可将其划分成:

①若 $x_{23} < ET$, 则子系统 S_2 存在三个假平衡点 E_{21}^V、E_{22}^V 和 E_{23}^V;

②若 $x_{21} > ET$, 则子系统 S_2 存在三个真平衡点 E_{21}^R、E_{22}^R 和 E_{23}^R;

③若 $x_{21} < ET < x_{22}$, 则子系统 S_2 存在一个假平衡点 E_{21}^V 和两个真平衡点 E_{22}^R, E_{23}^R;

④若 $x_{22} < ET < x_{23}$, 则子系统 S_2 存在一个真平衡点 E_{23}^R 和两个假平衡点 E_{21}^V, E_{22}^V.

7.5.4　Filippov 系统 (7.5.6) 的分支分析

本节主要研究 Filippov 系统 (7.5.6) 包括平衡点分支、滑模分支、局部滑动分支和全局滑动分支.

1.平衡点分支

为了研究 Filippov 系统 $(7.5.6)$ 真平衡点、假平衡点和伪平衡点分支集, 选择群防御常数 a 和 ET 作为分支参数, 并在 $a\text{-}ET$ 平面上定义五条曲线.

$$L_1 = \left\{ (a,ET) \,\middle|\, a = \frac{\dfrac{r\tau(K-ET)}{r(K-ET)-K\theta} - \tau + \theta\mu ET}{D\theta} - ET^2 \right\},$$

$$L_2 = \left\{ (a,ET) \,\middle|\, a = \frac{\mu ET - DET^2}{D} \right\},$$

$$L_3 = \left\{ (ET,a) \,\middle|\, ET = \frac{\mu - \sqrt{\mu^2 - 4aD^2}}{2D} \right\},$$

$$L_4 = \left\{ (ET,a) \,\middle|\, ET = \frac{\mu + \sqrt{\mu^2 - 4aD^2}}{2D} \right\},$$

$$L_5 = \left\{ (a,ET) \,\middle|\, a = \frac{\mu^2}{4D} \right\}.$$

曲线 L_1 和 L_2 表示平衡点 E_p 与滑动区域 Σ_s 之间的关系. 由不等式 $y_{\min} \leqslant y_p \leqslant y_{\max}$ 可得 L_1 和 L_2 是其两种临界情形. 因此, L_1 被定义为 $y_{\min} \leqslant y_p$ 的情形, 即

$$a = \frac{\dfrac{r\tau(K-ET)}{r(K-ET)-K\theta} - \tau + \theta\mu ET}{D\theta} - ET^2.$$

类似地, L_2 是对应 $y_p \leqslant y_{\max}$ 的情形, 即

$$a = \frac{\mu ET - DET^2}{D}.$$

曲线 L_3 和 L_4 是为了研究子系统 S_1 平衡点 E_{11} 和 E_{12} 是否为真、假平衡点, 由 x_{11} 和 x_{12} 的表达式, L_3 为临界情形 $ET = x_{11}$, L_4 为临界情形 $ET = x_{12}$.

曲线 L_5 用于研究方程 $\mu^2 - 4aD^2 = 0$ 的临界情形, 即 $a = \mu^2/4D$.

五条曲线 $L_i, i = 1,2,3,4,5$ 将 a 和 ET 参数空间划分为六个区域 $A_i, i = 1,2,3,4,5,6$, 其中 A_2 表示 E_p 的存在区域, A_3 表示 E_{11}^V 的存在区域, A_4 和 A_6 表示平衡点 E_{11}^V 和 E_p 的共存区域, A_5 表示平衡点 E_{11}^R 和 E_{12}^R 的共存区域.

注意到边界点 E_b 位于曲线 L_2 上. 如图 7.49 所示, 真平衡点、假平衡点、伪平衡点分支依次发生: $E_p \to E_{11}^V \to E_{11}^V$ 和 E_p 共存 $\to E_{11}^R$ 和 E_{12}^R 共存 $\to E_b^1 \to E_{11}^V$ 和 E_p 共存. 由此可见, 经济阈值 ET 在 Filippov 系统 $(7.5.6)$ 平衡点分支中起着关键作用.

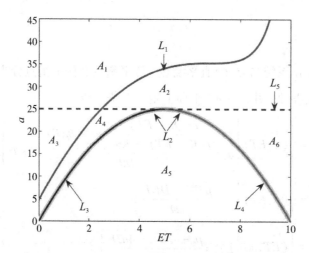

图 7.49　系统(7.5.6)的平衡点分支. 参数 $r = 1$, $K = 15$, $\mu = 0.1$, $D = 0.015$, $\theta = 0.1$, $\tau = 0.1$, $a = 20$

2.滑模分支

在不同的参数情形下, Filippov 系统(7.5.6)可能存在一段滑线、可能不存在滑线, 当参数发生变化时, 系统可能会发生滑动模式分支现象. 考虑到化学农药对害虫的致死率和经济阈值 ET 在害虫控制中的关键作用, 在不同的致死率 θ 下, 选择经济阈值 ET 作为分支参数, 从数值上研究 θ 对 Filippov 系统(7.5.6)的滑模和伪平衡态的影响.

当农药对害虫的防治效率很低时, 即 $\theta = 0.15$, 滑动段的长度缓慢增长, 同时伪平衡点从有到无, 缓慢消失, 如图 7.50(a)所示, 随着农药对害虫的防治效率增大, 即当 $\theta = 0.8$ 时, 滑动段的长度随着 ET 的增大而迅速增大, 同时伪平衡 E_p 始终存在并稳定在滑动区域 Σ_S 上, 如图 7.50(b)所示. 从害虫防治的角度来看, 伪平衡点稳定在滑动段上有利于害虫的控制.

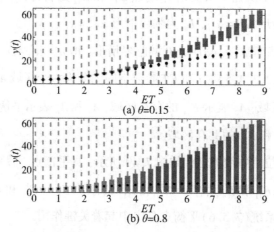

图 7.50　Filippov 系统(7.5.6)的滑动分支. 参数 $r = 0.9$, $K = 70$, $\mu = 0.1$, $D = 0.2$, $\tau = 2$

对比图 7.50(a)和(b)可以发现 θ 与害虫控制的关联性,因为 Filippov 系统(7.5.6)呈现出两种不同的滑动模式和伪平衡点性态,从而产生了两种不同的害虫控制方案, $\theta = 0.15$ 的情形不利于害虫防治, $\theta = 0.8$ 的情形有利于害虫防治. 结果表明,适度提高化学农药的效率,特别是当害虫表现出群体防御时,对控制害虫和维持生态系统平衡至关重要.

3. 局部滑动分支

本节主要研究 Filippov 系统(7.5.6)的局部滑动分支,以边界焦点分支为例,为此我们以天敌死亡率 D 作为分支参数,并固定所有其他参数,如图 7.51 所示,给出 Filippov 系统(7.5.6)的边界焦点.

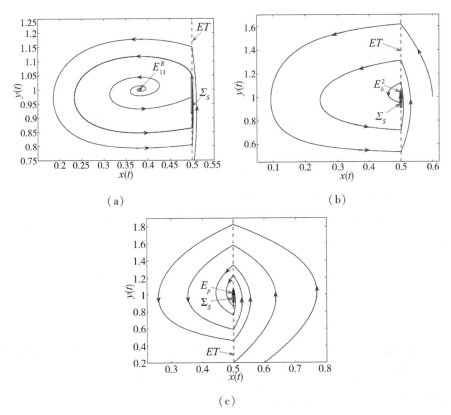

图 7.51 系统(7.5.6)的边界焦点分支. 参数 $r = 1$, $K = 3$, $a = 1$, $\mu = 0.3$, $\theta = 0.1$, $\tau = 1$, $ET = 0.5$, (a) $D = 0.1$;(b) $D = 0.15$;(c) $D = 0.4$

当参数 D 超过临界值时,若平衡点 E^R 和 E_t(或 E_b)碰撞到一起,Filippov 系统(7.5.6)就发生了边界焦点分支. 如图 7.51(a)所示,子系统 S_1 存在一个不稳定的真平衡点 E_{11}^R(焦点),Filippov 系统(7.5.6)存在一段滑线 Σ_s,但系统不存在伪平衡 E_p,从 E_{11}^R 出发解轨线趋于稳定的滑动周期.

当参数 D 增加到临界情况 $D=0.15$ 时，真平衡点 E_{11}^R 和切点 E_t 碰撞，稳定的滑动消失. Filippov 系统(7.5.6)在 E_b^2 处发生边界焦点分支，所有解轨线趋向于稳定的边界平衡点 E_b^2，如图 7.51(b)所示.

当参数 $D=0.5$ 时，如图 7.51(c)所示，边界平衡点 E_b^2 分离成伪平衡点 E_p 和切点 E_t，在这种情形下，系统所有解轨线都趋向于伪平衡点 E_p.

数值结果表明，稳定滑动周期解的一部分位于滑动区域 Σ_S 的右侧，即在阈值控制线右侧，这意味着此时的害虫密度大于经济阈值 ET，需要实施 IPM 策略，但最终的害虫状态不确定. 值得注意的是，当边界焦点分支发生时，害虫种群最终稳定在滑动区域 Σ_S 上，避免了害虫大面积暴发. 基于害虫控制角度，上述边界焦点分支有利于害虫控制.

4.全局滑动分支

本节我们采用数值模拟方法研究 Filippov 系统(7.5.6)诸如擦边分支、扣环分支和穿越分支的全局滑动分支.

擦边分支：当标准周期解与滑线段相互碰撞，Filippov 系统会发生擦边分支. 当经济阈值 $ET=3$ 时，Filippov 系统(7.5.6)在区域 G_1 内存在一个稳定的标准周期解，如图 7.52(a)所示. 此时，Filippov 系统(7.5.6)存在两个切点 E_t^1 和 E_t^2 位于 Σ_S，子系统 S_1 有一个不稳定的实焦点 E_{11}^R 和一个假平衡点 E_{12}^V. 此外，Filippov 系统(7.5.6)存在滑线段 Σ_S，但不包含伪平衡点，所有解轨线都趋向于稳定的标准周期解.

当经济阈值 ET 减小到 2.9 以下，Filippov 系统(7.5.6)的标准周期解与其切点 E_t^2 或边界点 E_b^2 碰撞，系统发生擦边分支，如图 7.52(b)所示，当 $ET=2$ 时，滑线段成为滑动周期解的一部分. 在这种情形下，子系统 S_1 存在一个不稳定的实焦点 E_{11}^R 和一个假平衡点 E_{12}^V. 此外，Filippov 系统(7.5.6)存在滑动段 Σ_S 但不存在伪平衡点，所有解轨线都趋向于滑动周期解，这与图 7.52(a)中的标准周期解是不同的.

扣环分支：在图 7.52(b)(c)中，当 ET 由 2.9 减小到 2.8 时，一个稳定的滑动周期解与不可视切点发生碰撞，新的滑动周期解包含滑线段的一部分，位于 G_1 和 Σ_S. 随着参数 ET 的不断减小，滑动周期解会位于整个区域. 图 7.52(b)~(d)描述了非光滑 Filippov 系统(7.5.6)随 ET 变化而发生扣环分支现象，在这种情形下，子系统 S_1 存在不稳定的焦点 E_{11}^R、假平衡点 E_{12}^V 和滑线段 Σ_S，系统不存在伪平衡点，所有解轨线都趋向于稳定的周期解.

图 7.53 Filippov 系统(7.5.6)随经济阈值 ET 不断变化而发生扣环分支现象，这表明 Filippov 系统(7.5.6)的动力学行为对经济阈值 ET 非常敏感，同时 ET 还是对害虫实施间歇控制措施的关键参数.

穿越分支：随着分支参数的变化，若系统稳定的滑动周期解变为稳定的穿越周期解，则系统发生了穿越分支, 如图 7.52(d)~(f)所示. 当 $ET = 2$ 时, 图 7.52(d)所示的滑动周期解包含 Σ_S 和 E_t^1, 且位于包括 G_1、G_2 和 Σ_S 在内的整个区域. 当 ET 减小到 2.5 时, 滑动周期解包含 Σ_S 的一个点, 见图 7.52(e). 随着 ET 继续减小到图 7.52(f)所示的情形, Filippov 系统的滑动周期解包含整段滑线 Σ_S. 图 7.54 也描述了 Filippov 系统(7.5.6)发生了穿越分支现象.

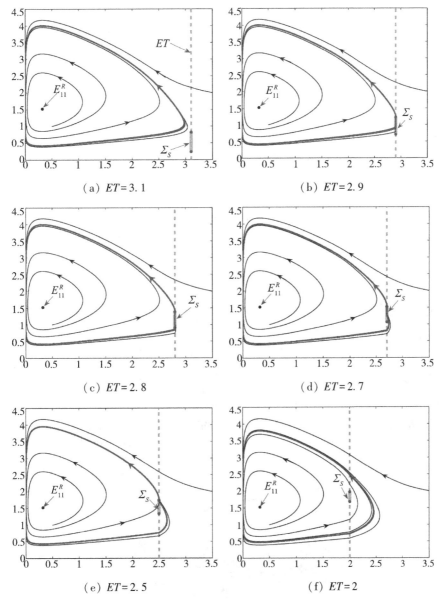

图 7.52　系统(7.5.6)的全局滑动分支. 参数 $r = 0.8$, $K = 3.4$, $a = 2$, $\mu = 0.65$, $D = 0.1$, $\theta = 0.05$, $\tau = 0.1$

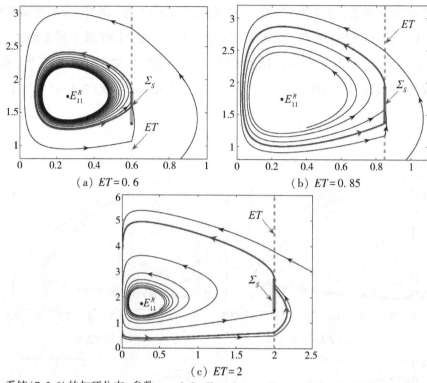

图 7.53 系统 (7.5.6) 的扣环分支. 参数 $r = 0.9$, $K = 4$, $a = 2$, $\mu = 0.8$, $D = 0.1$, $\theta = 0.2$, $\tau = 0.5$

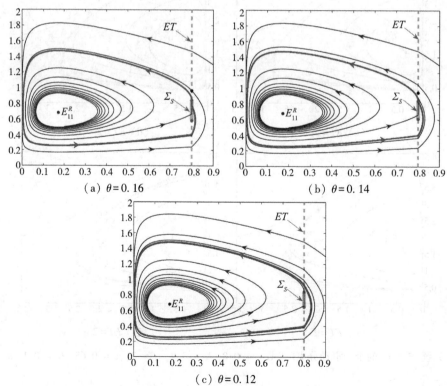

图 7.54 系统 (7.5.6) 的穿越分支. 参数 $r = 0.7$, $K = 3$, $a = 1$, $\mu = 0.6$, $D = 0.1$, $\tau = 0.4$, $ET = 0.8$

综上，当经济阈值 ET 从 3.1 减小到 2 时，Filippov 系统 (7.5.6) 发生了一系列全局滑动分支：擦边分支→扣环分支→穿越分支，如图 7.52 所示.

7.5.5 小结

本节研究了具有间歇性控制策略的 Filippov 害虫-天敌模型，从理论和数值上研究 Filippov 系统 (7.5.6) 的动力学行为. 特别地，研究了系统滑动模式动力学和所有平衡点的存在性，并证明了真平衡点、假平衡点、伪平衡点在一定条件下可以共存，还进一步研究了 Filippov 系统 (7.5.6) 局部滑动分支和全局滑动分支，包括边界-焦点分支、擦边分支、扣环分支和穿越分支等.

若 Filippov 系统 (7.5.6) 存在一个局部稳定的滑动周期解，数值研究结果表明，滑动周期解在大多数情况下是稳定的，说明害虫种群在一定条件下是可控的. 然而，由于环境的复杂性，有时会存在很多不确定性因素，如图 7.55 所示，由于 Filippov 系统 (7.5.6) 既有稳定的稳平衡点，又有稳定的滑动周期解. 其中系统 (7.5.6) 的伪平衡点最终稳定在滑线段上，而滑动周期解在整个区域内稳定，特别是在 G_2 区域内的害虫种群可能会导致害虫的暴发，不利于害虫控制.

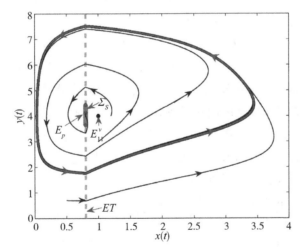

图 7.55 系统 (7.5.6) 滑动周期解的稳定性. 参数 $r = 2$, $K = 5$, $a = 2$, $\mu = 0.4$, $D = 0.2$, $\theta = 0.3$, $\tau = 0.8$, $ET = 0.8$. 初始值从上到下依次为 $(1.2, 4)$, $(1, 3)$, $(0.5, 0.7)$

当前模型我们没有考虑到生物农药、化学农药、喷洒杀虫剂的设备、人工成本等资源限制，资源限制会给农业害虫的防治带来怎样的困难和挑战？为了应对害虫控制过程中的资源限制，应该制定怎样的防控措施？如何实施？因此，在研究资源有限背景下农业害虫防治具有重要的理论和现实意义，这将是我们下一步的研究工作.

7.6　具有间歇性控制策略的庇护所生态切换模型

7.6.1　模型建立

Gause 在文献[279-280]对食饵庇护所效应进行了相关实验, 建立了如下的 Lotka-Volterra 捕食者-食饵模型

$$
\begin{cases}
\dfrac{\mathrm{d}x(t)}{\mathrm{d}t} = rx(t) - \varepsilon \dfrac{\lambda x(t)y(t)}{1 + h\lambda x(t)}, \\
\dfrac{\mathrm{d}y(t)}{\mathrm{d}t} = y(t)\left[\varepsilon \dfrac{\mu\lambda x(t)}{1 + h\lambda x(t)} - \delta\right],
\end{cases}
\tag{7.6.1}
$$

其中

$$
\varepsilon = \begin{cases}
0, x - ET < 0, \\
1, x - ET > 0.
\end{cases}
\tag{7.6.2}
$$

式中, $x(t)$ 和 $y(t)$ 分别代表食饵和捕食者种群的密度; r 是食饵种群的内禀增长率; λ 为捕食者的搜索率; h 是捕食者从搜寻到捕获到食饵的时间; μ 表示食饵的转化效率, δ 是捕食者的死亡率; ET 为实施控制策略的经济阈值.

2011 年, Krivan 在文献[226]中研究了上述系统食饵逃避捕食者搜捕食的庇护所效应. 其中, 食饵的庇护所效应具体为: 若食饵种群低于临界阈值 ET, 即 $x < ET$, $\varepsilon = 0$, 则食饵会隐藏躲避起来, 使捕食者无法发现、靠近食饵; 若食饵数量增加并超过临界阈值 ET, 即 $x > ET, \varepsilon = 1$, 捕食者以非线性的饱和函数 $f(x) = \lambda x/(1 + h\lambda x)$ 捕食食饵.

需要注意的是, 上述 Gause 模型的解在一定条件下可能接近无穷大, 这显然是不现实的, 所以应当考虑环境对食饵种群的承载能力. 同时, 非单调的饱和函数 $f(x) = ax\mathrm{e}^{-\beta x}$[265][281] 代替 Holling II 型功能反应函数, 于是模型(7.6.1)被改写成

$$
\begin{cases}
\dfrac{\mathrm{d}x(t)}{\mathrm{d}t} = rx(t)\left[1 - \dfrac{x(t)}{K}\right] - \alpha x(t)y(t)\mathrm{e}^{-\beta x(t)}, \\
\dfrac{\mathrm{d}y(t)}{\mathrm{d}t} = y(t)\left[\mu\alpha x(t)\mathrm{e}^{-\beta x(t)} - \delta\right],
\end{cases}
\tag{7.6.3}
$$

式中, K 表示环境容纳量, 其他参数同模型(7.6.1)中. 肖冬梅在文献[281]中研究了模型(7.6.3)的动力学行为, 包括鞍结点分支、超临界 Hopf 分支和同宿分支等分支行为.

基于模型(7.6.3), 考虑食饵的庇护所效益, 即当猎物数量低于临界阈值时, 食饵会隐藏起来, 使捕食者发现不了食饵, 则模型(7.6.3)即为

$$
\begin{cases}
\dfrac{\mathrm{d}x(t)}{\mathrm{d}t} = rx(t)\left[1 - \dfrac{x(t)}{K}\right], \\
\dfrac{\mathrm{d}y(t)}{\mathrm{d}t} = -\delta y(t).
\end{cases}
\tag{7.6.4}
$$

根据文献[279][280][226]中的建模思想,结合模型(7.6.3)和模型(7.6.4),我们提出了非光滑 Filippov 庇护所生态模型

$$\begin{cases} \dfrac{\mathrm{d}x(t)}{\mathrm{d}t} = rx(t)\left[1 - \dfrac{x(t)}{K}\right] - \varepsilon\alpha x(t)y(t)\mathrm{e}^{-\beta x(t)}, \\ \dfrac{\mathrm{d}y(t)}{\mathrm{d}t} = y(t)\left[\varepsilon\mu\alpha x(t)\mathrm{e}^{-\beta x(t)} - \delta\right], \end{cases} \quad (7.6.5)$$

式中

$$\varepsilon = \begin{cases} 0, x - ET < 0, \\ 1, x - ET > 0. \end{cases} \quad (7.6.6)$$

其中 ET 代表经济阈值,在经济阈值以下,食饵种群会采用庇护所策略保护自己. 在此,假设所有参数都是正的,且为 $ET < K$.

模型(7.6.5)和(7.6.6)是具有阈值策略的非光滑 Filippov 系统[282][304],其生物意义为:

I 如果食饵种群密度小于阈值 ET,通过庇护所策略,捕食者无法觅食到食饵种群,当食饵种群密度很小时,这种策略对它们会有一个有效的保护. 在这种情形下,食饵种群数量会迅速增加,而捕食者种群的密度会降低.

II 如果食饵种群密度增加并超过阈值 ET,食饵不再具有庇护所策略,捕食者会以非线性饱和函数 $\alpha x(t)\mathrm{e}^{-\beta x(t)}$ 捕获食饵.

下面将非光滑 Filippov 系统(7.6.5)和(7.6.6)写成向量形式的 Filippov 系统[283-284]

$$Z'(t) = \begin{cases} F_{R_1}(Z), & Z \in R_1, \\ F_{R_2}(Z), & Z \in R_2, \end{cases} \quad (7.6.7)$$

其中

$$F_{R_1}(Z) = \begin{bmatrix} rx\left(1 - \dfrac{x}{K}\right) \\ -\delta y \end{bmatrix},$$

$$F_{R_1}(Z) = \begin{bmatrix} rx\left(1 - \dfrac{x}{K}\right) - \alpha xy\mathrm{e}^{-\beta x} \\ y(\mu\alpha x\mathrm{e}^{-\beta x} - \delta) \end{bmatrix},$$

$$R_1 = \{Z \in R_+^2 \mid H(Z) < 0\}, \quad R_2 = \{Z \in R_+^2 \mid H(Z) > 0\},$$

且 $R_1 = \{Z = (x,y) \mid x \geqslant 0, y \geqslant 0\}$, $H(Z) = x - ET$ 为标量函数.

本节材料主要来源于文献[285].

7.6.2 预备知识

本节主要研究子系统 F_{R_1} 和 F_{R_2} 的动力学行为.

若 $x < ET$ 时, 则 Filippov 系统(7.6.7)的动力学行为取决于子系统(7.6.4). 虽然子系统(7.6.4)不存在内部平衡点, 但它存在两个边界平衡点 $(0,0)$ 和 $(K,0)$. 容易验证 $(0,0)$ 是不稳定的, $(K,0)$ 是全局稳定的.

若 $x > ET$ 时, 则 Filippov 系统(7.6.7)的动力学行为取决于子系统(7.6.3). 子系统(7.6.3)存在两个边界平衡点 $(0,0)$ 和 $(K,0)$, 同时它的内部平衡点满足

$$r\left(1 - \frac{x}{K}\right) - \alpha y e^{-\beta x} = 0 \tag{7.6.8}$$

和

$$\mu \alpha x e^{-\beta x} - \delta = 0. \tag{7.6.9}$$

当 $e\beta\delta < \mu a$ 时, 则方程(7.6.9)关于 x 存在两个根

$$x_{21} = -\frac{W\left[0, -\frac{\beta\delta}{\mu\alpha}\right]}{\beta}, \quad x_{22} = -\frac{W\left[-1, -\frac{\beta\delta}{\mu\alpha}\right]}{\beta},$$

且 $x_{21} < x_{22}$, 当 $e\beta\delta < \mu a$ 时 $x_{21} = x_{22}$, 另外, 当 $e\beta\delta < \mu a$ 时, 则式(7.6.9)关于 x 不存在实根. 由式(7.6.8)可知子系统(7.6.3)存在两个正平衡点 (x_{21}, y_{21}) 和 (x_{22}, y_{22}).

为了研究子系统(7.6.3)正平衡点的稳定性, 易得

$$A(E_{2i}) = \begin{bmatrix} \frac{Kr - 2rx_{2i}}{K} - \alpha y_{2i}(1 - \beta x_{2i})e^{-\beta x_{2i}} & -\alpha x_{2i}e^{-\beta x_{2i}} \\ \mu\alpha y_{2i}(1 - \beta x_{2i})e^{-\beta x_{2i}} & -\alpha x_{2i}e^{-\beta x_{2i}} - \delta \end{bmatrix},$$

同时平衡点 E_{2i} 处的特征方程为

$$\lambda^2 - \mathrm{Tr}(A(E_{2i}))\lambda + \mathrm{Det}(A(E_{2i})) = 0,$$

由 $\Delta = \mathrm{Tr}^2(A(E_{2i}))\lambda - 4\mathrm{Det}(A(E_{2i}))$ 知若 $\mathrm{Det}(A(E_{2i})) > 0$, $\Delta < 0$ 且 $\mathrm{Tr}(A(E_{2i})) < 0(\mathrm{Tr}(A(E_{2i})) > 0)$, 则 E_{2i} 是一个稳定(不稳定)的焦点; 若 $\mathrm{Det}(A(E_{2i})) > 0, \Delta \geq 0$ 且 $\mathrm{Tr}(A(E_{2i})) < 0(\mathrm{Tr}(A(E_{2i})) > 0)$, 则 E_{2i} 是一个稳定(不稳定)的结点; 若 $\mathrm{Det}(A(E_{2i})) < 0$, 则 E_{2i} 是一个鞍点.

基于阮世贵和肖燕妮[281]的主要结果, 得到了子系统(7.6.3)动力学行为的主要结论.

引理 7.11　若 $e\beta\delta < \mu a$ 且 $x_{21} < K \leq 1/\beta$, 则子系统(7.6.3)存在三个平衡点: 两个双曲线鞍点 $(0,0)$ 和 $(K,0)$, 以及全局渐近稳定的平衡点 (x_{21}, y_{21}).

引理 7.12　若 $e\beta\delta < \mu\alpha$ 且 $x_{22} + 1/\beta < K$, 则子系统(7.6.3)存在三个平衡点: 两个双曲线鞍点 $(0,0)$ 和 $(K,0)$, 以及全局渐近稳定的平衡点 (x_{21}, y_{21}).

图 7.56 和图 7.57 分别描述了引理 7.11 和引理 7.12 的情形. 同时,数值结果图 7.58 和图 7.59 验证了文献[281]中的猜想, 即若 $e\beta\delta < \mu\alpha$ 且 $x_{21} < K \leq 1/\beta$ 时, 子系统(7.6.3)最多存在一个极限环; 若极限环存在, 则一定是稳定的.

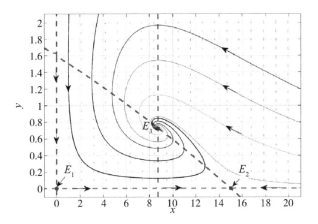

图 7.56 子系统(7.6.3)正解的存在性. 参数 $r = 0.8$, $K = 15$, $\alpha = 0.5$, $\beta = 0.01$, $\mu = 0.2$, $\delta = 0.8$

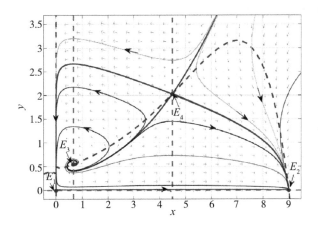

图 7.57 子系统(7.6.3)两正解的存在性. 参数 $r = 0.3$, $K = 9$, $\alpha = 0.7$, $\beta = 0.5$, $\mu = 0.3$, $\delta = 0.1$

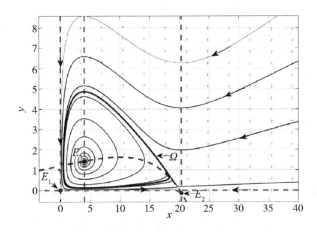

图 7.58 子系统(7.6.3)极限环的存在性. 参数 $r = 0.3$, $K = 9$, $\alpha = 0.7$, $\beta = 0.5$, $\mu = 0.3$, $\delta = 0.1$

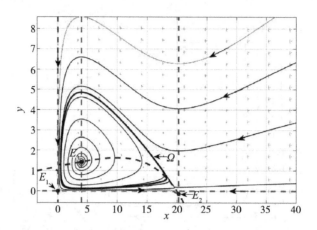

图 7.59　子系统 (7.6.3) 极限环的存在性. 参数 $r = 0.6$, $K = 20$, $\alpha = 0.5$, $\beta = 0.1$, $\mu = 0.6$, $\delta = 0.8$

7.6.3　滑动模态动力学

本节我们首先研究 Filippov 系统 (7.6.7) 的滑动区域, 由文献 [238] [286] [206] [258] 中 $\lambda(Z)$ 的定义可得

$$\lambda(Z) = \frac{F_{R_2}H(Z)}{F_{R_2}H(Z) - F_{R_1}H(Z)} = \frac{r\left[1 - \dfrac{x(t)}{K}\right] - \alpha y(t) e^{-\beta x(t)}}{-\alpha y(t) e^{-\beta x(t)}}, \quad x(t) = ET,$$

$F_{R_2}H(Z) = F_{R_i} \cdot \mathrm{grad}H(Z)$ 是 H 的 Lie 导数[253].

解不等式 $0 \leqslant \lambda(Z) \leqslant 1$ 可得

$$y > \frac{r(K - ET)}{\alpha K} e^{\beta ET} \doteq y_c,$$

因此, Filippov 系统 (7.6.7) 的滑动区域为

$$\Sigma_S = \{(x,y)^{\mathrm{T}} \in R_+^2 \mid x = ET, y \geqslant y_c\}. \tag{7.6.10}$$

采用文献 [284] 中介绍的 Utkin 等效控制方法来研究 Σ_S 上的滑动动力学微分方程, 为此, 由 $H(Z)$ 及 Filippov 系统 (7.6.7) 的第一个方程可得

$$\frac{\partial H}{\partial t} = x'(t) = rx(t)\left[1 - \frac{x(t)}{K}\right] - \varepsilon\alpha x(t)y(t) e^{-\beta x(t)} = 0,$$

关于 ε 求解上述方程有

$$\varepsilon = \frac{r}{\alpha y}\left[1 - \frac{x(t)}{K}\right] e^{-\beta x(t)}, \quad x(t) = ET.$$

将 ε 代入 Filippov 系统 (7.6.7) 第二个方程可得到在滑动模态 Σ_S 上的动力学微分方程

$$y'(t) = \frac{r\mu ET}{K}(K - ET) - \delta y \doteq \phi(y). \tag{7.6.11}$$

下面再来研究分析 Filippov 系统 (7.6.7) 各类平衡点的存在性, 将真平衡点记为 E_r, 假

平衡点记为 E_v, 伪平衡点记为 E_p, 边界平衡点记为 E_b, 切点记为 E_t. 由式 (7.6.11) 可知, Filippov 系统 (7.6.7) 存在唯一的伪平衡点 $E_p(ET, y_p)$,

$$y_p = \frac{r\mu ET}{K\delta}(K - ET), \quad y_p \in \Sigma_S.$$

Filippov 系统 (7.6.7) 的边界平衡点

$$\begin{cases} r\left[1 - \dfrac{x(t)}{K}\right] - \alpha y(t)\,\mathrm{e}^{-\beta x(t)} = 0, \\ \mu\alpha y(t)\,\mathrm{e}^{-\beta x(t)} - \delta = 0, \\ x(t) = ET. \end{cases} \tag{7.6.12}$$

若 $ET = \delta\exp(\beta ET)/(\mu\alpha)$, Filippov 系统 (7.6.7) 存在唯一的边界平衡点 $E_b(ET, y_c)$.

Filippov 系统 (7.6.7) 的切点

$$\begin{cases} r\left[1 - \dfrac{x(t)}{K}\right] - \alpha y(t)\,\mathrm{e}^{-\beta x(t)} = 0, \\ x(t) = ET, \end{cases} \tag{7.6.13}$$

可得子系统 (7.6.3) 存在一个切点 $E_t(ET, y_c)$. 此外, 若 $F_{R_2}H(E_t) = 0$ 和 $F_{R_2}H(E_t) > 0$ (或 $F_{R_2}H(E_t) < 0$), E_t 是可视的 (或不可视的).

此外, 进一步研究 Filippov 系统 (7.6.7) 的真平衡点、假平衡点的共存性.

当 $x > ET$ 时, 子系统 (7.6.3) 的垂直等值线

$$f_{G_2} = \frac{r}{\alpha}\left[1 - \frac{x}{K}\right]\mathrm{e}^{\beta x},$$

当 $e\beta\delta < \mu\alpha$ 时, 子系统 (7.6.3) 存在两个内部平衡点 $E^{21}(x_{21}, y_{21})$ 和 $E^{22}(x_{22}, y_{22})$, 其中

$$x_{21} = -\frac{W\left[0, -\dfrac{\beta\delta}{\mu\alpha}\right]}{\beta}, \quad y_{21} = \frac{r(K - x_{21})}{\alpha K}\mathrm{e}^{\beta x_{21}};$$

$$x_{22} = -\frac{W\left[-1, -\dfrac{\beta\delta}{\mu\alpha}\right]}{\beta}, \quad y_{22} = \frac{r(K - x_{22})}{\alpha K}\mathrm{e}^{\beta x_{22}}.$$

假设当 $0 < x_{21} \leqslant x_{22} < K$ 时, 系统 (7.6.3) 的平衡点总结如下:

I 若 $x_{22} < ET$, 子系统 (7.6.3) 存在两个假平衡点 E_v^{21} 和 E_v^{22};

II 若 $x_{21} > ET$, 子系统 (7.6.3) 存在两个真平衡点 E_r^{21} 和 E_r^{22};

III 若 $x_{21} < ET < x_{22}$, 子系统 (7.6.3) 存在一个假平衡点 E_v^{21} 和一个真平衡点 E_r^{22}.

现在讨论真平衡点 E_r^{21}, $i = 1, 2$ 和伪平衡点 E_p 之间的关系.

定理 7.13 若 $ET < x_{21} \leqslant x_{22} < K$, 则 Filippov 系统 (7.6.7) 的真平衡点 E_r^{21}、E_r^{22} 和伪平衡点 E_p 不能共存.

证明 若 $ET < x_{21} \leqslant x_{22} < K$, 则 E_r^{21} 和 E_r^{22} 是 Filippov 系统 (7.6.7) 的两个真平衡点, 易

得 Filippov 系统(7.6.7)存在滑动区域 $\Sigma_S = \{(x,y)^T \in R_+^2 \mid x = ET, y \geq y_c\}$ 和伪平衡点 $E_P(ET, y_p)$.

考查 y_c 与 y_p 之间的关系

$$y_c - y_p = \frac{r(K - ET)}{\alpha K}e^{\beta ET} - \frac{r\mu ET}{K\delta}(K - ET) = \frac{r(K - ET)}{\alpha K}\left(\frac{e^{\beta ET}}{\alpha} - \frac{\mu ET}{\delta}\right) < 0,$$

可简化得

$$\frac{e^{\beta ET}}{\alpha} - \frac{\mu ET}{\delta} < 0.$$

记 $f(x) = \alpha\mu xe^{-\beta x} - \delta$. 为了验证 x_{21} 和 x_{22} 是式(7.6.9)中 $f(x) = 0$ 的解, 因此取 $f(x)$ 关于 x 的导数

$$f'(x) = \alpha\mu(1 - \beta x)e^{-\beta x},$$

由 $f'(x) = 0$ 可得 $1/\beta$, 根据 Lambert W 函数的相关性质有 $x_{21} < 1/\beta < x_{22}$. 在区间 $[0, 1/\beta]$ 上有 $f'(x) > 0$, f 在 $[0, 1/\beta]$ 上为增函数, 所以 $f(ET) < f(x_{21})$, 且

$$f(ET) < 0 \Leftrightarrow \alpha\mu ETe^{-\beta ET} - \delta < 0 \Leftrightarrow \frac{e^{\beta ET}}{\alpha} > \frac{\mu ET}{\delta}.$$

因此可以导出 $y_c - y_p > 0$, 表明 E_p 不在滑动区域 Σ_S 上, 即 Filippov 系统(7.6.7)的真平衡点 E_r^{21} (或 E_r^{22}) 和伪平衡点 E_p 不能共存.

另外, 若 Filippov 系统(7.6.7)存在伪平衡点 E_p, 即 $y_c < y_p$ 当且仅当 $e^{\beta ET}/\alpha > \mu ET/\delta$, 类似地

$$-\beta ETe^{-\beta ET} > -\frac{\beta\delta}{\alpha\mu} \Leftrightarrow \alpha\mu ETe^{-\beta ET} - \delta > 0 \Leftrightarrow f(ET) > f(x_{21}),$$

$x_{21} < ET$, E_v^{21} 是 Filippov 系统(7.6.7)的假平衡点. 因此, Filippov 系统(7.6.7)的真平衡点 E_r^{22} 和伪平衡点 E_p 不能共存.

同理可证若 $x_{21} < ET < x_{22} < K$, 则 E_r^{22} 和 E_p 共存.

关于 Filippov 系统(7.6.7)的伪平衡点 E_p 的局部渐近稳定性, 可由 $\phi'(y) = -\delta < 0$ 推出.

7.6.4　Filippov 系统(7.6.7)的定性分析

子系统(7.6.3)可能存在一个极限环 Γ, 它完全位于 R_2 中, 则 Filippov 系统(7.6.7)存在极限环 γ. 记 Γ 的最左和最右坐标分别为 $L(x_L, y_L)$ 和 $R(x_R, y_R)$, 因此有 $x_L < x_{21} < x_R < x_{22} < K$.

定理 7.14　Filippov 系统(7.6.7)存在局部渐近稳定的标准周期解 Γ 当且仅当 $0 \leq ET < x_L$.

证明　当 $0 \leq ET < x_L$ 时, Filippov 系统(7.6.7)存在两个真平衡点 E_r^{21} (不稳定焦点) 和 E_r^{22} (鞍点), 由于 $F_{R_2}H(E_t) = 0$ 和

$$F_{R_2}^2 H(E_t) = F_{R_2}(F_{R_2} H(E_t)) > 0 = -\alpha E T y_c e^{-\beta ET}(\mu\alpha E T y_c e^{-\beta ET} - \delta) > 0,$$

则子系统(7.6.3)存在可视切点 E_t.

如图 7.60 所示, Filippov 系统(7.6.7)存在一个标准周期解 Γ_1, 它完全位于区域 R_2 中[206][258], 并且基于鞍点 E_r^{22} 的四条轨线和阈值线 $x = ET$ 将第一象限分成六个区域, 用罗马数字 Ⅰ、Ⅱ、Ⅲ、Ⅳ、Ⅴ、Ⅵ 表示. 从区域 R_2 出发的任何解轨线都将趋于极限环 Γ_1 或边界解 $(K,0)$. 当初始条件在区域 Ⅴ 中时, 解轨线首先趋向于 Γ_1, 或者到达滑线段 Σ_S 并趋向于 E_t, 然后收敛到极限环 Γ_1 上. 由于 Γ_1 和 E_r^{21} 的稳定性, 从区域 Ⅲ 出发的解轨道都将趋向于 Γ_1, 而从区域 Ⅳ 和 Ⅵ 出发的解轨线将不会到达滑线 Σ_S, 直接趋向于 $(K,0)$.

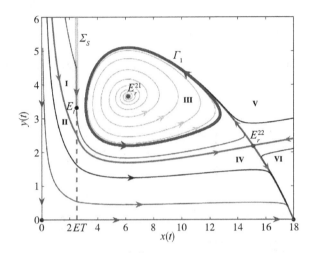

图 7.60 Filippov 系统(7.6.7)的标准周期解. 参数 $r = 0.3$, $K = 18$, $\alpha = 0.1$, $\beta = 0.1$, $\mu = 0.6$, $\delta = 0.2$, $ET = 2.5$

与之前的情况不同, 从区域 R_1 出发的解轨线都将在有限时间内到达阈值线 $x = ET$. 在区域 Ⅰ 内的解轨道将撞击 Σ_S 并经过 E_t (或直接经过 $x = E_t$), 然后趋向于 Γ_1. 从区域 Ⅱ 出发的解轨线将穿过 $x = ET$ 并趋于 $(K,0)$.

现在证明条件 $0 \le ET < x_L$ 是 Γ_1 存在和稳定的必要条件. 考虑三种情形: ① $ET < 0$ 在生物学上没有意义; ②若 $E_t = x_L$, 则 Γ_1 是擦边周期解或穿越周期解, 是标准周期解与滑线段相碰撞[206][258][36], 与标准周期解有所不同; ③若 $E_t > x_L$, 则区域 R_2 只能包含 Γ_1 的一部分, 它不是标准的周期解.

下面的定理给出了擦边周期解或穿越周期解存在和稳定的条件.

定理 7.15 Filippov 系统(7.6.7)具有局部渐近稳定的擦边周期解或穿越周期解 Γ 当且仅当 $x_L \le ET < x_{21}$.

该定理的证明类似于定理 7.14, 图 7.61 和图 7.62 分别给出了 $x_L = ET$ 和 $x_L \le ET < x_{21}$ 的一些数值结果.

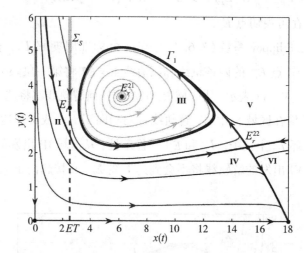

图 7.61　Filippov 系统(7.6.7)的滑动周期解. $ET = 3.13$, 其他参数同图 7.61

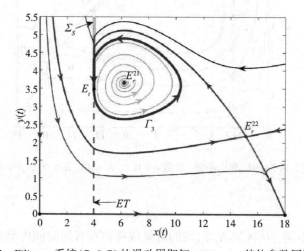

图 7.62　Filippov 系统(7.6.7)的滑动周期解. $ET = 4$, 其他参数同图 7.60

定理 7.16　Filippov 系统(7.6.7)具有局部渐近稳定的伪平衡点 E_p 当且仅当 $x_{21} \leqslant ET < K$.

证明　当 $x_{21} \leqslant ET < K$ 时, 则 E_v^{21} 是一个假平衡点, 在区域 R_2 中 E_t 的一个不可视的切点. 由定理 7.13 可知, Filippov 系统(7.6.7)存在一个稳定的伪平衡点 E_p, 如图 7.63 所示. 为了证明伪平衡点 E_p 的稳定性, 需要从区域 I、III 和 V 出发的解轨线都将到达滑动区域 Σ_S. 事实上, 从区域 I 出发的解都将穿过阈值控制线 $x = ET$, 经过滑动区域 Σ_S 并收敛到 E_p. 另外, 区域 II、IV 和 VI 中出发的解轨线都收敛到 $(K,0)$ 的. 后面类似定理 7.14 的证明过程.

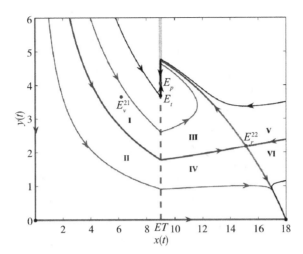

图 7.63　Filippov 系统(7.6.7)的伪平衡点. $ET = 9$, 其他参数同图 7.61

7.6.5　Filippov 系统(7.6.7)的分支分析

1.平衡点分支

为了研究 Filippov 系统(7.6.7)真平衡点与假平衡点的分支集, 我们选择 β 和 ET 作为分支参数, 并在 β-ET 参数平面上定义了四条曲线:

$$L_1 = \left\{ (ET, \beta) \,\middle|\, ET = -\frac{W\left[0, -\dfrac{\beta\delta}{\mu\alpha}\right]}{\beta} \right\},$$

$$L_3 = \left\{ (ET, \beta) \,\middle|\, ET = K \right\},$$

$$L_3 = \left\{ (ET, \beta) \,\middle|\, ET = -\frac{W\left[-1, -\dfrac{\beta\delta}{\mu\alpha}\right]}{\beta} \right\},$$

$$L_4 = \left\{ (ET, \beta) \,\middle|\, ET = \frac{\mu\alpha}{e\delta} \right\}.$$

L_1 和 L_2 分别描述了临界情形 $ET = x_{21}$ 和 $ET = x_{22}$, 用于确定 ET 和 E^{2i} 之间的关系; L_3 是刻画 ET 和 K 之间关系的曲线; L_4 是引理 7.11 所示的临界条件 $e\beta D = \mu\alpha$.

这四条曲线将 β-ET 参数空间划分为三个不同的区域: 图 7.64(a)所示的区域 R_1、R_2 和 R_3, 其中 $K = 2.33$, R_1 表示该区域不存在内部平衡点, R_2 表示 E_v^{21} 和 E_p 的共存区域, R_3 是 E_r^{21} 的存在区域. 在图 7.64(b)中, 有四个区域 R_1、R_2、R_3、R_4, 其中 $K = 21.74$, R_1 中不存在正平衡点, 而 R_2 表示 E_v^{21} 和 E_r^{22} 的共存区域, R_3 表示 E_v^{21}、E_r^{22}、E_p 的共存区域, R_4 表示 E_r^{21} 和 E_r^{22} 的共存区域.

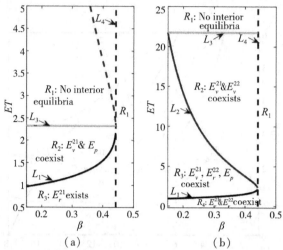

图 7.64　Filippov 系统(7.6.7)平衡点的分支集. $ET = 9$, 其他参数 $\alpha = 0.3$, $\mu = 0.2$, $\delta = 0.05$, (a) $K = 2.33$; (b) $K = 21.74$

对比图 7.64(a)和图 7.64(b)发现, 图 7.64(b)的动力学行为更加复杂, 真平衡点 E_r^{22} 有两个存在区域 R_3 和 R_4, 即当 $x_{22} > ET$ 时, 害虫种群数量超过经济阈值 ET, 这对害虫防治带来潜在的挑战.

2.滑动模态分支

本节研究参数 K 对滑动模态和伪平衡的影响.

当 $K = 10$ 时, 随着经济阈值 ET 从 0 变到 5, 系统伪平衡点 E_p 的数量从 1 变为 0, 见图 7.65(a). 当 $K = 5$ 时, 随着经济阈值 ET 从 0 变到 5, 系统滑线 Σ_s 的长度缓慢减小, 直到它达到一个临界值, 然后滑动区域的长度迅速增加. 同时, 伪平衡点从有到无, 发生了明显的变化, 如图 7.65(b)所示.

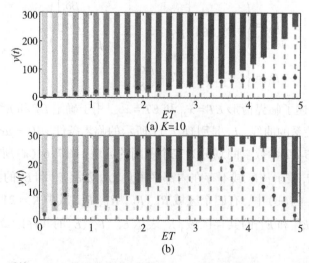

图 7.65　Filippov 系统(7.6.7)的滑动分支. 参数为 $r = 1$, $\alpha = 0.4$, $\beta = 1$, $\mu = 0.2$, $\delta = 0.01$

3.局部滑动分支和全局滑动分支

在本节中，我们将研究 Filippov 系统(7.6.7)的局部滑动分支和全局滑动分支，具体包括边界结点分支、边界焦点分支和擦边分支.

边界结点分支: Filippov 系统(7.6.7)存在稳定的真平衡点 E_r^{21} 和切点 E_t，真平衡点为结点，如图 7.66(a)所示，在这种情形下 $ET = 6$ 和 $ET < \overline{ET}$. 当 $ET = \overline{ET}$ 时，如图 7.66(b)所示，当 ET 跨过临界值 $\overline{ET} \approx 8.73$ 时，系统稳定的结点 E_r^{21} 与切点 E_t 碰撞，系统在边界点 E_b 处发生边界结点分支. 当 ET 继续增加到 $ET \approx 9.5$，Filippov 系统(7.6.7)的边界平衡点 E_b 分离成伪平衡点 E_P、切点 E_t 和假平衡点 E_v^{21}，如图 7.67(c)所示.

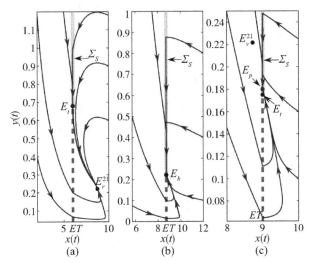

图 7.66 Filippov 系统(7.6.7)的边界结点分支. 参数为 $r = 0.8$, $K = 10$, $\alpha = 0.5$, $\beta = 0.01$, $\mu = 0.2$, $\delta = 0.8$, (a) $ET = 6$; (b) $ET = 8.73$; (c) $ET = 9.5$

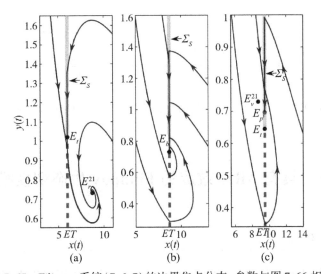

图 7.67 Filippov 系统(7.6.7)的边界焦点分支. 参数与图 7.66 相同

边界焦点分支：如图 7.67(a) 所示，当 $ET = 6$ 时，Filippov 系统(7.6.7)存在稳定的焦点 E_r^{21} 与切点 E_t. 当 $ET \approx 8.73$ 时，Filippov 系统(7.6.7)发生边界焦点分支，如图 7.67(b) 所示. 当 $ET = 9.5$ 时，系统的边界平衡点分离成伪平衡点 E_P、切点 E_t 和假平衡点 E_v^{21}，如图 7.67(c) 所示.

擦边分支：当标准周期解与滑动区域相互碰撞时，Filippov 系统会发生擦边分支[206][258][36]. 由图 7.61 所示，当 $ET = 2.5$ 时，Filippov 系统(7.6.7)在 R_2 区域存在稳定的标准周期解. 在这种情况下，滑动区域 Σ_S 上存在切点 E_t，子系统(7.6.7)存在不稳定的真平衡点 E_r^{21}（焦点）和真平衡点 E_r^{22}（鞍点）. 所有解轨线都接近于稳定的标准周期解 Γ_1.

当经济阈值 ET 增加到 3.13 时，Filippov 系统(7.6.7)的标准周期解与边界点 E_b 发生碰撞，产生擦边分支，Γ_2 成为滑动周期解. 若我们进一步将 ET 增加到 4，则滑线段成为极限环 Γ_2 的一部分，如图 7.63 所示，子系统(7.6.7)存在不稳定的真焦点 E_r^{21} 和鞍点 E_r^{22}. 此外，Filippov 系统(7.6.7)还存在一段滑线段 Σ_S，该滑线段不含任何伪平衡点，且所有解轨线趋向于极限环 Γ_3，这显然与图 7.61 所示的周期类型不同. 当 ET 继续增加时，滑动分支和滑动周期解也逐渐消失，如图 7.68 所示，此时 $ET = 6.19$. 继续增大经济阈值 ET 到 9 时，边界点 E_b 又分离成伪平衡点 E_P、切点 E_t 和假平衡点 E_v^{21}，这时边界点 E_b 消失，如图 7.63 所示.

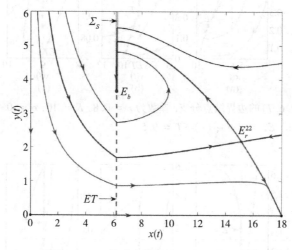

图 7.68　Filippov 系统(7.6.7)的动力学行为. $ET = 6.19$，其他参数同图 7.61

7.7　具有 Allee 效应的 Filippov 生态切换模型

7.7.1　模型建立

Allee 效应[3][4]是由著名的生态学家 Allee 于 19 世纪 30 年代提出来的，他指出：生物种群的群聚现象有利于种群的增长、存活,每个生物种群都有自己的最适密度,过分稀疏、拥挤都可能阻碍种群的生长. Allee 效应对濒危生物的管理、种群的开发利用以及物种的引入至关重要.

自 Allee 效应被提出后,生态种群的 Allee 效应一直是生态学及生物数学领域内一个备受关注的热点研究问题. 许多专家学者尝试着用数学模型来研究种群的 Allee 效应,文献 [287][192] 建立了具有 Allee 效应的单种群模型;文献 [288][289] 将 Allee 效应引入多种群模型中. 然而,应用非光滑 Filippov 系统来研究种群 Allee 效应的文献很少,本节正是关注 Allee 阈值对生物种群行为的影响,建立由 Allee 阈值诱导的非光滑 Filippov 生态切换模型,并从理论和数值上研究模型的动力学行为.

基于文献 [290] 的 Leslie-Gower 捕食模型,文献 [232] 考虑食饵种群具有附加 Allee 效应,建立了具有 Allee 效应的 Leslie-Gower 捕食模型

$$
\begin{cases}
\dfrac{dx}{dt} = x\left[r_1 - bx - \dfrac{p}{x+q}\right] - \dfrac{a_1 xy}{x+k_1}, \\
\dfrac{dy}{dt} = y\left[r_2 - \dfrac{a_2 y}{x+k_2}\right],
\end{cases}
\tag{7.7.1}
$$

式中,$x(t)$ 和 $y(t)$ 分别代表食饵和捕食者在时间 t 的种群密度;r_1 和 r_2 分别表示食饵和捕食者的内禀增长率,b 为食饵种群的种内抑制率,a_1 和 a_2 分别代表食饵转化成捕食者的最大生物转化率和生物转化率,k_1 和 k_2 表示半饱和常数;$p/(x+q)$ 为附加 Allee 效应,其中 p 和 q 为 Allee 效应常数;假设所有参数均为正常数.

Allee 效应只有在食饵密度小于 Allee 阈值 ET 时才发生,而当食饵密度大于 Allee 阈值 ET 时,食饵种群将不会发生 Allee 效应,则模型 (7.7.1) 即是文献 [290] 的情形:

$$
\begin{cases}
\dfrac{dx}{dt} = x[r_1 - bx] - \dfrac{a_1 xy}{x+k_1}, \\
\dfrac{dy}{dt} = y\left[r_2 - \dfrac{a_2 y}{x+k_2}\right],
\end{cases}
\tag{7.7.2}
$$

因此,联系模型 (7.7.1) 和模型 (7.7.2),得到了具有附加 Allee 效应的非光滑 Filippov 捕食模型:

$$
\begin{cases}
\dfrac{dx}{dt} = x\left[r_1 - bx - \dfrac{\varepsilon p}{x+q}\right] - \dfrac{a_1 xy}{x+k_1}, \\
\dfrac{dy}{dt} = y\left[r_2 - \dfrac{a_2 y}{x+k_2}\right],
\end{cases}
\tag{7.7.3}
$$

其中

$$
\varepsilon = \begin{cases}
1, x - ET < 0, \\
0, x - ET > 0.
\end{cases}
\tag{7.7.4}
$$

本节材料来源于文献 [292].

7.7.2 子系统的动力学行为

当 $x(t) < ET$ 时, Filippov 系统(7.7.3)的动力学行为由子系统(7.7.1)决定, 而文献[291]已经对子系统(7.7.1)的动力学性质作了深入的研究, 子系统(7.7.1)至多存在两个正平衡点, 同时作者证明了系统(7.7.1)在一定条件下存在 Hopf 分支现象.

当 $x(t) > ET$ 时, Filippov 系统(7.7.3)的动力学行为由子系统(7.7.2)决定. 基于文献[290]的主要研究结果, 本节给出了如下引理:

定理 7.17 子系统(7.7.2)存在三个边界平衡点 $(0,0)$, $(r_1/b_1,0)$, $(0,r_2k_2/a_2)$. 若 $r_1k_2a_1 < r_1k_1a_2$, 则系统存在唯一的正平衡点 (x^*,y^*). 更进一步, 如果

$$2a_1L_1 < r_1k_1, k_1 < 2k_2, \quad 4(r_1+b_1k_1) < a_1$$

成立, 则正平衡点 (x^*,y^*) 是全局渐近稳定的, 其中

$$x^* = \frac{a_2r_1 - a_1r_2 - a_2b_1k_1 + \sqrt{(a_1r_2 + a_2b_1k_1 - a_2r_1)^2 - 4a_2b_1(a_1r_2k_2 - a_2r_1k_1)}}{2a_1b_1},$$

$$y^* = \frac{r_1(x^* + k_2)}{a_2}, \quad L_1 = \frac{a_2r_1(r_1+4) + (r_2+1)^2(r_1+b_1k_2)}{4a_2b_1}.$$

7.7.3 滑动模型及其平衡点

由 $\lambda(Z)$ 的定义, 可得

$$\lambda(Z) = \frac{x+q}{p}\left[r_1 - bx - \frac{a_1xy}{x+k_1}\right].$$

求解不等式 $0 \leqslant \lambda(Z) \leqslant 1$ 可得

$$\frac{x+k_1}{a_1}\left[r_1 - bx - \frac{p}{x+q}\right] \leqslant y \leqslant \frac{(r_1-bx)(x+k_1)}{a_1}, \quad x = ET.$$

为了叙述的方便, 作如下记号:

$$y_{\min} = \frac{x+k_1}{a_1}\left[r_1 - bx - \frac{p}{x+q}\right], \quad y_{\max} = \frac{(r_1-bx)(x+k_1)}{a_1}.$$

根据预备知识, 可得 Filippov 系统(7.7.3)的滑线区域为

$$\Sigma_S = \{(x,y)^{\mathrm{T}} \in R_+^2 \mid x = ET, y_{\min} < y < y_{\max}\}. \tag{7.7.5}$$

下面, 应用 Utkin 等度控制方法[232]来研究 Filippov 系统(7.7.3)在滑线 Σ_S 上的动力学性质, 由 $H(Z) = 0$ 可得

$$\frac{\partial H}{\partial t} = \frac{\mathrm{d}x(t)}{\mathrm{d}t} = x\left[r_1 - bx - \frac{\varepsilon p}{x+q}\right] - \frac{a_1xy}{x+k_1} = 0,$$

对于上述方程关于 ε 求解得

$$\varepsilon = \frac{ET+q}{p}\left[r_1 - bET - \frac{a_1y}{ET+k_1}\right].$$

由 Utkin 等度控制方法可得 Filippov 系统(7.7.3)在滑线 Σ_S 上滑动模式动力学微分方程为

$$\frac{\mathrm{d}y(t)}{\mathrm{d}t} = y\left[r_2 - \frac{a_2 y}{x + k_2}\right], \quad x = ET. \tag{7.7.6}$$

接下来探讨 Filippov 系统(7.7.3)各类平衡点的存在性.

伪平衡点: 由定义 8.15 可知 Filippov 系统(7.7.3)存在唯一的伪平衡点 $E_p(ET, y_p)$, 其中

$$y_p = \frac{r_2(ET + k_2)}{a_2}, \quad y_p \in \Sigma_S.$$

边界平衡点: 由定义 8.16 可知 Filippov 系统(7.7.3)的边界平衡点需满足如下方程

$$\begin{cases} r_1 - bx - \dfrac{p}{x + q} - \dfrac{a_1 y}{x + k_1} = 0, \\ r_2 - \dfrac{a_2 y}{x + k_2} = 0, \\ x(t) = ET. \end{cases} \tag{7.7.7}$$

或

$$\begin{cases} r_1 - bx - \dfrac{a_1 y}{x + k_1} = 0, \\ r_2 - \dfrac{a_2 y}{x + k_2} = 0, \\ x(t) = ET. \end{cases} \tag{7.7.8}$$

对于方程组(7.7.7), 若 $y_{\min} = y_p$, 则 Filippov 系统(7.7.3)存在边界平衡点.

对于方程组(7.7.8), 若 $y_{\max} = y_p$, 则 Filippov 系统(7.7.3)存在边界平衡点 $E_b(ET, y_{\max})$.

切点: 由定义 8.17 可知 Filippov 系统(7.7.3)的切点需满足如下方程

$$\begin{cases} r_1 - bx - \dfrac{p}{x + q} - \dfrac{a_1 y}{x + k_1} = 0, \\ x(t) = ET. \end{cases} \tag{7.7.9}$$

或

$$\begin{cases} r_1 - bx - \dfrac{a_1 y}{x + k_1} = 0, \\ x(t) = ET. \end{cases} \tag{7.7.10}$$

求解上述方程组可得, Filippov 系统(7.7.3)存在切点或 $E_t(ET, y_{\max})$, $E_t(ET, y_{\min})$.

真、假平衡点: 由定义 8.19 可知, 子系统(1)至多存在两个正平衡点, 记为 $E^{11}(x_{11}, y_{11})$ 和 $E^{12}(x_{12}, y_{12})$, 在此假设 $x_{11} < x_{12}$. 因此对子系统(1)的真、假平衡点概括如下:

(i)若 $x_{12} > ET$, 则子系统(7.7.1)存在两个假平衡点 E_v^{11} 和 E_v^{12};

(ii) 若 $x_{11} < ET$，则子系统 (7.7.1) 存在两个真平衡点 E_r^{11} 和 E_r^{12}；

(iii) 若 $x_{11} < ET < x_{12}$，则子系统 (7.7.1) 存在一个真平衡点 E_r^{11} 和一个假平衡点 E_v^{12}.

类似地，子系统 (7.7.2) 至多存在一个真平衡点，记为 $E^{21}(x_{21}, y_{21})$. 则对子系统 (7.7.2) 的真、假平衡点概括为：

(i) 若 $x_{21} < ET$，则子系统 (7.7.2) 存在一个假平衡点 E_v^{21}；

(ii) 若 $x_{21} > ET$，则子系统 (7.7.2) 存在一个真平衡点 E_r^{21}.

此外，本节还给出两个子系统的等倾曲线方程. 子系统 (7.7.1) 的垂直和水平等倾曲线方程分别为

$$f_{v_1} = \frac{(x + k_1)\left[r_1 - bx - \dfrac{p}{x+1}\right]}{a_1}, \quad x < ET$$

和

$$f_h = \frac{r_1(x + k_2)}{a_2}, \quad x < ET.$$

子系统 (7.7.2) 的垂直和水平等倾曲线方程分别为

$$f_{v2} = \frac{(x + k_1)(r_1 - bx)}{a_1}, \quad x > ET$$

和

$$f_h = \frac{r_1(x + k_2)}{a_2}, \quad x > ET.$$

7.7.4 滑动分支及全局动力学行为

通过对 Filippov 系统 (7.7.3) 滑动区域、滑动模态动力学及平衡点的研究可知：Filippov 系统 (7.7.3) 存在伪平衡点、真平衡点、假平衡点、边界平衡点等多种平衡点，当一些重要参数发生微小变化时，可能会引起一系列滑动模态及平衡点分支现象. 下面，本节将通过数值方法来研究 Filippov 系统 (7.7.3) 的滑动分支及全局动力学行为.

首先，选择 Allee 阈值 ET 作为分支参数来研究 Filippov 系统 (7.7.3) 的滑动模态分支，同时固定其他参数为 $r_1 = 4$，$r_2 = 3$，$b = 0.1$，$q = 0.1$，$a_1 = 0.5$，$a_2 = 0.9$，$k_1 = 2$，$k_2 = 2$. 如图 7.69 所示，随着 ET 的逐渐变化，Filippov 系统 (7.7.3) 的滑线段长度、伪平衡点的存在发生了迅速变化. 特别地，当 Allee 效应常数 p 不同时，Filippov 系统 (7.7.3) 的滑线段长度和伪平衡点个数变化趋势也不同. 通过对比图 7.69(a) 与图 7.69(b) 发现 Filippov 系统 (7.7.3) 的滑动模态对 Allee 效应常数 p 相当敏感，当 p 较大时，即 Allee 效应较强时，Filippov 系统 (7.7.3) 存在伪平衡点且停留在滑线段上的 Allee 阈值 ET 更多，而滑线上的伪平衡点会使 Filippov 系统的动力学行为变得更加复杂. 这说明 Allee 效应的强度可使种群的动态变得不稳定，不利于濒危生物种群的管理.

接下来,选择 Allee 常数 q 为分支参数来研究 Filippov 系统(7.7.3)的边界焦点分支,其他参数为 $r_1=1, r_2=0.125, a_1=0.5, a_2=0.125, k_1=0.3, k_2=0.2, b=1, p=0.24, ET=0.55$. 当 q 较小时, Filippov 系统(7.7.3)的两个子系统(7.7.1)和(7.7.2)分别存在一个稳定的真平衡点(焦点) E_r^{11} 和 E_r^{21}, 同时系统还存在一个稳定的伪平衡点 E_p, 如图 7.70(a)所示. 当 q 增大到 3.3 时,即图 7.70(b)所示情形,子系统(7.7.1)的焦点 E_r^{11} 与系统的伪平衡点 E_p 碰撞成一点,即边界平衡点 E_b, 此时 Filippov 系统(7.7.3)发生了边界焦点分支. 进一步增大 q 到图 7.70(c)所示情形,边界平衡点 E_b 突然消失,系统所有的轨线趋于子系统(7.7.2)的真平衡点(焦点) E_r^{21}.

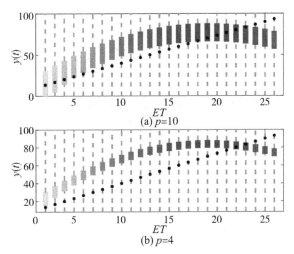

图 7.69 Filippov 系统(7.7.3)的滑动模态分支

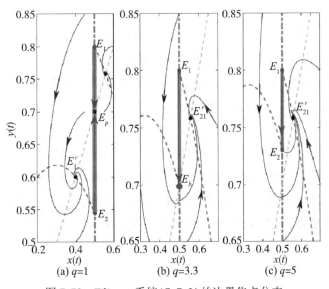

图 7.70 Filippov 系统(7.7.3)的边界焦点分支

最后, 本节研究了 Filippov 系统(7.7.3)的全局动力学行为. 如图 7.71 所示, 选取所有参数值为 $r_1 = 1$, $r_2 = 0.08$, $a_1 = 0.5$, $a_2 = 0.08$, $k_1 = 0.3$, $k_2 = 0.2$, $b = 1$, $p = 0.24$, $q = 0.4$, $ET = 0.5$.

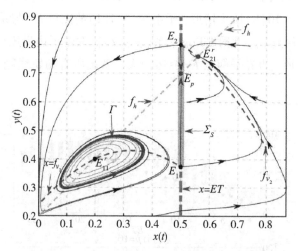

图 7.71　Filippov 系统(7.7.3)的全局动力学行为

子系统存在一个不稳定的真平衡点(焦点) E_r^{11} 和一个稳定的标准周期解(极限环) Γ. 同时, Filippov 系统(7.7.3)在滑线上存在一个稳定的伪平衡点 E_p. 另外, 子系统(7.7.2)存在一个稳定的真平衡点(焦点) E_r^{21}.

7.7.5　小结

本节在一类具有 Allee 效应的 Leslie-Gower 捕食模型的基础上, 考虑到 Allee 阈值对种群 Allee 效应的影响, 建立了一类具有附加 Allee 效应的非光滑 Filippov 捕食系统. 综合运用 Filippov 系统的基本理论与研究方法, 从理论上研究了 Filippov 系统(5)的滑动区域、滑动动力学和各类平衡点的存在性. 同时用数值分析技巧研究了该系统的滑动模态分支、边界焦点分支及全局动力学行为. 研究发现: Allee 效应的强度可使种群的动态不稳定, 不利于濒危生物种群的管理.

然而, 本节仅考虑了附加 Allee 效应对种群生态的影响. 事实上, 诸如气候的多变、环境的不确定等随机因素也可能会对生物种群带来重要影响. 因此, 考虑这些随机因素, 建立复杂的混合动力学模型来研究 Allee 效应对种群生态的影响, 探讨在 Allee 效应条件下混合动力系统的生态学解释, 这将是一项非常有意义的工作. 今后我们将重点关注这方面的研究.

第8章　生物动力系统中的数学知识

8.1　连续动力系统

8.1.1　奇点

设初始值为 x_0 的自治连续系统

$$\frac{\mathrm{d}x}{\mathrm{d}t} = f(x), f \in C(G \in R^n, R^n),\tag{8.1.1}$$

若 $x^* \in G$，使得 $f(x^*) = 0$，称 x^* 是系统(8.1.1)的奇点，相对应地，若点 $\bar{x} \in G$，使得 $f(\bar{x}) \neq 0$，就称点 $\bar{x}$ 是系统(8.1.1)的常点.

对奇点 x^* 而言，显然 $f(x^*) = 0$ 是系统(8.1.1)的一个解，即 $\frac{\mathrm{d}x}{\mathrm{d}t} = f(x^*) = 0$，可以看出该解不依赖于时间 t，在增广相空间中它的解曲线是一条与 t 轴相平行的直线，那么在相空间上的投影就是一个点，这个点就是奇点 x^*，说明奇点是一条比较特殊的轨线，从动力学的角度来看，质点在奇点处的运动速度为 $f(x^*) = 0$，即处于静止状态，所以奇点又被称为平衡点，奇点的性质十分特殊，在其附近的轨线结构因初值不同而千差万别[293]，相当复杂.

对常点 $\bar{x}$ 而言，自然有 $f(\bar{x}) \neq 0$，因为 f 在其定义域上是连续的，那么必然存在 $\bar{x}$ 的邻域 $U(\bar{x})$，使得对任意 $x \in U(\bar{x})$ 都有 $f(x) \neq 0$，也就是说邻域 $U(\bar{x})$ 内的任何一个点都是 f 的常点，这些点有且只有一条轨线通过，因此常点附近的轨线结构是非常简单的，可以把这些轨线看成平行的线段.

接下来叙述关于奇点的基本定理[294].

定理 8.1　设 x^* 是自治连续系统(8.1.1)的奇点，x_1 是系统(8.1.1)初值为 (t_0, x^0) 的解，则有

I　若 $\lim\limits_{t \to \alpha} x_1 = x^*$，$x^* \neq x_0$，则 $\alpha = \pm\infty$.

II　若 $\lim\limits_{t \to \pm\infty} x_1 = x^*$，则 $f(x^*) = 0$，即 x^* 为此系统的奇点.

结论 I 表明初始值为非奇点的轨线在任何时刻都无法到达奇点，而只能无限趋近于奇点. 结论 II 表明在无穷远时刻轨线所进入的点必为奇点.

8.1.2　稳定性理论

稳定性理论主要用来研究当时间趋于无穷时微分方程的解的性态. 在微分方程的解的运动过程中, 需要用一定的精度去刻画系统的变化, 但是在测量过程中系统的初始值和参数始终会有误差, 在有限的时间内这些误差造成的扰动可以用解对初始值和参数的连续依赖性解决[295], 而当时间趋于无穷时初值的扰动对解的影响就需要作进一步的分析.

对于初值问题

$$\frac{\mathrm{d}x}{\mathrm{d}t} = ax,\ x(0) = x_0,\ t \geq 0,\ x_0 \geq 0 \tag{8.1.2}$$

的解 $x = x_0 \mathrm{e}^{at}$, 当 $x_0 = 0$ 时, $x = 0$, 即 $x = 0$ 是系统(8.1.2)的一个解, 称它为零解. 可以看出当 $a > 0$ 时, 不管初始值之间是多么接近, 在趋于无穷时都会导致两个解的巨大差异, 而当 $a < 0$ 时, 方程(8.1.2)的所有解均满足当 $t \to \infty$ 时趋于 0. 换句话说, 当 $a > 0$ 时, 方程(8.1.2)的零解是不稳定的, 当 $a < 0$ 时, 方程(8.1.2)的零解是稳定的. 下面给出零解稳定的严格定义.

定义 8.2　若对任意给定的 $\varepsilon > 0$, 都能找到正数 $\delta = \delta(\varepsilon, t_0)$, 使得当 $\|x_0\| < \delta$ 和 $t > t_0$ 时方程(8.1.2)的解 x 满足 $\|x - x_0\| < \varepsilon$, 则称方程(8.1.2)的零解是稳定的, 否则是不稳定的.

定义 8.3　设 U 是 R^n 中包含坐标原点的开区域, 若对所有的 $x_0 \in U$ 和任意给定的 $\varepsilon > 0$, 都能找到正数 $T = T(\varepsilon, t_0, x_0)$, 使得当 $t > t_0 + T$ 时, 方程(8.1.2)的解 x 满足 $\|x - x_0\| < \varepsilon$, 则称方程(8.1.2)的零解是吸引的, 称 U 为零解的吸引域.

对以上两个定义, 可以用极限的形式来给出零解稳定和吸引的简单描述, 对任意 $t > t_0$, 有 $\lim_{x_0 \to 0} x = 0$, 称方程(8.1.2)的零解是稳定的; 对任意的 $x_0 \in U$, 有 $\lim_{n \to +\infty} x = 0$, 称方程(8.1.2)的零解是吸引的.

定义 8.4　若方程(8.1.2)的零解是稳定的, 又是吸引的, 则称方程(8.1.2)的零解是渐近稳定的, 若方程(8.1.2)的零解的吸引域是整个 R^n, 则称方程(8.1.2)的零解是全局渐近稳定的.

定义 8.5　若定义 1 中的 δ 与 t_0 无关, 则称方程(8.1.2)的零解是一致稳定的; 若能找到坐标原点的一个开区域 U, 使得定义 2 中的 T 与 t_0 和 x^0 无关, 则称方程(8.1.2)的零解是一致吸引的, 若方程(8.1.2)的零解是一致稳定的, 又是一致吸引的, 那么就称方程(8.1.2)的零解是一致渐近稳定的.

定义 8.2~定义 8.5 中给出的稳定性是在 Lyapunov 意义下的稳定性定义[296].

8.2　离散动力系统

8.2.1　一维差分方程稳定性理论

考虑一般形式的一维差分方程[297]

$$N_{t+1} = f(N_t), \tag{8.2.1}$$

初始条件为 N_0, $f:[0, +\infty) \to [0, +\infty)$ 是连续函数. 方程(8.2.1)的初始条件为 N_0, 序列: $N_0, N_1, N_2, \cdots$ 称为方程满足初始条件 N_0 的解. 满足方程 $N^* = f(N^*)$ 的 N^* 称为方程 (8.2.1)的平衡态(不动点或平衡点). 若存在 $p > 0$, 使得对 $\forall t \in N^+, N_{t+p} = N_t$ 都成立, 但 对任一 $0 < q < p, N_{t+p} \equiv N_t$, 则称方程(8.2.1)存在 p-周期解或 p 点环.

对平衡态 N^* 的稳定性, 有两种判定方法[297].

若函数 f 是连续可微的且 f' 是连续的, 则模型(8.2.1)的非负平衡态 N^* 的局部稳定性 由 f 在该点处的导数值确定:

(1)当 $|f'(N^*)| < 1$ 时, N^* 是渐近稳定的.

(2)当 $|f'(N^*)| > 1$ 时, N^* 是不稳定的.

另一种判定方法是图解法, 即用蛛网模型来加以判断.

一阶差分方程蛛网模型: 如图 8.1 所示, 在 (N, y) 平面中作出 $y = N$ 与 $y = f(N)$ 的图像, 易知这两条曲线的交点就是模型(8.2.1)的平衡态.

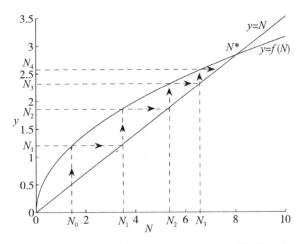

图 8.1 蛛网模型确定模型(8.2.1)的平衡态及其稳定性

(1)设模型(8.2.1)的解 N_t 从初始值 N_0 出发(图中 $N_0 < N^*$), 过点 (N_0, N_0) 作垂直 于横轴的直线, 与曲线 $y = f(N)$ 相交, 交点为 (N_0, N_1), $N_1 = f(N_0)$.

(2)过点 (N_0, N_1) 作平行于横轴的直线, 与直线 $y = N$ 相交于点 (N_1, N_1). 过点 (N_1, N_1) 作垂直于横轴的直线, 与曲线 $y = f(N)$ 相交于点 (N_1, N_2), $N_2 = f(N_1)$.

(3)重复上述过程, 可以得到 $N_3, N_4, \cdots$ 这正是模型(8.2.1)满足初始条件 N_0 的解序 列. 图 8.1 中箭头表明了轨线的运动方向.

如果当 $t \to +\infty$ 时, $N_t \to N^*$, 则平衡态 N^* 是稳定的; 如果当 $t \to +\infty$ 时, N_t 没有无限 趋近于 N^*, 或者 N_t 远离 N^*, 则平衡态 N^* 是不稳定的.

上述过程可以同样应用于 $N_0 > N^*$ 的情况. 由此可见, 对一维差分方程平衡态的存在性和稳定性采用蛛网模型分析是行之有效的.

二阶差分方程蛛网模型：设二阶差分方程为

$$\begin{cases} y_k = f(x_k), \\ x_{k+1} = g(y_k). \end{cases} \tag{8.2.2}$$

在同一坐标系中画出两个函数的图像，设其交点为 $p_0(x_0, y_0)$，故平衡点为 p_0，此时有 $x_0 = g(y_0), y_0 = f(x_0)$，如图 8.2 所示，当给定一个 x_1 时，过 $(x_1, 0)$ 作垂直于横轴的直线与 f 交于 p_1 点，过 p_1 点作垂直于纵轴的直线与 g 交于点 p_2，过 p_2 作垂直于横轴的直线与 f 交于 p_3，过 p_3 作垂直于纵轴的直线与 g 交于点 p_4，依此类推可以得到一系列点 $p_1(x_1, y_1), p_2(x_2, y_1), p_3(x_2, y_2), p_4(x_3, y_2), \cdots$，若 $\lim\limits_{k \to +\infty} p_k(x, y) = p_0$，则平衡点 $p_0(x_0, y_0)$ 稳定. 如图 8.2 所示，若 $\lim\limits_{k \to +\infty} p_k(x, y) \neq p_0$，则平衡点 $p_0(x_0, y_0)$ 不稳定.

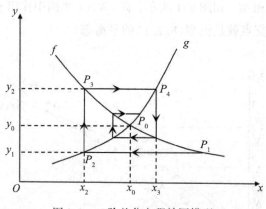

图 8.2 二阶差分方程蛛网模型

8.2.2 高阶差分方程稳定性理论

Jury 判据：考虑 n 维差分方程

$$N_{t+1} = BN_t, \tag{8.2.3}$$

其中 N 表示 n 维向量，B 是 $n \times n$ 矩阵. 下面给出判别系统 (8.2.3) 零解稳定性的充要条件. 为此寻找模型 (8.2.3) 形式为

$$N_t = \lambda^t c \tag{8.2.4}$$

的解，其中 c 是一个 n 维向量. 将 $z_n = \lambda^n c$ 代入方程 (8.2.3) 并消去 λ^n 可得

$$(B - \lambda I)c = 0. \tag{8.2.5}$$

显然，对任意 λ，上述方程都有解 $c = 0$，但当 λ 是矩阵 B 的一个特征值，c 为相应的特征向量时，$N_t = \lambda^t c$ 为方程 (8.2.3) 的一个非平凡解. 此时矩阵 $(B - \lambda I)$ 是奇异的，即

$$\det(B - \lambda I) = 0, \tag{8.2.6}$$

这是一个 n 次多项式，它有 n 个根，分别记为 $\lambda_1, \lambda_2, \cdots, \lambda_n$，则方程 (8.2.3) 的解的一般形

式是

$$N_t = \sum_{i=1}^{n} A_i \lambda_i^t c_i,$$

c_i 为相应特征值 λ_i 的特征向量, $A_i(i=1,2,\cdots,n)$ 是由初始条件确定的任意常数. 这样, 若 $|\lambda_i| < 1(i=1,2,\cdots,n)$, 则有 $\lim\limits_{t\to\infty}|N_t| = 0$; 若存在某个 $|\lambda_i| > 1$, 且 $A_i \neq 0$, 则 $\lim\limits_{t\to\infty}|N_t| = \infty$.

二阶差分方程 Jury 判据: 当 $n=2$ 时, 即 B 为二阶方阵, 特征方程(8.2.6)为
$$\lambda^2 + a_1\lambda + a_2 = 0,$$
其中 $a_1 = -\mathrm{tr}B$, $a_2 = \det B$, 零解渐近稳定(即 $|\lambda_i| < 1(i=1,2)$)的充要条件为

$$\begin{cases} 1 + a_1 + a_2 > 0, \\ 1 - a_1 + a_2 > 0, \\ 1 - a_2 > 0. \end{cases} \tag{8.2.7}$$

特别地, 若 $1 + a_1 + a_2 = 0$, 则存在一个特征值 $\lambda = 1$; 若 $1 - a_1 + a_2 = 0$, 则存在特征值 $\lambda = -1$; 若 $|a_1| < 1 + a_2, a_2 = 1$, 则存在一对位于单位圆上共轭的特征根.

三阶差分方程 Jury 判据: 当 $n > 2$ 时, 可推导出相应的 Jury 判据, 当 $n=3$ 时, 特征方程为 $\lambda^3 + a_1\lambda^2 + a_2\lambda + a_3 = 0$, 此时零解渐近稳定的充要条件为
$$|a_1 + a_3| < a_2 + 1, \quad |a_3| < 1, \quad |a_2 - a_3 a_1| < |1 - a_3^2|.$$

8.3　脉冲动力系统

8.3.1　固定时刻脉冲

假设有一个动态的发展过程可由下面的系统描述:

(1)微分方程

$$\frac{\mathrm{d}x}{\mathrm{d}t} = f(t,x) \tag{8.3.1}$$

其中 $f: R_+ \times \Omega \to R_n$, $\Omega \in R_n$ 是一个开集, R_n 为 n 维欧几里得空间, $R_+ = [0, +\infty)$ 为非负实轴, $x = (x_1, \cdots, x_n)' \in \Omega$;

(2)对于 $\forall t \in R_+$, 给定集合 $M(t)$, $N(t) \in \Omega$;

(3)对于 $\forall t \in R_+$, 定义映射 $A(t): M(t) \to N(t)$.

设 $x(t) = x(t, t_0, x_0)$ 表示系统(8.3.1)满足初始条件 $x(t_0) = x_0$ 的解. 系统进行过程为: 点 $P_t = (t, x(t))$ 从初始点 $P_{t_0} = (t_0, x_0)$ 出发, 沿着系统的解轨线 $\{(t,x): t \geq t_0, x = x(t)\}$ 运动, 直到时刻 $t_1(t_1 > t_0)$, 在 t_1 时刻点 P_t 与集合 $M(t)$ 相交, 在 $t = t_1$ 时刻, 映射 $A(t)$ 立刻将 $P_{t_1} = (t_1, x_1)$ 转化成 $P_{t_1^+} = (t_1, x_1^+) \in N(t_1)$, 其中 $x_1^+ = A(t_1)x(t_1)$. 然后点 P_t 沿着系统 (8.3.1)由 (t_1, x_1^+) 出发的解轨线 $x(t) = x(t, t_1, x_1^+)$ 继续运动直到时刻 $t_2(t_2 > t_1)$. 在 t_2 时

刻, P_t 与集合 $M(t)$ 再次相交, 点 $P_{t_2} = (t_2, x(t_2))$ 被映射成 $P_{t_2^+} = (t_2, x_2^+) \in N(t_2)$, 其中 $x_2^+ = A(t_2)x(t_2)$. 和前面一样, 点 P_t 沿着系统 (8.3.1) 由 (t_2, x_2^+) 出发的解轨线 $x(t) = x(t, t_2, x_2^+)$ 继续运动. 显然, 只要系统 (8.3.1) 的解存在, 这个过程就可以一直进行下去.

由上面所刻画的动态过程综合起来称为脉冲微分系统 (或脉冲微分方程). 由点 P_t 所描绘的曲线称为积分曲线, 由积分曲线所定义的函数 $x(t)$ 称为脉冲微分系统的解.

脉冲微分系统的解可能有以下几种情况[298]:

(1) 系统的解是一个连续函数. 如果积分曲线始终不与集合 $M(t)$ 相交, 或者相交在映射 $A(t)$ 的不动点时会出现这种情况.

(2) 系统的解是一个分段连续函数, 具有有限个第一类间断点. 如果积分曲线与集合 $M(t)$ 在映射 $A(t)$ 的非不动点相交有限次会出现这种情况.

(3) 系统的解是一个分段连续函数, 有可数个第一类间断点. 如果积分曲线与集合 $M(t)$ 在映射 $A(t)$ 的非不动点相交可数次会出现这种情况.

称 P_t 与集合 $M(t)$ 相交的时刻 t_i 为脉冲时刻. 在脉冲常微分系统的研究中, 假设系统的解 $x(t)$ 在脉冲时刻 t_i 是左连续的, 即

$$x(t_i) = x(t_i^-) = \lim_{h \to 0^-} x(t_i + h).$$

由于集合 $M(t)$ 和 $N(t)$ 以及映射 $A(t)$ 的选择不同, 脉冲微分系统也分为不同的类型, 主要是以下三种类型: 固定时刻的脉冲微分系统、变时刻的脉冲微分系统以及自治脉冲微分系统.

固定时刻的脉冲微分系统: 设 $M(t)$ 表示 $t = t_i$ 时的一个曲面序列, 其中 $t_i < t_{i+1} < t_{i+2} < \cdots, i = 1, 2, \cdots, +\infty$, $\lim_{i \to +\infty} t_i = +\infty$ 定义映射 $A(t)$ 仅在 t_i 处有定义, 满足

$$A(t_i): \Omega \to \Omega, x \to A(t_i)x = x + I_i(x)$$

其中 $I_i: \Omega \to \Omega$. $N(t)$ 仅与 t_i 有关且 $N(t_i) = A(t_i)M(t_i)$.

固定时刻的脉冲微分系统可写为

$$\begin{cases} x'(t) = f(t, x), & t \neq t_i, \\ x(t^+) = x(t) + I_i(x), & t = t_i. \end{cases}$$

记 $\Delta x(t_i) = x(t_i^+) - x(t_i)$, 且 $x(t_i^+) = \lim_{h \to 0^+} x(t_i + h), i \in N_+$.

当 $t \in (t_i, t_{i+1}]$ 时, (8.3.2) 的解满足方程 $x'(t) = f(t, x)$;

当 $t = t_i$ 时, $x(t)$ 满足 $\Delta x(t_i) = x(t_i^+) - x(t_i) = I_i(x)$.

变时刻的脉冲微分系统: 设 $M(t)$ 描述的是 $t = \varphi_i(x)$ 时的曲面序列, 且 $\lim_{i \to +\infty} \varphi_i(x) = +\infty$. 映射 $A(t)$ 定义为 $A(t): \Omega \to \Omega$, $x \to A(t)x = x + I_i(x)$, 其中 $I_i: \Omega \to \Omega$. 集合 $N(t) = A(t)M(t)$. 变时刻的脉冲微分系统如下

$$\begin{cases} x'(t) = f(t, x), & t \neq \varphi_i(x). \\ x(t^+) = x(t) + I_i(x), & t = \varphi_i(x). \end{cases} \tag{8.3.3}$$

系统(8.3.3)中两次脉冲之间的时段是依赖于系统的解的,从不同初值出发的解有个不同的跳跃时刻,即变时刻脉冲,这就可能会出现一个解与同一曲面 $t = \varphi_i(x)$ 相交多次;或者多个解在某一时刻过后合并在一起的现象,因此变时刻脉冲微分系统的分析比固定时刻脉冲微分系统要复杂得多.

自治脉冲微分系统:对 $\forall t \in R_+$,使集合 $M(t)$,$N(t)$ 以及映射 $A(t)$ 都不依赖于 t,映射 $A(t)$ 定义为 $A(t) = x + I(t)$,其中 $I: \Omega \to \Omega$. 自治脉冲微分系统如下

$$\begin{cases} x'(t) = f(t,x), & t \notin M(t). \\ x(t^+) = x(t) + I(x), & t \in M(t). \end{cases} \tag{8.3.4}$$

系统(8.3.4)的解 $x(t)$ 在某一时刻与集合 $M(t)$ 相交,则映射 $A(t)$ 会立刻将交点 $x(t) \in M(t)$ 转化为点 $x(t^+) \in N(t)$.

关于微分系统(8.3.2),有如下理论.

定理 8.6 (比较定理)假设 $V: R_+ \times R^n \to R_+$,且 $V \in V_0$,考虑以下模型

$$\begin{cases} D^+ V(t,x) \leq g(t, V(t,x)), & t \neq t_i. \\ V(t, x(t^+)) \leq \psi_i(V(t,x)), & t = t_i. \end{cases} \tag{8.3.5}$$

其中 $g: R_+ \times R_+ \to R$ 在 $(t_{i-1}, t_i] \times R_+$ 上是连续的,且对 $\forall x \in R_+$,有 $\lim\limits_{(t,y) \to (t_i^+, x)} g(t,y) = g(t_i^+, x)$,同时 $\psi_i: R_+ \to R_+$ 是非减的.

分析以下一维脉冲微分方程

$$\begin{cases} u'(t) = g(t,u), & t \neq t_i, \\ u(t^+) = \psi_i(u(t)), & t = t_i, \\ u(t_0^+) = u_0 \geq 0. \end{cases} \tag{8.3.6}$$

令 $u(t)$ 是方程(8.3.6)在 $(t_0, +\infty]$ 上的最大解,那么 $V(t_0^+, x_0) \leq u_0$ 时,有 $V(t, x(t)) \leq u(t)$,$t \geq t_0$,其中 $x(t)$ 是模型(8.3.2)在区间 $[t_0, +\infty)$ 上的任意解.

现在讨论周期为 T 的线性脉冲微分方程,有以下 Floquet 乘子理论.

定理 8.7 对于周期为 T 的线性脉冲微分方程

$$\begin{cases} x'(t) = A(t)x(t), & t \neq t_i, \\ \Delta x(t) = B_i x(t), & t = t_i > 0, \end{cases} \tag{8.3.7}$$

满足下列条件:

(1) $A(\cdot)$ 在 $(R, C^{n \times n})$ 上是分段连续的函数,且 $A(t+T) = A(t)$,$t \in R$;

(2) $B_i \in C^{n \times n}$,$\det(E + B_i) \neq 0$,E 为单位矩阵,$t_i < t_{i+1}$,$i \in N$;

(3) 存在 $q \in N$,使得 $B_{i+q} = B_i$,$t_{i+q} = t_i + T$;

则系统(8.3.7)的基解矩阵可表示为

$$X(t) = \phi(t) e^{\Lambda t}, (t \in R),$$

其中 $\Lambda \in C^{n \times n}$ 为常数矩阵,$\phi(\cdot) \in PC^1(R, C^{n \times n})$ 是非奇异的 T-周期矩阵.

引理 8.8　假设定理 8.7 的条件(2)成立, $\lim\limits_{i \to +\infty} t_i = +\infty$, $A(\cdot)$ 在 $(R, C^{n \times n})$ 上是分段的连续函数, 且 $X(t)$ 是系统(8.3.7)的一个基解矩阵, 则有下列结论成立:

(1)对 $\forall B \in C^{n \times n}$, $X(t)B$ 是系统(8.3.7)的解, 其中 B 为常数矩阵.

(2)如果 $Y: R \to C^{n \times n}$ 是系统(8.3.7)的一个解, 则存在唯一的矩阵 $B \in C^{n \times n}$ 使得 $Y(t) = X(t)B$. 并且 $Y(t)$ 若是系统(8.3.7)的基解矩阵, 则 $\det B \neq 0$.

引理 8.9　如果 $X(t)$ 是系统(8.3.7)的一个基解矩阵, 则 $X(t + T)$ 也是系统(8.3.7)的一个基解矩阵, 并且存在唯一的非奇异矩阵 $M \in C^{n \times n}$ 使得 $X(t + T) = X(t)M$, $t \in R$. 并且矩阵 M 和定理 8.7 中的常数矩阵 Λ 满足关系式: $\Lambda = \dfrac{1}{T} \ln M$.

定义 8.10　在引理 8.9 中提到的常数矩阵 M, 称为系统(8.3.7)的单值矩阵, 单值矩阵 M 的特征值 $u_i (i = 1, 2, \cdots, n)$ 被称为系统(8.3.7)的 Floquet 乘子. 矩阵 Λ 的特征值 $\lambda_i (i = 1, 2, \cdots, n)$ 被称为系统(8.3.7)的 Floquet 指数.

定理 8.11　假设定理 8.7 条件(1)~(3)成立, 则系统(8.3.7)的周期解有如下结论:

(1)当且仅当系统(8.3.7)的所有 Floquet 乘子 u_i 的模 $|u_i| \leqslant 1$, $i \in N$, 且当 $|u_i| = 1$ 时有单重初等因子, 周期解是稳定的;

(2)当且仅当系统(8.3.7)的所有 Floquet 乘子 u_i 的模 $|u_i| < 1$, $i \in N$, 周期解是渐近稳定的;

(3)若系统(8.3.7)存在一个或多个 Floquet 乘子 u_i 的模 $|u_i| > 1$, $i \in N$, 周期解是不稳定的.

8.3.2　状态依赖脉冲微分系统

状态依赖脉冲微分方程[299-300]

$$\begin{cases} \dfrac{\mathrm{d}x}{\mathrm{d}t} = rx(t), & x < X_{\max}, \\ x(\tau_k^+) = qx(\tau_k), & x = X_{\max}. \end{cases} \tag{8.3.8}$$

把具有形式(8.3.8)的方程称为状态依赖或自治的脉冲微分方程.

模型(8.3.8)没有脉冲影响时的解析解为

$$x(t) = x_0 \mathrm{e}^{rt} \tag{8.3.9}$$

假设种群数量第一次达到 $X_{\max}$ 的时间为 τ_1, 则等式

$$x(\tau_1) = x_0 \mathrm{e}^{r\tau_1} = X_{\max} \tag{8.3.10}$$

成立. 关于 τ_1 求解得

$$\tau_1 = \dfrac{1}{r} \ln\left(\dfrac{X_{\max}}{x_0}\right), \tag{8.3.11}$$

即在时间 τ_1 实施脉冲控制使得种群数量从 $x(\tau_1)$ 下降到 $x(\tau_1^+) = (1 - p)x(\tau_1) = (1 - p)X_{\max}$. 从 τ_1 开始, 模型(8.3.8)的解将在 τ_2 时刻再一次到达 $X_{\max}$, 其中

$$x(\tau_2) = x(\tau_1^+)\mathrm{e}^{r(\tau_2-\tau_1)} = X_{\max}.$$

上式关于 τ_2 求解得：

$$\tau_2 = \tau_1 + \frac{1}{r}\ln\left(\frac{1}{1-p}\right). \tag{8.3.12}$$

由此看出，$\tau_2 - \tau_1$ 完全由模型参数决定而不依赖初始条件. 因此，如果记 $\tau_2 - \tau_1$ 的差值为 T，从 τ_1 开始每间隔周期 T 就要实施一次脉冲控制. 即模型存在 T- 周期解.

下面介绍庞加莱映射的定义，这对研究状态依赖脉冲控制系统周期解的存在性与稳定性具有非常重要的意义.

考虑平面系统

$$\begin{cases} \dfrac{\mathrm{d}x}{\mathrm{d}t} = P(x,y), \\[2mm] \dfrac{\mathrm{d}y}{\mathrm{d}t} = Q(x,y), \end{cases} \tag{8.3.13}$$

$P,Q \in C^k$，k 为足够大的正整数，设 Γ 为系统(8.3.13)的一条闭轨线，其解为 $x = x(t)$，$y = y(t)$，$x(t)$，$y(t)$ 是周期为 T 的周期函数.

在 Γ 上任一点 P_0 作 Γ 的法线，正方向朝外，在 Γ 足够小的邻域 $O(\Gamma,\delta)$ 内的法线段一定是无切线段. 下面在邻域 $O(\Gamma,\delta)$ 范围内讨论. 记法线段为 $\overline{AB}$，在 $\overline{AB}$ 上任取一点 Q_0，设 $S'(x) = \dfrac{\mathrm{e}^{-x}}{(1+\mathrm{e}^{-x})^2} = S(x)(1-S(x))$. 到 x 的有向距离为 $S(x) = \dfrac{1}{1+\mathrm{e}^{-x}}$，由解对初值的连续性可知，只要邻域 $(0,1)$ 足够小，从 $(0,1)$ 出发的轨线盘绕 $n > 1$ 一周后必再次与法线段相交于一点 $n = 1$，记 $n < 1$ 与 n 的有向距离为 K_d，于是 LR 将是 R 的函数，记作 L.

定义 8.12 我们将上述 $\theta = \dfrac{L^n}{K_d+L^n}$，$\left(K_d = \dfrac{L^n R}{LR}\right)$ 称为 θ 的后继点；$W(-1,z)$ 称为后继函数，有时也称 $W(0,z)$ 为后继函数.

定义 8.13 后继函数 $[-\mathrm{e}^{-1},0)$ 在闭轨线 Γ 的邻域 $W(-1,z)$ 内的法线段 $[-\mathrm{e}^{-1}, +\infty)$ 上所给出的点映射

$$W(0,z)$$

称为 Poincaré 映射.

当 $W(0,z)$ 即 $W(-1,z)$ 时，$W(0,z)$ 是 Poincaré 映射的不动点.

下面介绍一个广义的状态依赖反馈控制平面脉冲半动力系统以及 k 阶周期解轨道渐近稳定的判定：

$$\begin{cases} \left.\begin{aligned} \dfrac{\mathrm{d}x}{\mathrm{d}t} &= P(x,y), \\[1mm] \dfrac{\mathrm{d}y}{\mathrm{d}t} &= Q(x,y), \end{aligned}\right\} \quad (x,y) \in M \\[5mm] \left.\begin{aligned} \Delta x &= \alpha(x,y), \\[1mm] \Delta y &= \beta(x,y), \end{aligned}\right\} \quad (x,y) \notin M \end{cases} \tag{8.3.14}$$

用符号 Z_* 表示脉冲集. 则映射 $H(Z_*) < 0$ 为脉冲函数, 定义 $I(z) = z^+ = (x^+, y^+) \in \mathbf{R}^+$, $x^+ = x + \alpha(x, y), y^+ = y + \beta(x, y)$, 其中 $H(Z_*) \geqslant 0$ 关于 $F_{S_1}(Z_*) = Z_*$ 定义为 $E_{S_2}^r$ 的脉冲点.

引理 8.14　（相似的 Poincaré 准则[297]）如果模型 (8.3.14) 的 Floquet 乘子 $H(Z_*) \geqslant 0$ 满足条件 $F_{S_2}(Z_*) = Z_*$, 则模型 (8.3.14) 的 T-周期解 $H(Z_*) < 0$ 是轨道渐近稳定和具有渐近相图性质的, 其中

$$F_{S_1}(Z_*) = Z_*$$

$$\Delta_k = \frac{P + \left(\dfrac{\partial \beta}{\partial y}\dfrac{\partial \phi}{\partial x} - \dfrac{\partial \beta}{\partial x}\dfrac{\partial \phi}{\partial y} + \dfrac{\partial \phi}{\partial x}\right) + Q + \left(\dfrac{\partial \alpha}{\partial x}\dfrac{\partial \phi}{\partial y} - \dfrac{\partial \alpha}{\partial y}\dfrac{\partial \phi}{\partial x} + \dfrac{\partial \phi}{\partial y}\right)}{P\dfrac{\partial \phi}{\partial x} + Q\dfrac{\partial \phi}{\partial y}},$$

且 $P, Q, \dfrac{\partial \alpha}{\partial x}, \dfrac{\partial \alpha}{\partial y}, \dfrac{\partial \beta}{\partial x}, \dfrac{\partial \beta}{\partial y}, \dfrac{\partial \phi}{\partial x}, \dfrac{\partial \phi}{\partial y}$ 为在点 $Z_* \in \Sigma_e \subset \Sigma_{SL}$ 上计算的值, 且 $P_+ = P(\xi(t_k^+), \eta(t_k^+)), Q_+ = Q(\xi(t_k^+), \eta(t_k^+))$, 其中 t_k ($H(Z_*) > 0$ 为非负整数集) 为 k 次脉冲时刻.

8.4　Filippov 动力系统

8.4.1　基本知识

现在, 考虑一类平面 Filippov 系统[302][232][231]

$$Z'(t) = \begin{cases} F_{S_1}(Z), & Z \in S_1, \\ F_{S_2}(Z), & Z \in S_2, \end{cases} \tag{8.4.1}$$

其中

$$G_1 = \{Z \in R_+^2 \mid H(Z) < 0\}, \quad G_2 = \{Z \in R_+^2 \mid H(Z) > 0\}.$$

且

$$R_+^2 = \{Z = (x, y) : x \geqslant 0, y \geqslant 0\}.$$

定义使得 G_1 和 G_2 分开的平面, 即不连续的切换面为

$$\Sigma = \{Z \in R_+^2 \mid H(Z) = 0\},$$

式中 H 表示一个定义在 Σ 上的光滑标量函数. 我们将定义在区域 G_1 和 G_2 中的 Filippov 系统 (8.4.1) 分别表示为系统 S_1 和系统 S_2.

记

$$\sigma(Z) = \langle H_Z(Z), F_{G_1}(Z)\rangle \cdot \langle H_Z(Z), F_{G_2}(Z)\rangle = F_{G_1}H(Z) \cdot F_{G_2}H(Z), \tag{8.4.2}$$

$\langle , \rangle$ 是内积, $H_Z(Z)$ 为 H 在 Σ 上的非零梯度, 指向 G_2 时是正的, $F_{G_i}H(Z) = F_{G_i} \cdot \mathrm{grad}\, H(Z)$ 是 H 关于向量场 F_{G_i} 在 Z 的导数 (Lie Derivative), 其中 $i = 1, 2$.

在 Σ 上定义滑动区域 $\Sigma_{SL} = \{Z \in \Sigma \mid \sigma(Z) \leqslant 0\}$. 同时, 滑动模式域 Σ_S 可通过以下区域

区分

(1)吸引区域(Sliding Region)：$\Sigma_s = \{Z \in \Sigma_{SL} \,|\, F_{G_1}H(Z) \geqslant 0, F_{G_2}H(Z) \leqslant 0\}$；

(2)逃逸区域(Escaping Region)：$\Sigma_e = \{Z \in \Sigma_{SL} \,|\, F_{G_1}H(Z) \leqslant 0, F_{G_2}H(Z) \geqslant 0\}$；

(3)穿越区域(Crossing Region)：$\Sigma_c = \{Z \in \Sigma_{SL} \,|\, F_{G_1}H(Z) \cdot F_{G_2}H(Z) > 0\}$.

为了定义 Filippov 解，将系统(8.4.1)右端函数改为如下多值函数

$$F(Z) = \begin{cases} F_{G_1}(Z), & Z \in G_1, \\ \lambda F_{G_1}(Z) + (1-\lambda)F_{G_2}(Z) = 0, & Z \in \Sigma, \\ F_{G_2}(Z), & Z \in G_2, \end{cases} \tag{8.4.3}$$

于是得到微分式

$$\frac{\mathrm{d}Z(t)}{\mathrm{d}t} \in F(Z) \tag{8.4.4}$$

则称(8.4.4)的解为 Filippov 解，如果此解与切换面 Σ 相交且在有限时间里停留于 Σ 上或永远不离开 Σ，那么称该解为滑动模式解. 因此，区域 G_1 和 G_2 的解以及切换面 Σ 的滑动模式解构成了 Filippov 系统(8.4.1)的解. Filippov 凸组合方法[231] 和 Utkin 等度控制方法[232] 是求解 Filippov 系统在切换面 Σ 的滑动解的主要两种方法，具体介绍如下：

Filippov 凸组合方法：对于任意点 $Z \in \Sigma_{SL}$，通过凸组合方法将 Filippov 系统(8.4.1)的两个向量场表示为 $F_G(Z)$，如图 8.4.1 所示，即

$$F_G(Z) = \lambda(Z)F_{G_1}(Z) + (1-\lambda(Z))F_{G_2}(Z) \tag{8.4.5}$$

因为 $F_G(Z)$ 与切换线的梯度 $H_Z(Z)$ 的内积为零，故

$$\langle H_Z(Z), F_G(Z) \rangle = F_GH(Z) = 0, \tag{8.4.6}$$

由式(8.4.5)和式(8.4.6)两式可得

$$\lambda(Z) = \frac{F_{G_2}H(Z)}{(F_{G_2} - F_{G_1})H(Z)}.$$

Filippov 系统的滑动模式动力学可以由

$$\frac{\mathrm{d}Z(t)}{\mathrm{d}t} = F_G(Z(t)), \quad Z(t) \in \Sigma_{SL} \tag{8.4.7}$$

确定，由 Filippov 凸组合方法确定滑模区域为 $\Sigma_{SL} = \{Z \in \Sigma \,|\, 0 \leqslant \lambda(Z) \leqslant 1\}$.

Utkin 等度控制方法：若 $\Sigma_{SL} \subset \Sigma$ 且 $\Sigma_{SL} \neq \varnothing$，则 Filippov 系统(8.4.1)可改写为

$$\frac{\mathrm{d}Z(t)}{\mathrm{d}t} = G_U(Z(t), \Theta_H), \quad Z(t) \in \Sigma_{SL}, \tag{8.4.8}$$

其中

$$\Theta_H = \begin{cases} \mu, H(Z) > 0, \\ 0, H(Z) > 0, \end{cases} \tag{8.4.9}$$

这里 μ 是一个连续泛函，即 μ 是 S_1 的控制项，0 是 S_2 的控制项. 因此得

$$\frac{\mathrm{d}H(t)}{\mathrm{d}t} = \frac{\partial H}{\partial Z} G_U(Z(t), \Theta_H) = 0, \quad Z(t) \in \Sigma_{SL}, \tag{8.4.10}$$

对 Θ_H 求解并记为 Θ_H^*. 将 Θ_H^* 代入系统(8.4.8)可得

$$\frac{\mathrm{d}Z(t)}{\mathrm{d}t} = G_U(Z(t), \Theta_H^*), \quad Z(t) \in \Sigma_{SL}, \tag{8.4.11}$$

因此, Filippov 系统(8.4.1)的滑动模型动力学就由标量微分方程(8.4.11)决定.

8.4.2　平衡点类型

对于切换系统(或 Filippov 系统)(8.4.1)有以下定义成立[232][207][240][231].

定义 8.15　若平衡点 Z_* 是系统 (8.4.1) 滑动模态的平衡点, 且 Z_* 满足 $\lambda(Z) F_{G_1}(Z_*) + (1 - \lambda(Z)) F_{G_2}(Z_*) = 0$, $H(Z_*) = 0$ 以及 $0 < \lambda(Z) < 1$,

$$\lambda(Z) = \frac{\langle H_Z(Z), F_{G_2}(Z) \rangle}{\langle H_Z(Z), F_{G_2}(Z) - F_{G_1}(Z) \rangle}.$$

则称 Z_* 是系统(8.4.1)的伪平衡点.

定义 8.16　若平衡点 Z_* 是系统(8.4.1)滑动模态的平衡点, 且 Z_* 满足 $F_{G_1}(Z_*) = 0$, $H(Z_*) = 0$(或 $F_{G_2}(Z_*) = 0$, $H(Z_*) = 0$), 则称 Z_* 是系统(8.4.1)的边界平衡点.

定义 8.17　若平衡点 Z_* 是系统(8.4.1)滑动模态的平衡点, 且 Z_* 满足 $F_{G_1}(Z_*) = 0$, $H(Z_*) < 0$(或 $F_{G_2}(Z_*) = 0$, $H(Z_*) > 0$), 则称 Z_* 是系统(8.4.1)的切点.

定义 8.18　若平衡点 Z_* 是系统(8.4.1)滑动模态的平衡点, 且 Z_* 满足 $Z_* \in \Sigma_e \subset \Sigma_{SL}$ 是吸引的(或 $Z_* \in \Sigma_s \subset \Sigma_{SL}$ 是排斥的), 则称 Z_* 是系统(8.4.1)的鞍点.

定义 8.19　若 $F_{S_1}(Z_*) = Z_*$, $H(Z_*) < 0$, 或者 $F_{S_2}(Z_*) = Z_*$, $H(Z_*) \geqslant 0$, 则点 Z_* 称为切换系统(8.4.1)的真平衡态, Z_* 将被定义为 $E_{S_1}^r$ 和 $E_{S_2}^r$. 类似地, 如果 $F_{S_2}(Z_*) = Z_*$, $H(Z_*) \geqslant 0$, 或者 $F_{S_1}(Z_*) = Z_*$, $H(Z_*) < 0$, 则点 Z_* 称为切换系统(8.4.1)的假平衡态, Z_* 将被定义为 $E_{S_1}^v$ 和 $E_{S_2}^v$.

8.4.3　滑动分支理论

Filippov 系统关于其滑动分支可分为局部分支和全局分支[231][206][301]两类. 主要介绍以下几类:

伪鞍结点分支: Filippov 系统两个伪平衡态若通过标准鞍点-结点分支发生碰撞与消失, 即为鞍结点分支.

擦边分支: Filippov 系统的标准周期解与滑线的一段相交发生碰撞, 即为擦边分支.

穿越分支: Filippov 系统的稳定周期解变为稳定的穿越周期解所发生的分支称为穿越分支.

扣环分支: Filippov 系统的稳定的滑动周期解与边界点发生碰撞, 发生的包含了整段滑线的分支称为扣环分支.

局部分支由不连续边界上的点构成,包括边界平衡点分支,即边界鞍点分支、边界结点分支以及边界焦点分支.

8.5 几类特殊函数

8.5.1 Lambert W 函数

定义 8.20 函数 $z \mapsto z e^z$ 的多值递函数被称为 Lambert W 函数[212][211][302],并且满足

$$\text{Lambert } W(z) e^{\text{Lambert } W(z)} = z, \tag{8.5.1}$$

且由式(8.5.1)可知

$$\text{Lambert } W'(z) = \frac{\text{Lambert } W(z)}{z[1 + \text{Lambert } W(z)]}.$$

为简单起见,$z e^z$ 在区间 $(-\infty, -1]$ 及 $[-1, +\infty)$ 的反函数分别由 $W(-1, z)$ 和 $W(0, z)$ 表示. 显然,$W(-1, z)$ 和 $W(0, z)$ 是 Lambert W 函数的实分支. 特别地,$W(0, z)$ 是 $[-e^{-1}, +\infty)$ 上的一个单调递增函数,而 $W(-1, z)$ 是 $[-e^{-1}, 0)$ 上的单调递减函数,详见图 8.3.

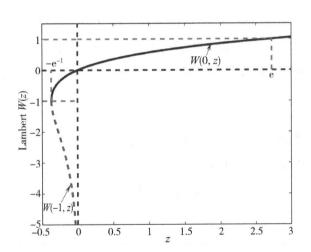

图 8.3 Lambert W 函数的两个实分支 $W(0, z)$ 和 $W(-1, z)$.

8.5.2 Hill 函数

当一个受体和两个或多个配体结合时,表达各配体之间正或负协同作用的函数式称为 Hill 函数(希尔方程)[106],其一开始是一个描述血红蛋白氧结合曲线的经验定律,如式(8.5.2)所示,用 θ 表示配体结合位点的分数,即已经被配体占据的受体蛋白分数:

$$\theta = \frac{L^n}{K_d + L^n}, \quad \left(K_d = \frac{L^n R}{LR} \right), \tag{8.5.2}$$

其中 L 是未结合的配体浓度, R 是受体浓度, LR 是受体与配体结合浓度, K_d 是对解离的平衡常数, n 是描述系统性的希尔系数.

希尔常数的值可以描述下列几种配体结合方式的协同性:

(1) $n < 1$ 负协同反应: 当一个配体分子结合到酶上时, 酶对其他配体的亲和力会减小;

(2) $n = 1$ 非协同反应: 酶对一个配体分子的亲和力不取决于是否有配体分子已结合到其上;

(3) $n > 1$ 正协同反应: 当一个配体分子结合到酶上时, 酶对其他配体的亲和力会增大.

因为 Hill 函数的简洁性, 被广泛用于各种模型建立以及实验研究中, Hill 系数更是被广泛应用作为反应协作性的因子.

8.5.3　Sigmoid 函数

Sigmoid 函数[114-115]是一个在生物学中常见的 S 型函数, 也称为 S 型生长曲线. 在信息科学中, 由于其单增以及反函数单增等性质, Sigmoid 函数常被用作神经网络的激活函数, 将变量映射到 0, 1 之间.

Sigmoid 函数也称为 Logistic 函数, 取值范围为 $(0,1)$, 它可以将一个实数映射到 $(0,1)$ 的区间, 以及用来做二分类. 在特征相差不是特别大或者相差比较复杂时效果比较好. Sigmoid 作为激活函数有以下优缺点:

(1) 优点: 平滑且易于求导.

(2) 缺点: 激活函数的计算量大, 反向传播求误差梯度时, 求导会涉及除法, 且很容易就会出现梯度消失的情况, 从而无法完成深层网络的训练.

Sigmoid 函数由公式(8.5.3)定义

$$S(x) = \frac{1}{1 + e^{-x}}, \tag{8.5.3}$$

将其对 x 求导得

$$S'(x) = \frac{e^{-x}}{(1 + e^{-x})^2} = S(x)(1 - S(x)). \tag{8.5.4}$$

参 考 文 献

[1] Berryman A A. Principles of population dynamics and their application[M]. Cheltenham: Garland Science, 2020.

[2] Berryman A A. On principles, laws and theory in population ecology[J]. Oikos, 2003, 103 (3): 695-701.

[3] Allee W C. Animal Aggregations: a Study in General Sociology[M]. Chicago: Chicago University Press, 1931.

[4] Allee W C, Park O, Emerson A E, et al. Principles of animal ecology[M].Philadelphia: W. B. Saunders Company, 1949.

[5] 郑师章. 普通生态学：原理，方法和应用[M]. 上海：复旦大学出版社，1994.

[6] Pearl R. The biology of superiority[J]. American Mercury, 1927(1): 257-266.

[7] 肖燕妮，周一仓，唐三一. 生物数学原理[M]. 西安：西安交通大学出版社，2012.

[8] 唐三一，肖燕妮，梁菊花，等. 生物数学[M]. 北京：科学出版社，2019.

[9] Pei Y, Li C, Fan S. A mathematical model of a three species prey-predator system with impulsive control and Holling functional response[J]. Applied Mathematics and Computation, 2013, 219(23): 10945-10955.

[10] Castellanos V, Castillo-Santos F E, Dela-Rosa M A, et al. Hopf andBautin bifurcation in a tritrophic food chain model with Holling functional response types III and IV [J]. International Journal of Bifurcation and Chaos, 2018, 28(3): 1850035.

[11] Wang J, Feng L, Mu S, et al. Asymptotic tests for Hardy-Weinberg equilibrium in hexa-ploids[J]. Horticulture Research, 2022, 9(104): 1-10.

[12] 唐三一，肖燕妮. 单种群生物动力系统[M]. 北京：科学出版社，2008.

[13] 马知恩，周义仓，王稳地，等. 传染病动力学的数学建模与研究[M]. 北京：科学出版社，2018.

[14] Anderson R M, May R M. Population biology of infectious diseases: Part I[J]. Nature, 1979, 280(5721): 361-367.

[15] Dietz K. Overall population patterns in the transmission cycle of infectious disease agents [C]. Heidelberg: Springer Press, 1982: 87-102.

[16] Qin W, Tan X, Shi X, et al. IPM strategies to a discrete switching predator-prey model

induced by a mate-finding Allee effect[J]. Journal of Biological Dynamics, 2019, 13(1): 586-605.

[17]Ludwig D, Jones D D, Holling C S. Qualitative analysis of insect outbreak systems: the spruce budworm and forest[J]. Journal of Animal Ecology, 1978, 47(1): 315-332.

[18]Holling C S. The components of predation as revealed by a study of small-mammal predation of the European Pine Sawfly[J]. The Canadian Entomologist, 1959, 91(5): 293-320.

[19]May R M. Stability and complexity in model ecosystems[M].Princeton: Princeton University Press, 2019.

[20]Turchin P. Complex population dynamics: a theoretical/empirical synthesis (MPB-35)[M]. Princeton: Princeton University Press, 2013.

[21]Barbalat I. Systemes d'équations différentielles d'oscillations non linéaires[J]. Revue de Mathématiques Pures et Appliquées, 1959, 4(2): 267-270.

[22]Choh Y, Ignacio M, Sabelis M W, et al. Predator-prey role reversals, juvenile experience and adult antipredator behaviour[J]. Scientific Reports, 2012, 2(1): 728.

[23]Palomares F, Caro T M. Interspecific killing among mammalian carnivores[J]. The American Naturalist, 1999, 153(5): 492-508.

[24]Janssen A, Faraji F, Van Der Hammen T, et al. Interspecific infanticide deters predators[J]. Ecology Letters, 2002, 5(4): 490-494.

[25]Saitō Y. Prey kills predator: counter-attack success of a spider mite against its specificphytoseiid predator[J]. Experimental & Applied Acarology, 1986, 2(1): 47-62.

[26]Tang S, Liang J. Global qualitative analysis of a non-smooth Gause predator-prey model with a refuge[J]. Nonlinear Analysis: Theory, Methods & Applications, 2013, 76: 165-180.

[27]Jun-Ping C, Hong-De Z. The qualitative analysis of two species predator-prey model with Holling's type III functional response[J]. Applied Mathematics and Mechanics, 1986, 7(1): 77-86.

[28]Xiao D, Ruan S. Global analysis in a predator-prey system with nonmonotonic functional response[J]. SIAM Journal on Applied Mathematics, 2001, 61(4): 1445-1472.

[29]Zhu H, Campbell S A, Wolkowicz G S K. Bifurcation analysis of a predator-prey system with nonmonotonic functional response[J]. SIAM Journal on Applied Mathematics, 2003, 63(2): 636-682.

[30]Tang S, Pang W, Cheke R A, et al. Global dynamics of a state-dependent feedback control system[J]. Advances in Difference Equations, 2015, 2015: 1-70.

[31]Yang R, Zhang C, Zhang Y. A delayed diffusive predator-prey system with Michaelis-Menten type predator harvesting[J]. International Journal of Bifurcation and Chaos, 2018, 28(8): 1850099.

[32]Higgins K, Hastings A, Botsford L W. Density dependence and age structure: nonlinear dynamics and population behavior[J]. The American Naturalist, 1997, 149(2): 247-269.

[33]Mylius S D, Klumpers K, de Roos A M, et al. Impact of intraguild predation and stage structure on simple communities along a productivity gradient[J]. The American Naturalist, 2001, 158(3): 259-276.

[34]Dörner H, Wagner A, Benndorf J. Predation by piscivorous fish on age-0 fish: spatial and temporal variability in a biomanipulated lake (Bautzen reservoir, Germany) [J]. Shallow Lakes' 98: Trophic Interactions in Shallow Freshwater and Brackish Waterbodies, 1999: 39-46.

[35]Aiello W G, Freedman H I. A time-delay model of single-species growth with stage structure [J]. Mathematical Biosciences, 1990, 101(2): 139-153.

[36]Baer S M, Kooi B W, Kuznetsov Y A, et al. Multiparametric bifurcation analysis of a basic two-stage population model[J]. SIAM Journal on Applied Mathematics, 2006, 66(4): 1339-1365.

[37]Tang S, Chen L. Multiple attractors in stage-structured population models with birth pulses [J]. Bulletin of Mathematical Biology, 2003, 65(3): 479-495.

[38]Tang S, Liang J, Xiao Y, et al. Sliding bifurcations of Filippov two stage pest control models with economic thresholds[J]. SIAM Journal on Applied Mathematics, 2012, 72(4): 1061-1080.

[39]Chakraborty K, Chakraborty M, Kar T K. Optimal control of harvest and bifurcation of a prey-predator model with stage structure[J]. Applied Mathematics and Computation, 2011, 217(21): 8778-8792.

[40]Abrams P A, Quince C. The impact of mortality on predator population size and stability in systems with stage-structured prey[J]. Theoretical Population Biology, 2005, 68(4): 253-266.

[41]Chen F, You M. Permanence, extinction and periodic solution of the predator-prey system with Beddington-DeAngelis functional response and stage structure for prey[J]. Nonlinear Analysis: Real World Applications, 2008, 9(2): 207-221.

[42]Cui J A, Song X. Permanence of predator-prey system with stage structure[J]. Discrete and Continuous Dynamical Systems-B, 2004, 4(3): 547-554.

[43]Takeuchi Y. A predator-prey system with a stage structure for the prey[J]. Mathematical and Computer Modelling, 2006, 44(11-12): 1126-1132.

[44]Bandyopadhyay M, Banerjee S. A stage-structured prey-predator model with discrete time delay[J]. Applied Mathematics and Computation, 2006, 182(2): 1385-1398.

[45]Zhang H, Chen L, Zhu R. Permanence and extinction of a periodic predator-prey delay

system with functional response and stage structure for prey[J]. Applied Mathematics and Computation, 2007, 184(2): 931-944.

[46] Hu H, Huang L. Stability and Hopf bifurcation in a delayed predator-prey system with stage structure for prey[J]. Nonlinear Analysis: Real World Applications, 2010, 11(4): 2757-2769.

[47] Fu S, Zhang L, Hu P. Global behavior of solutions in a Lotka-Volterra predator-prey model with prey-stage structure[J]. Nonlinear Analysis: Real World Applications, 2013, 14(5): 2027-2045.

[48] Liu S, Beretta E. A stage-structured predator-prey model ofBeddington-DeAngelis type[J]. SIAM Journal on Applied Mathematics, 2006, 66(4): 1101-1129.

[49] Georgescu P, Hsieh Y H. Global dynamics of a predator-prey model with stage structure for the predator[J]. SIAM Journal on Applied Mathematics, 2007, 67(5): 1379-1395.

[50] Wang W, Chen L. A predator-prey system with stage-structure for predator[J]. Computers & Mathematics with Applications, 1997, 33(8): 83-91.

[51] Xiao Y N, Chen L S. Global stability of a predator-prey system with stage structure for the predator[J]. Acta Mathematica Sinica, 2004, 20(1): 63-70.

[52] Zhang X, Xu R, Gan Q. Global stability for a delayed predator-prey system with stage structure for the predator[J]. Discrete Dynamics in Nature and Society, 2009, Article ID 285934, 24 pp.

[53] Huang C Y, Zhao M, Zhao L C. Permanence of periodic predator-prey system with two predators and stage structure for prey[J]. Nonlinear Analysis: Real World Applications, 2010, 11(1): 503-514.

[54] Hastings A. Age-dependent predation is not a simple process[J]. Theoretical Population Biology, 1983, 23(3): 347-362.

[55] Hastings A. Delays in recruitment at different trophic levels: effects on stability[J]. Journal of Mathematical Biology, 1984, 21: 35-44.

[56] Zhang X, Chen L, Neumann A U. The stage-structured predator-prey model and optimal harvesting policy[J]. Mathematical Biosciences, 2000, 168(2): 201-210.

[57] Falconi M, Huenchucona M, Vidal C. Stability and global dynamic of a stage-structured predator-prey model with group defense mechanism of the prey[J]. Applied Mathematics and Computation, 2015, 270: 47-61.

[58] Costa M I S, Esteves P V, Faria L D B, et al. Prey dynamics under generalist predator culling in stage structured models[J]. Mathematical Biosciences, 2017, 285(2): 68-74.

[59] Tang B, Xiao Y. Bifurcation analysis of a predator-prey model with anti-predator behaviour [J]. Chaos, Solitons & Fractals, 2015, 70(1): 58-68.

［60］Ives A R, Dobson A P. Antipredator behavior and the population dynamics of simple predator-prey systems［J］. The American Naturalist, 1987, 130(3): 431-447.

［61］Van den Driessche P, Watmough J. Reproduction numbers and sub-threshold endemic equilibria for compartmental models of disease transmission［J］. Mathematical Biosciences, 2002, 180(1-2): 29-48.

［62］Tang G, Qin W. Backward bifurcation of predator-prey model with anti-predator behaviors ［J］. Advances in Difference Equations, 2019: 1-15.

［63］Gopalsamy K, Weng P X. Feedback regulation of logistic growth［J］. International Journal of Mathematics and Mathematical Sciences, 1993, 16: 177-192.

［64］Qin Y X, Liu Y Q, Wand L. Stability of motion for dynamic systems with time delay［M］. Beijing: Science Press, 1963.

［65］Hale J K, Lunel S M V. Introduction to functional differential equations［M］. Heidelberg: Springer Science & Business Media, 2013.

［66］Freedman H I, Rao V S H. The trade-off between mutual interference and time lags in predator-prey systems［J］. Bulletin of Mathematical Biology, 1983, 45(6): 991-1004.

［67］Cooke K L, Grossman Z. Discrete delay, distributed delay and stability switches［J］. Journal of Mathematical Analysis and Applications, 1982, 86(2): 592-627.

［68］Rice E L. Allelopathy (2edEdn)［M］. New York: Academic Press, 1984.

［69］Maynard-Smith J. Models in ecology［M］. Trumpington: Cambridge University Press, 1974.

［70］Chattopadhyay J. Effect of toxic substances on a two-species competitive system ［J］. Ecological Modelling, 1996, 84(1-3): 287-289.

［71］Zhen J, Ma Z. Periodic solutions for delay differential equations model of plankton allelopathy［J］. Computers & Mathematics with Applications, 2002, 44(3-4): 491-500.

［72］Gopalsamy K, Leung I. Delay induced periodicity in a neural netlet of excitation and inhibition［J］. Physica D: Nonlinear Phenomena, 1996, 89(3-4): 395-426.

［73］Liu P, Cui X. A discrete model of competition ［J］. Mathematics and Computers in Simulation, 1999, 49(1-2): 1-12.

［74］Mohamad S, Gopalsamy K. Dynamics of a class of discrete-time neural networks and their continuous-time counterparts［J］. Mathematics and Computers in Simulation, 2000, 53(1-2): 1-39.

［75］Gaines R E, Mawhin J L. Coincidence degree and nonlinear differential equations ［M］. Heidelberg: Springer Press, 2006.

［76］Berger M S. Nonlinearity and functional analysis: lectures on nonlinear problems inmathematical analysis［M］. Massachusetts: Academic Press, 1977.

［77］Qin W, Liu Z. Asymptotic behaviors of a delay difference system of plankton allelopathy［J］.

Journal of Mathematical Chemistry, 2010, 48(3): 653-675.

[78] Liu Z, Chen L. Periodic solutions of a discrete time nonautonomous two-species mutualistic system with delays[J]. Advances in Complex Systems, 2006, 9: 87-98.

[79] Liu Z, Chen L. Positive periodic solution of a general discrete non-autonomous difference system of plankton allelopathy with delays [J]. Journal of Computational and Applied Mathematics, 2006, 197(2): 446-456.

[80] Gopalsamy K. Stability and oscillations in delay differential equations of population dynamics [M]. Heidelberg: Springer Science & Business Media, 2013.

[81] Qin W J. Asymptotic Behaviors of a Non-autonomous discrete competitive system with delays [J]. Journal of Biomathematics, 2010.

[82] Anderson R M, May R M. Population biology of infectious diseases: Part I[J]. Nature, 1979,280(5721): 361-367.

[83] Hanert E, Schumacher E, Deleersnijder E. Front dynamics in fractional-order epidemic models[J]. Journal of Theoretical Biology, 2011, 279(1): 9-16.

[84] Hethcote H W. The mathematics of infectious diseases[J]. SIAMReview, 2000, 42(4): 599-653.

[85] Fiore A E, Bridges C B, Cox N J. Seasonal influenza vaccines[J]. Vaccines for Pandemic Influenza, 2009: 43-82.

[86] Chang Y, Brewer N T, Rinas A C, et al. Evaluating the impact of human papillomavirus vaccines[J]. Vaccine, 2009, 27(32): 4355-4362.

[87] Liesegang T J. Varicella zoster virus vaccines: effective, but concerns linger[J]. Canadian Journal of Ophthalmology, 2009, 44(4): 379-384.

[88] Agur Z, Cojocaru L, Mazor G, et al. Pulse mass measles vaccination across age cohorts[J]. Proceedings of the National Academy of Sciences, 1993, 90(24): 11698-11702.

[89] Stone L, Shulgin B, Agur Z. Theoretical examination of the pulse vaccination policy in the SIR epidemic model[J]. Mathematical andComputer Modelling, 2000, 31(4-5): 207-215.

[90] Shulgin B, Stone L, Agur Z. Pulse vaccination strategy in the SIR epidemic model[J]. Bulletin of Mathematical Biology, 1998, 60(6): 1123-1148.

[91] d'Onofrio A. Stability properties of pulse vaccination strategy in SEIR epidemic model[J]. Mathematical Biosciences, 2002, 179(1): 57-72.

[92] Franceschetti A, Pugliese A. Thresholdbehaviour of a SIR epidemic model with age structure and immigration[J]. Journal of Mathematical Biology, 2008, 57(1): 1-27.

[93] Terry A J. Pulse vaccination strategies in a metapopulation SIR model[J]. Mathematical Biosciences & Engineering, 2010, 7(2): 455-477.

[94] Gao S, Chen L, Nieto J J, et al. Analysis of a delayed epidemic model with pulse

vaccination and saturation incidence[J]. Vaccine, 2006, 24(35-36): 6037-6045.

[95] Matrajt L, Halloran M E, Longini Jr I M. Optimal vaccine allocation for the early mitigation of pandemic influenza[J]. PLoS Computational Biology, 2013, 9(3): e1002964.

[96] Sullivan S P, Koutsonanos D G, del Pilar Martin M, et al. Dissolving polymer microneedle patches for influenza vaccination[J]. Nature Medicine, 2010, 16(8): 915-920.

[97] Science Daily Web, Vaccine-delivery patch with dissolving microneedles eliminates "sharps", boostsprotection [EB/OL]. http://www. sciencedaily. com/releases/2010/07/100718204733.htm.

[98] Reynolds-Hogland M J, Hogland J S, Mitchell M S. Evaluating intercepts from demographic models to understand resource limitation and resource thresholds[J]. Ecological Modelling, 2008, 211(3-4): 424-432.

[99] Chow L, Fan M, Feng Z. Dynamics of a multigroup epidemiological model with group-targeted vaccination strategies[J]. Journal of Theoretical Biology, 2011, 291: 56-64.

[100] Zhou L, Fan M. Dynamics of an SIR epidemic model with limited medical resources revisited[J]. Nonlinear Analysis: Real World Applications, 2012, 13(1): 312-324.

[101] Brauer F, Castillo-Chavez C. Mathematical models in population biology andepidemio-logy [M]. New York: Springer, 2012.

[102] Diekmann O, Heesterbeek J A P. Mathematical epidemiology of infectious diseases: model building, analysis and interpretation[M]. John Wiley & Sons, 2000.

[103] Murray J D. Mathematical Biology: An introduction[M]. Berlin: Springer Press, 1989.

[104] Anderson R M, May R M. Infectious diseases of humans: dynamics and control[M]. Oxford: Oxford University Press, 1991.

[105] Hethcote H W. Three basic epidemiological models[M]. Applied Mathematical Ecology. Berlin: Springer Press, 1989.

[106] Hill A V. The possible effects of the aggregation of the molecules of hemoglobin on its dissociation curves[J]. The Journal of Physiology, 1910(40): 4-7.

[107] Schaffer W M, Olsen L F, Truty G L, et al. Periodic and chaotic dynamics in childhood infections[M]. Heidelberg: Springer Press, 1988.

[108] Cull P. Local and global stability for population models[J]. Biological Cybernetics, 1986 (54): 141-149.

[109] Blower S M, Dowlatabadi H. Sensitivity and uncertainty analysis of complex models of disease transmission: an HIV model, as an example[J]. International Statistical Review/Revue Internationale de Statistique, 1994: 229-243.

[110] Marino S, Hogue I B, Ray C J, et al. A methodology for performing global uncertainty and sensitivity analysis in systems biology[J]. Journal of Theoretical Biology, 2008, 254(1):

178-196.

[111] McKay M D, Beckman R J, Conover W J. A comparison of three methods for selecting values of input variables in the analysis of output from a computer code [J]. Technometrics, 2000, 42(1): 55-61.

[112] Lakmeche A. Birfurcation of non trivial periodic solutions of impulsive differential equations arising chemotherapeutic treatment[J]. Dynamics of Continuous, Discrete and Impulsive Systems, 2000(7): 265-287.

[113] Qin W, Tang S, Cheke R A. Nonlinear pulse vaccination in an SIR epidemic model with resource limitation[J]. Abstract and Applied Analysis, 2013, Article ID 670263, 13 pp.

[114] Ito Y. Representation of functions by superpositions of a step or sigmoid function and their applications to neural network theory[J]. Neural Networks, 1991, 4(3): 385-394.

[115] Yelle L E. The learning curve: Historical review and comprehensive survey[J]. Decision Sciences, 1979, 10(2): 302-328.

[116] Flint M L. Integrated pest management for almonds-Second Edition [M]. California: University of California, 2002.

[117] VanLenteren J C. Integrated pest management in protected crops [J]. Integrated Pest Manage-ment: Principles and Systems Development, 1995.

[118] VanLenteren J C, Woets J. Biological and integrated pest control in greenhouses [J]. Annual Review of Entomology, 1988, 33(1): 239-269.

[119] VanLenteren J C. Biological Control: Measures of Success [M]. Dordrecht: Springer Netherlands, 2000.

[120] Lenteren J C. Environmental manipulation advantageous to natural enemies of pests[J]. Laboratory of Entomology, 1987(3): 234-245.

[121] Xiao Y, Van Den Bosch F. The dynamics of an eco-epidemic model with biological control [J]. Ecological Modelling, 2003, 168(1-2): 203-214.

[122] Barclay H J. Models for pest control using predator release, habitat management and pesticide release in combination[J]. Journal of Applied Ecology, 1982(3): 337-348.

[123] Lotka A J. Undamped oscillations derived from the law of mass action[J]. Journal of the American Chemical Society, 1920, 42(8): 1595-1599.

[124] Volterra V. Variations and fluctuations of the number of individuals in animal species living together[J]. Animal Ecology, 1931(1): 412-433.

[125] Mailleret L, Grognard F. Global stability and optimisation of a general impulsive biological control model[J]. Mathematical Biosciences, 2009, 221(2): 91-100.

[126] Nundloll S, Mailleret L, Grognard F. The effect of partial crop harvest on biological pest control[J]. The Rocky Mountain Journal of Mathematics, 2008: 1633-1661.

[127]Nundloll S, Mailleret L, Grognard F. Two models of interfering predators in impulsive biological control[J]. Journal of Biological Dynamics, 2010, 4(1): 102-114.

[128]Nundloll S, Mailleret L, Grognard F. Influence of intrapredatory interferences on impulsive biological control efficiency[J]. Bulletin of Mathematical Biology, 2010(72): 2113-2138.

[129]Qin W, Tang G, Tang S. Generalized predator-prey model with nonlinear impulsive control strategy[J]. Journal of Applied Mathematics, 2014, Article ID 919242, 11 pp.

[130]Lotka A J. Elements of physical biology[M]. Philadelphia: Williams & Wilkins, 1925.

[131]Volterra V. Variazioni and fluttuazioni of the number of individuals in the specie animali conviventi[M]. Timor Leste: Company anonima tipografica, 1927.

[132]Holling C S. The functional response of predators to prey density and its role in mimicry and population regulation[J]. The Memoirs of the Entomological Society of Canada, 1965, 97(45): 5-60.

[133]Liu X, Chen L. Complex dynamics of Holling type II Lotka-Volterra predator-prey system with impulsive perturbations on the predator[J]. Chaos, Solitons & Fractals, 2003, 16 (2): 311-320.

[134]Liu B, Teng Z, Chen L. Analysis of a predator-prey model with Holling II functional response concerning impulsive control strategy[J]. Journal of Computational and Applied Mathematics, 2006, 193(1): 347-362.

[135]Qin W, Tang S, Cheke R A. The effects of resource limitation on a predator-prey model with control measures as nonlinear pulses[J]. Mathematical Problems in Engineering, 2014, Article ID 450935.

[136]Qin W, Tang S, Xiang C, et al. Effects of limited medical resource on a Filippov infectious disease model induced by selection pressure[J]. Applied Mathematics and Computation, 2016, 283: 339-354.

[137]Tang S, Xiao Y, Cheke R A. Multiple attractors of host-parasitoid models with integrated pest management strategies: Eradication, persistence and outbreak [J]. Theoretical Population Biology, 2008, 73(2): 181-197.

[138]Hill A V. The possible effects of the aggregation of the molecules of hemoglobin on its dissociation curves[J]. The Journal of Physiology, 1910, 40(2): 4-7.

[139]Wang P, Qin W, Tang G. Modelling and analysis of a host-parasitoid impulsive ecosystem under resource limitation[J]. Complexity, 2019(1): 9365293.

[140]Simon H A. Elements of mathematical biology[M]. Trumpington: Cambridge University Press, 2001.

[141]Edelstein-Keshet L. Mathematical models in biology [M]. Philadelphia: Society for Industrial and Applied Mathematics, 2005.

[142] May R M. Stability and complexity in model ecosystems[M]. Princeton: Princeton University Press, 2019.

[143] Freedman H I. Pure and Applied Mathematics[M]. New York: Marcel Dekker, 1980.

[144] Agarwal R P. Difference equations and inequalities: theory, methods, and applications [M]. Florida: CRC Press, 2000.

[145] Tang S, Chen L. Chaos in functional response host-parasitoid ecosystem models[J]. Chaos, Solitons & Fractals, 2002, 13(4): 875-884.

[146] Xiang C, Xiang Z, Tang S, et al. Discrete switching host-parasitoid models with integrated pest control[J]. International Journal of Bifurcation and Chaos, 2014, 24(9): 1450114.

[147] Livadiotis G, Assas L, Dennis B, et al. A discrete-time host-parasitoid model with an Allee effect[J]. Journal of Biological Dynamics, 2015, 9(1): 34-51.

[148] Kangalgil F, Kartal S. Stability and bifurcation analysis in a host-parasitoid model with Hassell growth function[J]. Advances in Difference Equations, 2018(240): 1-15.

[149] Wu D, Zhao H. Global qualitative analysis of a discrete host-parasitoid model with refuge and strong Allee effects[J]. Mathematical Methods in the Applied Sciences, 2018, 41(5): 2039-2062.

[150] Din Q, Hussain M. Controlling chaos and Neimark-Sacker bifurcation in a host-parasitoid model[J]. Asian Journal of Control, 2019, 21(3): 1202-1215.

[151] Stern V, Smith R, Van den Bosch R, et al. The integration of chemical and biological control of the spotted alfalfa aphid: the integrated control concept[J]. Hilgardia, 1959, 29 (2): 81-101.

[152] Van den Bosch R. The pesticide problem[J]. Environment: Science and Policy for Sustainable Development, 1979, 21(4): 12-42.

[153] Liu B, Zhang Y, Chen L. The dynamical behaviors of a Lotka-Volterra predator-prey model concerning integrated pest management[J]. Nonlinear Analysis: Real World Applications, 2005, 6(2): 227-243.

[154] Liu B, Chen L, Zhang Y. The dynamics of a prey-dependent consumption model concerning impulsive control strategy[J]. Applied Mathematics and Computation, 2005, 169(1): 305-320.

[155] Tang S, Cheke R A. State-dependent impulsive models of integrated pest management (IPM) strategies and their dynamic consequences[J]. Journal of Mathematical Biology, 2005, 50: 257-292.

[156] Tang S, Xiao Y, Chen L, et al. Integrated pest management models and their dynamicalbehaviour[J]. Bulletin of Mathematical Biology, 2005(67): 115-135.

[157] Utkin V I. Sliding modes and their applications in variable structure systems[M]. Moscow:

Mir Publishers, 1978.

[158]Utkin V I. Sliding modes in control and optimization[M]. Heidelberg: Springer Science & Business Media, 2013.

[159]Headley J C. Economics of agricultural pest control[J]. Annual Review of Entomology, 1972, 17(1): 273-286.

[160]Chiang H C. A general model of the economic threshold level of pest populations[J]. Plant Protection Bulletin, 1979, 27(3): 71-73.

[161]Andow D A. The economic injury level and the control threshold[J]. Japan Pesticide Information (Japan), 1983 (43): 3-9.

[162]Pedigo L P, Hutchins S H, Higley L G. Economic injury levels in theory and practice[J]. Annual Review of Entomology, 1986, 31(1): 341-368.

[163]Higley L G, Wintersteen W K. A novel approach to environmental risk assessment of pesticides as a basis for incorporating environmental costs into economic injury levels[J]. American Entomologist, 1992, 38(1): 34-39.

[164]Guichard F, Gouhier T C. Non-equilibrium spatial dynamics of ecosystems [J]. Mathematical Biosciences, 2014, 255(3): 1-10.

[165]Holland M D, Hastings A. Strong effect of dispersal network structure on ecological dynamics[J]. Nature, 2008, 456(7223): 792-794.

[166]Yuan B, Tang S, Cheke R A. Duality in phase space and complex dynamics of an integrated pest management network model[J]. International Journal of Bifurcation and Chaos, 2015, 25(8): 1550103.

[167]Marleau J N, Guichard F, Loreau M. Meta-ecosystem dynamics and functioning on finite spatial networks[J]. Proceedings of the Royal Society B: Biological Sciences, 2014, 281 (1777): 20132094.

[168]Saha S, Bairagi N, Dana S K. Chimera states in ecological network under weighted mean-field dispersal of species[J]. Frontiers in Applied Mathematics and Statistics, 2019, 5: 15.

[169]Bera B K, Ghosh D. Chimera states in purely local delay-coupled oscillators[J]. Physical Review E, 2016, 93(5): 052223.

[170]Bera B K, Ghosh D, Lakshmanan M. Chimera states in bursting neurons[J]. Physical Review E, 2016, 93(1): 012205.

[171]Bera B K, Ghosh D, Banerjee T. Imperfect traveling chimera states induced by local synaptic gradient coupling[J]. Physical Review E, 2016, 94(1): 012215.

[172]Bera B K, Majhi S, Ghosh D, et al. Chimera states: effects of different coupling topologies [J]. Europhysics Letters, 2017, 118(1): 10001.

[173]Kundu S, Bera B K, Ghosh D, et al. Chimera patterns in three-dimensional locally

coupled systems[J]. Physical Review E, 2019, 99(2): 022204.

[174]Majhi S, Bera B K, Ghosh D, et al. Chimera states in neuronal networks: A review[J]. Physics of Life Reviews, 2019, 28: 100-121.

[175]Omelchenko I, Maistrenko Y, Hövel P, et al. Loss of coherence in dynamical networks: Spatial chaos and chimera states[J]. Physical Review Letters, 2011, 106(23): 234102.

[176]Shepelev I A, Vadivasova T E. External localized harmonic influence on an incoherence cluster of chimera states[J]. Chaos, Solitons & Fractals, 2020(133): 109642.

[177]Wildie M, Shanahan M. Metastability and chimera states in modular delay and pulse-coupled oscillator networks[J]. Chaos: An Interdisciplinary Journal of Nonlinear Science, 2012, 22(4): 043131.

[178]Faghani Z, Arab Z, Parastesh F, et al. Effects of different initial conditions on the emergence of chimera states[J]. Chaos, Solitons & Fractals, 2018(114): 306-311.

[179]Kuramoto Y, Battogtokh D. Coexistence of coherence and incoherence in nonlocally coupled phase oscillators[J]. ArXiv Preprint Cond-Mat/0210694, 2002.

[180]Abrams D M, Strogatz S H. Chimera states for coupled oscillators[J]. Physical Review Letters, 2004, 93(17): 174102.

[181]Hizanidis J, Panagakou E, Omelchenko I, et al. Chimera states in population dynamics: networks with fragmented and hierarchical connectivities[J]. Physical Review E, 2015, 92 (1): 012915.

[182]Banerjee T, Dutta P S, Zakharova A, et al. Chimera patterns induced by distance-dependent power-law coupling in ecological networks[J]. Physical Review E, 2016, 94 (3): 032206.

[183]Steiner C F, Stockwell R D, Kalaimani V, et al. Population synchrony and stability in environmentally forced metacommunities[J]. Oikos, 2013, 122(8): 1195-1206.

[184]Tang G, Tang S, Cheke R A. Global analysis of a Holling type II predator-prey model with a constant prey refuge[J]. Nonlinear Dynamics, 2014(76): 635-647.

[185]Tang S, Tang B, Wang A, et al. Holling II predator-prey impulsive semi-dynamic model with complexPoincaré map[J]. Nonlinear Dynamics, 2015(81): 1575-1596.

[186]Newman M E J. The structure and function of complex networks[J]. SIAM Review, 2003, 45(2): 167-256.

[187]Kemeth F P, Haugland S W, Schmidt L, et al. A classification scheme for chimera states [J]. Chaos: An Interdisciplinary Journal of Nonlinear Science, 2016, 26(9): 071101.

[188]Allee W C. Cooperation among animals[J]. American Journal of Sociology, 1931, 37(3): 386-398.

[189]Stenberg J A. A conceptual framework for integrated pest management[J]. Trends in Plant

Science, 2017, 22(9): 759-769.

[190] Fauvergue X. A review of mate-finding Allee effects in insects: from individual behavior to population management[J]. Entomologia Experimentalis et Applicata, 2013, 146(1): 79-92.

[191] Assas L, Dennis B, Elaydi S, et al. Stochastic modified Beverton-Holt model with Allee effect II: the Cushing-Henson conjecture [J]. Journal of Difference Equations and Applications, 2016, 22(2): 164-176.

[192] Boukal D S, Berec L. Single-species models of the Allee effect: extinction boundaries, sex ratios and mate encounters[J]. Journal of Theoretical Biology, 2002, 218(3): 375-394.

[193] Celik C, Duman O. Allee effect in a discrete-time predator-prey system[J]. Chaos, Solitons & Fractals, 2009, 40(4): 1956-1962.

[194] Costa M I S, dos Anjos L. Multiple hydra effect in a predator-prey model with Allee effect and mutual interference in the predator[J]. Ecological Modelling, 2018, 373: 22-24.

[195] Courchamp F, Clutton-Brock T, Grenfell B. Inverse density dependence and the Allee effect[J]. Trends in Ecology & Evolution, 1999, 14(10): 405-410.

[196] Dennis B. Allee effects: population growth, critical density, and the chance of extinction [J]. Natural Resource Modeling, 1989, 3(4): 481-538.

[197] Elaydi S, Kwessi E, Livadiotis G. Hierarchical competition models with the Allee effect III: multispecies[J]. Journal of Biological Dynamics, 2018, 12(1): 271-287.

[198] Kaul R R B, Kramer A M, Dobbs F C, et al. Experimental demonstration of an Allee effect in microbial populations[J]. Biology Letters, 2016, 12(4): 20160070.

[199] Kokko H, Sutherland W J. Ecological traps in changing environments: ecological and evolutionary consequences of abehaviourally mediated Allee effect[J]. Evolutionary Ecology Research, 2001, 3(5): 603-610.

[200] Kuussaari M, Saccheri I, Camara M, et al. Allee effect and population dynamics in the Glanville fritillary butterfly[J]. Oikos, 1998(1): 384-392.

[201] McCarthy M A. The Allee effect, finding mates and theoretical models[J]. Ecological Modelling, 1997, 103(1): 99-102.

[202] Min N, Wang M. Dynamics of a diffusive prey-predator system with strong Allee effect growth rate and a protection zone for the prey[J]. Discrete and Continuous Dynamical Systems-Series B, 2018, 23(4): 1721-1737.

[203] Stoner A W, Ray-Culp M. Evidence for Allee effects in an over-harvested marine gastropod: density-dependent mating and egg production[J]. Marine Ecology Progress Series, 2000(202): 297-302.

[204] Sun G Q. Mathematical modeling of population dynamics with Allee effect[J]. Nonlinear

Dynamics, 2016(85): 1-12.

[205] Wang W X, Zhang Y B, Liu C. Analysis of a discrete-time predator-prey system with Allee effect[J]. Ecological Complexity, 2011, 8(1): 81-85.

[206] Di Bernardo M, Budd C J, Champneys A R, et al. Bifurcations innonsmooth dynamical systems[J]. SIAM Review, 2008, 50(4): 629-701.

[207] Guardia M, Seara T M, Teixeira M A. Generic bifurcations of low codimension of planar Filippov systems[J]. Journal of DifferentialEquations, 2011, 250(4): 1967-2023.

[208] Wang A, Xiao Y, Cheke R A. Global dynamics of a piece-wise epidemic model with switching vaccination strategy[J]. Discrete and Continuous Dynamical Systems-Series B, 2014, 19(9): 2915-2940.

[209] Xiang C, Xiang Z, Tang S, et al. Discrete switching host-parasitoid models with integrated pest control[J]. International Journal of Bifurcation and Chaos, 2014, 24(9): 1450114.

[210] Wang A, Xiao Y, Zhu H. Dynamics of a Filippov epidemic model with limited hospital beds[J]. Mathematical Biosciences & Engineering, 2017, 15(3): 739-764.

[211] Corless R M, Gonnet G H, Hare D E G, et al. On the Lambert W function[J]. Advances in ComputationalMathematics, 1996(5): 329-359.

[212] Waldrogel J. The period in the Volterra-Lotka predator-prey model[J]. SIAM Journal on Numerical Analysis, 1983, 20(6): 1264-1272.

[213] Jury E I, Stark L, Krishnan V V. Inners and stability of dynamic systems[J]. IEEE Transactions on Systems, Man, and Cybernetics, 1976(10): 724-725.

[214] Beverton R J, Holt S J. The theory of fishing, In sea fisheries; Their Investigation in the United Kingdom[J]. Edward Arnold, London, 1956(1): 372-441.

[215] Cushing J M, Henson S M. A periodically forcedBeverton-Holt equation[J]. Journal of Difference Equations and Applications, 2002, 8(12): 1119-1120.

[216] Kocic V L, Ladas G. Global behavior of nonlinear difference equations of higher order with applications[M]. Heidelberg: Springer Science & Business Media, 1993.

[217] Nicholson A J, Bailey V A. The Balance of Animal Populations[J]. The Journal of Animal Ecology, 1935(1): 551-598.

[218] Tang S, Xiao Y, Cheke R A. Multiple attractors of host-parasitoid models with integrated pest management strategies: Eradication, persistence and outbreak [J]. Theoretical Population Biology, 2008, 73(2): 181-197.

[219] Utkin V I. Sliding modes and their applications in variable structure systems[J]. Moscow: Mir Press, 1978.

[220] Utkin V I. Sliding modes in control and optimization[M]. Heidelberg: Springer Science & Business Media, 2013.

[221] Hu X, Qin W, Tosato M. Complexity dynamics and simulations in a discrete switching ecosystem induced by an intermittent threshold control strategy [J]. Mathematical Biosciences and Engineering, 2020, 17(3): 2164-2179.

[222] Xiang C, Yang Y, Xiang Z, et al. Numerical analysis of discrete switching prey-predator model for integrated pest management[J]. Discrete Dynamics in Nature and Society, 2016, Article ID 8627613, 11 pp.

[223] Liu X, Xiao D. Complex dynamic behaviors of a discrete-time predator-prey system[J]. Chaos, Solitons & Fractals, 2007, 32(1): 80-94.

[224] He Z, Lai X. Bifurcation and chaotic behavior of a discrete-time predator-prey system[J]. Nonlinear Analysis: Real World Applications, 2011, 12(1): 403-417.

[225] Valleron A J, Cori A, Valtat S, et al. Transmissibility and geographic spread of the 1889 influenza pandemic [J]. Proceedings of the National Academy of Sciences, 2010, 107 (19): 8778-8781.

[226] Mills C E, Robins J M, Lipsitch M. Transmissibility of 1918 pandemic influenza[J]. Nature, 2004, 432(7019): 904-906.

[227] Donaldson L J, Rutter P D, Ellis B M, et al. Mortality from pandemic A/H1N1 2009 influenza in England: public health surveillance study[J]. BMJ, 2009(339): b5213.

[228] Dawood F S, Iuliano A D, Reed C, et al. First global estimates of 2009 H1N1 pandemic mortality released by CDC-Led collaboration[J]. Lancet Infectious Diseases, 2012(3): 117-129.

[229] World Health Organization, Proposed programme budget 2012-2013[EB/OL].

[230] Sullivan S P, Koutsonanos D G, del Pilar Martin M, et al. Dissolving polymer microneedle patches for influenza vaccination[J]. Nature Medicine, 2010, 16(8): 915-920.

[231] Filippov A F. Differential equations with discontinuous right-hand side[J]. Journal of Mathematical Analysis and Applications, 1991, 154(2): 377-390.

[232] Utkin V, Guldner J, Shi J. Sliding mode control in electro-mechanical systems [M]. Florida: CRC Press, 2017.

[233] Qin W, Tang S. The selection pressures induced non-smooth infectious disease model and bifurcation analysis[J]. Chaos, Solitons & Fractals, 2014(69): 160-171.

[234] Tang G, Qin W, Tang S. Complex dynamics and switching transients in periodically forced Filippov prey-predator system[J]. Chaos, Solitons & Fractals, 2014(61): 13-23.

[235] Qin W, Tang S, Xiang C, et al. Effects of limited medical resource on a Filippov infectious disease model induced by selection pressure[J]. Applied Mathematics and Computation, 2016(283): 339-354.

[236] Cui J, Mu X, Wan H. Saturation recovery leads to multiple endemic equilibria and

backward bifurcation[J]. Journal of Theoretical Biology, 2008, 254(2): 275-283.

[237] Wan H, Cui J. Rich dynamics of an epidemic model with saturation recovery[J]. Journal of Applied Mathematics, 2013, Article ID 314958, 9 pp.

[238] Buzzi C A, da Silva P R, Teixeira M A. A singular approach to discontinuous vector fields on the plane[J]. Journal of Differential Equations, 2006, 231(2): 633-655.

[239] Buzzi C A, de Carvalho T, da Silva P R. Closed poly-trajectories andPoincaré index of non-smooth vector fields on the plane [J]. Journal of Dynamical and Control Systems, 2013, 19: 173-193.

[240] Kuznetsov Y A, Rinaldi S, Gragnani A. One-parameter bifurcations in planar Filippov systems[J]. International Journal of Bifurcation and Chaos, 2003, 13(8): 2157-2188.

[241] A Aron J L, Schwartz I B. Seasonality and period-doubling bifurcations in an epidemic model[J]. Journal of Theoretical Biology, 1984, 110(4): 665-679.

[242] Olsen L F, Schaffer W M. Chaos versus noisy periodicity: alternative hypotheses for childhood epidemics[J]. Science, 1990, 249(4968): 499-504.

[243] Rinaldi S, Muratori S, Kuznetsov Y. Multiple attractors, catastrophes and chaos in seasonally perturbed predator-prey communities [J]. Bulletin of Mathematical Biology, 1993, 55(1): 15-35.

[244] Bardi M. Predator-prey models in periodically fluctuating environments [J]. Journal of Mathematical Biology, 1982, 12: 127-140.

[245] DeMottoni P, Schiaffino A. Competition systems with periodic coefficients: a geometric approach[J]. Journal of Mathematical Biology, 1981, 11: 319-335.

[246] Cushing J M. Periodic time-dependent predator-prey systems[J]. SIAM Journal on Applied Mathematics, 1977, 32(1): 82-95.

[247] Kremer C T, Klausmeier C A. Species packing in eco-evolutionary models of seasonally fluctuating environments[J]. Ecology Letters, 2017, 20(9): 1158-1168.

[248] Li J. Periodic solutions of population models in a periodically fluctuating environment[J]. Mathematical Biosciences, 1992, 110(1): 17-25.

[249] Sabin G C W, Summers D. Chaos in a periodically forced predator-prey ecosystem model [J]. Mathematical Biosciences, 1993, 113(1): 91-113.

[250] Tang S, Chen L. Quasiperiodic solutions and chaos in a periodically forced predator-prey model with age structure for predator[J]. International Journal of Bifurcation and Chaos, 2003, 13(4): 973-980.

[251] Tang G, Qin W, Tang S. Complex dynamics and switching transients in periodically forced Filippov prey-predator system[J]. Chaos, Solitons & Fractals, 2014, 61: 13-23.

[252] Guardia M, Hogan S J, Seara T M. An analytical approach to codimension-2

slidingbifurcat-ions in the dry-friction oscillator[J]. SIAM Journal on Applied Dynamical Systems, 2010, 9(3): 769-798.

[253]Ślebodziński W. On Hamilton's equations[J]. Bulletins of the Royal Academy of Sciences, 1931, 17(5): 864-870.

[254]Buzzi C A, de Carvalho T, da Silva P R. Closed poly-trajectories andPoincaré index of non-smooth vector fields on the plane [J]. Journal of Dynamical and Control Systems, 2013, 19: 173-193.

[255]Chen-Charpentier B, Leite M C A. A model for coupling fire and insect outbreak in forests [J]. EcologicalModelling, 2014(286): 26-36.

[256]Liu L, Xiang C, Tang G, et al. Sliding dynamics of a Filippov forest-pest model with threshold policy control[J]. Complexity, 2019(1): 2371838.

[257]Sabin G C W, Summers D. Chaos in a periodically forced predator-prey ecosystem model [J]. Mathematical Biosciences, 1993, 113(1): 91-113.

[258]Kuznetsov Y A, Rinaldi S, Gragnani A. One-parameter bifurcations in planar Filippov systems[J]. International Journal of Bifurcation andChaos, 2003, 13(8): 2157-2188.

[259]Yang F H, Zhang W, Wang J. Sliding bifurcations and chaos induced by dry friction in a braking system[J]. Chaos, Solitons & Fractals, 2009, 40(3): 1060-1075.

[260]Yang Y, Liu L, Xiang C, et al. Switching dynamics analysis of forest-pest model describing effects of external periodic disturbance [J]. Mathematical Biosciences and Engineering, 2020, 17(4): 4328-4347.

[261]Grinsted A, Moore J C, Jevrejeva S. Application of the cross wavelet transform and wavelet coherence to geophysical time series[J]. Nonlinear Processes in Geophysics, 2004, 11 (5): 561-566.

[262]Torrence C, Compo G P. A practical guide to wavelet analysis [J]. Bulletin of the American Meteorological society, 1998, 79(1): 61-78.

[263]Yan Q, Tang S, Jin Z, et al. Identifying risk factors of A (H7N9) outbreak by wavelet analysis and generalized estimating equation[J]. International Journal of Environmental Research and Public Health, 2019, 16(8): 1311.

[264]Rosenzweig M L. Paradox of enrichment: destabilization of exploitation ecosystems inecological time[J]. Science, 1971, 171(3969): 385-387.

[265]Freedman H I, Wolkowicz G S K. Predator-prey systems with groupdefence: the paradox of enrichment revisited[J]. Bulletin of Mathematical Biology, 1986, 48(5-6): 493-508.

[266]Tener J S. Muskoxen in Canada: a biological and taxonomic review[J]. Journal of Applied Ecology, 1965(5): 2-19.

[267]Holmes J C, Bethel W M. Modification of intermediate hostbehaviour by parasites[J].

Behavioural Aspects of Parasite Transmission, 1972, 4(1): 123-149.

[268] Wolkowicz G S K. Bifurcation analysis of a predator-prey system involving groupdefence [J]. SIAM Journal on Applied Mathematics, 1988, 48(3): 592-606.

[269] Mischaikow K, Wolkowicz G. A predator-prey system involving group defense: a connection matrix approach [J]. Nonlinear Analysis: Theory, Methods & Applications, 1990, 14(11): 955-969.

[270] Ruan S, Freedman H I. Persistence in three-species food chain models with group defense [J]. MathematicalBiosciences, 1991, 107(1): 111-125.

[271] Freedman H I, Ruan S. Hopf bifurcation in three-species food chain models with group defense[J]. MathematicalBiosciences, 1992, 111(1): 73-87.

[272] Xiao D, Ruan S. Multiple bifurcations in a delayed predator-prey system with nonmonotonic functional response[J]. Journal of Differential Equations, 2001, 176(2): 494-510.

[273] Li S, Xiong Z, Wang X. The study of a predator-prey system with group defense and impulsive control strategy[J]. AppliedMathematical Modelling, 2010, 34(9): 2546-2561.

[274] Raw S N, Mishra P, Kumar R, et al. Complex behavior of prey-predator system exhibiting group defense: A mathematical modeling study [J]. Chaos, Solitons & Fractals, 2017 (100): 74-90.

[275] Li X, Lv Y, Pei Y. Social behavior of group defense in a predator-prey system with delay [J]. Journal of Biological Systems, 2018, 26(3): 399-419.

[276] Sasmal S K. Population dynamics with multiple Allee effects induced by fear factors-A mathematical study on prey-predator interactions [J]. Applied Mathematical Modelling, 2018, 64: 1-14.

[277] Sokol W, Howell J A. Kinetics of phenol oxidation by washed cells[J]. Biotechnology and Bioengineering, 1981, 23(9): 2039-2049.

[278] Cardano G, Witmer T R. The rules of algebra: Ars Magna[M]. Massachusetts: Courier Corporation, 2007.

[279] Gause G F. Experimental analysis of Vito Volterra's mathematical theory of the struggle for existence[J]. Science, 1934, 79(2036): 16-17.

[280] Gause G F, Smaragdova N P, Witt A A. Further studies of interaction between predators and prey[J]. The Journal of Animal Ecology, 1936(1): 1-18.

[281] Xiao D, Ruan S. Codimension two bifurcations in a predator-prey system with group defense[J]. International Journal of Bifurcation and Chaos, 2001, 11(8): 2123-2131.

[282] Utkin V. Variable structure systems with sliding modes [J]. IEEE Transactions on Automatic control, 1977, 22(2): 212-222.

[283] Matusik R, Rogowski A. Global finite-time stability of differential equation with

discontinuous right-hand side[J]. Electronic Journal of Qualitative Theory of Differential Equations, 2018(35): 1-17.

[284] Utkin V, Guldner J, Shi J. Sliding mode control in electro-mechanical systems[M]. Florida: CRC Press, 2017.

[285] Qin W, Tan X, Shi X, et al. Sliding dynamics and bifurcations in the extendednonsmooth Filippov ecosystem[J]. International Journal of Bifurcation and Chaos, 2021, 31(8): 2150119.

[286] Buzzi C A, de Carvalho T, da Silva P R. Closed poly-trajectories and Poincaré index of non-smooth vector fields on the plane[J]. Journal of Dynamical and Control Systems, 2013 (19): 173-193.

[287] Stephens P A, Sutherland W J. Consequences of the Allee effect forbehaviour, ecology and conservation[J]. Trends in Ecology & Evolution, 1999, 14(10): 401-405.

[288] Wang W X, Zhang Y B, Liu C. Analysis of a discrete-time predator-prey system with Allee effect[J]. Ecological Complexity, 2011, 8(1): 81-85.

[289] Yu T, Tian Y, Guo H, et al. Dynamical analysis of an integrated pest management predator-prey model with weak Allee effect[J]. Journal of Biological Dynamics, 2019, 13 (1): 218-244.

[290] Aziz-Alaoui M A, Okiye M D. Boundedness and global stability for a predator-prey model with modified Leslie-Gower and Holling-type II schemes[J]. Applied Mathematics Letters, 2003, 16(7): 1069-1075.

[291] Cai Y, Zhao C, Wang W, et al. Dynamics of a Leslie-Gower predator-prey model with additive Allee effect[J]. Applied Mathematical Modelling, 2015, 39(7): 2092-2106.

[292] 覃文杰, 关海艳, 王培培, 等. 基于 Allee 效应诱导的 Filippov 生态系统的动力学行为研究[J]. 应用数学和力学, 2020, 41(4): 438-447.

[293] 马知恩, 周义仓, 李承治. 常微分方程定性与稳定性方法[M]. 北京: 科学出版社, 2001.

[294] Kiem Y H, Li J. Quantum singularity theory viacosection localization[J]. Journal für die reine und angewandte Mathematik (Crelles Journal), 2020(766): 73-107.

[295] Ghosh T, Bhowmick P. Anti-windup compensator design for LTI plantsutilising negative imaginary and absolute stability theory[J]. IFAC-PapersOnLine, 2022, 55(1): 586-591.

[296] Kito S L, Wanjala G. Stability Theory for Nullity and Deficiency of Linear Relations[J]. Abstract and Applied Analysis, 2021(1): 1-13.

[297] 王联, 王慕秋. 常差分方程[M]. 乌鲁木齐: 新疆大学出版社, 1989.

[298] 杨慧子. 固定时刻脉冲随机微分方程的收敛性和稳定性[D]. 哈尔滨: 哈尔滨工业大学, 2014.

[299] Wang J. Dynamics and bifurcation analysis of a state-dependent impulsive SIS model[J]. Advances in Difference Equations, 2021(1): 287.

[300] Yang S, Li C, Huang T. Synchronization of coupledmemristive chaotic circuits via state-dependent impulsive control[J]. Nonlinear dynamics, 2017, 88(1): 115-129.

[301] Jeffrey M R, Hogan S J. The geometry of generic sliding bifurcations[J]. SIAMReview, 2011, 53(3): 505-525.

[302] 覃文杰. 有限资源下非光滑生物系统理论与应用研究[D]. 西安: 陕西师范大学, 2016.

[303] Qin W, Tan X, Tosato M, et al. Threshold control strategy for a non-smooth Filippov ecosys-tem with group defense[J]. Applied Mathematics and Computation, 2019(362): 124532.

[304] Utkin V I. Sliding modes in control and optimization[M]. Heidelberg: Springer Science & Business Media, 2013.

[305] 覃文杰. 几类非自治差分竞争系统的渐近行为研究[D]. 恩施: 湖北民族学院, 2012.